国家精品课程配套教材系列

Windows Server 2008 网络管理

主　编　王隆杰　梁广民　杨名川

中国水利水电出版社
www.waterpub.com.cn

内 容 提 要

本书是国家精品课程《Windows Server 网络管理》（课程网站 http://jpkc.szpt.edu.cn/2007/swl）的配套教材。全书以一个企业的需求作为大的任务，分解出了多个小任务，再在各个章节中实现。第 1 章至第 4 章主要介绍 Windows Server 2008 的系统管理，包括 Windows Server 2008 的安装、用户和组的管理、磁盘管理、文件系统管理。第 5 章至第 12 章主要介绍 Windows Server 2008 的网络服务，包括打印服务、WINS 服务、DNS 服务、DHCP 服务、Web 服务、FTP 服务、终端服务、远程访问服务。第 13 章和第 15 章介绍 Windows Server 2008 的活动目录和组策略。第 14 章介绍使用 Exchange Server 2007 架设电子邮件服务器。第 16 章介绍防火墙的配置。

本书内容上具有相当的实用性，读者能学以致用；编写形式上，采用“项目驱动”的形式，读者很容易根据书中的步骤完成 Windows Server 2008 的管理任务。

本书提供配套的电子教案和配置全过程的屏幕录像，方便教师组织教学和学生进行自学。读者可以从中国水利水电出版社网站以及万水书苑免费下载，网址为：http://www.waterpub.com.cn/softdown/或 http://www.wsbookshow.com。

图书在版编目（CIP）数据

Windows Server 2008网络管理 / 王隆杰，梁广民，杨名川主编. -- 北京 : 中国水利水电出版社，2012.5（2020.1重印）
国家精品课程配套教材系列
ISBN 978-7-5084-9692-4

Ⅰ. ①W… Ⅱ. ①王… ②梁… ③杨… Ⅲ. ①Windows操作系统－网络服务器－系统管理－高等学校－教材 Ⅳ. ①TP316.86

中国版本图书馆CIP数据核字(2012)第080727号

策划编辑：雷顺加　责任编辑：李　炎　加工编辑：李　刚　封面设计：李　佳

书　名	国家精品课程配套教材系列 Windows Server 2008 网络管理
作　者	主　编　王隆杰　梁广民　杨名川
出版发行	中国水利水电出版社 （北京市海淀区玉渊潭南路 1 号 D 座　100038） 网址：www.waterpub.com.cn E-mail：mchannel@263.net（万水） sales@waterpub.com.cn 电话：（010）68367658（发行部）、82562819（万水）
经　售	北京科水图书销售中心（零售） 电话：（010）88383994、63202643、68545874 全国各地新华书店和相关出版物销售网点
排　版	北京万水电子信息有限公司
印　刷	三河市铭浩彩色印装有限公司
规　格	184mm×260mm　16 开本　22 印张　541 千字
版　次	2012 年 5 月第 1 版　2020 年 1 月第 6 次印刷
印　数	16001—18000 册
定　价	38.00 元

凡购买我社图书，如有缺页、倒页、脱页的，本社发行部负责调换

前　　言

用 Windows Server 来搭设服务器为企业提供网络服务是网络管理员或者系统管理员的一项基本工作。和其他操作系统相比，Windows Server 的操作简单、容易入手、总成本低，因此在中小企业的服务器操作系统中 Windows Server 占有很大的市场份额，在网络技术专业或者相关专业开设 Windows Server 的课程是十分必要的。作者所在学校很早就开设了该课程，该课程最终成为了国家精品课程《Windows Server 网络管理》，课程网站地址为：http://jpkc.szpt.edu.cn/2007/swl。该课程之前的配套教材采用 Windows Server 2003，现已采用 Windows Server 2008，以适应市场对学生的要求。

本书是面向网络的入门者而编，旨在使读者学习本书后能完成用 Windows Server 2008 搭设服务器的任务，所以本书尽可能通过实例来说明 Windows Server 2008 的系统管理或网络服务的配置。作为入门级教材，还希望读者能够通过 Windows Server 2008 的学习，掌握各种网络服务的概念，例如：DNS 服务、DHCP 服务、Web 服务、FTP 服务等，以便日后学习其他操作系统。

本书以一个企业的需求作为大的任务，从而分解出了多个小的任务，再在各个章节中实现。本书系统介绍 Windows Server 2008 的安装、系统管理和各种网络功能的实现。其中很大的篇幅集中在 Windows Server 2008 的各种网络服务上，这是因为 Windows Server 2008 主要目的就是用于提供文件服务、打印服务、DNS 服务、Web 服务、DHCP 服务等网络功能的。

目前 Windows Server 2008 R2 已经普遍使用，考虑到本书是入门教材，所涉及的内容使用 Windows Server 2008 也一样能实现，因此为了便于使用虚拟机搭设本书的实验环境，本书采用了 32 位的 Windows Server 2008。第 14 章的邮件服务器采用了 32 位的 Exchange Server 2007 SP3。作为教材，学习本书所需的大概课时为 64 学时或 2 周的实训时间。

为了方便教师的教学和学生学习，本书出版时提供各章节的 PPT 电子教案，可以从 http://jpkc.szpt.edu.cn/2007/swl/article_list.asp?classid=90 或者中国水利水电出版社和万水书苑（http://www.waterpub.com.cn/softdown/和 http://www.wsbookshow.com）的网站下载。稍后也将提供各章节配置全过程的屏幕录像。

本书由王隆杰、梁广民、杨名川主编，张喜生、石淑华、刘平、杨旭也参加了编写工作，全书由王隆杰统稿。

由于作者水平有限，虽尽作者所能，书中难免还有疏漏之处，敬请读者批评指正。E-mail: wanglongjie@szpt.edu.cn。

作　者

2012 年 2 月于深圳

目　　录

第 1 章　安装与基本配置

信息化已经是现代企业的基本办公手段，许多企业会在企业内部建立局域网。建立局域网主要工作有三部分：网络布线、安装和配置网络设备、架设服务器，架设服务器就需要服务器上安装网络操作系统。当前服务器上的网络操作系统主要有两大类：UNIX 系列和 Windows 系列，UNIX 系列的系统性能和稳定性好，特别是它的一个分支 Linux 不仅开源而且免费，但 UNIX 系列操作系统对管理员要求高，因此大型企业或者高要求的企业会选择 UNIX 系列的操作系统。而 Windows 操作系统采用图形界面，配置简单，对管理员要求低，受到很多中小企业的欢迎，目前 Windows 在服务器端占有的市场份额已经超过 UNIX 了。Windows Server 2008 是微软继 Windows Server 2003 后推出的最新的网络服务器操作系统，比起 Windows Server 2003 在各方面有较大的提升。本书将用它来架设企业的服务器。

1. 以某 IT 企业为例，分析企业的需求，并根据需求对整个局域网做一个整体规划和设计，重点是服务器方面的规划
2. 了解 Windows Server 2008 的新特性、不同版本之间的差别，为企业选择正确的 Windows Server 2008 版本
3. 安装 Windows Server 2008
4. 对 Windows Server 2008 进行基本配置，主要包含：计算机名、系统属性、网络属性，熟悉 MMC 控制台的使用，为以后服务器的配置、管理工作做好准备

1.1　企业网络设计

1.1.1　企业的网络需求

某 IT 企业约有 180 名员工，将全部采用电子化办公，企业设有研发部、销售部、售后服务部、财务部、行政部五个部门，最大的部门人数约为 50 人。对网络的具体需求如下：

（1）公司约一半员工使用台式机办公，这些计算机可以设置固定 IP 地址连接到网络；另一半员工使用笔记本电脑移动办公，为使用方便，这些电脑需要从网络自动获得 IP 地址等相关信息连接网络。

（2）企业为提升自身的形象，需要自己的域名，并拥有自己的网站宣传自己以及通过网站对用户进行服务。公司内、外人员均使用域名来访问企业的资源，例如：网站、文件服务器等。

（3）各部门内部的员工之间有时会临时性地共享文件，需要通过网络互相查找对方的计算机和共享资源。

（4）电子邮件将是电子化办公的核心，全部员工要求有以公司域名结尾的个人邮箱，使用该邮箱不仅可以和公司内的员工互发邮件，还必须可以和互联网上的用户互发邮件，为防止单个员工占用太多的邮箱容量，各员工的邮箱容量应有限额（例如 1GB）。

（5）研发部员工经常需要共享大量的开发文档、技术资料，这些员工提出要架设 FTP 服务器上载或者下载资料。

（6）各部门均配置有网络打印机，为保证打印文档的安全性，同时也为了保证打印机的使用均衡，各部门的员工只能使用本部门的打印机。

（7）企业要求对网络上的一切资源实行统一管理，员工只需要一个用户名和密码就能访问所需的资源，而无需在多个资源服务器反复登录。

（8）为了安全等原因，需要对企业的全部员工、计算机，或者一些有共同特性的员工群体执行一些强制性的、统一的配置，例如：强制定期修改密码、密码的复杂程度、统一应用软件的版本等。

（9）公司内部的员工要能够访问互联网，互联网上的用户也要能访问架设在企业内部的网站。

（10）企业内部的一些应用系统不允许对外开放，但员工要能够在出差期间或在下班期间从互联网接入到企业内部网络进行办公，以上访问需要保证数据的安全性。

1.1.2 网络规划设计

1．网络拓扑

该企业属于中小企业，规模较小。为简单起见，采用交换机直接把各员工的计算机和服务器进行互联。网络拓扑如图 1-1 所示，中心节点的交换机可以适当地选择性能好的产品，各服务器直接连接到中心节点交换机，员工的计算机则连接到接入层交换机上。此外在会议室等公用场合还部署了无线 AP。

企业内部通常采用私有 IP 地址，我们这里使用的是 192.168.0.0/255.255.255.0 网络，为简化设计，所有计算机全部在同一 IP 网络上，当然这也有一定的风险，网络安全性会下降，一台计算机受破坏，有可能影响到别的计算机。我们决定先按此实施，如果确实达不到企业需求，可以进行调整。

IP 地址分配如下：

- 192.168.0.1～192.168.0.20 预留出给服务器，192.168.0.254 作为网关。
- 192.168.0.21～192.168.0.120 则分配给使用台式机的员工。
- 192.168.0.121～192.168.0.240 则分配给使用笔记本电脑的员工。
- 其余 IP 地址则作为备用。

如果企业规模大幅度增加或者因为安全问题而需扩容、整改网络，可以把中心节点的交换机更换为三层交换机，新的计算机 IP 地址可以采用另外的私有地址（例如增加：

192.168.1.0/255.255.255.0、192.168.2.0/255.255.255.0 等网络），原有的服务器 IP 地址保持不变，从而保证扩容、整改的平滑性。用户计算机的 IP 地址通过 DHCP 服务器就能很容易地修改。

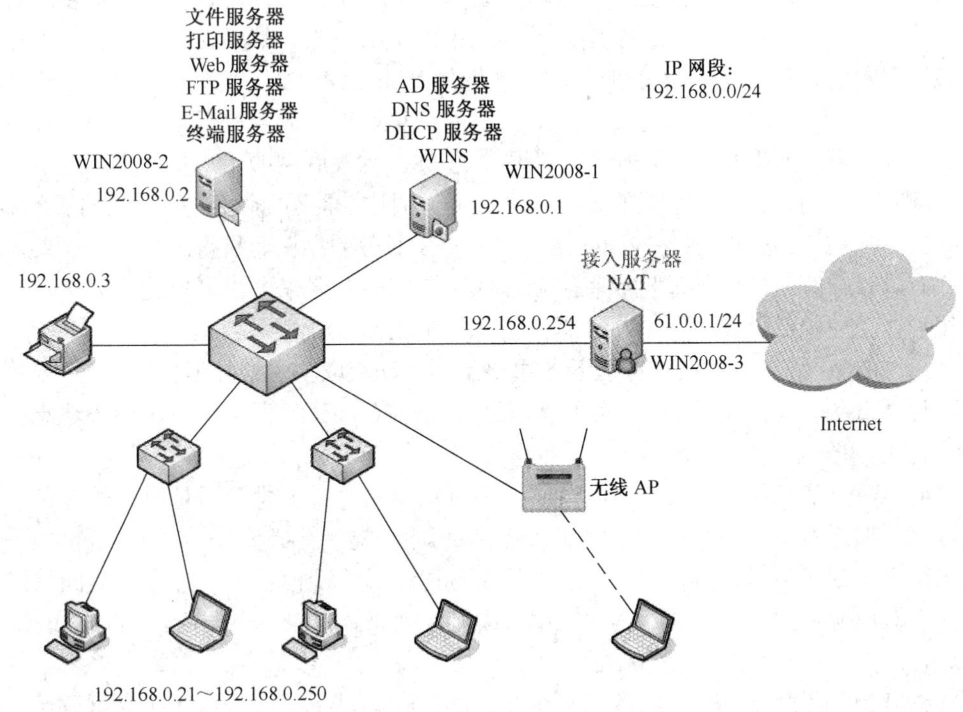

图 1-1　网络拓扑

为保证企业内部网络能和互联网通信，在局域网的边界使用一台服务器（WIN2008-3）作为接入服务器，采用 NAT 技术以减少所需申请的公网 IP 地址数量。为保证互联网的用户能够访问企业内部的网站和邮件服务器，在接入服务器上需要做端口映射。此外为保证员工在出差或下班期间能够从互联网接入到企业内部网络进行办公，接入服务器上启用 VPN 服务，VPN 可以保证通信的安全。企业需要为该接入服务器接到互联网的接口申请公网 IP，图 1-1 中假定为 61.0.0.1。

【提示】也可以用硬件网络设备来实现接入服务器的功能。

2. 网络服务器规划

本书主要内容是介绍网络服务器的架设。基于企业的需要，网络中架设以下服务器：

（1）DNS 服务器。企业首先要向域名注册代理机构申请注册自己的域名。在企业内部部署 DNS 服务器（在 192.168.0.1 服务器上）为企业内的计算机提供域名解析服务。在该 DNS 服务器上，需要把各常用的资源添加到 DNS 域中，主要有：www、ftp、pop3、smtp、打印机等。为提高效率，对于互联网上的域名解析，可以在 DNS 服务器上设置转发器，转发器指向当地的 ISP 的 DNS 服务器，让当地 ISP 的 DNS 服务器进行域名解析。

这里有一个问题，由于 DNS 服务器是放在企业内部，因此添加 www、ftp、pop3、smtp 主机或者别名等记录时，记录的 IP 指向这些主机的私有 IP，对于同样都在企业内部的计算机来说使用这个 DNS 是没有问题的，它们将得到这些主机在内部局域网的 IP 地址（192.168.0.0/255.255.255.0 网段上），然后使用这些地址来访问这些主机。然而互联网的用户如果也让这台 DNS 服务器来进行域名解析，将得到主机的私有 IP，从而无法访问这些主机。常用的做法是：在申请注册域名时，也同时让 ISP 提供域名解析服务，需要注意的是主机记录的 IP 应该指向企业的公网 IP（图 1-1 中为 61.0.0.1），然后在局域网边界的接入服务器上做端口映射，把公网 IP 上的应用端口（例如 Web 的 80 端口）映射到内部主机的应用端口上。这样企业内的 DNS 服务器为企业内部的计算机提供域名解析，企业内的计算机通过私有 IP 地址访问企业内的服务器；互联网上的 ISP 为互联网的用户提供本企业域名的解析服务，互联网的用户将获得企业的公网地址，他们通过公网 IP 地址访问企业的服务器。

（2）WINS 服务器。虽然 WINS 由于有 DNS 服务的存在而显得不是很有必要，然而企业用户有时也会直接使用计算机或者组名，而不是 DNS 名来查找另外的计算机，因此我们还是规划在企业内部部署一个 WINS 服务器（在 192.168.0.1 服务器上）。

（3）DHCP 服务器。DHCP 服务器主要是为自动获取 IP 地址的计算机（主要是笔记本电脑等移动设备）提供 IP 地址、网关等信息。在配置 DHCP 服务器时，应该注意把服务器的 IP 地址段和分配给台式机的 IP 地址段排除在外。

（4）Web 服务器。企业网站已经成为不可缺少的宣传手段，同时现有的多种应用系统也是以网页形式实现。因此在企业内部部署 Web 服务器十分必要。为减少 Web 服务器的数量，采用虚拟主机技术，可以在一台服务器上同时部署多个网站。对外服务的网站可以匿名访问；而对内服务的办公系统、其他应用系统则需要用户登录方能访问，同时应该设置源 IP 限制、日志以增加安全性。

（5）FTP 服务器。FTP 服务是一个传统的文件共享手段，虽然现在也可以通过网页上载或者下载文件，但 FTP 更适合大量的文件上载或者下载。应研发部要求，在企业内部署 FTP 服务器。设置一个目录为只读目录，用以发放公共的资料；设置另一个目录为读写目录，供员工自由上载文件供他人使用。此外为增加方便性，可以为每个员工设置一个仅个人可以访问的目录，供员工把私有的资料放在网络上。鉴于知识产权、安全等原因，FTP 服务不能对互联网用户开放。

（6）电子邮件服务器。在 Windows Server 2008 中安装 Microsoft 的电子邮件服务器是一件麻烦的事情，目前国内有很多国产化的邮件服务器软件，管理简单、用户喜爱、价格低，但本书仍然使用 Microsoft 的 Exchange Server 来完成邮件功能，用户使用 Outlook Express 或者其他客户端软件收发邮件。为安全起见，收发邮件均需身份认证。由于企业内的员工需要和互联网互发邮件，而邮件服务器却在企业内部，因此需要在接入服务器上做端口映射。各员工的邮箱有限额（1GB）。邮件服务部署在 192.168.0.2 服务器上。

（7）文件、打印服务器。文件服务是一个很常见的服务，它是提供文件共享功能的最简单方式。此外，由于服务器稳定性、硬盘可靠性比个人电脑好，用户也可以把重要的文件保存在服务器上。我们规划在文件服务器上共享一个只读目录，放置各种公用表格、文件等资料；再为每位员工设置一个仅供个人读写访问的目录。

实际上打印机共享是可以不需要打印服务器的。现在的打印机可以通过以太网接口（如果没有以太网接口，可以购买一个外置的共享器）直接接在网络上，用户就能够直接访问，然而这样没有权限的控制。基于企业对文档安全（例如防止打印出的文档泄密）的需求，我们还是在企业内部署了打印服务器，以保证员工只能使用部门内的打印机。

（8）活动目录服务器。活动目录（Active Directory，AD）服务是 Windows Server 的精华部分，AD 设计是为了用户在大型网络中一次登录就能访问在不同服务器上的资源。此外有了 AD，就能够很容易地在企业内使用组策略来强制全部或者部分用户、计算机执行某些策略。因此我们规划在网络中部署 AD 服务器（192.168.0.1），其他服务器作为成员服务器加入到域中。AD 的引入会使得问题复杂化，管理难度有些增加，也较难理解，因此虽然在工程上应该先部署 AD 服务器，但本书从教学的角度出发，把 AD 的部署和组策略的实施放在了较后的章节。

3．系统规划

（1）用户、组：原则上为每个员工创建独立账户，为每个部门创建组，各员工加入到各部门的组中。为安全起见，禁用 GUEST 用户。

（2）磁盘管理：为保证数据安全，对没有采用硬件冗余（RAID-5）的磁盘，在操作系统中用软件方式实现冗余。

（3）数据备份：冗余不能解决全部的数据安全问题，例如病毒的破坏、误操作均可能导致数据丢失，制定数据的备份策略，定期备份数据。

（4）组策略：有了 AD 服务器就能够对全部用户或者计算机强制执行统一的安全策略，统一应用软件的版本，因此将在企业实行组策略。

（5）网络安全保护：为提高 Windows Server 2008 的安全性，在服务器上启用网络防火墙，然而启用防火墙后不应该阻止用户对服务器的正常访问。

（6）服务器监视：为保证服务器长期稳定运行，以及优化服务器的性能，有必要对服务器的运行状态进行监视，主要监视服务器的 CPU 利用率、内存利用率、网络流量、磁盘读写情况。设定一些报警门限，例如 CPU 利用率达到 80%，达到门限后产生报警通知管理员。

1.2 Windows Server 2008 的安装

规划设计完毕后，就是方案的实施阶段。本书不介绍网络布线、网络设备的配置安装，只介绍服务器的架设。本小节将为各服务器选择合适的操作系统并进行安装。

1.2.1 选择操作系统

中小企业操作系统主要有两个选择：从 UNIX 发展而来的 Linux 和 Windows Server。Linux 的购买成本（甚至免费）要低于微软的 Windows Server，然而 Linux 安装之后的维护成本要高于 Windows Server。在人力成本日益上涨的今天，从 TOC（Total of Cost，总体成本）上看 Windows Server 还是有一定优势。因此我们选择在企业中部署 Windows Server 为企业提供服务。以下将讨论选择 Windows Server 的什么版本。

1． Windows Server 2008 简介

Microsoft Windows Server 2008 是继 Microsoft Windows Server 2003 之后的下一代操作系统。无论从性能、安全性、可靠性等方面都有了很大的提升，它具有以下特点：

（1）更强的控制能力：使用 Windows Server 2008，管理员能够更好地控制服务器和网

络基础结构，从而可以将精力集中在处理关键业务需求上。增强的脚本编写功能和任务自动化功能（例如，Windows PowerShell）可帮助管理员自动执行常见的管理任务。通过服务器管理器很容易在企业集中地安装和配置多个服务器的角色、功能。增强的系统管理工具（例如，性能和可靠性监视器）提供有关系统的信息，在潜在问题发生之前向管理员发出警告。

（2）增强的保护：Windows Server 2008 提供了一系列新的和改进的安全技术，这些技术增强了对操作系统的保护，为企业的运营和发展奠定了坚实的基础。Windows Server 2008 提供了减小内核攻击面的安全创新（例如 PatchGuard），因而使服务器环境更安全、更稳定。通过保护关键服务器服务使之免受文件系统、注册表或网络中异常活动的影响，Windows 服务强化有助于提高系统的安全性。借助网络访问保护（NAP）、只读域控制器（RODC）、公钥基础结构（PKI）增强功能、Windows 服务强化、新的双向 Windows 防火墙和新一代加密支持，Windows Server 2008 操作系统中的安全性也得到了增强。

（3）更大的灵活性：Windows Server 2008 的设计允许管理员修改其基础结构来适应不断变化的业务需求，同时保持了此操作的灵活性。它允许用户从远程位置（如远程应用程序和终端服务网关）执行程序，这一技术为移动工作人员增强了灵活性。Windows Server 2008 使用 Windows 部署服务（WDS）加速对 IT 系统的部署和维护，使用 Windows Server 虚拟化帮助合并服务器。对于需要在分支机构中使用域控制器的组织，Windows Server 2008 提供了一个新配置选项：只读域控制器（RODC），它可以防止在域控制器出现安全问题时暴露用户账户。

2．选择合适的 Windows Server 2008 不同版本

选择合适的版本是至关重要的，不同版本的 Windows Server 2008 价格不同，所能够提供的服务也是不同的。Windows Server 2008 发行了多种版本，以支持各种规模的企业对服务器不断变化的需求。Windows Server 2008 有 5 种不同版本，另外还有 3 个不支持 Windows Server Hyper-V 虚拟化技术的版本，因此总共有 8 种版本。简介如下：

（1）Windows Server 2008 Standard：是迄今最稳定的 Windows Server 操作系统，其内置的强化 Web 和虚拟化功能，是专为增加服务器基础架构的可靠性和弹性而设计，亦可节省时间及降低成本。利用功能强大的工具，能让您拥有更好的服务器控制能力，并简化设定和管理工作；而增强的安全性功能则可强化操作系统，以协助保护数据和网络，并可为您的企业提供扎实且可高度信赖的基础。

（2）Windows Server 2008 Enterprise：可提供企业级的平台，部署企业关键应用。其所具备的群集和热添加（Hot-Add）处理器功能，可协助改善可用性，而整合的身份管理功能，可协助改善安全性，利用虚拟化授权权限整合应用程序，则可减少基础架构的成本，因此 Windows Server 2008 Enterprise 能为高度动态、可扩充的 IT 基础架构提供良好的基础。

（3）Windows Server 2008 Datacenter：所提供的企业级平台，可在小型和大型服务器上部署企业关键应用及大规模的虚拟化。其所具备的群集和动态硬件分割功能，可改善可用性，而通过无限制的虚拟化许可授权来巩固应用，可减少基础架构的成本。此外，此版本亦可支持 2～64 个处理器，因此 Windows Server 2008 Datacenter 能够提供良好的基础，用以建立企业级虚拟化和扩充解决方案。

（4）Windows Web Server 2008：是特别为单一用途 Web 服务器而设计的系统，而且

是建立在 Windows Server 2008 坚若磐石之 Web 基础架构功能的基础上，其整合了重新设计架构的 IIS 7.0、ASP.NET 和 Microsoft .NET Framework，以便任何企业快速部署网页、网站、Web 应用程序和 Web 服务。

（5）Windows Server 2008 for Itanium-Based Systems：仅能在 Itanium 架构的服务器上使用。已针对大型数据库、各种企业和自定义应用程序进行优化，可提供高可用性和多达 64 个处理器的可扩充性，能符合高要求且具关键性的解决方案的需求。

（6）Windows Server 2008 Without Hyper-V：微软还提供了 3 个不支持虚拟化的版本：Windows Server 2008 Standard Without Hyper-V、Windows Server 2008 Enterprise Without Hyper-V、Windows Server 2008 Datacenter Without Hyper-V。

不同版本 Windows Server 2008 的主要差别如表 1-1 所示。在我们的方案中（图 1-1），考虑到以后的扩展，AD 服务器（192.168.0.1）采用 Windows Server 2008 Enterprise，其他服务器采用 Windows Server 2008 Standard 即可。

表 1-1　Windows Server 2008 不同版本的主要差别

	标准版	企业版	Datacenter	Web 版	Itanium 版
支持的 CPU 数	4 个	8 个	64 个	4 个	64 个
Web (IIS 7.0)	支持				
Server Manager	支持				
Server Core	支持				不支持
Hyper-V	支持			不支持	
虚拟机个数	1 个	不支持	无限制	不支持	
NAP	支持			不支持	
RemoteApp	支持			不支持	
Active Directory	支持			不支持	
DHCP Server	支持			不支持	
DNS Server	支持			不支持	

【提示】Windows Server 2008 R2 于 2009 年 10 月推出，该版本只有 64 位版，不便于初学者学习，因此本书仍然选择了 Windows Server 2008。有关 Windows Server 2008 R2 的信息，参见：

http://www.microsoft.com/china/windowsserver2008/r2-editions-overview.aspx

1.2.2　安装前的准备工作

安装 Windows Server 2008 之前需要检查我们的计算机是否满足要求。Windows Server 2008 的最小配置要求如表 1-2 所示，当前的计算机应该都能满足最小配置。

安装 Windows Server 2008 之前还有一件很重要的事情，就是确认磁盘驱动程序可用。对于大多数 PC 机来说，Windows Server 2008 安装盘中应该包含了常用的磁盘驱动程序。但如果是在服务器上安装 Windows Server 2008，而服务器上大多有 RAID 阵列卡，应该事先从服务器厂家获得驱动程序。

表 1-2 Windows Server 2008 的最小配置要求

种类	建议事项
处理器	• 最小：1GHz • 建议：2GHz • 最佳：3GHz 或者更快速的
内存	• 最小：512MB RAM • 建议：1GB RAM • 最佳：2GB RAM（完整安装）、1GB RAM（Server Core 安装）或者其他 • 最大（32 位系统）：4GB（标准版）或者 64GB（企业版以及数据中心版） • 最大（64 位系统）：32GB（标准版）或者 2TB（企业版、数据中心版以及 Itanium-based 系统）
允许的硬盘空间	• 最小：8GB • 建议：40GB（完整安装）或者 10GB（Server Core 安装） • 最佳：80GB（完整安装）、40GB（Server Core 安装）或者其他
光盘驱动器	• DVD-ROM
显示、键盘、鼠标	• Super VGA（800×600）或者更高级的显示器 • 键盘 • Microsoft Mouse 或者其他可以支持的装置

【提示】有些服务器随机带有安装启动盘，请遵循服务器的安装指南从安装启动盘启动服务器，再根据提示安装。

1.2.3 全新安装

最常见的安装方式是从 DVD 光盘上全新安装 Windows Server 2008，Windows Server 2008 和 Windows Server 2003 相比而言，安装过程较为简单，时间也较短。安装步骤如下：

步骤 1：将 Windows Server 2008 安装光盘放入 DVD 驱动器，将计算机设置为从 DVD 启动，启动计算机。

步骤 2：系统从安装光盘启动后，出现“安装 Windows”窗口，如图 1-2 所示，保持默认选项即可，单击“下一步”按钮。

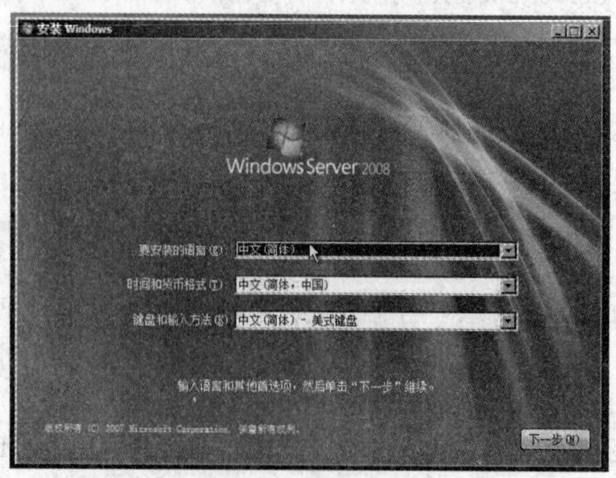

图 1-2 “安装 Windows”窗口

步骤 3：如图 1-3 所示，单击“现在安装”链接。如果单击左下角的“安装 Windows 须知”链接可以获得安装 Windows 的帮助和支持；如果单击“修复计算机”链接则用于修复之前安装的 Windows Server 2008。

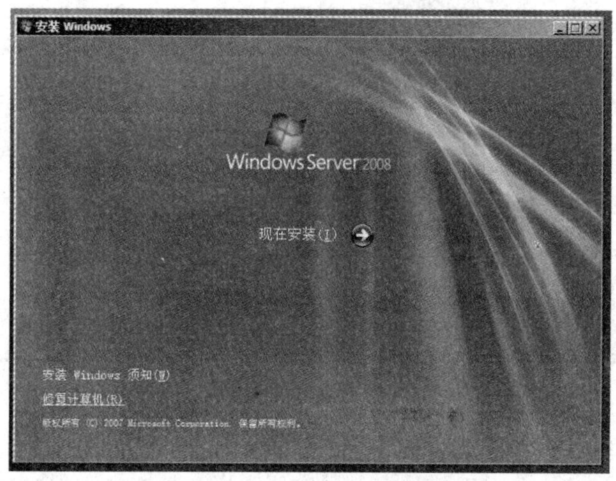

图 1-3 “安装 Windows”窗口

步骤 4：选择版本时，根据我们的规划选择正确的 Windows Server 2008 版本，单击“下一步”按钮；我们这里以安装企业版为例。

步骤 5：出现“请阅读许可条款”窗口时，选中“我接受许可条款”选项，单击“下一步”按钮。

步骤 6：由于我们要进行的是全新安装，在如图 1-4 所示的“您想进行何种类型的安装”窗口，单击“自定义（高级）”链接即可。

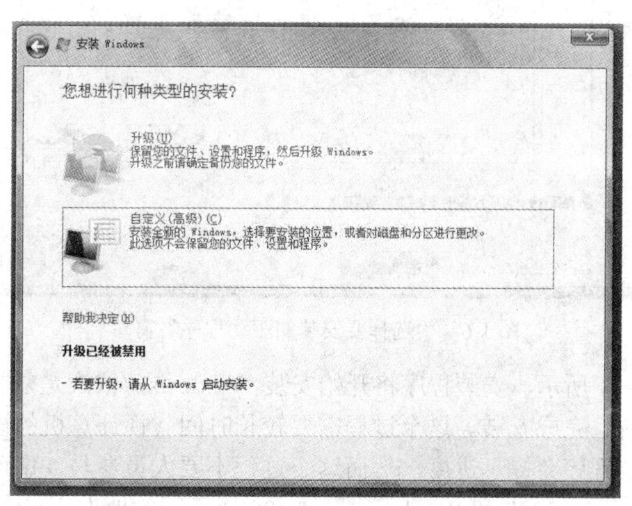

图 1-4 “您想进行何种类型的安装”窗口

步骤 7：如图 1-5 所示，安装程序会列出当前计算机上的磁盘，在此窗口中可以划分磁盘的分区。选中有未分区的磁盘后，再单击“新建”链接，输入磁盘空间的大小，单击“应用”按钮将创建一个新的分区。图 1-5 中，如果选中已创建的分区，则可以单击“删除”链接把分区删除；单击“格式化”链接则可以格式化分区；单击“扩展”链接则可以扩展分区（要求有未分配空间的分区存在）。创建分区后，选择一个分区作为 Windows Server 2008 的安装分区，单击“下一步”按钮。

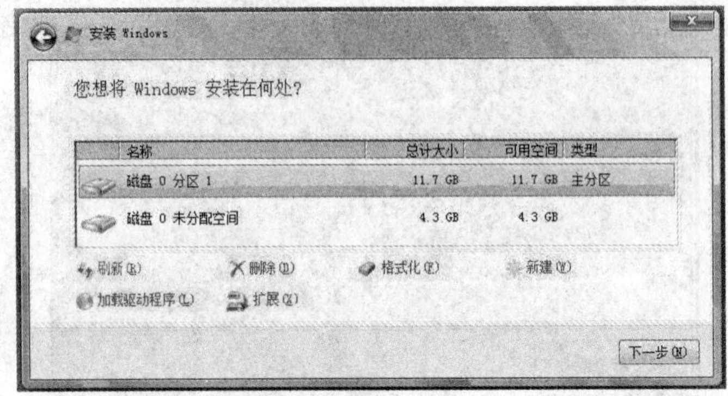

图 1-5 “您想将 Windows 安装在何处”窗口

【提示】如果在图 1-5 中，没有列出磁盘，则是因为 Windows 安装盘没有该计算机磁盘的驱动程序，单击左下方的“加载驱动程序”链接后，从指定的磁盘加载驱动程序，如图 1-6 所示。

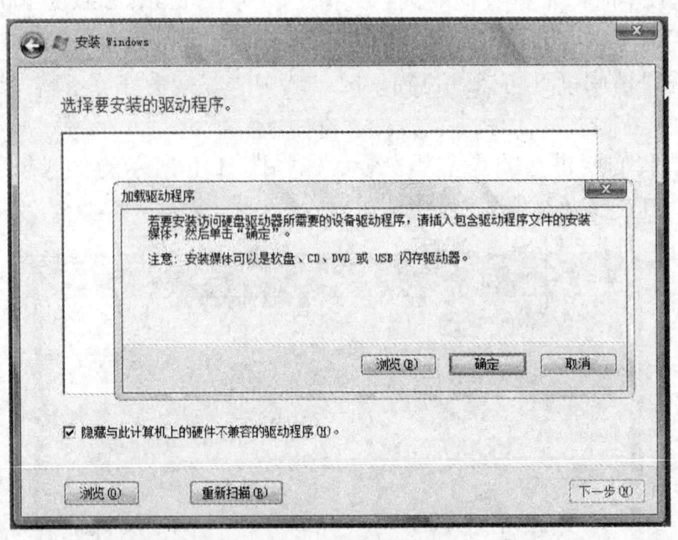

图 1-6 “选择要安装的驱动程序”窗口

步骤 8：如图 1-7 所示，安装程序将开始安装 Windows，依次是复制文件、展开文件、安装功能、安装更新、完成安装。这个过程需要较长时间（视计算机的性能不同而不同，约 15～30 分钟），安装程序会提示进度，然而这个过程不要人员参与，您可以离开去做别的事情，这是 Windows Server 2008 和 Windows Server 2003 不同的地方。

步骤 9：安装完毕后，安装程序会自动重启计算机，重启之后用户首次登录界面如图 1-8 所示。用户须立即修改 Administrator 的密码，单击“确定”按钮。

步骤 10：如图 1-9 所示，两次正确输入密码，密码要求满足复杂性要求（典型的密码包含大小写字母、数字、标点符号，且不少于 8 个字符）。单击右侧白色的箭头按钮，在下一窗口单击“确定”按钮即登录到系统中。

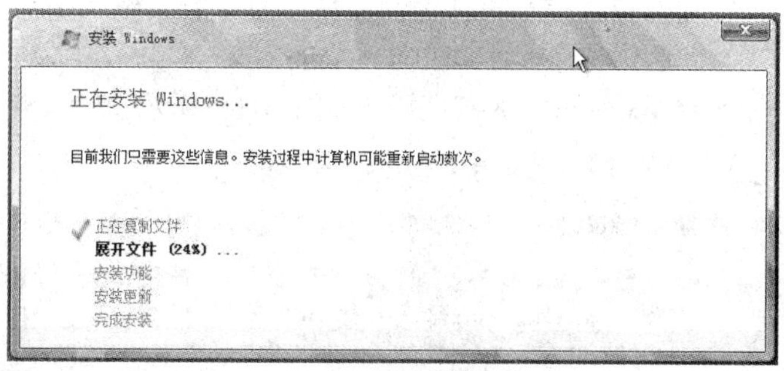

图 1-7　“安装 Windows”窗口

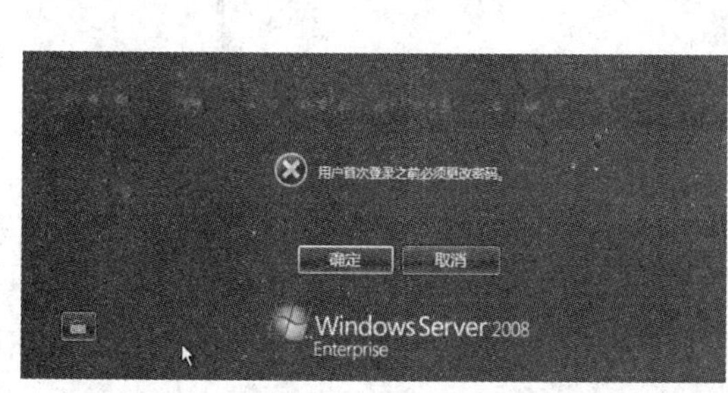

图 1-8　“用户首次登录之前必须更改密码”窗口

图 1-9　“修改 Administrator 密码”窗口

步骤 11：如图 1-10 所示，登录成功后，Windows 自动打开“初始配置任务”窗口。如果不希望每次登录后都自动打开此窗口，可以选中左下角的“登录时不显示此窗口”选项。即使关闭此窗口，也还是可以通过菜单打开该窗口。

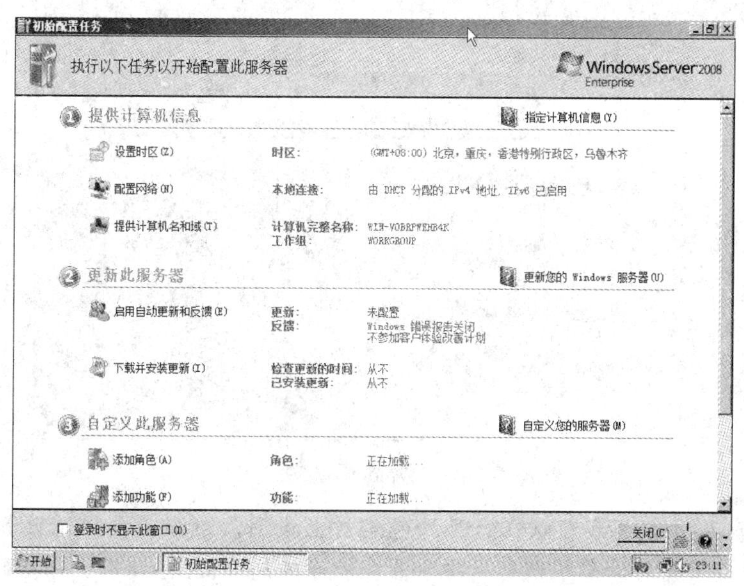

图 1-10　“初始配置任务”窗口

步骤 12：刚安装的 Windows Server 2008 只有 60 天的使用时间，需要激活后才能继续使用。从“开始”→“控制面板”菜单打开控制面板，双击“系统”图标，打开“系统”窗口，如图 1-11 所示。单击下方的“立即激活 Windows”链接。在“Windows 激活”窗口中，选择“现在联机激活 Windows（A）”，打开如图 1-12 所示窗口，输入产品密钥，单击“下一步”按钮激活 Windows。

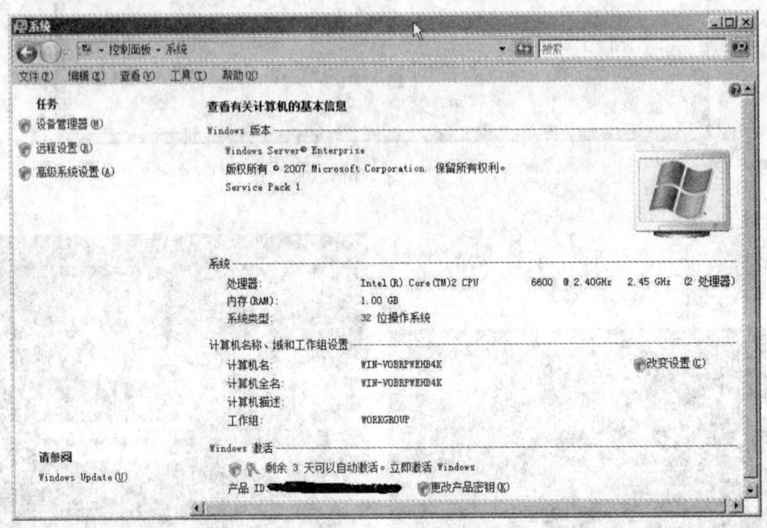

图 1-11 “系统”窗口

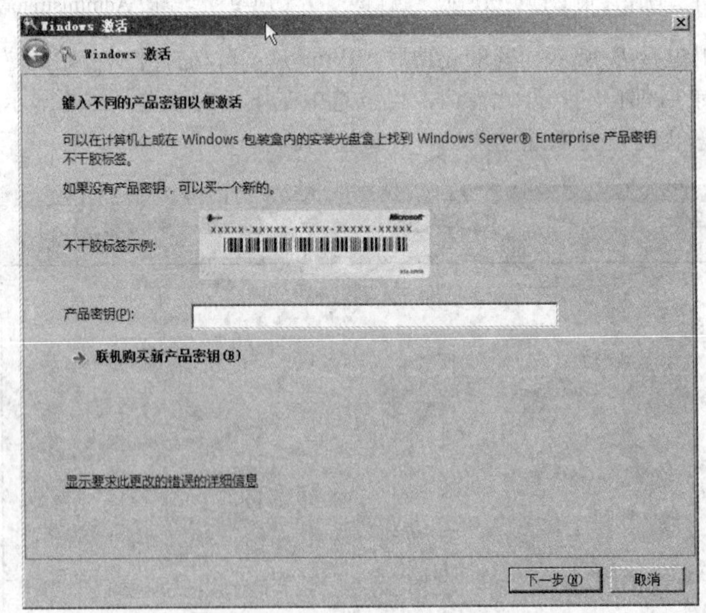

图 1-12 “Windows 激活”窗口

【提示】产品密钥通常可以在产品的包装盒上找到，激活时要保证计算机可以连接到 Internet 上。通常需要对计算机进行网络配置才能连接到 Internet，有关网络的配置请参见本章后面的章节。

1.2.4 Windows Server 2008 的其他安装方式

1．升级安装

如果网络有 Windows Server 2003 的服务器，则可以把 Windows Server 2003 升级到 Windows Server 2008。在图 1-4 中，选择“升级”选项，然后参照全新安装的步骤进行。升级安装的好处在于可以保留原有的配置，例如用户、文件权限等。

【提示】只用 Windows Server 2003 可以升级到 Windows Server 2008，之前的操作系统（例如 Windows 2000 Server）不能直接升级到 Windows Server 2008，需要先升级到 Windows Server 2003。

2．服务器核心（Server Core）安装

在安装 Windows Server 2008 时可以选择服务器核心（Server Core）版本。服务器核心（Server Core）安装是 Windows Server 2008 的最小安装，这种安装方式只安装服务器角色所需要的文件，没有 Windows 图形界面，需要使用命令行配置和管理服务器，可以提高性能和稳定性，但是却大大增加了管理难度。我们不采用这种安装方式，因此不在此介绍安装过程了。不同版本 Windows Server 2008（Server Core）支持的角色如表 1-3 所示。

表 1-3　服务器核心（Server Core）安装选项比较

服务器角色	企业版	Datacenter	标准版	Web	Itanium 版
Web 服务（IIS）*	部分支持	部分支持	部分支持	部分支持	不支持
打印服务	完整支持	完整支持	完整支持	不支持	不支持
Hyper-V	完整支持	完整支持	完整支持	不支持	不支持
Active Directory Domain Services	完整支持	完整支持	完整支持	不支持	不支持
Active Directory Lightweight Directory Services	完整支持	完整支持	完整支持	不支持	不支持
DHCP Server	完整支持	完整支持	完整支持	不支持	不支持
DNS Server	完整支持	完整支持	完整支持	不支持	不支持
文件服务	完整支持	完整支持	部分支持	不支持	不支持

*所有版本的服务器核心（Server Core）安装选项皆不提供 ASP.NET

1.3　Windows Server 2008 基本设置

本小节将介绍如何在 Windows Server 2008 上进行一些基本配置，方便我们的管理或者优化服务器的运行。

1.3.1　桌面图标设置

第一次登录 Windows Server 2008 系统时，桌面上只有一个“回收站”图标，不方便使用，因此最好能在桌面上把“计算机”、“网络”等图标加上。步骤如下：

步骤 1：在桌面上任何空白处，右击鼠标，选择菜单中的“个性化”菜单，打开如图 1-13

所示的窗口，单击窗口左上角的“更改桌面图标”链接。

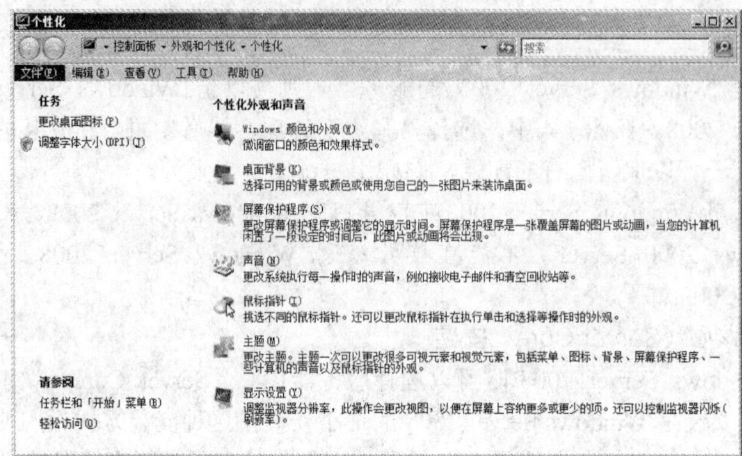

图 1-13　“个性化”窗口

步骤 2：如图 1-14 所示，把“计算机”、“网络”、“控制面板”等选项选上，单击“确定”按钮。

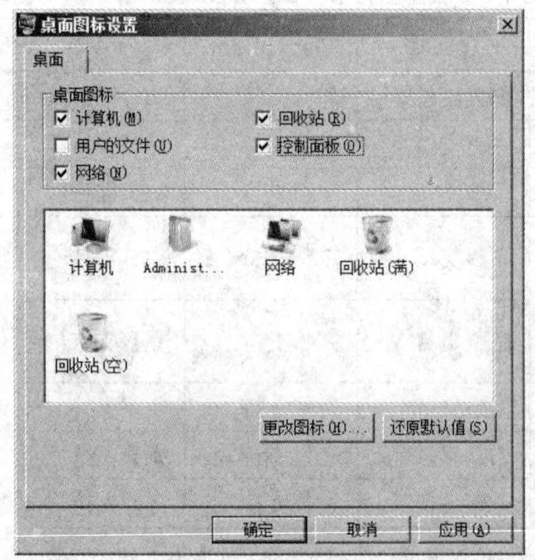

图 1-14　“桌面图标设置”窗口

1.3.2　系统属性

右击桌面上的“计算机”图标，选择“属性”菜单，打开“系统”窗口，如图 1-15 所示。在窗口中可以看到 Windows 版本、计算机 CPU、内存、计算机名称、组名等信息。如果 Windows 未被激活，下方还会有激活提醒。

1. 改变计算机名和工作组名

安装 Windows Server 2008 时，安装程序会自动生成计算机名，并把计算机加入到名为 WORKGROUP 的工作组中，这通常不符合我们的需求。可以使用以下步骤改变计算机名：

步骤 1：单击图 1-15 右侧“计算机名称、域和工作组设置”区的“改变设置”链接。

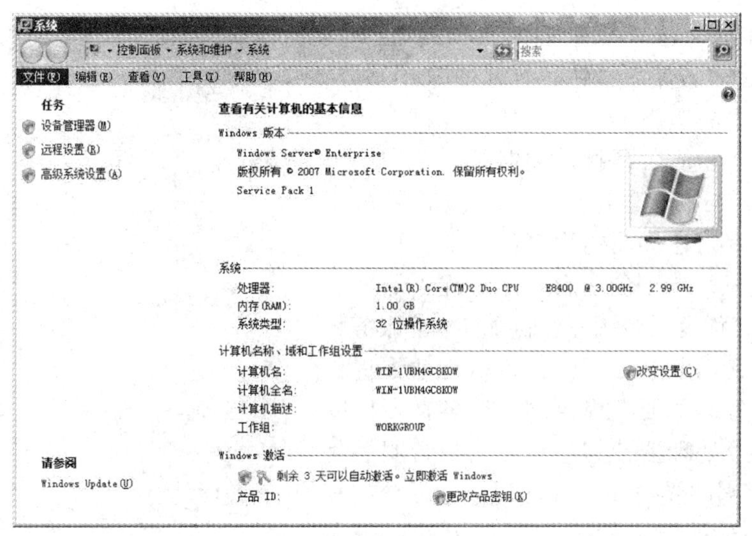

图 1-15 “系统”窗口

步骤 2：如图 1-16 所示，可以在“计算机描述”文本框内输入方便我们管理的计算机描述。

步骤 3：在图 1-16 中，单击“更改”按钮，打开“计算机名/域更改”窗口，如图 1-17 所示，可以更改计算机名，也可以更改计算机所在的工作组，单击“确定”按钮后，一一关闭各窗口。

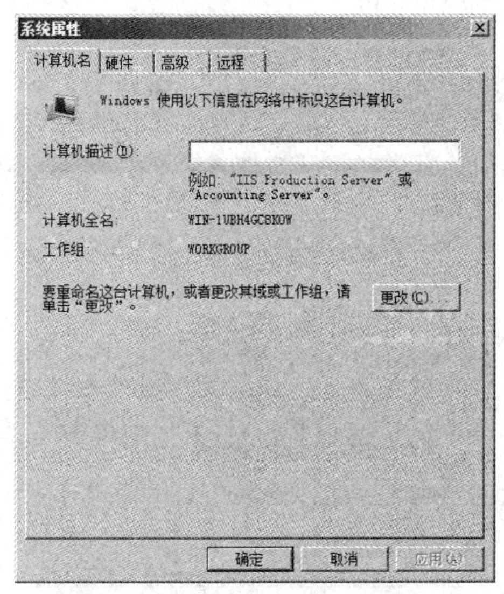

图 1-16 “系统属性”窗口

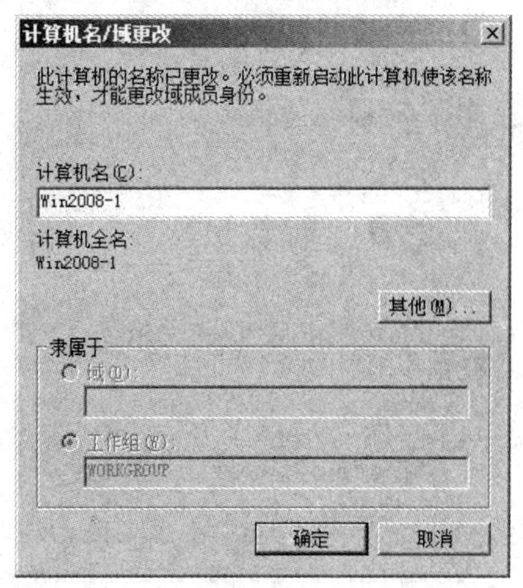

图 1-17 “计算机名/域更改”窗口

【提示】计算机名、工作组名仅限于 15 个字符。

步骤 4：需要重新启动计算机，新的计算机名和计算机属于哪个工作组才生效。

2. 高级系统设置

作为网络服务器，为用户提供网络服务，需要对 CPU、内存资源进行一些优化设置。在图 1-15 中，单击左侧的“高级系统设置”链接打开“系统属性”窗口，如图 1-18 所示。

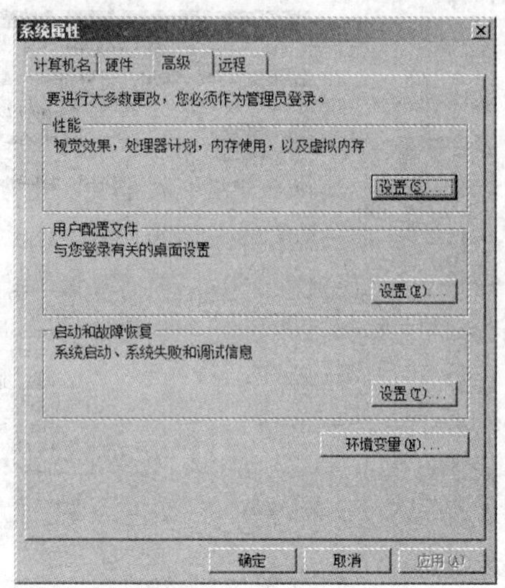

图 1-18 “系统属性”窗口

（1）处理器计划：在图 1-18 中，单击“性能”选项区中的“设置”按钮。打开如图 1-19 所示窗口，选择“高级”选项卡。在计算机上运行的程序分为前台和后台两种，通常把需要和用户进行互动（等待用户键盘输入文字或者单击鼠标）的程序、有用户界面的程序称为前台程序，Word、游戏等就是典型的前台程序。而不需要和用户交互的程序称为后台程序，例如 DNS 服务、邮件服务等，它们默默运行于计算机为他人提供服务。由于服务器主要是提供网络服务，所以默认时系统会把“处理器计划”设置为后台服务优化，这时系统会分配较多的 CPU 时间给后台的程序。如果在这台计算机输入文字、上网、玩游戏，可以选择“调整以优化性能”为“程序”。我们这里应该保持默认值。

【提示】服务器应该专用于提供网络服务，把服务器当成我们的办公电脑不是一个好习惯，不仅大材小用，更会给服务器带来安全、稳定等问题。

（2）虚拟内存：图 1-19 中，在“虚拟内存”选项区中单击“更改”按钮，打开如图 1-20 所示窗口。默认时系统自动管理虚拟内存的大小和分布。

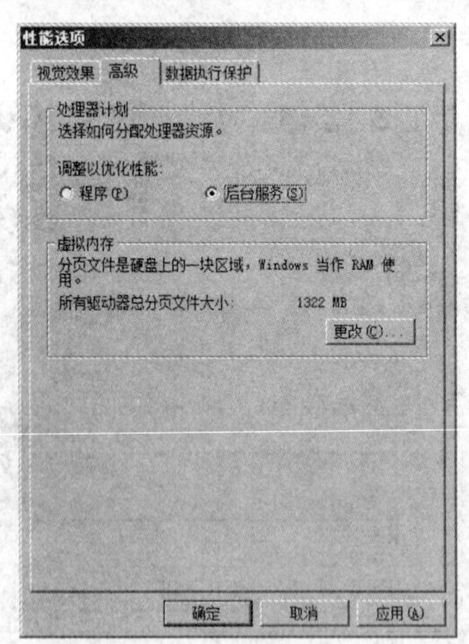

图 1-19 “性能选项”窗口

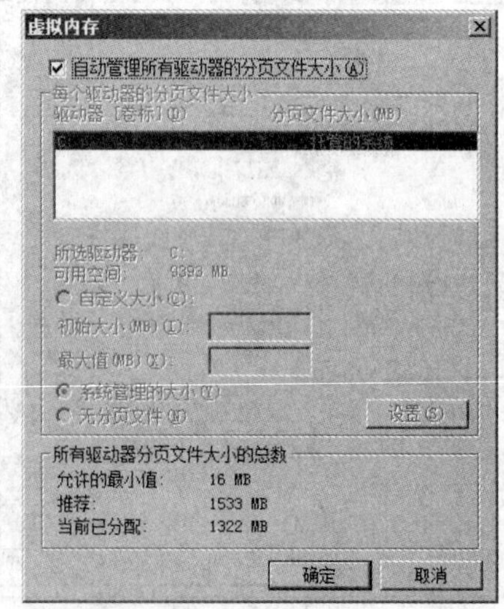

图 1-20 “虚拟内存”窗口

目前计算机的内存通常有 1、2 个 GB 以上，然而现在的操作系统最少也有几个 GB，应用程序也消耗越来越多的内存，因此内存还是不能满足它们的需要。Windows 会将一部分硬盘空间设置为虚拟内存（也称分页文件），Windows 将内存中暂时不用的数据写到磁盘上，腾出内存空间给系统或者应用程序。如果 Windows 需要用到这些数据，Windows 又将它们从磁盘上读到内存中。因此物理内存不能太小，否则会导致磁盘的经常性读写。虚拟内存的大小设置也很关键，虚拟内存过小也会导致数据在物理内存和虚拟内存之间的频繁交换。虚拟内存的大小建议为物理内存的 1.5 倍。如果计算机有多个物理磁盘，可以把虚拟内存分布在不同的物理磁盘上，这样几个磁盘可以同时读写数据，提高性能。

如图 1-21 所示，去掉“自动管理所有驱动器的分页文件大小”选项后，可以控制各驱动器上的虚拟内存大小。

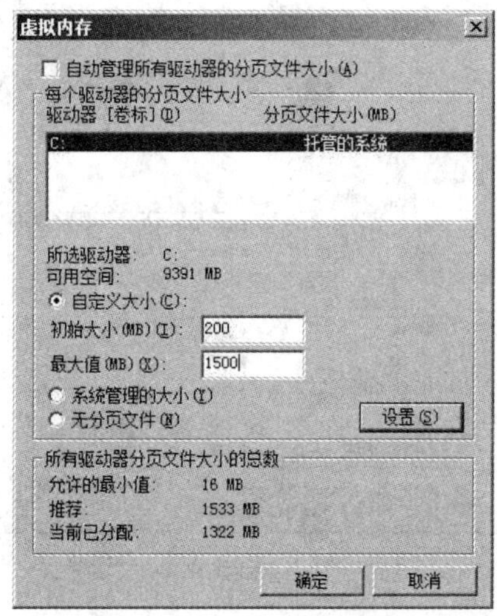

图 1-21 “虚拟内存”窗口

- “自定义大小”选项：可以指定驱动器上分页文件的初始大小和最大值。
- “系统管理的大小”选项：系统根据需要在各驱动器上分配分页文件的大小。
- “无分页文件”选项：在驱动器上没有分页文件。

选择以上选项，单击“设置”按钮后，再单击“确定”按钮，一一关闭各窗口。需要重新启动计算机方能生效。

【提示】分页文件的文件名为 pagefile.sys，存放在各驱动的根目录，该文件的类型是系统文件，默认时是被隐藏的。各磁盘应该保留一定的空闲空间供分页文件使用，特别是 C 盘。

1.3.3 网络配置

要提供网络服务，必须能够连接到网络，因此需要对网络进行配置。右击桌面上的“网络”图标，选择“属性”菜单。打开“网络和共享中心”窗口，如图 1-22 所示；也可以从“开始”→“控制面板”→“网络和 Internet”→“网络和共享中心”菜单打开该窗口。

Windows Server 2008 的网络设置和 Vista、Windows 7 类似，但比 Windows XP、Windows Server 2003 复杂，当然功能也较强。先介绍几个概念，Windows Server 2008 中以下三个设置是有关联的，因此需要知道它们如何关联的。

- 网络发现：一组协议或者功能，能使得您的计算机和其他计算机互相发现对方，网络发现通常是计算机之间文件共享的基础，要能发现对方才能方便地使用对方的共享文件。
- 位置类型：有公用、专用、域三种，公用是指计算机放置于机场、咖啡厅等公共场所。专用是指计算机在办公室、家庭等专用场所。之所以区分位置，是因为不同场所中计算机受到的威胁是不一样的，在公共场所明显更不安全，因此保护计算机的措施也将是不一样的。域是指连接到域，本书后面有专门章节介绍域。

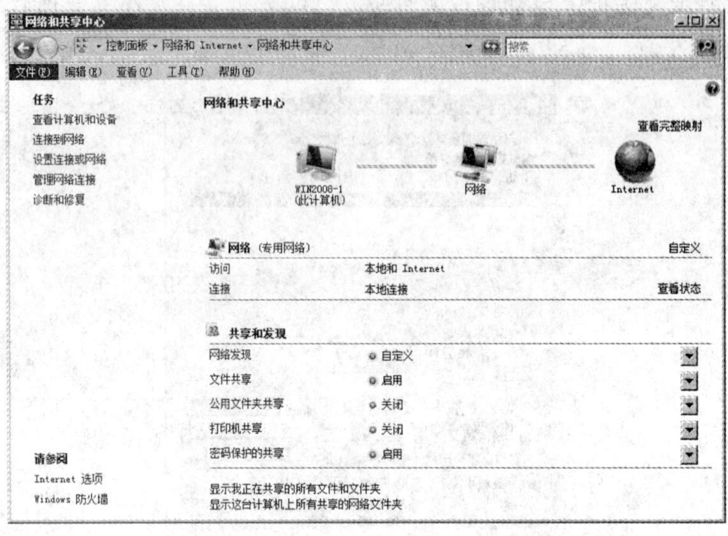

图 1-22 “网络和共享中心”窗口

- 防火墙：通过检查来自网络的信息（数据包），然后根据设置阻止或者允许信息通过计算机。

【提示】据调查，来自网络内部的攻击比例在上升，因此网络安全不能只注意企业外部的攻击。

1．位置类型设置

图 1-22 中，单击右侧的“自定义”链接，打开如图 1-23 所示的窗口。可以对网络名和位置类型进行设置，单击“下一步”按钮，一一关闭窗口即可。本书的服务器（除了图 1-1 中的接入服务器）都是内部的服务器，因此选择“专用”选项。

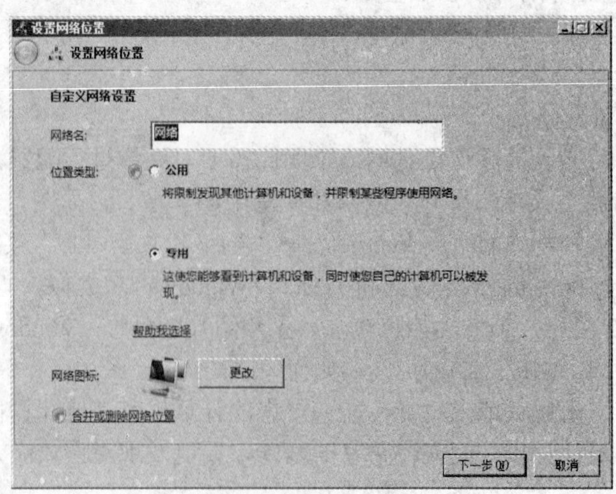

图 1-23 “设置网络位置”窗口

- “公用”选项：您的计算机和其他计算机之间将无法相互进行网络发现，同时限制某些程序使用网络。选择该选项后，如果回到图 1-22 所示的窗口，则可以看到此时“网络发现”功能处于关闭状态。
- “专用”选项：您的计算机和其他计算机之间将可以相互进行网络发现，此时“网络发现”功能处于启用状态。

2. 网络发现设置

前面已经知道改变位置类型会影响网络发现功能的状态，然而我们还是可以单独改变网络发现功能的状态。例如：即使我们把计算机位置类型设置为“专用”，为了安全起见还是可以关闭网络发现功能。步骤如下：在图 1-22 中，单击“网络发现”右侧的向下箭头图标，展开窗口，如图 1-24 所示，选择“关闭网络发现”选项，再单击“应用”按钮。

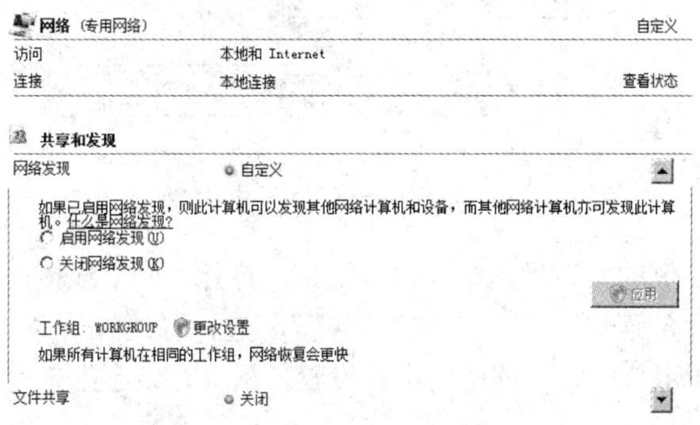

图 1-24　启用或关闭网络发现

3. Windows 防火墙

默认时 Windows Server 2008 是开启防火墙的。在图 1-22 中单击左下方的“Windows 防火墙”链接，打开如图 1-25 所示的窗口。单击右侧的“更改设置”链接，打开如图 1-26 所示的窗口，选择“例外”选项卡。当我们改变位置类型时，系统会自动设置防火墙，以保证不同位置类型时的计算机安全。例如：当我们把计算机设置为“公用”位置类型时，图 1-26 中“网络发现”选项被去除了，这时用以进行网络发现的数据包不能被发送和接收，网络发现功能自然被关闭了。有关防火墙的详细设置在后面的章节介绍。这里仅展示位置类型的设置和防火墙的关系。

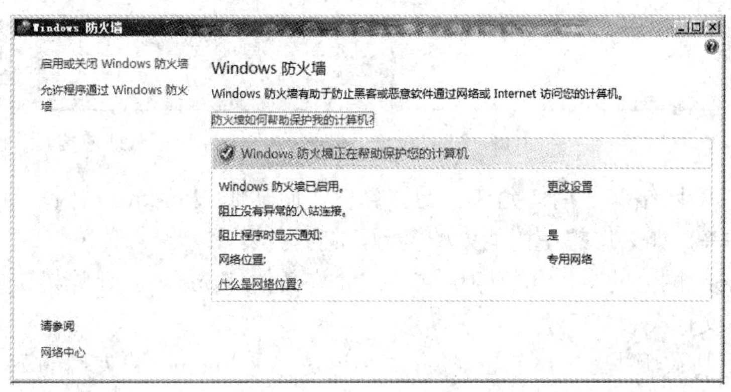

图 1-25　“Windows 防火墙”窗口

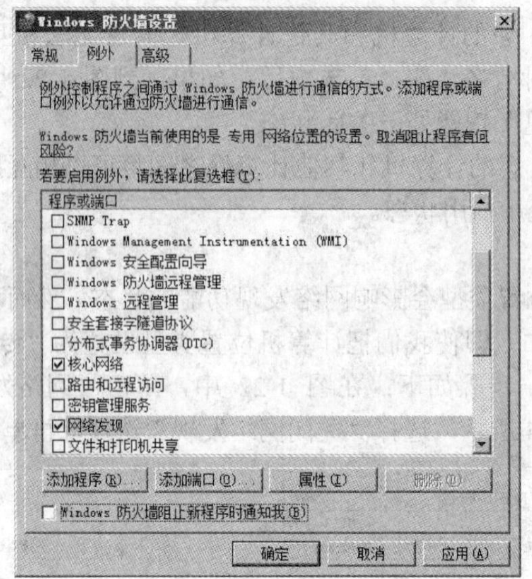

图 1-26 “Windows 防火墙设置”窗口

4．网络连接管理

图 1-22 中，单击左侧的“管理网络连接”链接，打开“网络连接”窗口，如图 1-27 所示，窗口中列出了当前的全部连接。右击“本地连接”，选择“属性”菜单，打开“本地连接 属性”窗口，如图 1-28 所示，可以对该连接进行设置。默认时该连接启用了全部的项目。

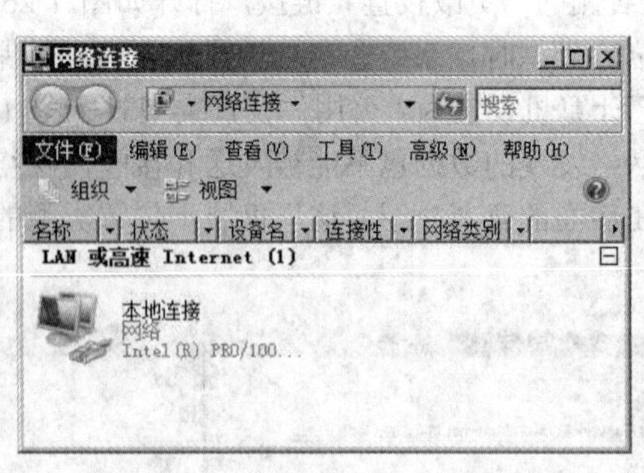

图 1-27 “网络连接”窗口

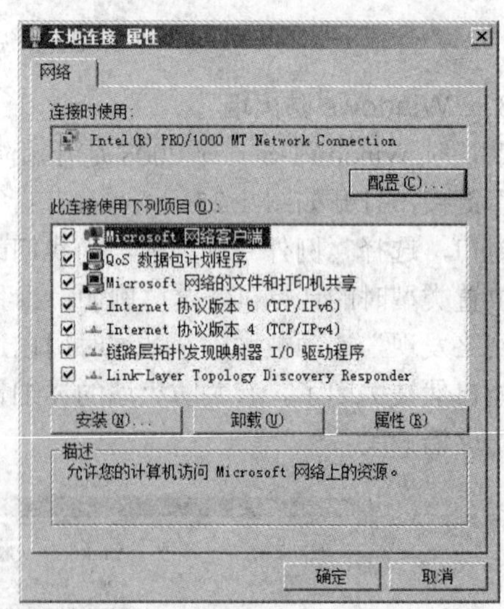

图 1-28 “本地连接 属性”窗口

- Microsoft 网络客户端：允许您的计算机访问其他 Windows 计算机的资源，例如共享文件夹，如果您想使用他人的资源，请打开此项。
- Microsoft 网络的文件和打印机共享：允许其他 Windows 计算机访问您的计算机上的共享文件夹、打印机等。
- Internet 协议版本 6（TCP/IPv6）：该协议是将来 Internet 将使用的下一个协议，本书不使用 IPv6，因此可以去掉该项目。

- Internet 协议版本 4（TCP/IPv4）：现在 Internet 正在使用的协议，下一小节将重点介绍。
- 链路层拓扑发现映射器 I/O 驱动程序：用以发现和定位网络上的其他计算机、设备。网络发现功能就是基于这个协议来发现别的计算机，如果去掉该项，则即使开启了网络发现功能（本小节中介绍了该功能），也无法发现其他的计算机。
- Link-Layer Topology Discovery Responder：用于被其他的计算机发现您的计算机，实际就是当其他的计算机发送网络发现的数据包时，您的计算机会进行应答。

5．IP 地址设置

在图 1-28 中，选中“Internet 协议版本 4（TCP/IPv4）”，单击“属性”按钮，打开如图 1-29 所示的窗口，对 IPv4 进行设置。根据我们的规划（见图 1-1），配置 IP 地址、掩码、网关、DNS 服务器的地址。单击“高级”按钮，打开如图 1-30 所示的窗口，选择 WINS 选项卡，在“WINS 地址”中单击“添加”按钮，把 WINS 服务器地址（图 1-1 中，WINS 服务器为 192.168.0.1）加入，单击“确定”按钮后，一一关闭窗口。

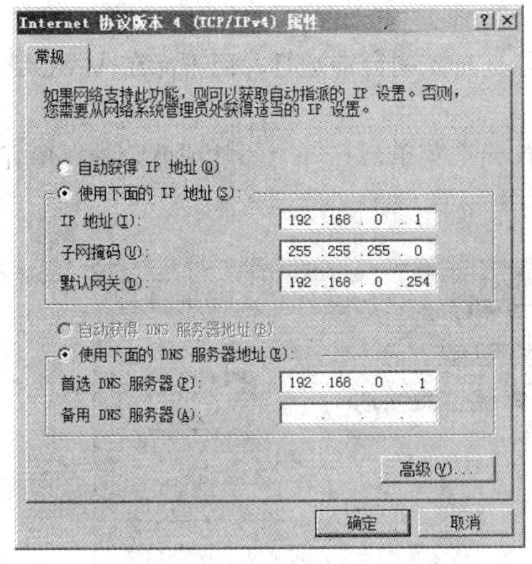

图 1-29 “Internet 协议版本 4（TCP/IPv4）属性”窗口

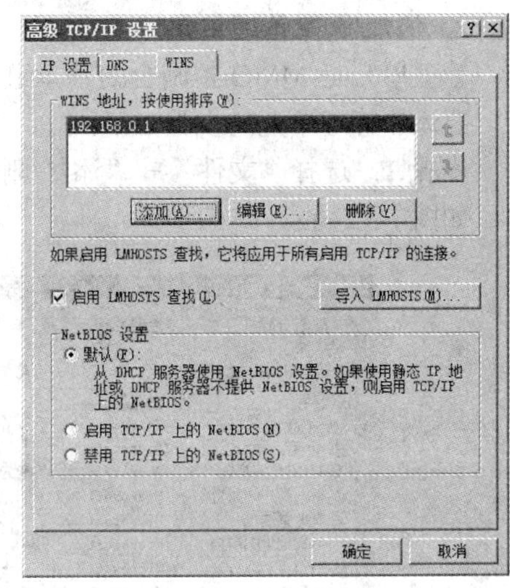

图 1-30 “高级 TCP/IP 设置”窗口

【说明】有关 DNS、WINS 的详细知识请参见本书后面的章节。

1.3.4 MMC 的使用

Windows Server 2008 是一个复杂的系统，要管理好系统需要有各种不同的管理工具，然而管理好这些工具本身就是一件复杂的事情，MMC（Microsoft Management Console，微软管理控制台）提供了一个管理工具的途径。MMC 允许管理员把常用的管理工具组织在一起，这些管理工具可以用来管理硬件、软件和 Windows 系统的网络组件等。MMC 本身并不执行管理功能，它只是集成管理工具而已，可以添加到控制台中的主要工具类型称为管理单元。

1．MMC 基础

从“开始”→“运行”窗口中，输入“mmc”命令，就可以打开控制台，如图 1-31 所示。MMC 控制台窗口由三个窗格组成，左边的窗格显示控制台树，控制台树显示控制台中可以使用的管理单元；中间的窗格包括详细信息窗格，列出了这些项目的信息和有关功能，详细信息会随左边的项目不同而不同；右边的窗格是一些操作选项。

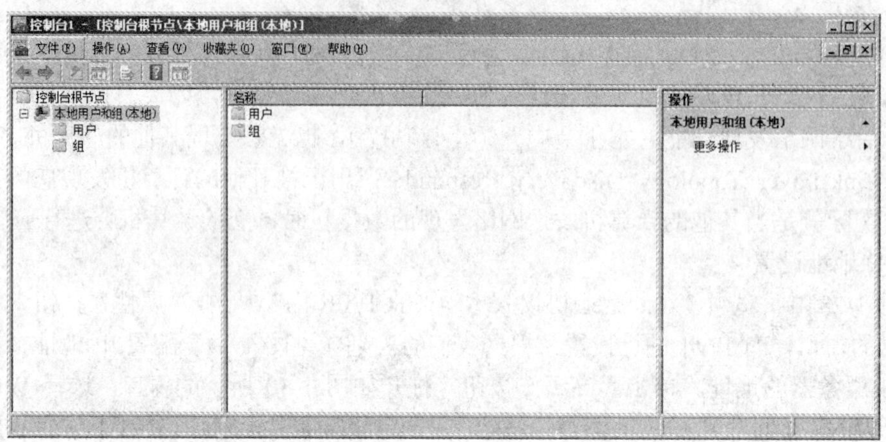

图 1-31　控制台窗口

2．添加/删除管理单元

管理单元是 MMC 控制台的基本组件，它总是在控制台中运行，而不能在 MMC 之外运行。要添加管理单元的步骤如下：

步骤 1：选择“文件”→“添加/删除管理单元”菜单，打开“添加或删除管理单元”窗口，如图 1-32 所示。

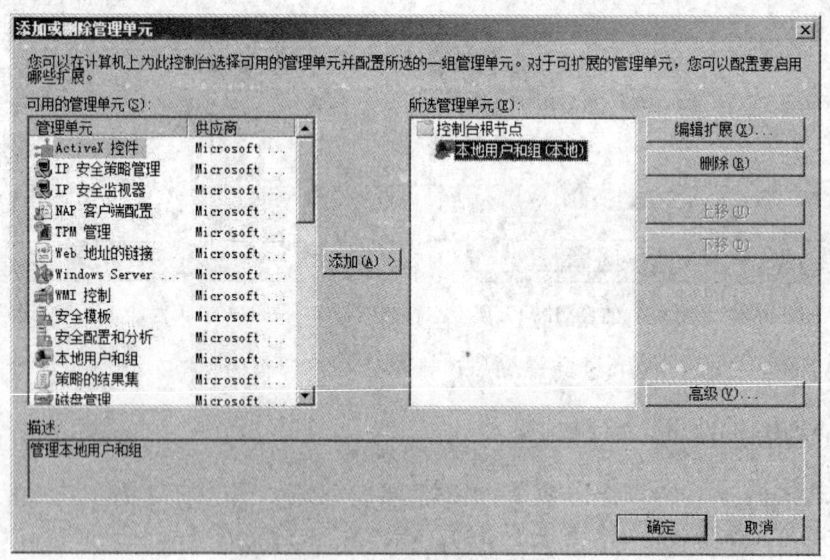

图 1-32　“添加或删除管理单元”窗口

步骤 2：在图 1-32 所示的窗口左边，选中所需的管理单元，单击“添加”按钮；根据要添加的管理单元不同，可能会出现新的窗口，例如：选择“服务”管理单元后，需要回答管理单元是管理本地计算机上的服务还是远程计算机上的服务，如图 1-33 所示。

添加完毕后，单击“确定”按钮，新添加的管理单元将在控制台树中出现。

在“文件”菜单中选择“保存”或者“另存为”可以保存控制台，下次直接双击控制文件打开控制台，原先添加的管理单元仍旧存在，可以用来进行计算机的管理工作。

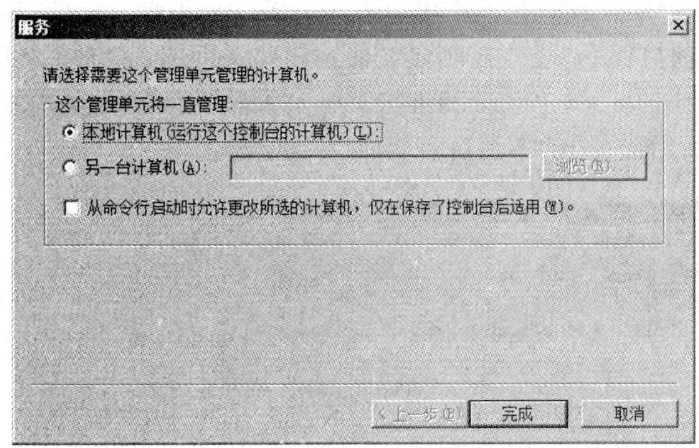

图 1-33　选择管理本地或者另一台计算机上的服务

3. MMC 模式

控制台可以保存下来以供下次使用，然而有时我们想创建一个控制台给一个普通用户使用，不想给予他在控制台中添加或者删除管理单元的权力，这种情况可以通过控制台模式来实现。控制台有两种模式：作者模式和用户模式。如果控制台为作者模式，使用者即可以在控制台中添加、删除管理单元，也可以在控制台中创建新的窗口、改变视图等。而在用户模式下，还有 3 种访问权限：

- 完全访问：使用者不能添加、删除管理单元或者控制台的属性，但是可以访问所有的窗口管理命令以及所有提供的控制台树的全部权限。
- 受限访问，多窗口：仅允许用户访问在保存控制台时可见的控制台树的区域，可以创建新的窗口，但是不能关闭已有的窗口。
- 受限访问，单窗口：仅允许用户访问在保存控制台时可见的控制台树的区域，可以创建新的窗口，阻止用户打开新的窗口。

要设置控制台模式，步骤如下：

步骤 1：选择“文件”→“选项”菜单，打开“选项”窗口，如图 1-34 所示。

步骤 2：单击“更改图标”按钮可以选择一个新的图标文件；在“控制台模式”中选择所要设定的模式。

步骤 3：“不要保存更改到此控制台”复选框：用户更改控制台（例如：窗口的大小、图标的大小等）后，关闭控制台时不会把更改保存在控制台文件中。

步骤 4：“允许用户自定义视图”复选框：控制用户能否从“查看”菜单中自定义控制台右边窗口的视图（如大图标、小图标、列表等）。

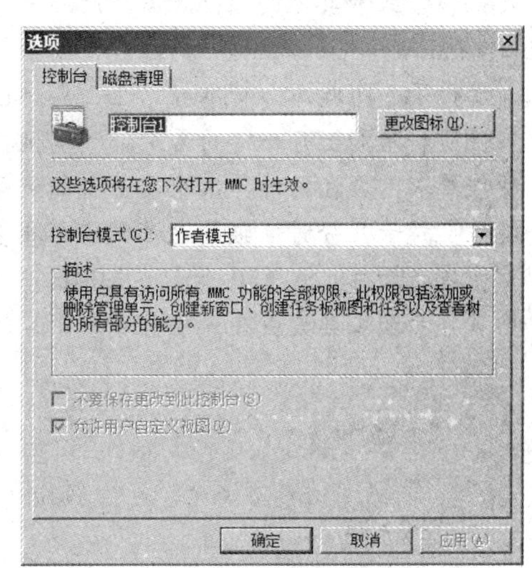

图 1-34　“选项”窗口

4．管理工具

从“开始”→“管理工具”菜单中可以看到许多管理工具，如图 1-35 所示，这些工具实际上就是系统安装时自动创建的控制台文件。这些文件放在“%SystemRoot%\system32”目录下，从“控制面板”→“系统和维护”→“管理工具”，也可以找到它们。如果不小心删除了，可以使用上面介绍的方法自己创建控制台文件。

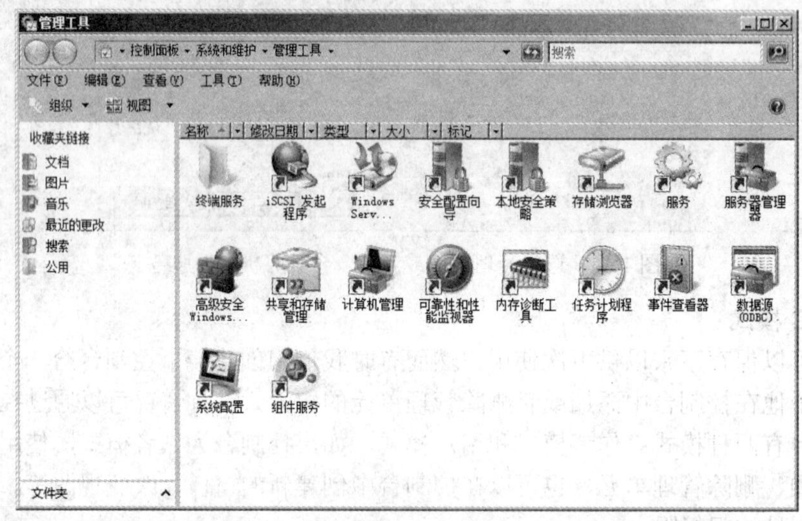

图 1-35 管理工具

本章分析了一个中小企业的网络需求，对网络拓扑、IP 地址、服务器等进行了规划。本书此后的章节将围绕这个设计来进行实施，主要介绍服务器的搭设。Windows Server 2008 因为其操作方式和其他的 Windows 产品一样而受到管理员的喜爱。比起之前的服务器操作系统，Windows Server 2008 在性能、安全性等方面有很大的改善。微软为满足不同企业的需求，发行了 5 个版本：标准版、企业版、Datacenter 版、Web Server 版、Itanium 版，这些版本在性能和功能上有一定的差别。和其他操作系统一样，Windows Server 2008 也有一个最低的硬件要求，现在的计算机基本上都能满足。Windows Server 2008 的安装过程相当简单，整个过程也就十几分钟，期间也不需回答很多问题。安装完毕，有几个配置是必须的：修改管理员密码、计算机名、IP 地址。MMC 是微软为解决管理工具太多问题而推出的，MMC 可以把多个管理工具集成在一个控制台中。

一、理论习题

1．企业为什么选择 Windows Server 2008？

2．Windows Server 2008 有哪些版本？简述不同版本的使用场合。

3. Windows Server 2008 要求 CPU 主频不得低于________，内存不得低于________，硬盘空间不得低于________；建议 CPU 主频高于________，内存大于________，硬盘空间大于________。

4. Windows Server 2008 中用户的密码要求________。

5. Windows Server 2008 的计算机名最长为________个字符。

6. 分页文件有什么用处？其大小一般为多大？

7. 计算机的“位置类型”有哪些？不同的“位置类型”设置对计算机有什么影响？

8.“网络发现”功能有何作用？

9. MMC 有________和________模式。

二、上机练习项目

1. 项目 1：找一台空闲的计算机，先确保其满足 Windows Server 2008 的安装要求后，从 DVD 安装光盘启动安装 Windows Server 2008 标准版。Windows Server 2008 试用版软件可从微软网站下载：http://msdn.microsoft.com/zh-cn/evalcenter/cc137233.aspx。

2. 项目 2：制作一个控制台文件，名为 admin.mmc，控制台的模式为“用户模式—完全访问”，把常用的管理单元：“本地用户和组”、“磁盘管理”、“服务器管理器”、“计算机管理”、“服务”加入到控制台中。

第 2 章　本地用户和组的管理

每个用户都需要有一个账户名和密码才能访问计算机上的资源。用户的账户类型有域账户、本地账户和内置账户。域账户用来访问域内资源（将在后面章节介绍），本地账户用来本地登录，不能访问域内的资源，内置账户用来对计算机进行管理。

组是权限相同账户的集合，管理员通常通过组来对用户的权限进行设置，从而简化了管理。本章将详细介绍用户和组的管理。

1. 了解本地账户的类型与命名规则
2. 为企业用户创建和管理本地账户
3. 了解本地组的概念
4. 为企业各部门创建和管理本地组

2.1　本地账户

2.1.1　账户的类型

Windows Server 2008 作为独立服务器或域中的成员服务器时，在计算机操作系统中有两种本地账户：系统管理员创建的本地账户和内置本地账户。

1．本地账户

本地账户可以建立在 Windows Server 2008 独立服务器、成员服务器以及 Windows Vista 等系统中。本地账户只能在本地计算机上登录，无法访问其他计算机资源。

本地计算机上有一个管理账户数据的数据库，称为 SAM（Security Accounts Managers，安全账户管理器），SAM 数据库文件路径为“\Windows\system32\config\SAM”。在 SAM 中，每个账户被赋予唯一的 SID（Security Identifier，安全识别号）。

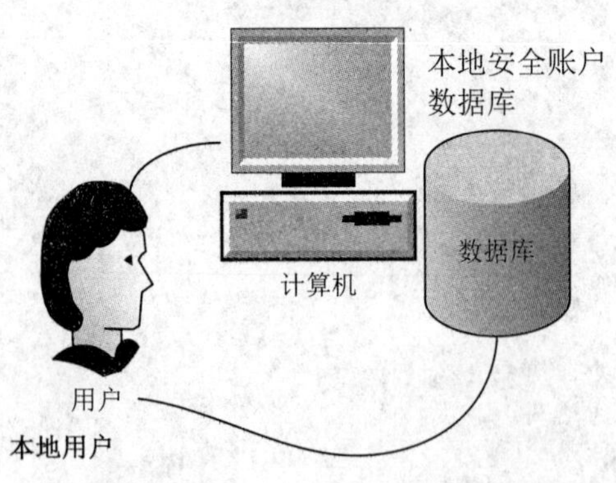

图 2-1　本地账户登录验证

Windows 内部进程识别账户是用 SID，而不是用账户名。用户要访问本地计算机，都需要经过该机 SAM 中的 SID 验证。如图 2-1 所示。

2. 内置本地账户

Windows Server 2008 中还有一种账户类型叫内置账户。当系统安装完毕后，系统会在服务器上自动创建它们。在独立服务器上或是成员服务器上，内置本地账户有：Administrator 和 Guest，创建在 SAM 中。

Administrator（系统管理员）：它拥有最高的权限，管理着 Windows Server 2008 系统。可以将 Administrator 的名字进行更改，但不能删除该账户。该账户无法被禁止，永远不会到期，不受登录时间限制。

Guest（来宾）：是为临时访问计算机的用户提供的。该账户自动生成，且没有密码，不能被删除，可以更改名字。Guest 只有很少的权限，默认情况下，该账户被禁止使用。例如当我们希望局域网中的用户都可以登录到自己的电脑，但又不愿意为每一个用户建立一个账户，就可以启用 Guest。

2.1.2 账户名与密码的命名规则

账户名的命名规则如下：

- 账户名必须唯一，且不分大小写。
- 用户名最多可包含 256 个字符。
- 在账户名中不能使用的字符有：‘、/、\、[、]、:、;、|、=、,、+、*、？、<、>。
- 用户名可以是字符和数字的组合。
- 用户名不能与组名相同。

账户密码规则如下：

- 必须为 Administrator 账户分配密码，防止未经授权就使用。
- 系统默认用户的密码至少 6 个字符，还要至少包含 A～Z、a～z、0～9、非字母数字（例如!、#、$、%）等四组字符中的三种。
- 密码的长度在 8～128 之间。
- 密码不包含全部和部分的用户账户名。
- 密码中不能使用以下字符：‘、/、\、|、;、:、=、,、+、[、]。

2.1.3 创建本地账户

本地账户是工作在本地机的，只有 Administrators 组的成员例如 Administrator 才能创建本地用户。下面我们举例说明如何创建本地用户。例如：在 Windows Server 2008 独立服务器或成员服务器上创建本地账户 Emily，设置密码，并用该账户登录系统。操作如下：

步骤 1：从“开始”→“管理工具”→“计算机管理”→“本地用户和组”菜单，打开“本地用户和组”窗口，在窗口中右击“用户”，选择“新用户”菜单。

步骤 2：打开“新用户”窗口，输入如图 2-2 所示内容。

- 用户名：系统本地登录时使用的名称。
- 全名：用户的全称。
- 描述：关于该用户的说明文字。

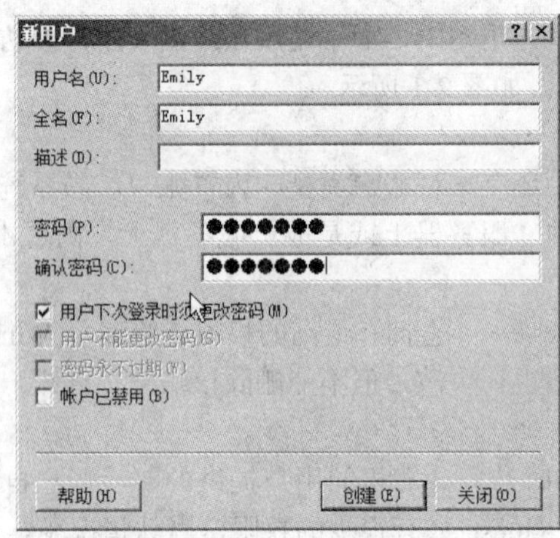

图 2-2　创建本地新账户

- 密码：用户登录时使用的密码。
- 确认密码：为防止密码输入错误，需再输入一遍。
- 用户下次登录时须更改密码：用户首次登录时，使用管理员分配的密码，当用户再次登录时，强制用户更改密码，用户更改后的密码就只有自己知道，保证了安全使用。我们这里是管理员统一创建账户，应该选择此项。
- 用户不能更改密码：通常用于公共账户，防止有人更改密码。
- 密码永不过期：密码默认的有限期为 42 天，超过 42 天系统会提示用户更改密码。选择此项表示系统永远不会提示用户改密码。
- 账户已禁用：选择该项表示任何人都无法使用这个账户登录，适用于某员工休假时，防止他人冒用该账户登录。

步骤 3：注销当前账户，用新账户测试是否可以正常登录。

步骤 4：重复以上步骤为企业内全部员工创建账户。

2.1.4　更改账户

如果要对已经建立的账户更改登录名，则在“计算机管理”→“本地用户和组”→“用户”列表中选择，右击该账户，选择“重命名”，输入新名字，如图 2-3 所示。

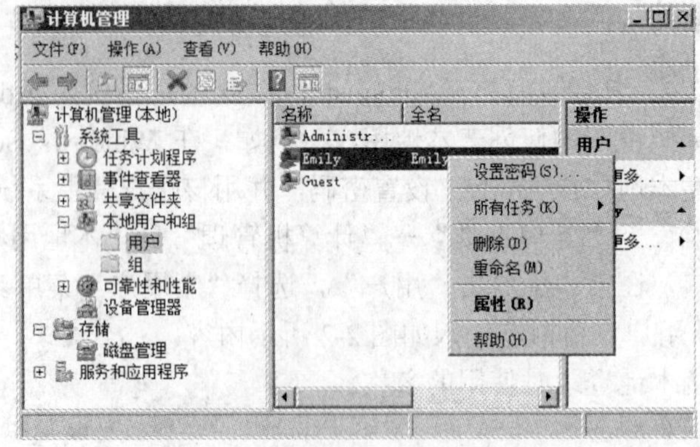

图 2-3　更改账户

2.1.5 删除账户

如果某用户离开公司，为防止其他用户使用该用户账户登录，就要删除该用户的账户。在“计算机管理”→“本地用户和组”→“用户”列表中选择，右击该账户，选择“删除”→“是”，如图2-3所示。

2.1.6 更改账户密码

重设密码可能会造成不可逆的信息丢失。出于安全的原因，要更改用户的密码分以下几种情况：

如果用户在知道密码的情况下想更改密码，他在登录后按Ctrl+Alt+Delete组合键，如图2-4所示，输入正确的旧密码，然后输入新密码。

图2-4 更改密码

如果用户忘记了登录密码，并且事先已经创建了“密码重设盘”，则使用密码重设盘来进行密码重设，密码重设只能在本地机中设置。创建密码重设盘的步骤如下：

步骤1：用户登录后按Ctrl+Alt+Delete组合键，单击“创建密码重设盘”（见图2-4），打开“忘记密码向导”窗口，如图2-5所示，选择“下一步”按钮。

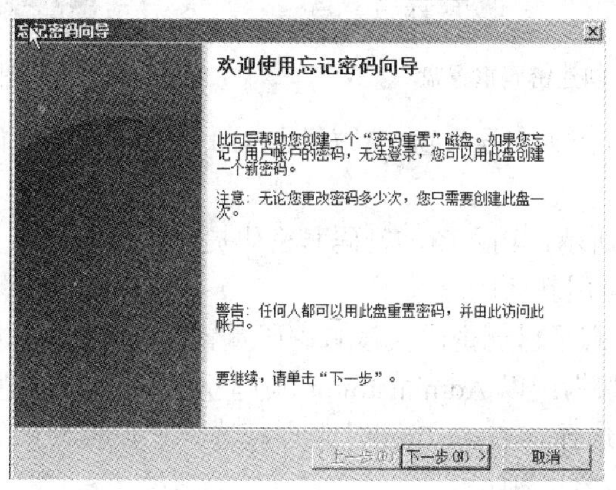

图2-5 进入向导

步骤 2：如图 2-6 所示，按照提示，选择优盘作为密码重置盘，单击“下一步”按钮。

步骤 3：如图 2-7 所示，输入当前的密码。单击“下一步”按钮。

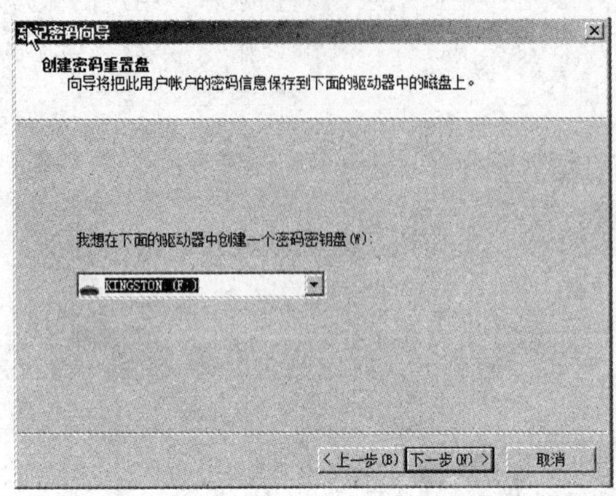

图 2-6　用优盘作为密码重置盘

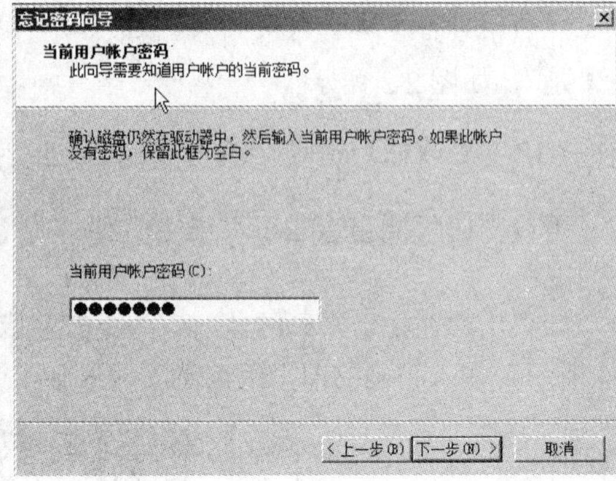

图 2-7　输入密码

步骤 4：如图 2-8 所示，系统开始创建密码重置盘，单击“下一步”按钮完成密码重置盘的创建。

用户忘记密码后，可以利用密码重置盘设置新密码。步骤如下：

步骤 1：在用户登录输入密码有错时，会出现如图 2-9 所示窗口，单击“重设密码”。

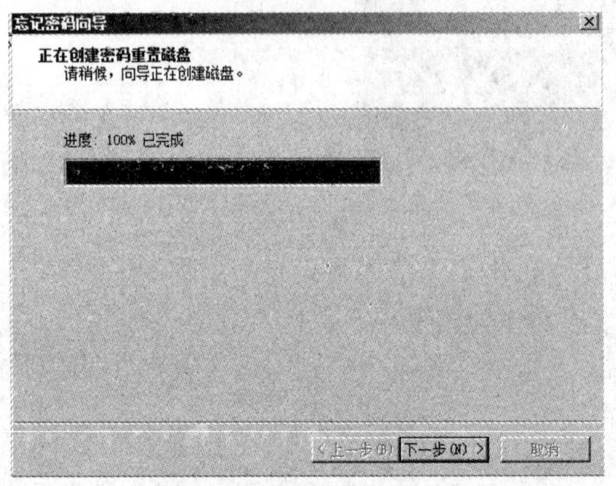

图 2-8　创建密码重置盘

图 2-9　登录失败

步骤 2：打开“重置密码向导”窗口，如图 2-10 所示，选择密码重置盘所在的驱动器，单击“下一步”按钮。

步骤 3：如图 2-11 所示，输入新的密码和密码提示，单击“下一步”按钮，完成密码重置工作。用户 Emily 就可用新密码登录了。

如果用户 Emily 既忘了自己密码又没有密码重置盘，可以让 Administrator 为其更改密码。更改账户密码的步骤为：以 Administrator 账户登录，在“计算机管理”→“本地用户和组”→“用户”列表中选择，右击 Emily 账户，选择“设置密码”菜单项，如图 2-12 所示，输入新密码即可。

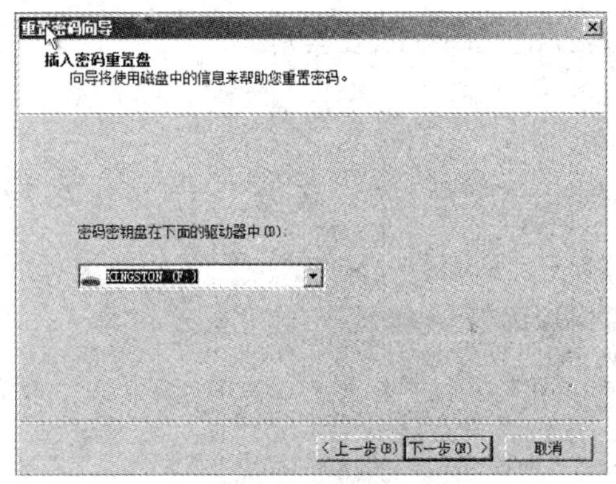

图 2-10　使用密码重置盘

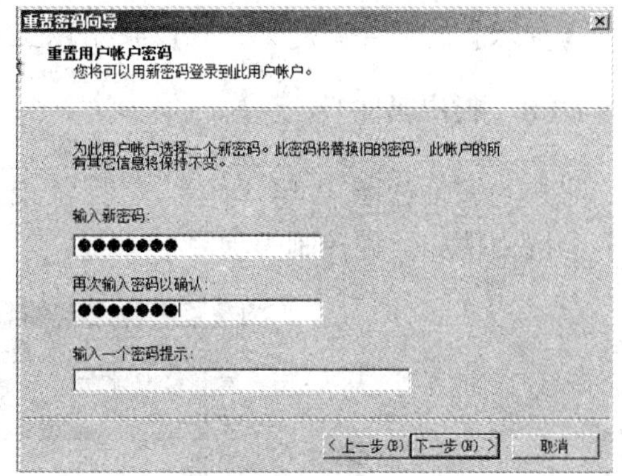

图 2-11　输入新密码

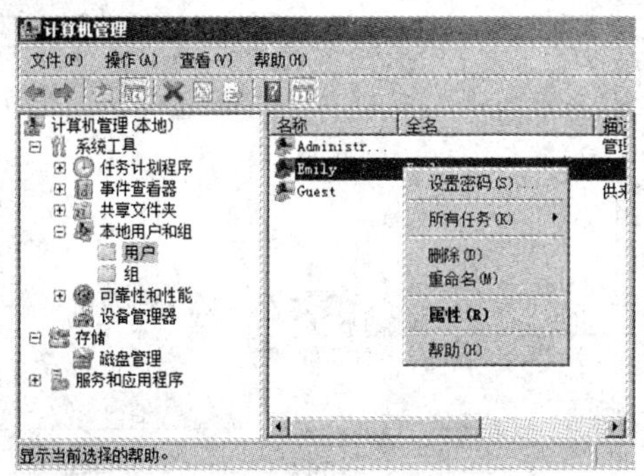

图 2-12　用 Administrator 重设账户密码

2.1.7　禁用与激活本地账户

当某个用户长期休假，就要禁用该用户的账户，不允许该账户登录。该账户信息会在计算机管理窗口中显示为“×”。禁用 Emily 账户的步骤如下：

右击 Emily 账户，选择“属性”，打开如图 2-13 所示的窗口，选择“账户已禁用”。如果要重新启用某账户，只要取消“账户已禁用”复选框即可。

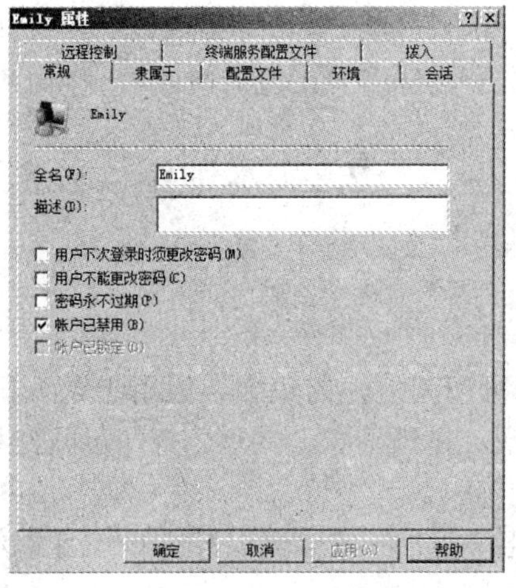

图 2-13　禁用本地账户

【提示】为了安全起见，可以使用以上步骤把内置账户 Guest 禁用。

2.1.8 账户属性

账户的属性如图 2-14 所示，包括常规、隶属于、配置文件、环境、会话、拨入、终端服务配置文件和远程控制等项目。

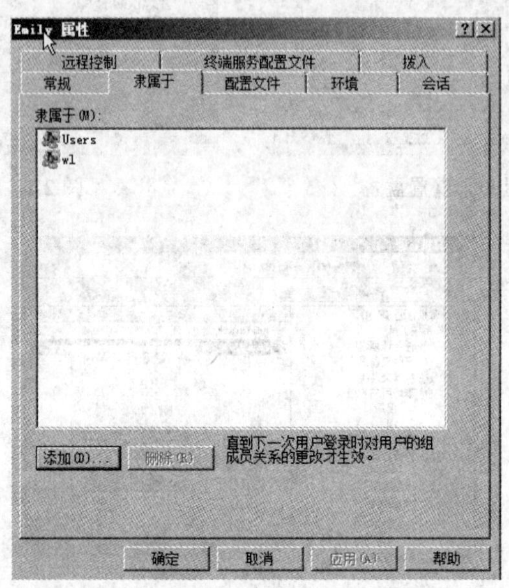

图 2-14 账户属性

- “常规”选项卡主要设置用户名描述和密码期限的问题，见 2.1.7 节。
- “隶属于”选项卡设置用户所属组，通过“添加”按钮，将用户添加到合适的用户组中去。
- “配置文件”选项卡说明了用户每次登录系统时都使用的配置文件设置的桌面、控制面板设置、可用的菜单选项以及应用程序等。
- “拨入”选项卡和远程访问 VPN 的设置有关。
- “环境”、“会话”、“远程控制”和“终端服务配置文件”选项卡都和终端服务有关。具体配置见有关终端服务器配置的内容。

2.2 本地组

2.2.1 组的概念

组是账户、联系、计算机和其他组的集合。组用于以下目的：管理用户和计算机的访问，其访问范围包括网络对象、本地对象、共享、打印机队列和设备等；创建分配表；筛选组策略等。

Windows Server 2008 也使用唯一安全标识符 SID 来跟踪组。权限的设置都是通过 SID 设置的，不是利用组名。

2.2.2 组的类型

在 Windows Server 2008 独立服务器或成员服务器上的工作组称为本地组。该组的成员是本地账户，这些组账户的信息被存储在本地安全账户数据库（SAM）内。本地组有两种类型：用户组和系统内置的组。

2.2.3 创建本地组

创建本地组的用户必须是 Administrators 组、Account Operators 组的成员。例如在 Windows Server 2008 上建立本地组 wl 并将本地账户 Emily 添加到该组中，步骤如下：

步骤 1：以 Administrator 身份登录。

步骤 2：单击“开始”→“管理工具”→“计算机管理”→“本地用户和组”→“组”，右击“组”，选择“新建组”，如图 2-15 所示，打开“新建组”窗口。

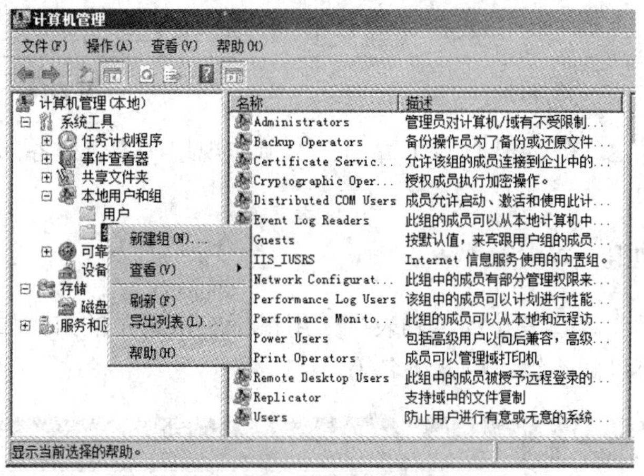

图 2-15 新建本地组

步骤 3：如图 2-16 所示，在“新建组”窗口中，输入组名、组的描述。

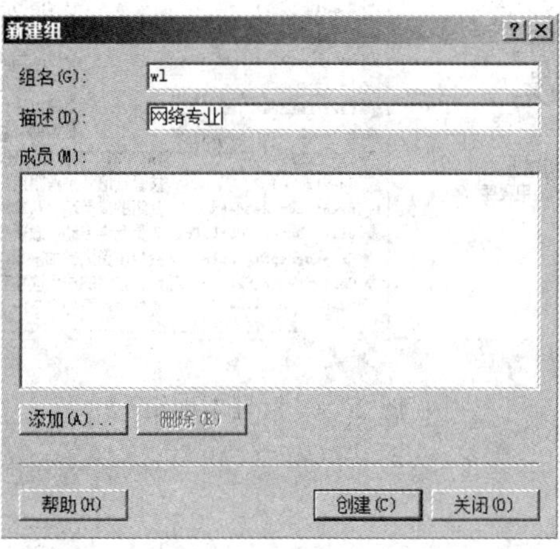

图 2-16 输入组名

步骤 4：如图 2-16 所示，单击“添加”按钮打开如图 2-17 所示的窗口，手工输入用户名或者通过查找选择用户名，单击“确定”按钮。

步骤 5：回到如图 2-18 所示的窗口，单击“创建”按钮完成创建工作，本地组是用背景为计算机的两个人头像来表示。

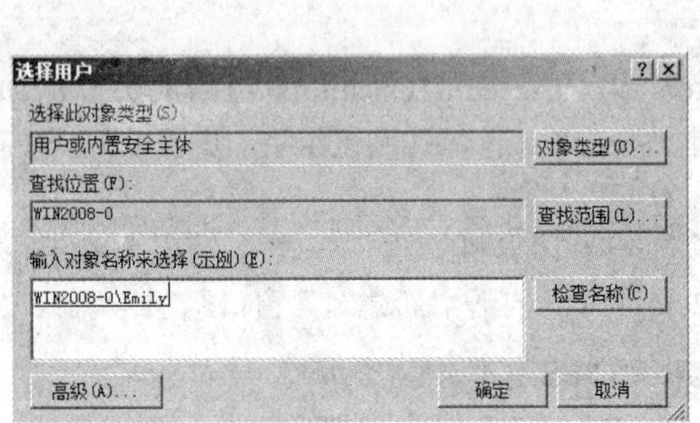

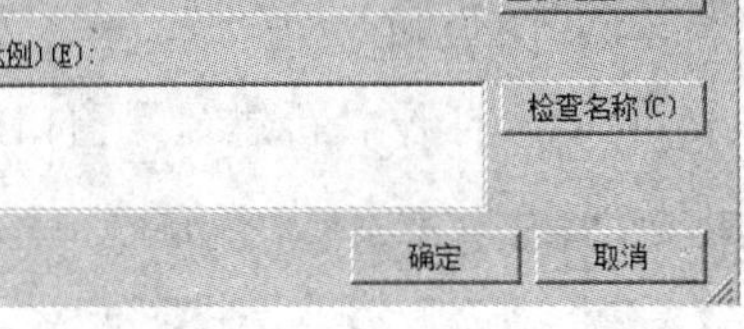

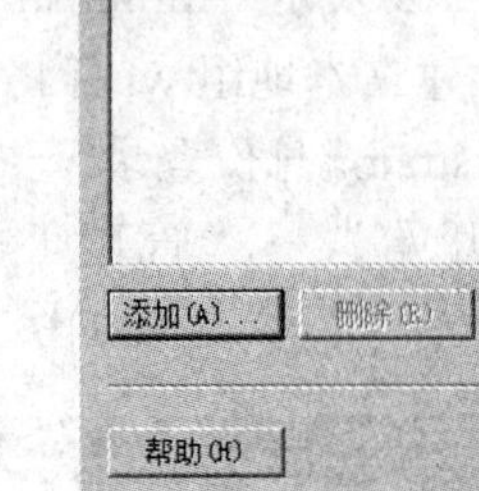

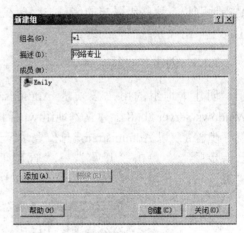

图 2-17　选择用户　　　　图 2-18　创建完毕

步骤 6：重复以上步骤，根据第 1 章 1.1.2 节的规划，为企业各部门创建组，并把各部门的账户加入到组中。

2.2.4　管理本地组

在“计算机管理”窗口右边的组列表中，用鼠标右击选定的组，如图 2-19 所示，选择菜单中的相应选项可以删除组、更改组名等。

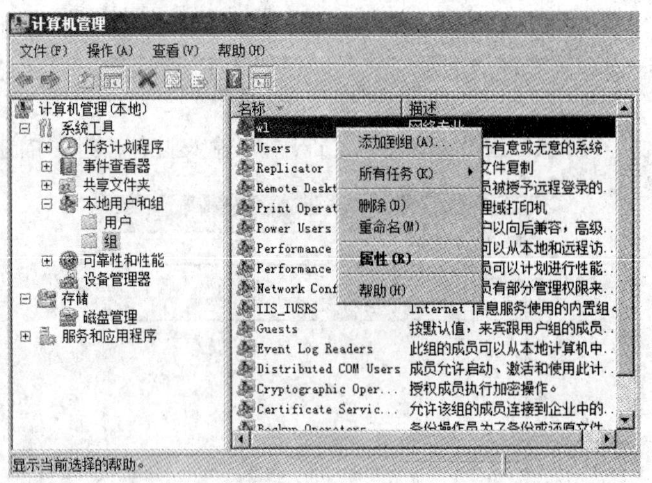

图 2-19　管理本地组

2.2.5　内置组

Windows Server 2008 在安装时会自动创建一些组，这种组叫内置组，如图 2-20 所示。内置组创建在 Windows Server 2008、Windows Server 2003/Windows 2000 Server/Windows NT

独立服务器或成员服务器、Windows Vista、Windows NT Workstation 等非域控制器的本地安全账户数据库中。这些组在建立的同时就已被赋予一些权力，以便管理计算机。

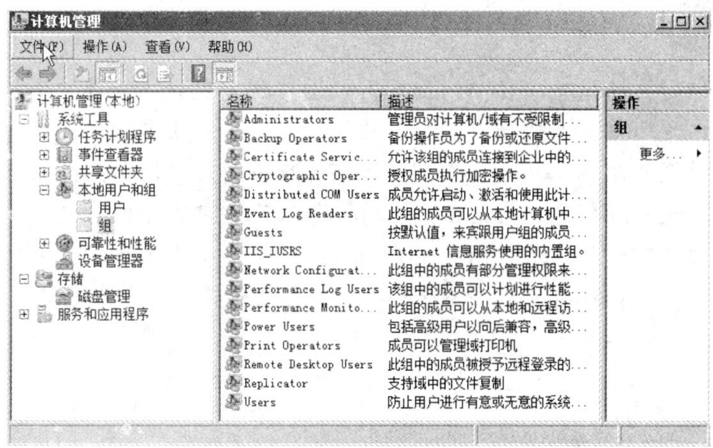

图 2-20　内置组

- Administrators：在系统内有最高权限，可以赋予权限；添加系统组件，升级系统；配置系统参数，如注册表的修改；配置安全信息等权限。内置的系统管理员账户是 Administrators 组的成员。如果这台计算机加入到域中，域管理员自动加入到该组，并且有系统管理员的权限。
- Backup Operators：该组的成员可以备份和还原服务器上的文件，而不管保护这些文件的权限如何。因为执行备份任务的权限高于所有文件权限。但是该组成员不能更改文件安全设置。该组成员的具体权限有通过网络访问此计算机；允许本地登录；备份文件和目录；跳过遍历检查；作为批处理登录；还原文件和目录；关闭系统。
- Cryptographic Operators：已授权此组的成员执行加密操作。
- Distributed COM Users：允许成员启动、激活和使用此计算机上的分布式 COM 对象。
- Guests：内置的 Guest 账户是该组的成员，该组的成员拥有一个在登录时创建的临时配置文件，在注销时，该配置文件被删除。
- IIS_IUSRS：这是 Internet 信息服务（IIS）使用的内置组。
- Network Configuration Operators：该组的成员可以更改 TCP/IP 设置并更新和发布 TCP/IP 地址。
- Performance Monitor Users：该组的成员可以从本地服务器和远程客户端监视性能计数器。
- Performance Log Users：该组的成员可以从本地或远程管理性能计数器、日志和警报。
- Power Users：存在于非域控制器上，可进行基本的系统管理；如共享本地文件夹、管理系统访问和打印机、管理本地普通用户；但是它不能修改 Administrators 组、Backup Operators 组，不能备份/恢复文件，不能修改注册表。
- Remote Desktop Users：该组的成员可以通过网络远程登录。
- Users：是一般用户所在的组，新建的用户都会自动加入该组；对系统有基本的权力，如运行程序，使用网络；不能关闭 Windows Server 2008；不能创建共享目录和本地打印机。如果这台计算机加入到域，则域的用户自动被加入到该机的Users组。

本章首先介绍用户的分类，在Windows Server中用户包括本地账户和域账户（后面章节介绍）以及各种内置账户。本地账户对应工作组模式，只能在本地机运行；内置账户是为了方便管理系统而设置的账户。然后又介绍了如何管理不同账户，如：建立账户、删除账户、更改密码等。本章最后介绍了 Windows 组的概念以及对它的管理。组是权限相同的用户的集合，是为了方便管理这些权限相同的用户引入的概念。根据工作模式不同组分为本地组和域组。本章重点介绍本地组的创建和管理。本地组信息被存储在本地安全账户数据库（SAM）内。

一、理论习题

1．Windows Server 2008 本地账户存储在________中；Windows Server 2008 内置账户中，默认被禁用的是________。

2．下列哪个账户名不是合法的账户名？________。

A．abc_123　　　　B．windows book

C．dictionar*　　　　D．abdkeofFHEKLLOP

3．本地账户的类型分为________和________。

4．用户忘记密码，该采取什么方式处置？

二、上机练习项目

1．项目 1：在独立或成员服务器上建立本地组 Group_test、本地账户 User1，把 User1 加入到 Group_test 组中；设置 User1 用户下次登录时要修改密码。

2．项目 2：用项目 1 建立的账户 User1 登录，修改密码。

第 3 章　磁盘管理

磁盘管理是操作系统的重要功能之一，网络管理员的主要工作之一就是估算存储需要；设计并实施高度可用的存储解决方案；限制并监视存储使用状况；制定灾难恢复和备份/还原机制。

1. 了解磁盘的基本概念
2. 了解 MBR 磁盘与 GPT 磁盘
3. 了解基本磁盘管理，对磁盘进行分区
4. 了解动态磁盘的管理，创建 RAID-5 分区存放数据

3.1　磁盘概述

磁盘管理是使用计算机时的一项常规任务，Windows Server 2008 在磁盘管理方面提供了强大的功能。Windows Server 2008 的磁盘管理任务有多种启动方式。主要应用界面有两种：一种是以磁盘管理实用程序的形式提供给用户的，它位于“计算机管理”控制台中，包括基本磁盘和动态磁盘的管理；另一种方式是通过 diskpart.exe 程序来管理的。

3.1.1　磁盘基本概念

1．启动“磁盘管理”

方法 1：单击“开始”→“管理工具”→“计算机管理”→“磁盘管理”，如图 3-1 所示。

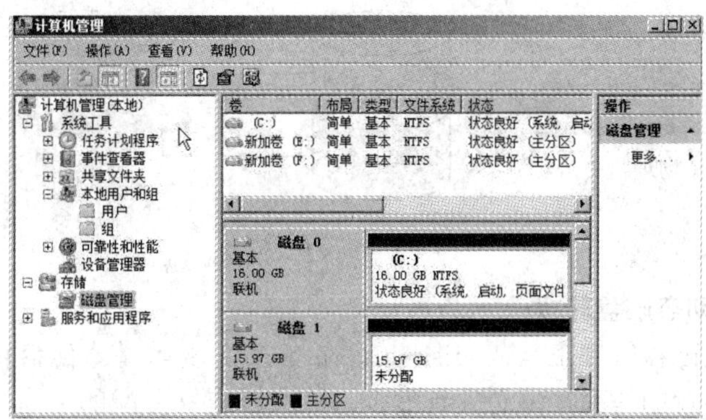

图 3-1　磁盘管理

【提示】必须以 Administrator 或 Administrators 组成员的身份登录才能使用“磁盘管理”。

方法 2：在命令行窗口中运行启动 diskpart.exe 程序，如图 3-2 所示。

2．磁盘分区

磁盘分区（Partition）是在硬盘的自由空间上创建的、多个能够被格式化和单独使用的逻辑单元。硬盘分区的目的主要有三个，一是使硬盘初始化，以便可以格式化和存储数据；二是用来分隔不同的操作系统，以保证多个操作系统在同一硬盘上正常运行；三是便于管理，可以有针对性地对数据进行分类存储，另外也可以更好地利用磁盘空间。

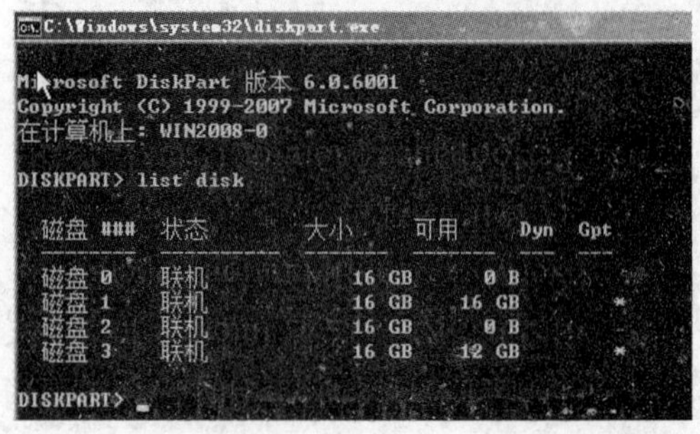

图 3-2 diskpart 窗口

Windows Server 2008 支持两种磁盘分区：MBR（Master Boot Record，主引导记录）磁盘和 GPT（Globally Unique Identifier Partition Table Format，全局唯一标识分区表）磁盘。

3．基本磁盘和动态磁盘

在使用固定磁盘时存储类型分为基本磁盘和动态磁盘。一台计算机的磁盘系统可以包含任意的存储类型组合。但是，同一个物理磁盘上的所有卷必须使用同一种存储类型（即基本磁盘或动态磁盘）。

基本磁盘是 Windows Server 2008 中默认的磁盘类型，是与 Windows 98/NT/2000/2003 兼容的磁盘系统。另一种磁盘类型是动态磁盘。动态磁盘支持多磁盘配置，提供了容错功能，提高了系统的访问效率，扩大了磁盘使用空间（如图 3-3 所示），从而改善了磁盘性能。动态磁盘的分区是用“卷”来命名的，不受卷数目的限制。动态磁盘不使用分区表，而是将分区信息记录在一个小型数据库中。

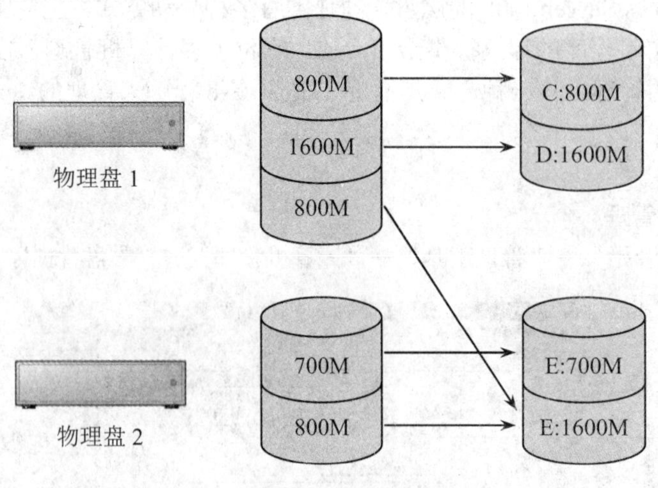

图 3-3 动态磁盘

4．基本磁盘与动态磁盘转换

磁盘的转换通过磁盘管理工具或 diskpart 命令来实现。基本磁盘转换成动态磁盘，数据会被保留，但要注意的是磁盘里必须有最少 1MB 没有被分配的空间，这些空间用来保存动态磁盘的数据库，数据库中包含了卷的信息。从动态磁盘返回到基本磁盘，必须先删除磁盘上的卷，然后才能将动态磁盘转换为基本磁盘，删除卷将导致磁盘中的数据丢失，所以一定要慎用此功能。

3.1.2 MBR 磁盘与 GPT 磁盘

1. MBR 磁盘

基于英特尔 x86 处理器的操作系统通过 BIOS 使用 MBR 分区表来存储与磁盘分区有关的信息。MBR 信息位于磁盘的 0 头 0 柱面的第一个扇区，它不属于任何分区。它主要由引导程序和分区表组成：引导程序是由低级格式化程序建立的（一般由厂家完成），分区表中含有各个分区的有关信息。主引导程序主要完成硬盘自检，系统自检后，BIOS 读取主引导记录（MBR）到内存，检查分区表，寻找唯一的活动分区，并根据分区表信息到活动分区的第一扇区读取引导记录，把控制权交给引导记录完成操作系统的加载。MBR 磁盘支持的分区的最大容量是 4TB。

MBR 基本磁盘分区又分为：主分区和扩展分区。主分区用来存放操作系统的引导记录。扩展分区不能用来启动操作系统，只能用来存放数据和应用程序。一个 MBR 磁盘最多可以创建 4 个主分区或者 3 个主分区和 1 个扩展分区，扩展分区不能直接存储数据，必须先建立“逻辑驱动器”才能将文件保存在逻辑磁盘。每个物理磁盘最多只能有一个扩展分区。MBR 磁盘基本磁盘分区的表示受 26 个英文字母的限制。基本磁盘内每个主分区或者逻辑驱动器又可被称为“简单卷”。

MBR 基本磁盘将存放操作系统文件的分区称为“引导卷”。操作系统的文件一般存放在 \Windows 下，引导卷可以是主分区，也可以是逻辑驱动器。MBR 基本磁盘存放启动操作系统文件的分区称为“系统卷”。操作系统的启动文件是 boot.ini、ntdetect.com、ntldr 等文件。Windows 利用这些文件到引导卷的 \Windows 下读取其他所有启动 Windows 所需要的文件，“系统卷”在 MBR 磁盘主分区内。

2. GPT 磁盘

GPT 磁盘是基于 Itanium 并且运行 64 位 Windows 的计算机分区方式，也是 64 位 Windows 的首选分区方式。GPT 磁盘分区数据保存在一个独立的分区中，另外还有冗余的主分区表和备份分区表，以及校验区。校验区可以实现纠错和改善分区结构完整性。GPT 磁盘支持的分区的最大容量是 18EB，每个 GPT 磁盘最多包含 128 个分区，且都是主分区。一个用来启动操作系统的 GPT 磁盘有两个必要的分区，一个是 EFI 系统分区 ESP（Extensible Firmware Interface System Partition），另一个是 Microsoft 保留分区 MSR（Microsoft Reserved）。ESP 相当于 MBR 磁盘的系统卷，这个分区必须用 FAT 文件系统格式化，大小在 100MB～1GB 之间。ESP 可以显示在磁盘管理窗口中，但是不会被指派任何驱动器号，并且被禁止使用任何操作命令，也无法在该分区中保存任何数据。ESP 内存放了 BIOS/OEM 厂商所需要的文件、启动操作系统的文件等。访问该区的唯一方法是使用计算机 EFI 固件内的 Boot Manager 来读取。因为 GPT 磁盘包含校验信息，所以不要使用第三方软件来修改 GPT 磁盘，否则可能使 GPT 头中的校验码失效，导致磁盘不可用。MSR 分区中包含了可能被操作系统用于存储数据的额外空间，该分区不显示在磁盘管理窗口中，也没有驱动器号。对于启动磁盘，在安装 Windows Server 2008 时，ESP 和 MSR 分区被自动创建。MSR 分区在

MBR 磁盘转换成 GPT 磁盘时自动创建。对于大于 16GB 的分区，MSR 分区通常为 128MB。

3．MBR 磁盘和 GPT 磁盘的关系

在基于英特尔 x86 处理器的计算机上可以使用 MBR 磁盘引导操作系统和存储数据，但是只能使用 GPT 磁盘存储数据。基于 Itanium 的计算机可以使用 MBR 磁盘和 GPT 磁盘，但必须使用 GPT 磁盘来启动操作系统，MBR 磁盘只能用来存储数据。

MBR 磁盘和 GPT 磁盘的分区都可以格式化成 FAT16、FAT32、NTFS 文件系统。但是 MBR 磁盘和 GPT 磁盘只能用 format 或 diskpart 工具格式化成 FAT16、FAT32 文件系统。MBR 磁盘与 GPT 磁盘之间的转换前提是必须是一个新的磁盘或者是重新格式化的空盘。

3.2 基本磁盘的管理

对于一块新的物理磁盘，在存储数据之前要先初始化磁盘，选择 MBR 分区类型还是 GPT 分区类型，然后再分区。Windows Server 2008 引入了压缩卷和扩展卷的功能，便于对硬盘进行智能化分区。本节我们讨论 MBR 基本磁盘的管理。

3.2.1 安装新磁盘

当计算机新安装一块硬盘时，在“计算机管理”窗口，右击“磁盘管理”，选择重新扫描磁盘，如图 3-4 所示，磁盘 4 会出现在窗口中，显示为脱机状态。右击磁盘 4，单击“联机”，然后再单击“初始化磁盘”。这时要选择磁盘类型是 MBR 还是 GPT（如图 3-5 所示）。

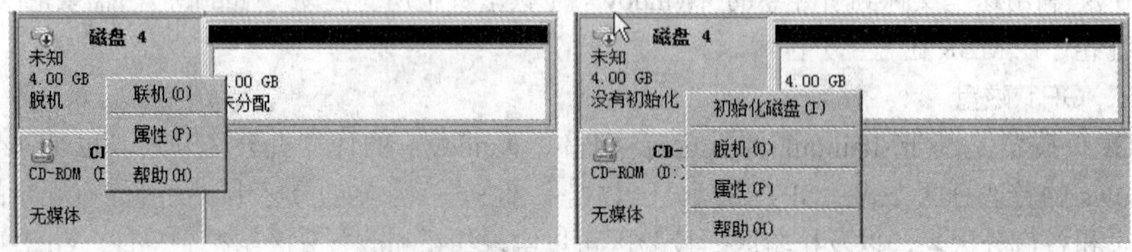

图 3-4 安装新磁盘

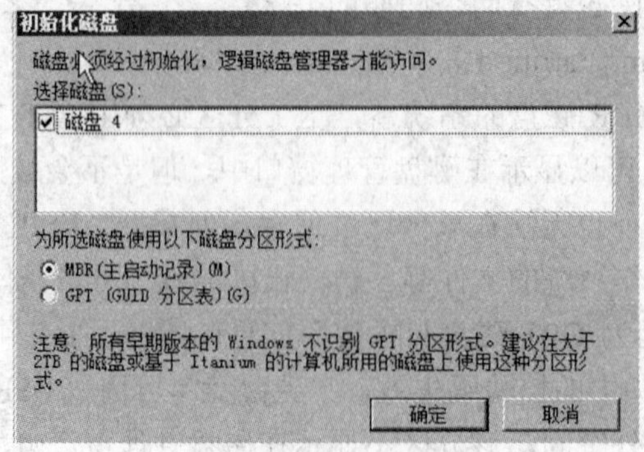

图 3-5 初始化磁盘

3.2.2 创建磁盘主分区并格式化

一个基本磁盘最多可以创建 4 个主分区。例如要在磁盘 1 上创建一个空间为 8GB，驱动器号是 E：的 NTFS 分区，步骤如下：

步骤 1：如图 3-6 所示，在磁盘管理工具中右击“未分配空间”→“新建简单卷”。

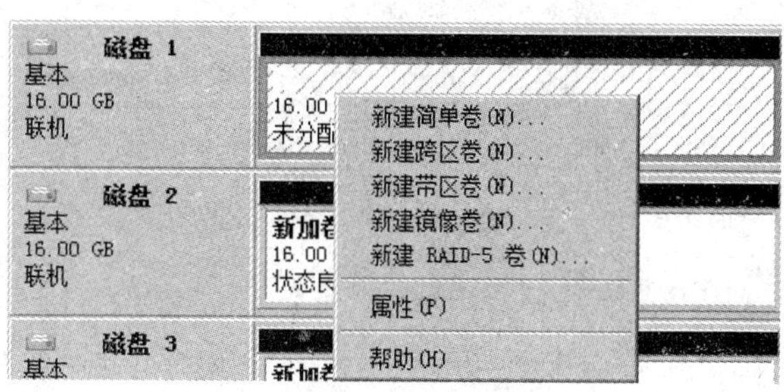

图 3-6 创建磁盘主分区

步骤 2：在“指定卷大小”窗口中显示了磁盘卷可选择的最大值和最小值，用户根据实际情况来确定主分区的大小，如图 3-7 所示。

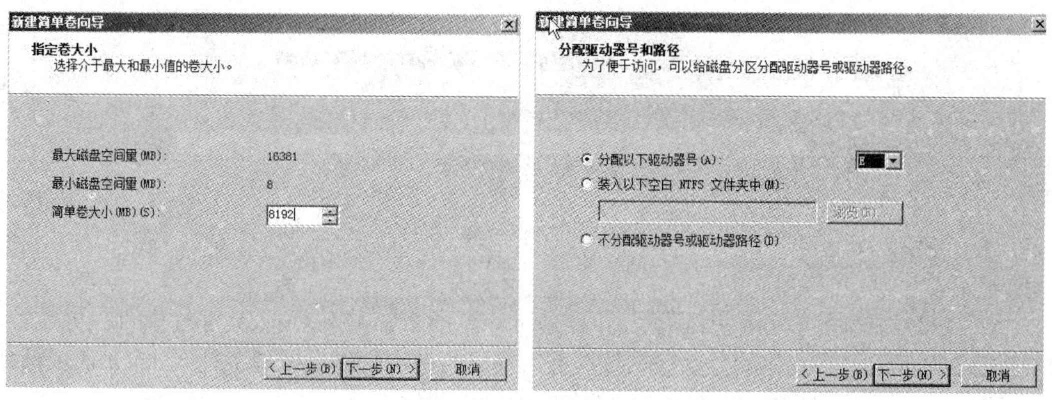

图 3-7 指定卷大小和指定驱动器号

- 选择“装入以下空白 NTFS 文件夹中”表示指派一个在 NTFS 文件系统下的空文件夹来代表该磁盘分区，例如用 C:\Data 表示该分区，则以后所有保存到 C:\Data 的文件都被保存到该分区中。
- 选择“不分配驱动器号或驱动器路径”表示用户可以事后再指派驱动器号或指派某个空文件夹来代表该磁盘分区。

步骤 3：单击“下一步”按钮，打开如图 3-8 所示的“格式化分区”窗口，做如下设置。

- 文件系统：NTFS 文件系统提供了权限、加密、压缩以及可恢复的功能。
- 分配单元大小：磁盘分配单元大小即磁盘簇的大小。簇大小表示一个文件所需分配的最小空间。簇空间越小，磁盘的利用率就越高，但是磁头访问磁盘的频率也增加了，影响了访问效率。格式化时如果未指定簇的大小，系统就自动根据分区的大小来选择簇的大小。推荐使用默认值。
- 卷标：为磁盘分区起一个名字。

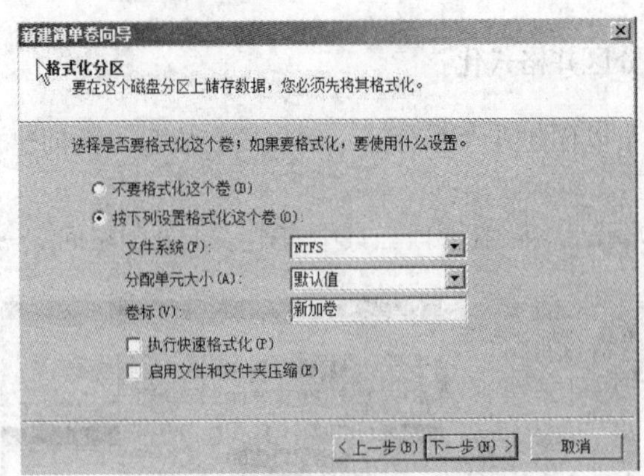

图 3-8 “格式化分区”窗口

- 执行快速格式化：在格式化的过程中不检查坏扇区。在确定没有坏扇区的情况下才选择此项。
- 启用文件和文件夹压缩：将该磁盘分区设为“压缩磁盘”，以后添加到该磁盘分区中的文件和文件夹都自动进行压缩，且该分区只能是 NTFS 类型。

步骤 4：系统开始对该磁盘分区格式化，建立分区结果如图 3-9 所示。

图 3-9 格式化分区

3.2.3 压缩卷

压缩卷的功能是将分区中没有使用的空间分离出来，并转换成未分配空间。只能针对 NTFS 简单卷或没有格式化的分区使用该功能。使用的方法是磁盘管理工具或 diskpart 工具。

例 3-1：要将磁盘 1 的 E：盘空间释放 3GB，步骤如下：

步骤 1：如图 3-10 所示，右击 E:，选择“压缩卷”菜单项。

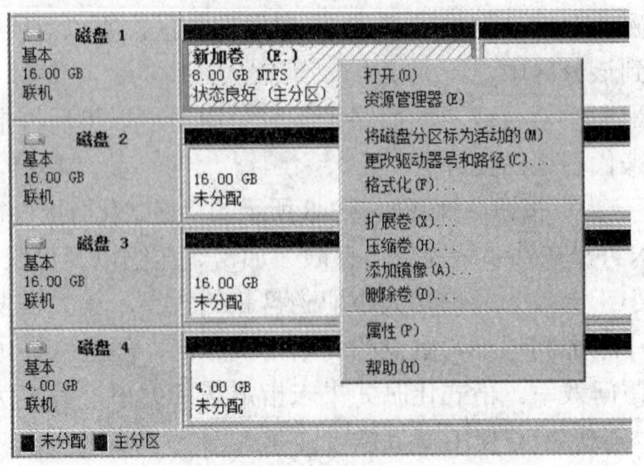

图 3-10 压缩卷

步骤 2：如图 3-11 所示，输入压缩空间量，单击“压缩”按钮。

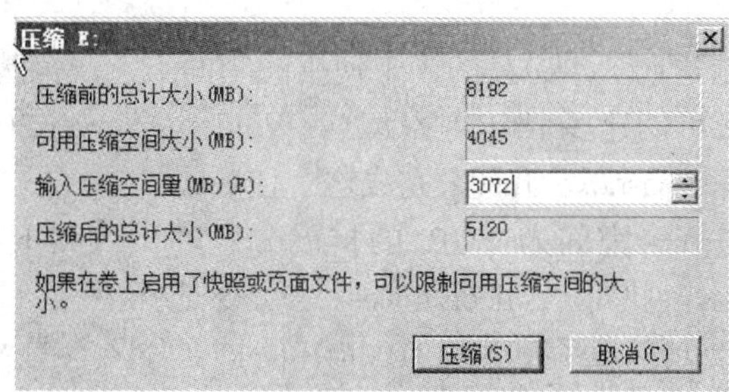

图 3-11　压缩量

步骤 3：压缩结果见图 3-12，E：盘成功将 3GB 空间释放到未分配区域中。

图 3-12　压缩结果

3.2.4　扩展卷

扩展卷的功能和压缩卷相反，是将未分配空间扩展到简单卷中。要求一是已经格式化成 NTFS 的卷或还没有格式化的简单卷，二是将要加入到简单卷的未分配空间紧挨着该简单卷。

例 3-2：将磁盘 1 未分配空间的 3GB 扩展到 E:。步骤如下：

步骤 1：如图 3-10 所示，右击 E:，单击“扩展卷”。

步骤 2：如图 3-13 所示，输入要扩展的空间量“3072MB”。

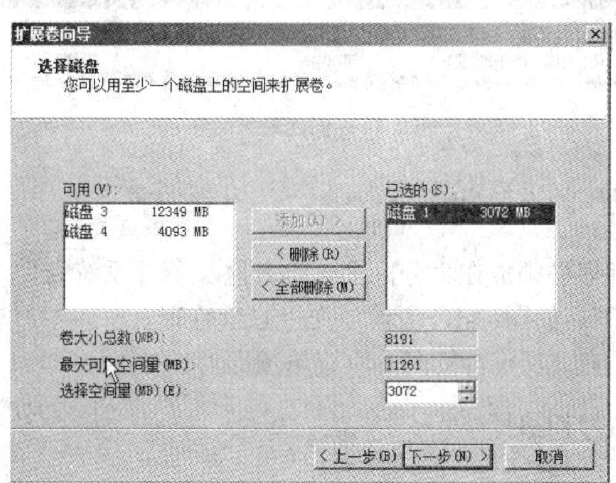

图 3-13　扩展量

【提示】作为基本磁盘只能在磁盘 1 的空间里选择空间量，如果要将磁盘 3 或磁盘 4 的空间扩展给 E:，需要将磁盘 1 转换成动态磁盘。

步骤 3：扩展结果，同图 3-9。

3.2.5 创建磁盘扩展分区

磁盘扩展分区只能创建在基本磁盘的尚未使用的空间上，一个基本磁盘内只能创建一个扩展分区。在扩展分区内可创建多个逻辑驱动器。Windows Server 2008 不能用“磁盘管理”创建扩展分区，只能用 diskpart.exe 工具来完成这个任务。

要在磁盘 1 上创建一个空间为 8GB 的扩展分区，步骤如下：在命令提示符中输入 diskpart，如图 3-14 所示，执行“select disk=1”命令选择磁盘 1。执行“create partition extende size=8190”，可以创建分区大小为 8190MB 的扩展分区。在“磁盘管理”窗口中可见扩展分区创建结果，边框显示为绿色。

图 3-14 创建扩展分区

3.2.6 创建磁盘逻辑驱动器并格式化

在磁盘 1 创建的扩展分区上建立两个空间大小为 4GB 的逻辑驱动器 F：和 G：，文件系统是 NTFS。具体步骤如下：右击新创建的扩展分区（绿色），选择“新建简单卷”，其余步骤和 3.2.2 节是一样的，只不过创建的分区是逻辑分区而已。结果如图 3-15 所示。

图 3-15 创建逻辑分区

3.2.7 设置“活动”的磁盘分区

操作系统的引导程序必须放在主分区上（该分区又称“系统卷”），且要将该系统卷设为“活动分区”。方法如下：如图 3-10 所示，在“磁盘管理”窗口中，右击要标识为活动磁盘的主分区，选择“将磁盘分区标为活动的”菜单项即可。

3.2.8 更改驱动器号和路径

更改驱动器号就是改变已经存在的驱动器号为新的名称。例如将新加卷 G：改为 H：，操作步骤如下：

步骤 1：右击新加卷 G：→“更改驱动器号和路径”。

步骤 2：打开如图 3-16 所示的“更改驱动器号和路径”窗口，输入新的驱动器号 H，单击“确定”按钮即可。

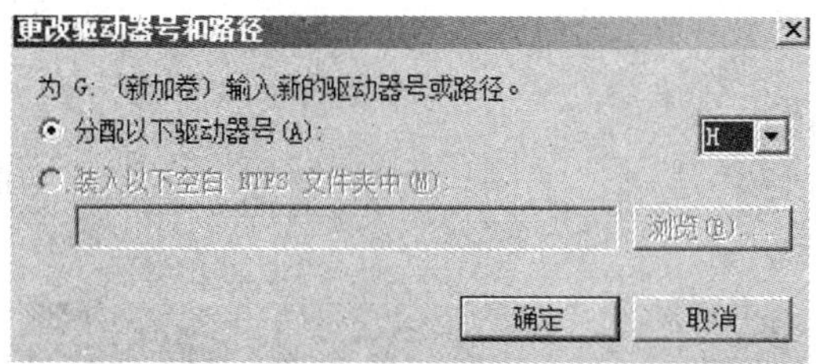

图 3-16 更改驱动器号

【提示】不要随意更改驱动器号，以防应用程序找不到所需数据；正在使用的“系统卷”与“引导卷”的驱动器号无法改变。软驱的盘符为 A:，所以可以使用的盘符为 B~Z。

步骤 3：结果如图 3-17 所示。

图 3-17 G：被改为 H：

用户还可以将一个分区映射为一个文件夹，这样所有保存在文件夹的文件实际上都保存在该分区上。我们以将 H：映射到 C:\“参考资料”文件夹为例，具体操作步骤如下：

步骤 1：右击“新加卷 H:”→“更改驱动器号和路径”→“添加”按钮。

步骤 2：打开如图 3-18 所示的“添加驱动器号或路径”窗口，输入 NTFS 文件夹，单击“确定”按钮。

【提示】C:\“参考资料”文件夹要事先建好，且空。该文件夹所在的分区必须是 NTFS 文件系统，这种映射点的价值在于让我们用多块硬盘的容量综合起来创建一个单元的文件系统。这和 Linux 的文件系统很类似了。

步骤 3：如图 3-19 所示，在资源管理器中，我们看到 H：以 C:\“参考资料”文件夹的形式存在。

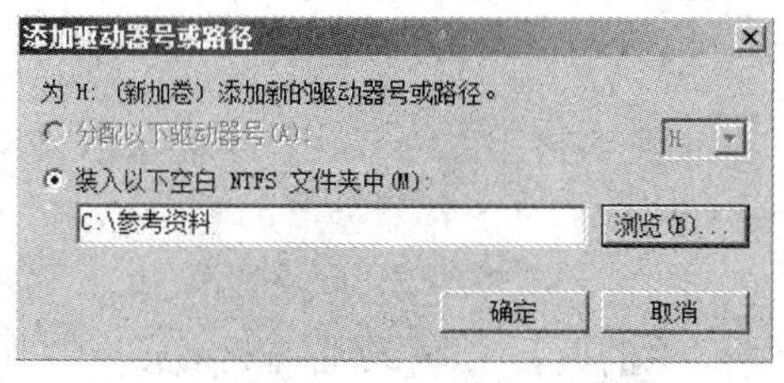

图 3-18 添加驱动器号或路径

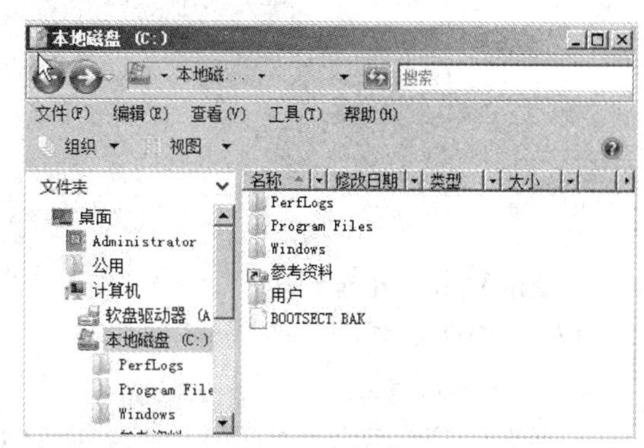

图 3-19 H：以文件夹形式存在

3.2.9 转换文件系统与删除磁盘分区

1. 转换文件系统

将 FAT16/FAT32 文件系统转换为 NTFS 文件系统，只能使用 convert.exe 工具进行转换。例如在磁盘 2 上创建空间为 8GB 的主分区 G:，格式化成 FAT32 文件系统，再将该分区转成 NTFS 格式。具体操作步骤如下：

步骤 1：如图 3-20 所示，使用 diskpart 工具在磁盘 2 上创建空间为 8GB 的主分区 G:，格式化成 FAT32 文件系统。

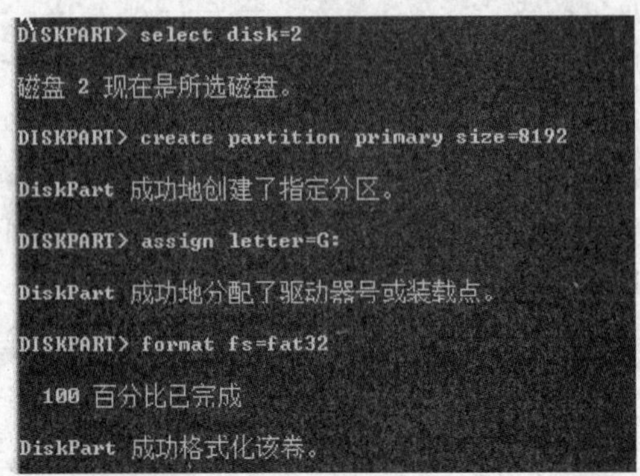

图 3-20　使用 diskpart 建立分区并格式化的结果

步骤 2：如图 3-21 所示，将 G: 文件系统转换成 NTFS。

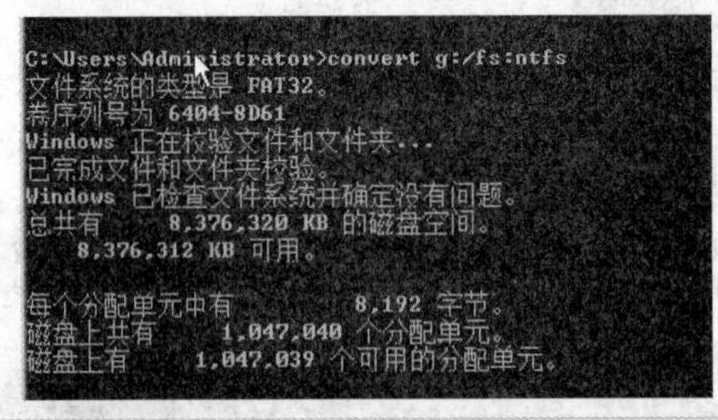

图 3-21　文件系统转换及结果

【提示】convert.exe 程序只能将 FAT16/FAT32 转化成 NTFS 文件系统，不能将 NTFS 转换成 FAT16/FAT32 文件系统。

2．删除磁盘分区

删除磁盘分区或逻辑驱动器步骤如下：右击要删除的磁盘分区或逻辑驱动器→“删除卷”，单击“是”按钮。该分区或逻辑驱动器将被删除。注意：分区上的数据也会丢失。

3.2.10　基本磁盘升级为动态磁盘

用户只有将基本磁盘升级到动态磁盘之后，才能在磁盘上创建各种动态磁盘上的卷。在开始转换之前，我们要注意以下几点：

- 只有属于 Administrators 或 Backup Operators 的组成员才有权进行磁盘转换。
- 在转换之前，关闭所有正在运行的程序。
- 在要升级的基本磁盘上，至少要有 1MB 的未分配磁盘空间可供使用。
- 升级到动态磁盘时，基本磁盘上的现有分区将转换为动态磁盘上的简单卷。
- 升级到动态磁盘后，无法再将动态卷更改回分区。必须先删除磁盘上的所有动态卷，然后才能将动态磁盘转换回基本磁盘。
- 升级到动态磁盘后，只有 Windows 2000 Server、Windows XP Professional、Windows Server 2003、Windows Server 2008、Windows Vista 操作系统才能对动态磁盘进行本地访问。

例 3-3：将磁盘 2 转换成动态磁盘，步骤如下：

步骤 1：如图 3-22 所示，在“磁盘管理”窗口中，右击磁盘 2，然后单击“转换到动态磁盘”。

步骤 2：如图 3-23 所示，在“转换为动态磁盘”窗口中，单击磁盘 2 旁边的复选框，然后单击“确定”按钮。

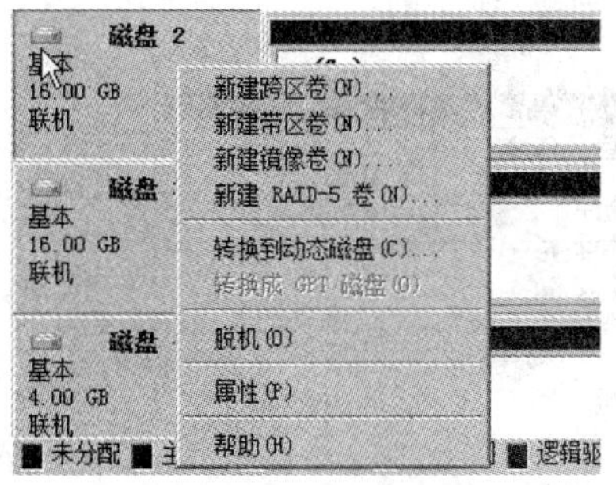

图 3-22　转换动态磁盘

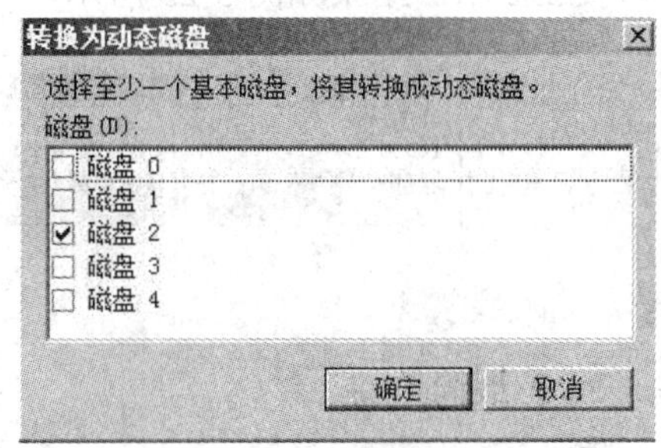

图 3-23　选择要转换的磁盘

步骤 3：如图 3-24 所示，再次确认要转换的磁盘，单击“转换”按钮，转换后分区标识的颜色是芥末黄。

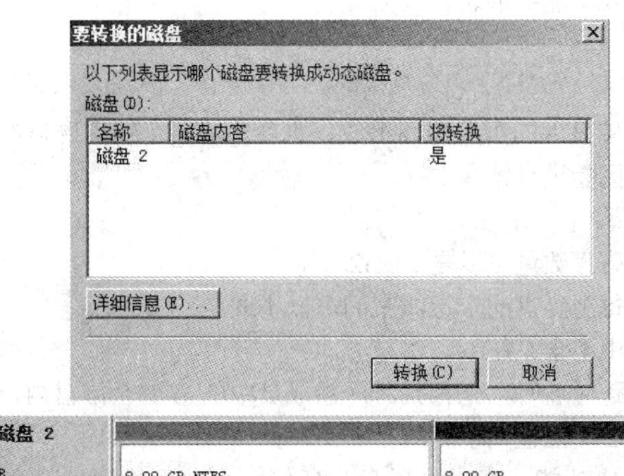

图 3-24　确认转换以及转换结果

3.3 动态磁盘的管理

动态磁盘的管理是基于卷的管理。卷是由一个或多个磁盘上的可用空间组成的存储单元。可以将它格式化为一种文件系统并分配驱动器号。动态磁盘上的卷可以具有下列任意一种布局方式：简单卷、跨区卷、带区卷、镜像卷或 RAID-5。它们提供容错、提高磁盘利用率和访问效率的功能。下面将进一步介绍它们的概念和应用。

3.3.1 简单卷

简单卷只使用一个物理磁盘上的可用空间。它可以是磁盘上的单个区域，也可以由多个连续的区域组成。简单卷可以在同一物理磁盘内扩展，也可以扩展到其他物理磁盘。如果简单卷扩展到多个物理磁盘，它就变成跨区卷。简单卷可以被格式化成 FAT32、NTFS 文件系统，但是要扩展简单卷，必须是 NTFS 文件系统。

例 3-4：在磁盘 2 上创建空间为 4GB，驱动器号是 I，文件系统是 NTFS 的简单卷。操作步骤同 3.2.2 节。结果如图 3-25 所示。

图 3-25 格式化简单卷

3.3.2 扩展简单卷

如果建立的简单卷的空间不能满足我们的需要，希望将邻近的未指派空间加入到该简单卷中，也就是扩大简单卷的磁盘容量。操作同 3.2.4 节。

- 只有 NTFS 简单卷才可以被扩展。
- 系统卷和引导卷不能扩展。

3.3.3 跨区卷

跨区卷由多个物理磁盘上的可用空间组成，也就是将多个物理磁盘的未指派空间合并为一个逻辑盘。不能对跨区卷进行镜像。

跨区卷有如下特性：

- 组成跨区卷的磁盘数量可以是 2～32 个。
- 组成跨区卷的每个磁盘的未指派空间可以不同。
- 跨区卷的成员中不含系统卷和引导卷。
- 当数据被存到跨区卷时，先存到跨区卷成员中的第 1 个磁盘内，待空间用尽后，才将数据存到第 2 块磁盘，以此类推。
- 跨区卷没有容错功能。当成员磁盘中任何一个发生故障，整个跨区卷的数据都将丢失。
- 只有 Windows 2000 Server、Windows XP Professional、Windows Server 2003、

Windows Server 2008、Windows Vista 才支持跨区卷。

- 跨区卷是个整体，无法将其中任何一个成员单独使用。
- NTFS 跨区卷可以扩展。

例 3-5：要将磁盘 2 的 4GB 和磁盘 3 的 2GB 合并建立跨区卷 K:，并格式化为 NTFS 文件系统。具体步骤如下：

步骤 1：如图 3-26 所示，右击磁盘 2 一块未指派空间，选择“新建跨区卷”菜单项。

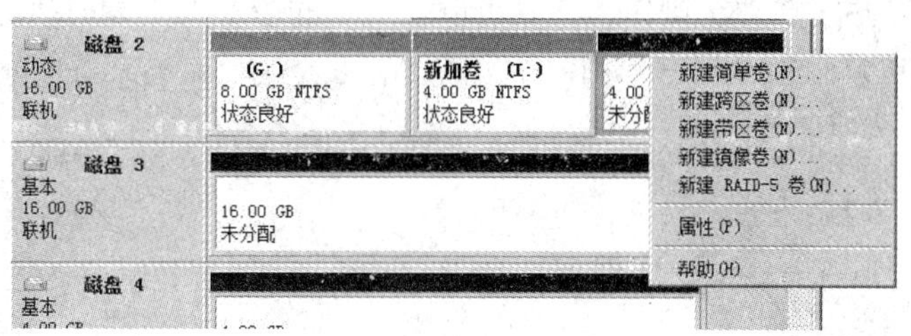

图 3-26　新建跨区卷

步骤 2：如图 3-27 所示，在“选择磁盘”窗口中，从磁盘 2、3 分别选择 4093MB、2048MB 的容量，然后单击“下一步”按钮。

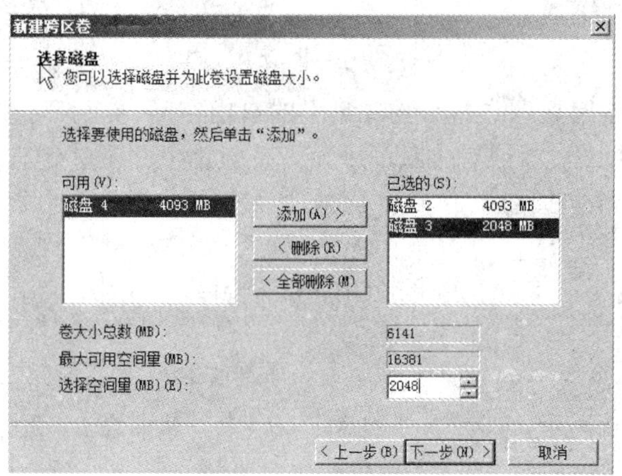

图 3-27　设置跨区卷的空间

步骤 3：为该跨区卷指派一个驱动器名 K:，格式化成 NTFS，结果如图 3-28 所示。

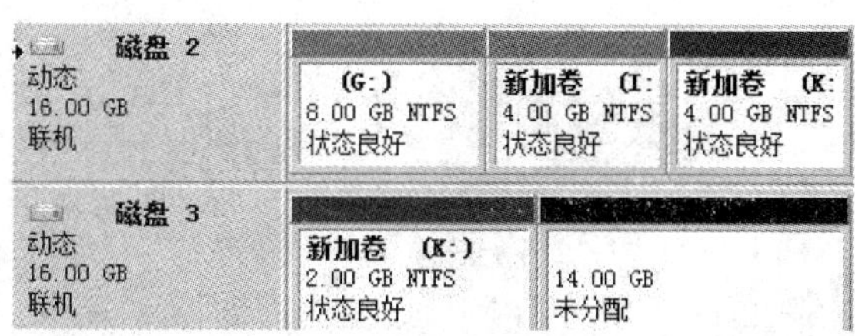

图 3-28　格式化跨区卷

3.3.4　带区卷（RAID–0）

带区卷是指数据交错分布于两个或更多物理磁盘的卷。此类型卷上的数据交替且平均地分配到各个物理磁盘中。带区卷不能镜像或扩展。带区卷又称为 RAID-0。与跨区卷不同的是，带区卷的每个成员其容量大小相同，并且数据写入时是以 64KB 为单位，平均地写到每个磁盘内，它是 Windows Server 2008 中读写性能最好的卷。

从图 3-29 中我们可以看出，磁盘带区卷是由每一个物理盘上的若干个 64KB 的单元构成的，当数据写入条带集时，先将第一块硬盘的第一个单元写满，之后再写第二块硬盘的第一个单元，当最后一块硬盘的第一个单元写满后，再回到第一块硬盘的第二个单元，依次往下写入。由于带区卷允许并发的 I/O 操作，并且可以在所有的驱动器上同时执行读写。因此，带区卷可以提高系统的 I/O 性能。但是，带区卷没有数据冗余，因此不具备任何容错功能。

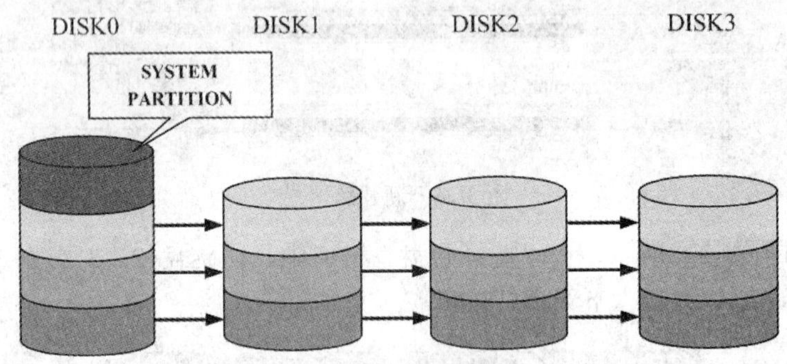

图 3-29　带区卷示意图

带区卷至多可以使用来自 32 个物理盘上的自由空间，而且可以组合不同类型的驱动器，如 SCSI 硬盘、IDE 硬盘或者 ESDI 硬盘。系统卷和引导卷不能放在带区卷上。带区卷一旦被建立，就无法再被扩展，除非将其删除后重建。带区卷可以被格式化成 FAT32、NTFS 文件系统。整个带区卷被视为一个整体，任何一个成员都无法独立出来使用。

例 3-6：分别将磁盘 2 和磁盘 3 的 2GB 空间合并为一个带区卷，驱动器盘符设为 G:。具体操作步骤如下：

步骤 1：右击磁盘 2 未分配空间，选择“创建带区卷”菜单项。

步骤 2：如图 3-30 所示，在“选择磁盘”窗口中，从磁盘 2、3 分别选择 2048MB 的容量，然后单击“下一步”按钮。

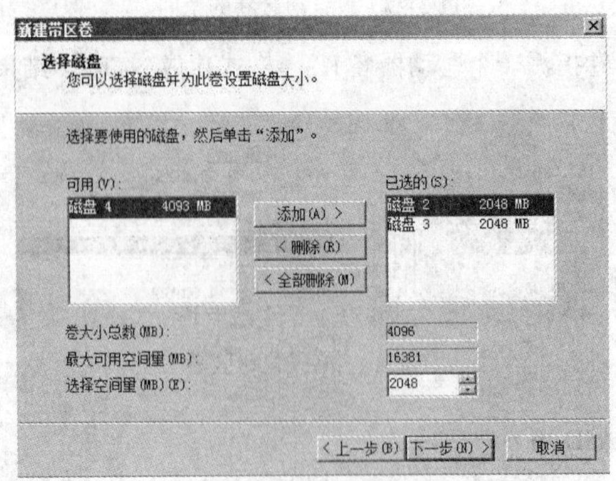

图 3-30　设置带区卷大小

步骤 3：然后为该带区卷指派一个驱动器名 G:，格式化成 NTFS 文件系统。

步骤 4：带区卷显示为浅蓝色。结果如图 3-31 所示。

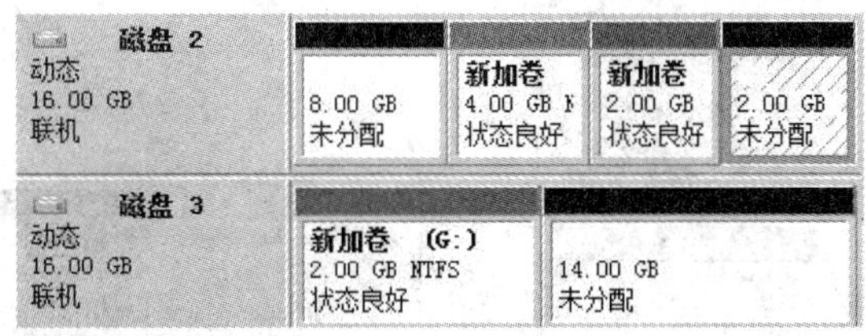

图 3-31　新建带区卷

3.3.5　镜像卷（RAID-1）

镜像卷是一种容错卷，它可以由一个磁盘上的简单卷和另一个动态磁盘上的未指派空间组成一个镜像卷，还可以由两个动态磁盘的未指派空间组成一个镜像卷。系统将给这两块空间赋予一个驱动器号。存储在镜像卷的数据被复制到两个物理磁盘上。如果其中一个磁盘发生故障，则还可以从剩下的磁盘中访问数据。镜像卷不能扩展，镜像卷又称为 RAID-1。

- 镜像卷的成员只有 2 个，且在不同的动态磁盘上。
- 组成镜像卷的 2 个成员，必须拥有相同的容量。
- 镜像卷的成员可以包含系统卷与引导卷。
- 镜像卷可以被格式化成 FAT32、NTFS 文件系统。
- 镜像卷一旦建立，就无法再被扩展。
- 镜像卷的磁盘空间利用率只有 50%，磁盘空间利用率较低。
- 只有 Windows 2000 Server、Windows XP Professional、Windows Server 2003、Windows Server 2008、Windows Vista 才支持镜像卷。镜像卷是个整体，如果要将其中任何一个成员单独使用，需先中断镜像或删除镜像。
- 当数据写入镜像卷时，由于要写入两个磁盘内，所以时间较长；当从镜像卷中读出数据时，系统可以同时从两个磁盘读取不同部分数据，所以读取效率较高。

1．创建镜像卷

例 3-7：将磁盘 2 的简单卷 I：和磁盘 3 的未指派空间组合成一个镜像卷。具体步骤如下：

步骤 1：右击磁盘 2 的简单卷 I：→“添加镜像”。

步骤 2：打开“添加镜像”窗口，如图 3-32 所示，选择“磁盘 3”，单击“添加镜像”按钮。

步骤 3：系统就会在磁盘 3 的未指派空间中创建一个与磁盘 2 的 I：相同的卷，并且将磁盘 2 的 I：的内容复制到磁盘 3 的镜像卷中，镜像卷显示为红色，如图 3-33 所示。

2．中断、删除镜像

镜像卷是个整体，如果要将其中任何一个成员单独使用，需先中断镜像或删除镜像。中断镜像卷的具体步骤如下：

右击磁盘 2 的 I：卷→“中断镜像卷”。中断后，镜像卷的成员都会独立成简单卷，且其中的数据都被保留，但是驱动器号会有变化，其中一个沿用原来的驱动器号，另一个卷的驱动器号会被改为 L:，如图 3-34 所示。

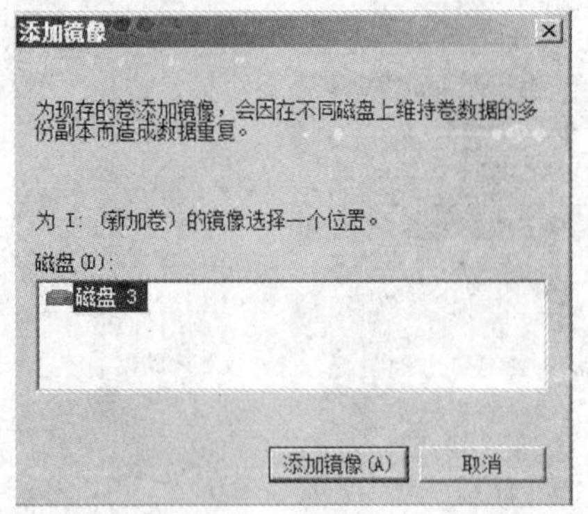

图 3-32　添加镜像

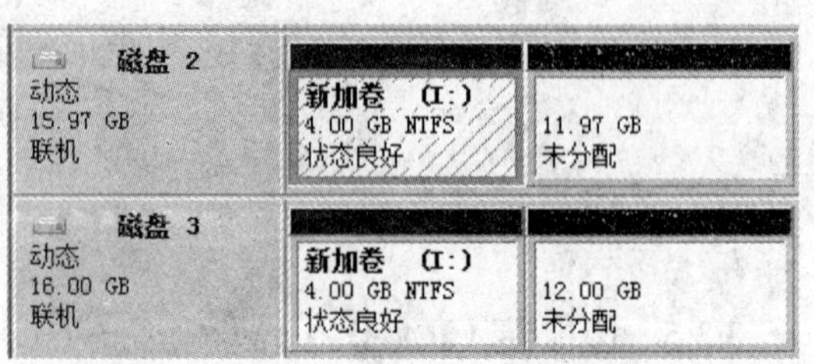

图 3-33　建立镜像

删除镜像的具体步骤如下：右击图 3-34 中磁盘 2 的 I：卷→“删除镜像”，选择磁盘卷，则该分区上的数据都被删除，并且将释放所占有的空间为未指派空间。但是另一分区沿用原来的驱动器号，如图 3-35 所示。

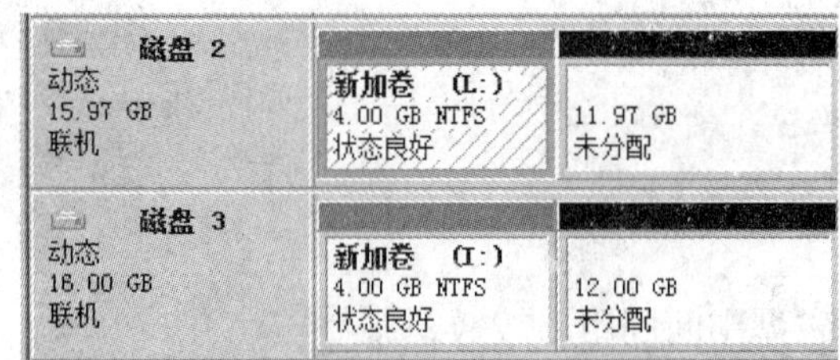

图 3-34　中断镜像

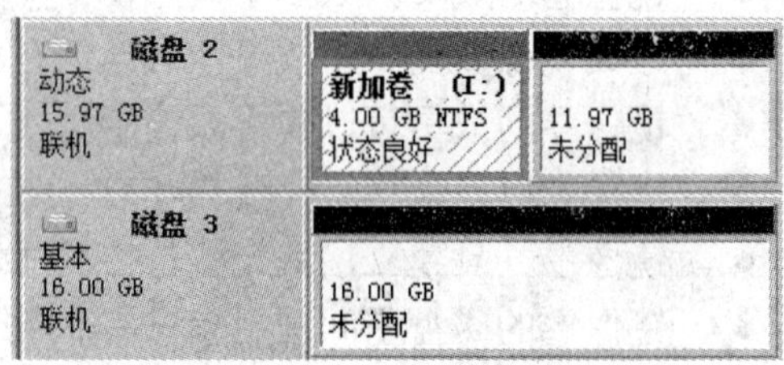

图 3-35　删除镜像

3．修复镜像卷

如果镜像磁盘发生错误，如图 3-36 所示，数据还是没有损失，因为镜像盘有冗余概念，但需要尽快修复。修复的步骤如下：

步骤 1：删除镜像，右击磁盘 3→“删除镜像”，选择“丢失”，如图 3-37 所示。

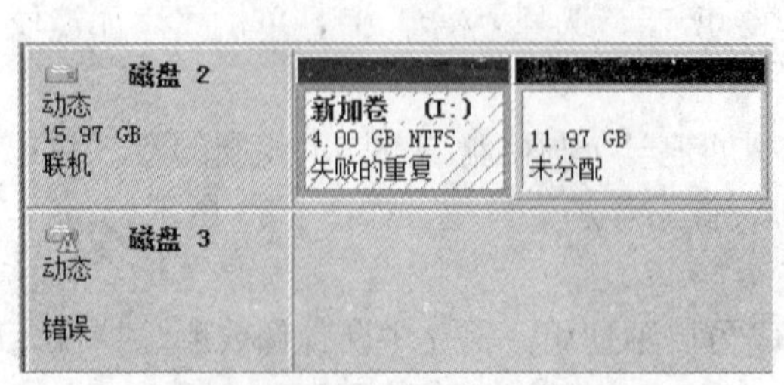

图 3-36　磁盘错误

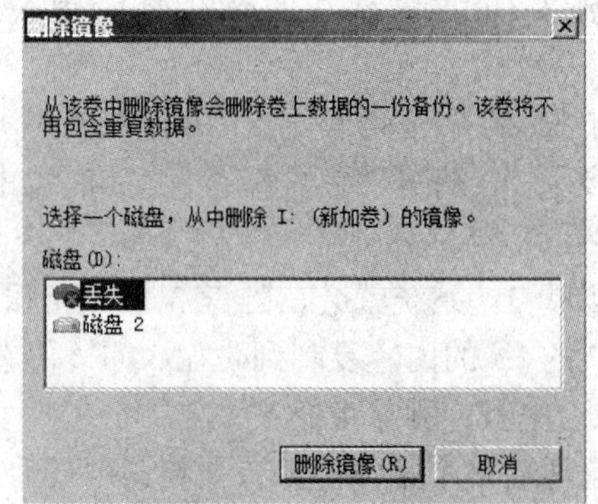

图 3-37　删除丢失盘

步骤 2：右击磁盘 2 的 I：盘，再寻找合适的空间创建新镜像。

3.3.6 RAID-5 卷

1．RAID-5

RAID-5 卷是一种容错卷，其数据条带状分布于三个或更多磁盘组成的磁盘阵列中。奇偶校验（可用于在出现故障后重建数据的计算值）也是条带状分布于磁盘阵列中。如果一个物理磁盘发生故障，可以使用剩余数据和奇偶校验重建该故障磁盘上的 RAID-5 卷部分。但是如果多块磁盘发生故障，就无法修复了。

图 3-38 表示数据分布在 5 个磁盘组成的阵列中，每次操作系统写入 RAID-5 卷时，数据被写入组成 RAID-5 卷的 A～E 五个磁盘中的四个上，校验信息和数据信息要写在不同的盘上。如数据写在 A0、B0、C0、D0，奇偶校验数据就要写在 E 盘上 0 parity 部分。如果其中一个磁盘出现故障，可以根据其他盘的信息将数据恢复。

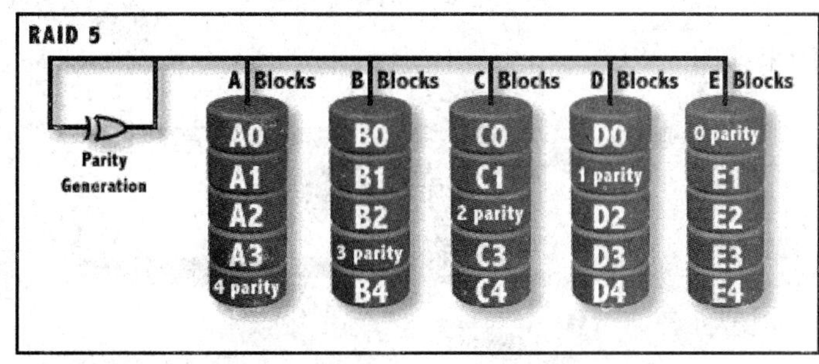

图 3-38　RAID-5 原理

RAID-5 卷拥有以下特点：

- RAID-5 卷可由 3～32 个磁盘组成。
- 每个成员磁盘的容量要一样，这和带区卷相同。
- RAID-5 卷的成员不包括系统卷和引导卷。
- RAID-5 卷可以被格式化成 FAT32、NTFS 文件系统。
- 只有 Windows 2000 Server、Windows XP Professional、Windows Server 2003、Windows Server 2008、Windows Vista 才支持 RAID-5 卷。
- RAID-5 卷一旦被建立，就无法再被扩展。
- 当 RAID-5 卷的某个磁盘出现故障，系统可以利用奇偶校验数据，推算出故障数据，使系统继续工作。所以 RAID-5 卷有良好的容错能力。
- RAID-5 卷的磁盘空间利用率为（n-1）/n，n 为磁盘数。因为要用 1/n 磁盘空间来存储奇偶校验数据。
- RAID-5 卷是个整体，无法将其中任何一个成员单独使用。

综上所述，企业应该优选 RAID-5 来创建分区。

2．建立 RAID-5 卷

例 3-8：要在磁盘 1、2、3 上创建 RAID-5 卷，每个磁盘空间为 2048MB，盘符是 E:，文件系统为 NTFS。步骤是：

步骤 1：右击磁盘 2 未分配空间→“新建 RAID-5 卷”→选择磁盘 1、2、3，如图 3-39 所示，输入 2048MB。

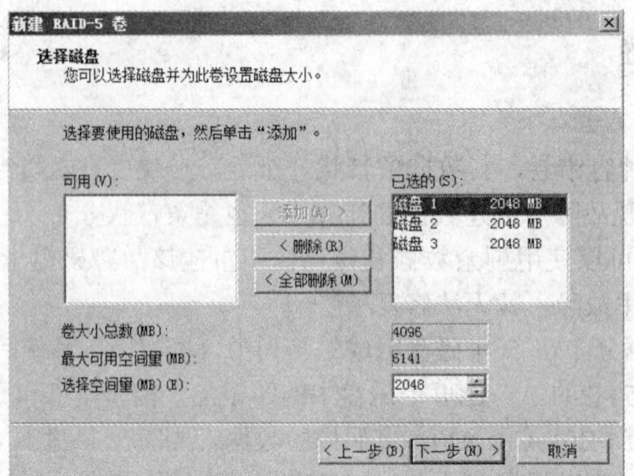

图 3-39 创建 RAID-5

步骤 2：创建结果如图 3-40 所示。

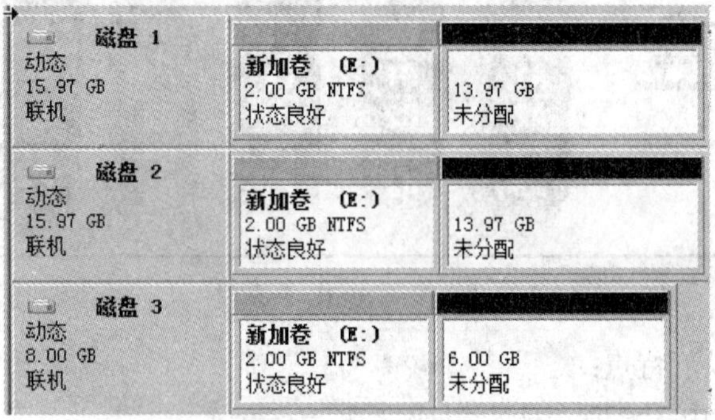

图 3-40 RAID-5 卷

3．修复 RAID-5 卷

如果组成 RAID-5 卷的一个磁盘出现故障，可以利用 RAID-5 的存储原理来恢复数据。例如磁盘 1、2、3 组成的 RAID-5 卷中，磁盘 3 丢失了，如图 3-41 所示。

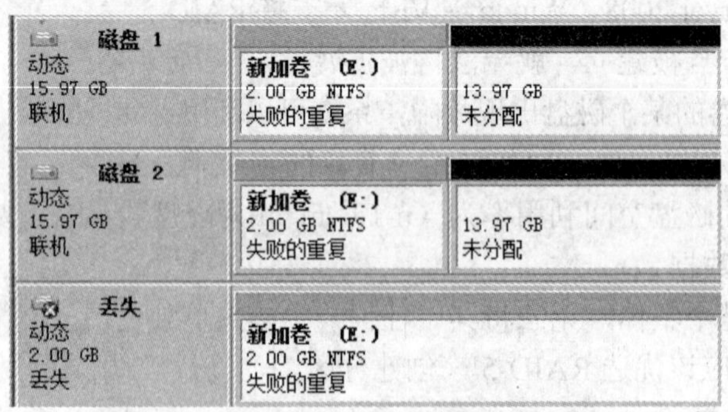

图 3-41 RAID-5 故障

修复的步骤是：

步骤 1：取出原来 2GB 的错误磁盘，安装一块新的 16GB 磁盘，初始化该盘，并转换成动态磁盘。

步骤 2：右击磁盘 2，选择“修复卷”，出现如图 3-42 所示窗口，单击“确定”按钮。

步骤 3：修复结果见图 3-43，然后右击丢失卷，选择“删除磁盘”。

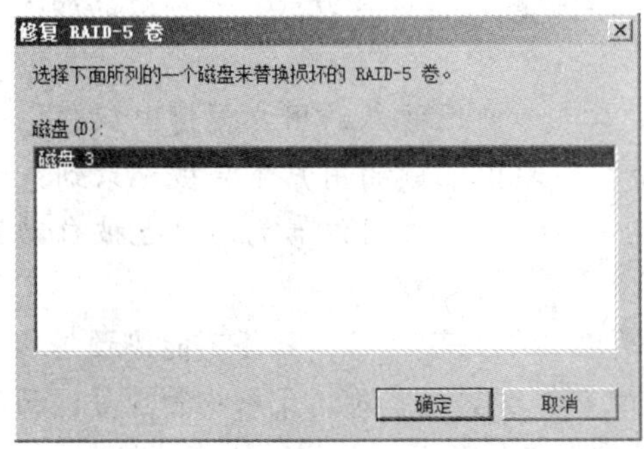

图 3-42　修复卷

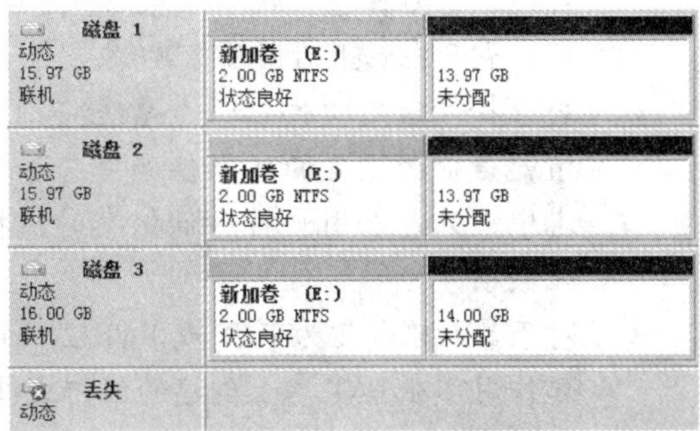

图 3-43　修复结果

3.4　磁盘配额的管理

磁盘配额可以控制用户使用的磁盘空间大小，磁盘配额管理器会根据系统管理员设置的条件监视受保护的磁盘。如果受保护的卷被使用的磁盘空间达到或超过某个特定的水平，就会有一条消息弹出，警告该卷接近配额限制了，或阻止写入。

Windows Server 2008 进行配额管理是基于用户和卷且针对 NTFS 卷。启用磁盘配额对计算机的性能有少许影响，但对合理使用磁盘意义重大。

3.4.1　启用磁盘配额

启用磁盘配额的步骤如下：在资源管理器中右击 C：→“属性”→“配额”，按照图 3-44 所示配置。

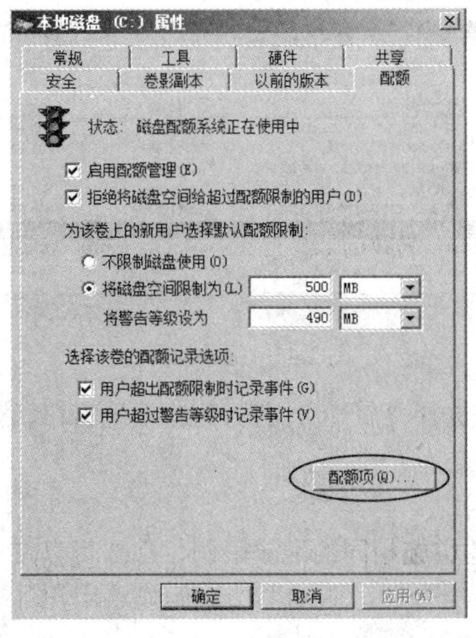

图 3-44　磁盘配额属性

【提示】

- 在默认情况下，系统的磁盘配额功能是被禁用的，此时交通灯的颜色是红色。交通灯的颜色为黄色，表示在卷上重建配额信息，配额是非活动的。交通灯的颜色为绿色，表示在卷上启用磁盘配额。
- 当选择“应用”按钮时，系统将扫描该卷，为使用该卷的用户创建配额项，配额值就是前面设置的配额值和警告等级值，但超出配额的用户不会被记录到系统日志中，只是在用户再存储信息时被拒绝使用；以后使用该卷的用户也被自动创建配额项。
- 对于最初格式化为 FAT 或 FAT32，而后转化为 NTFS 的卷，配额不能像预想的那样起作用。在 FAT 卷上创建的任何文件对配额管理器而言都属于系统管理员，而不属于创建它们的个人，因为 FAT 文件系统没有文件所有权。因此，在 FAT 卷转换为 NTFS 卷之前，人们在卷上创建的文件不占用他们的配额，而是属于系统管理员。
- Administrators 组的成员不受磁盘配额限制。
- 只有用户具有所有权的文件或文件夹才受配额限制，经过 Windows Server 2008 压缩的文件或文件夹按压缩前的文件大小计算。

3.4.2 磁盘配额管理

磁盘配额的管理包括调整配额限制和警告等级、增加和删除配额项目以及导入和导出配额项目。

1．调整配额限制和警告等级

系统管理员可以单击图 3-44 中的“配额项”按钮来了解每个账户使用磁盘的情况。在这里可以重新设置用户的配额。

例 3-9：调整用户 USER1 的磁盘配额项，具体操作步骤如下：

步骤 1：单击图 3-44 中的“配额项”按钮，打开配额项窗口，如图 3-45 所示。

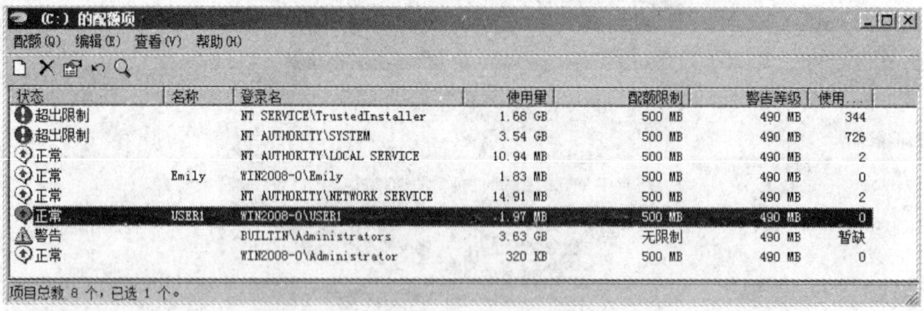

(C:) 的配额项

配额(Q) 编辑(E) 查看(V) 帮助(H)

状态	名称	登录名	使用量	配额限制	警告等级	使用...
超出限制		NT SERVICE\TrustedInstaller	1.68 GB	500 MB	490 MB	344
超出限制		NT AUTHORITY\SYSTEM	3.54 GB	500 MB	490 MB	726
正常		NT AUTHORITY\LOCAL SERVICE	10.94 MB	500 MB	490 MB	2
正常	Emily	WIN2008-0\Emily	1.83 MB	500 MB	490 MB	0
正常		NT AUTHORITY\NETWORK SERVICE	14.91 MB	500 MB	490 MB	2
正常	USER1	WIN2008-0\USER1	1.97 MB	500 MB	490 MB	0
警告		BUILTIN\Administrators	3.63 GB	无限制	490 MB	暂缺
正常		WIN2008-0\Administrator	320 KB	500 MB	490 MB	0

项目总数 8 个，已选 1 个。

图 3-45 配额项窗口

步骤 2：右击 USER1，选择“属性”，打开配额设置窗口，如图 3-46 所示，重新设置磁盘空间限制和警告等级。

2．导入和导出配额项目

如果想对多个 NTFS 卷实施相同的配额限制，那么可以使用导入/导出功能，将一个磁盘驱动器的配额项复制到另一个磁盘驱动器中。例如将用户 USER1 在 C：的磁盘配额导出，具体操作步骤如下：

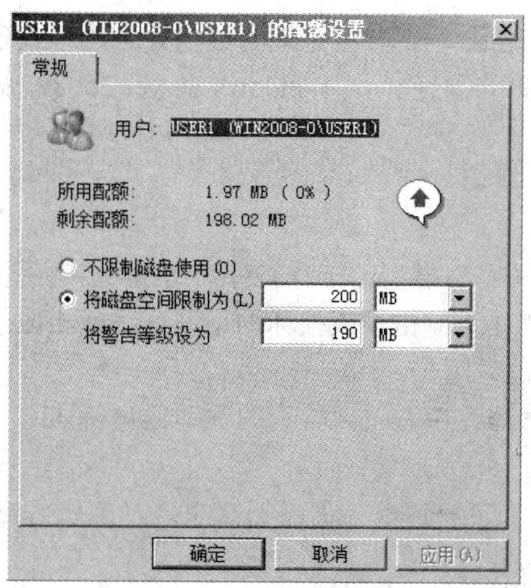

图 3-46 改变磁盘配额

步骤 1：在图 3-45 中右击 USER1，选择“导出”。

步骤 2：将配额项保存到文件中，如图 3-47 所示。

图 3-47 将配额项保存到文件中

步骤 3：导入配额项。打开 E：驱动器的配额项窗口，单击“配额”→“导入”，选择要导入的文件，这样在 E：对用户 USER1 做了同样的磁盘配额，如图 3-48 所示。

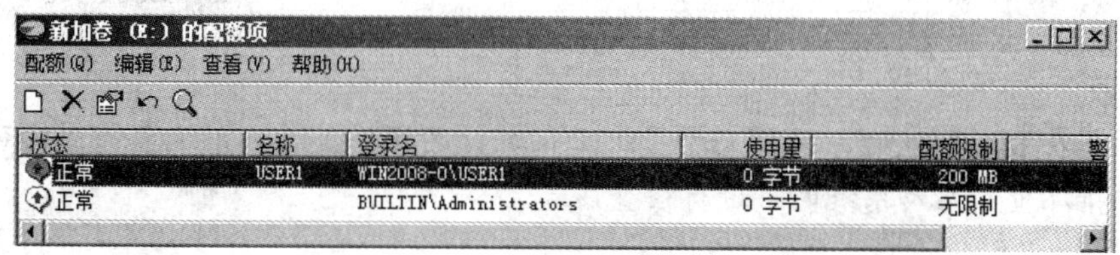

图 3-48 配置结果

3.5 磁盘检查和碎片整理

计算机经过一段时间的操作后，计算机系统的整体性能有所下降。因为用户对磁盘进行多次读写操作后，磁盘上会产生碎片文件或文件夹过多，这些碎片文件和文件夹被分割放置在一个卷上的许多分离的部分，磁头读写这些不连续的空间就要花费较长时间，从而降低了磁盘的性能，同时还会影响磁头的寿命。这是系统性能逐渐降低的主要原因，也是读取和重新开机时间延长的原因。基于此，用户要定期对磁盘碎片进行整理，使数据文件的存储位置尽可能连续，增加磁盘的可用连续空间。Windows Server 2008 的碎片整理工具可以优化磁盘中的文件，提高磁盘的工作效率。

3.5.1 磁盘检查

通过碎片整理程序可以提高磁盘的工作效率，在进行碎片整理之前最好先进行磁盘检查，用来确定磁盘上是否存在系统错误或损坏的扇区，进行相应的修复后再开始整理磁盘碎片。磁盘检查的步骤如下：

步骤 1：在“资源管理器”中右击要检查的驱动器盘符 C:，选择“属性”→“工具”，如图 3-49 所示。

步骤 2：单击“开始检查”→“开始”按钮，系统开始磁盘检查操作，如图 3-50 所示。

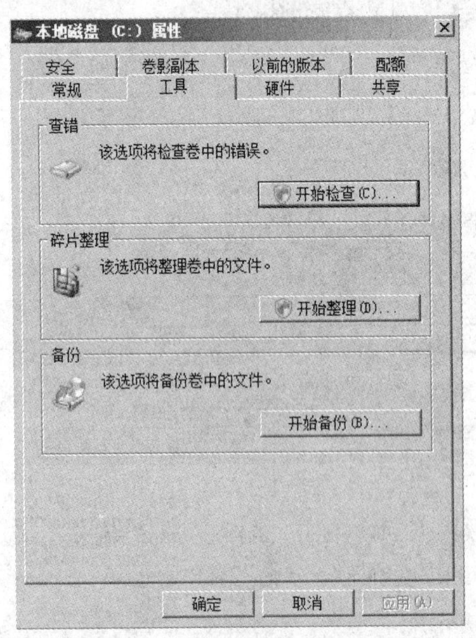

图 3-49 磁盘检查

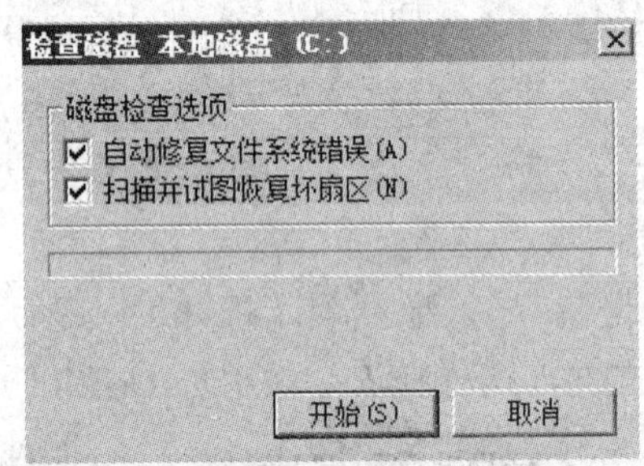

图 3-50 开始检查

【提示】在检查磁盘时，必须关闭系统正在运行的程序，否则系统会停止检查，并询问用户是否安排在重新启动系统时再进行检查该卷。

3.5.2 磁盘碎片整理

多长时间运行一次“磁盘碎片整理程序”？对于个人用户，应在加载操作系统之后即运行磁盘碎片整理程序，然后定期进行人工检查。通常，对中度和繁重的使用情况，可每星期进行一次碎片整理，断断续续的使用可减少整理频率。

磁盘碎片整理的步骤如下：

步骤 1：在图 3-49 中，单击“开始整理”按钮，如图 3-51 所示。选择“按计划运行”可以设置磁盘碎片整理的频率和时间，以及整理的卷。

步骤 2：单击“立即进行碎片整理”按钮。

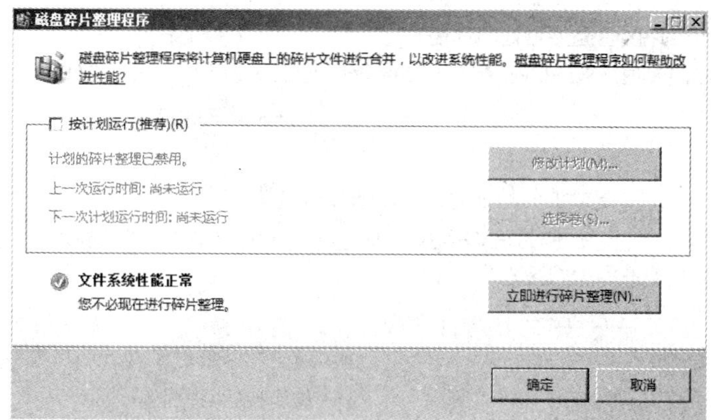

图 3-51 磁盘碎片整理程序

【提示】

- 只有本地计算机 Administrators 组的成员才可以进行磁盘碎片整理的操作。
- 在使用磁盘碎片整理程序之前，先把所有打开的应用程序都关闭，因为一些程序在运行的过程中可能要反复地读取硬盘中的数据，这样有可能会影响碎片整理程序的正常工作。
- 整理工作之前，必须关闭屏幕保护程序，否则碎片整理程序会反复地启动。
- 为了能加快系统的启动速度，应该尽量减少 C 盘中的碎片。
- 如果硬盘的剩余空间太小的话，运行应用程序的速度将会变慢，磁盘碎片整理也很难进行。所以，比较小的磁盘分区最好保持 15%以上的可用空间；比较大的磁盘分区最好保持 5%以上的可用空间；引导分区至少要有 40MB 以上的可用空间。另外在使用电脑的过程中，应该及时释放浪费的磁盘空间，例如清空回收站、删除上网后的历史记录以及删除临时文件夹和文件，这样系统将一直保持最佳的状态。

Windows Server 2008 引进了 GPT 磁盘类型，并在本章对此做了相关介绍。一块物理磁盘可分为基本磁盘和动态磁盘两类。基本磁盘是 Windows Server 2008 中默认的磁盘类型。动态磁盘是用“卷”来命名的，不受卷数目的限制，动态磁盘提供容错，磁盘容量可以扩展到非邻近的磁盘空间。磁盘配额是限制用户对磁盘的无限占用，通过它可以更好地规划磁盘使用情况。本章最后介绍了磁盘碎片整理和磁盘检查，碎片整理可以使数据文件的存储位置尽可能连续，增加磁盘的可用连续空间，提高磁盘的工作效率。

一、理论习题

1．一个基本磁盘 MBR 上最多有________个主分区？

A．1 个　　B．2 个　　C．3 个　　D．4 个

2．为什么带区卷比跨区卷提供更好的性能？

3．要启用磁盘配额管理，Windows Server 2008 驱动器必须使用________文件系统。

A．NTFS　　　　B．NTFS 或 FAT32

C．FAT32

4．Windows Server 2008 配额如何处理存储了压缩数据的卷？

5．带区卷又称为________技术；RAID-1 又称为________卷；RAID-5 又称为________卷。

6．简述基本磁盘与动态磁盘的区别。

7．磁盘碎片整理可以________。

A．合并磁盘空间　　　　B．减少新文件产生碎片的可能

C．清理回收站的文件　　　　D．检查磁盘坏扇区

二、上机练习项目

1．项目 1：在一块基本 MBR 磁盘上创建主分区 B：和扩展分区，在扩展分区里创建逻辑盘 E：和 F：，最后将这块磁盘升级为动态磁盘。

2．项目 2：在动态磁盘上创建带区卷。

3．项目 3：对磁盘 C：进行磁盘配额操作，设置用户 USER3 的磁盘配额空间为 20MB，现将 Windows 系统光盘的内容拷贝到 C：盘，看是否成功。

4．项目 4：对磁盘 C：进行磁盘检查和碎片整理。

第 4 章　文件权限

文件权限用来管理用户对文件系统的访问权限。Windows 是通过设置文件和文件夹权限来保护数据安全的。文件权限分很多种，有共享文件夹权限、NTFS 权限和 FAT 权限。本章将对它们进行详细介绍。

1. 了解 Windows 常用文件系统类型，为企业选择合适的文件系统类型
2. 了解 NTFS 权限类型、规则以及设置，为企业用户分配合适的权限
3. 了解文件夹压缩和加密
4. 了解共享文件夹权限、设置和管理，把文件夹共享给企业用户

4.1　文件系统

文件系统指对数据进行存储和管理的方式。在安装 Windows、格式化现有的卷或者安装新的硬盘时，首先要进行文件系统的选择。Windows Server 2008 将文件分配表（FAT）和 NTFS 作为最基本的文件系统。FAT 文件系统是早期 DOS、Windows 3.x 操作系统使用的文件系统。由于硬件、软件的限制，FAT 文件系统所能管理的磁盘簇的大小、文件的最大尺寸和磁盘空间都有一定局限性。Microsoft 公司从 Windows NT 开始推出了新的文件系统——NTFS 文件系统。这种操作系统的功能强大，安全性高，可以管理更多的磁盘空间并且提供 Active Directory 所需的功能。

4.1.1　FAT 文件系统

FAT32 文件系统是文件分配表（FAT，File Allocation Table）派生文件系统。随着大容量硬盘的出现，从 Windows 98 开始，FAT32 开始流行。这种格式是采用 32 位的文件分配表，相对 16 位分配表的 FAT16 文件系统，磁盘的管理能力大大增强，可以支持大到 2TB（2048GB）的分区。FAT 和 NTFS 文件系统都使用固定 512 字节作为扇区大小，FAT 文件系统用“簇”（cluster，在 Linux 系统中簇称为 block）作为数据单元。一个簇由一组连续的扇区组成，簇所含的扇区数必须是 2 的整数次幂。簇的最大值为 64 个扇区，即 32KB。文件系统小于 8GB，默认簇的大小为 4KB，文件系统大于 8GB 小于 16GB，默认簇的大小为 8KB。每个簇都有一个自己的地址编号。

FAT32 文件系统结构包括：保留扇区（保留扇区定义了每扇区字节数、每簇扇区数、保留扇区数、FAT 表个数、文件系统大小（扇区数）、每个 FAT 表大小（扇区数）、根目录起始簇号、其他一些附加信息）、主文件分配表（FAT1，描述簇的分配状态以及标明文件或目录的下一簇的簇号）、FAT2（它是 FAT1 的副本，如果 FAT1 损坏，FAT2 可以进行恢复）、根表（定义了每个文件的开始簇）、数据区域（真正用于存储文件和文件夹数据内容的区域）。

当某个应用程序尝试读取文件时，操作系统首先会在根表中查找该文件的开始簇，然后使用文件分配表寻找并读取该文件的其他簇。

磁盘 E：是 FAT32 文件系统，通过下面命令，来查看该文件系统的信息，如图 4-1 所示。

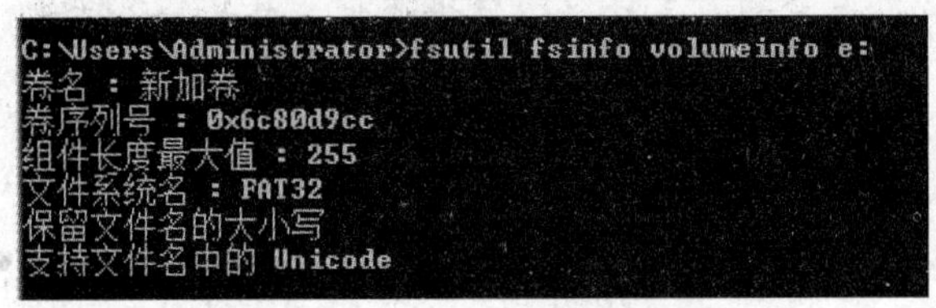

图 4-1　FAT32 文件系统信息

（1）组件长度最大值：表示 FAT32 文件系统文件名的最大长度是 255 字节。

（2）支持文件名中的 Unicode：Unicode 是一种在计算机上使用的字符编码。它为每种语言中的每个字符设定了统一并且唯一的二进制编码，以满足跨语言、跨平台进行文本转换、处理的要求，FAT32 文件系统支持文件名中应用 Unicode 字符编码。

4.1.2　NTFS 文件系统

NTFS（New Technology File System）是可扩展和可恢复的文件系统，是 Windows Server 2008 推荐使用的高性能的文件系统。它是一个特别为网络和磁盘配额、文件加密等管理安全特性设计的磁盘格式。NTFS 最主要的一个优势在于它的安全性，FAT 文件系统没有为本地文件设置安全性，而 NTFS 可以对本地文件设置安全性。而且，NTFS 另一个优势是内置了压缩功能。FAT 文件系统没有这项功能。NTFS 也是以簇为单位来存储数据文件，在给定大小的卷上，NTFS 总是使用最小的默认簇。这样就减小了扇区损耗，提高存储效率。磁盘 C：的文件系统是 NTFS，通过下面命令查看该文件系统的卷信息，如图 4-2 所示。

（1）保留并加强 ACL：用来设置文件权限。

（2）支持磁盘配额：具体内容见第 3 章。

（3）支持稀疏文件：文件的大部分都是空白的，而只有一部分有意义的数据，这种文件叫稀疏文件。

（4）支持重分析点：它是文件系统对象，具有特殊属性标记和数据段。用于文件映射。

（5）支持对象标识符：对象标识符的长度是 16 字节，并且在每个卷上都是不同的。

（6）支持带有名称的数据流：即与文件有关的额外信息，例如自定义的属性和摘要信息。每个文件属性的详细信息选项卡中的信息即为“带有名称的数据流”。

（7）支持事务：以事务方式在 NTFS 文件系统卷上执行文件操作。它会对事务的完整性、一致性、隔离性和持久性（ACID）提供支持。

NTFS 结构和 FAT 结构有很大不同，NTFS 使用一种关系型数据库保存有关文件信息，这个数据库叫主文件分配表（Master File Table，MFT）。NTFS 元数据记录类型中包含 MFT、MFT 镜像、Log 文件、卷、属性定义、根文件名索引、簇位图、引导扇区、坏簇文件、安全文件、Upcase 表、NTFS 扩展文件和待定信息。NTFS 相关信息如图 4-3 所示。

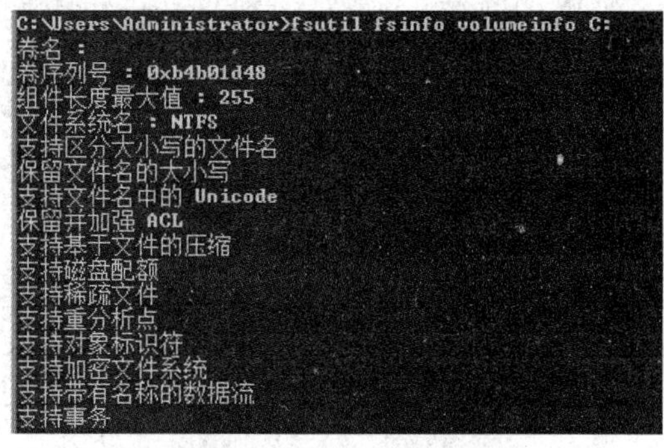

图 4-2　NTFS 卷信息

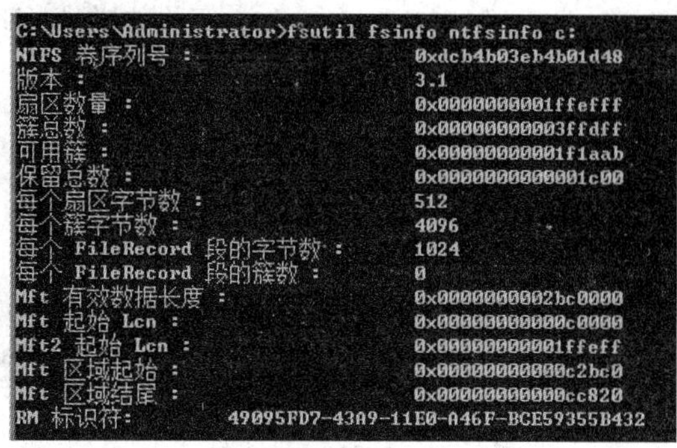

图 4-3　NTFS 文件系统信息

（1）版本：NTFS 内部版本，这里的 3.1 代表 NTFS 5.1。

（2）保留总数：十六进制表示的 NTFS 元数据保留簇数。

（3）每个 FileRecord 段的字节数：MFT 文件记录大小。

（4）Mft 有效数据长度：当前 MFT 大小。

（5）Mft 起始 Lcn：磁盘使用的 MFT 起始位置的 LCN（Logic Cluster Number，逻辑簇编号）。

（6）Mft2 起始 Lcn：磁盘使用的 MFT 镜像起始位置的 LCN。

（7）Mft 区域起始：标记磁盘预留 MFT 空间起始位置的簇编号。

（8）Mft 区域结尾：标记磁盘预留 MFT 空间结束位置的簇编号。

4.2　NTFS 权限类型

NTFS 权限只能应用在 NTFS 系统上，FAT 格式的卷上不能使用 NTFS 权限。NTFS 权限是指系统管理员或文件拥有者赋予用户或组访问某个文件和文件夹的权限，即允许或禁止这些用户或组访问文件或文件夹，实现对资源的保护。NTFS 权限可以应用在本地或是域中。

NTFS 文件系统为卷上的每个文件和文件夹建立了一个访问控制列表（ACL）。ACL 中列出了拥有该资源的所有用户和组以及他们所拥有的访问权限。当用户或组访问该资源时，ACL 首先查看该用户或组是否在 ACL 上，如果不在 ACL 上，则无法访问这个文件或文件夹；再比较该用户的访问类型与在 ACL 中的访问权限是否一致，如果一致就允许用户访问该资源，否则也无法访问这个文件或文件夹。

4.2.1　NTFS 文件权限类型

NTFS 文件权限是应用在文件上的 NTFS 权限，用来控制用户或组对文件的访问。下面按照权限从小到大的顺序来做进一步说明。

（1）读取（Read）：允许用户读取文件；查看文件的属性（只读、隐藏、存档、系统）、所有者和权限。

（2）写入（Write）：允许用户改写文件；改变文件的属性；查看文件的所有者和权限。

（3）读取与执行（Read & Execute）：允许用户运行应用程序；执行读取权限操作。

（4）修改（Modify）：允许用户修改或删除文件；执行写入权限；执行读取与执行权限。

（5）完全控制（Full Control）：允许用户修改文件 NTFS 权限并获得文件所有权；允许用户执行修改权限。

4.2.2 NTFS 文件夹权限类型

文件夹权限是用来控制用户或组对文件夹和该文件夹下的文件及子文件夹的访问。在默认情况下该文件夹下的文件及子文件夹继承该文件夹的 NTFS 权限。所以通过对文件夹 NTFS 权限的设置可以赋予该文件夹下的文件及其子文件夹 NTFS 权限。下面列出了 NTFS 文件夹权限的具体内容。

（1）读取（Read）：允许用户查看文件夹内的文件和子文件夹；查看文件夹的属性、所有者和权限。

（2）写入（Write）：允许用户在文件夹里创建新文件和子文件夹；改变文件夹的属性；查看文件夹的所有者和权限。

（3）列出文件夹内容（List Folder Contents）：允许用户查看文件夹内的文件和子文件夹的内容。

（4）读取与执行（Read & Execute）：允许用户将文件夹移动到其他文件夹，即使用户没有其他文件夹的权限；执行读取权限；执行列出文件夹内容操作。

（5）修改（Modify）：允许用户删除文件夹；并对文件夹有写入权限和读取与执行权限。

（6）完全控制（Full Control）：允许用户修改文件夹 NTFS 权限并获得文件夹所有权、删除子文件夹和文件的 NTFS 权限；允许用户执行其他所有权限。

4.3 NTFS 权限规则

用户账号可能会属于多个组，如果每个组都对某个资源拥有不同的权限，那么该账号的用户对这个资源最终权限是什么，对于这种多重权限，NTFS 遵循下面的规则分配用户的文件权限。

4.3.1 NTFS 权限的累积

用户对某个资源的有效权限是分配给这个用户和该用户所属的所有组的 NTFS 权限的总和。例如，用户 User1 同时属于组 Group A 和组 Group B，它们对某文件的权限分配如表 4-1 所示，则 User1 的有效权限为这 3 个权限的总和，即“写入＋读取＋运行”。

表 4-1　NTFS 权限累积

用户和组	权限
User1	写入
Group A	读取
Group B	运行

4.3.2　文件权限优先于文件夹权限

如果既对某文件设置了 NTFS 权限，又对该文件所在的文件夹设置了 NTFS 权限，文件的权限高于文件夹的权限。例如，用户 User1 对文件夹 c:\data 有“读取”权限，但该用户又对文件 c:\data\EXER.TXT 有“修改”权限，该用户最后的有效权限为“修改”。

当用户对某个文件夹没有权限，而对该文件夹下的某个文件有“读取”的权限时，用户虽然看不到该文件所在的文件夹，但可以使用该文件的全部路径来访问该文件。

4.3.3　拒绝权限优先于其他权限

当用户对某资源拥有“拒绝权限”和其他权限时，拒绝权限优先于其他权限。“拒绝优先”提供了强大的手段来保证文件或文件夹被适当保护。例如，用户 User1 同时属于组 Group A 和组 Group B，它们对某文件的权限分配如表 4-2 所示，则用户 User1 的最终权限为“读取”。因为 User1 是 Group A 的成员，Group A 对该文件的权限是拒绝写，根据拒绝权限优先于其他权限，Group B 赋予成员 User1 写入的权限不生效。

表 4-2　拒绝权限优于其他权限

用户和组	权限
User1	读取
Group A	拒绝写
Group B	写入

4.3.4　NTFS 权限的继承

默认情况下，分配给父文件夹的权限可被子文件夹和父文件夹里的文件继承。然而，我们可以阻止这种权限的继承，这样该子文件夹和文件的权限将被重新设置。

4.4　NTFS 权限设置

NTFS 权限设置就是对于某个文件或文件夹赋予用户权限。包括设置文件、文件夹的权限、删除继承权限、设置 NTFS 的特殊权限。

4.4.1　设置文件夹的 NTFS 权限

在 Windows Server 2008 的 NTFS 磁盘内，每个文件或文件夹都有所有者。C:\DATA 是

Administrator 创建的，查看 C:\DATA 文件夹所有者，操作步骤如下：Administrator 登录后，右击要查看的文件夹，如 C:\DATA→“属性”→“安全”→“高级”→“所有者”，如图 4-4（a）和图 4-4（b）所示。

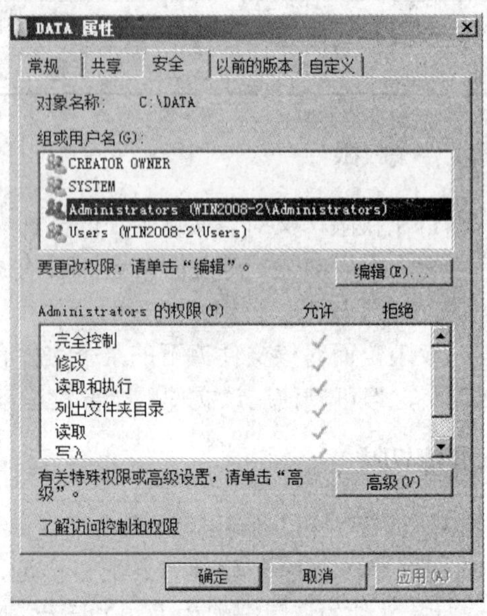

（a）文件夹 DATA 的 NTFS 权限

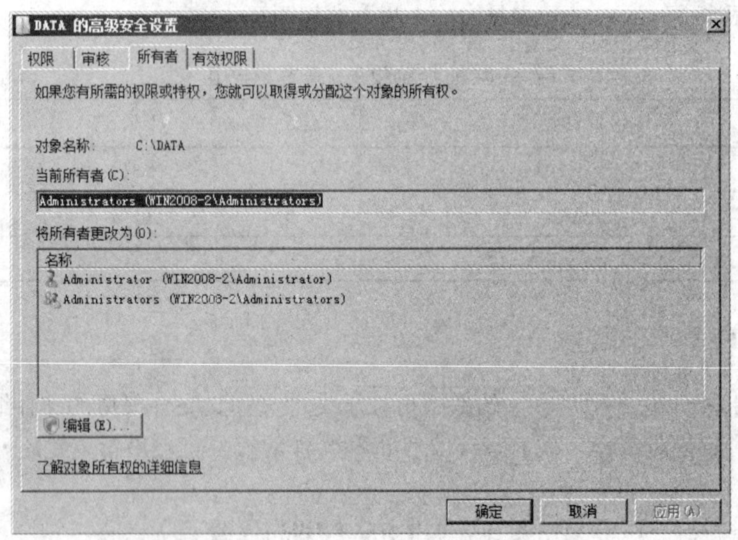

（b）文件夹 DATA 的所有者

图 4-4　查看文件夹的所有者

对于一个指定的文件夹，只有该文件夹的拥有者（CREATOR OWNER）、管理员（Administrator）和有完全控制权限的用户才可以设置它的 NTFS 权限。

例 4-1：要设置 Users 组里的用户 USER1 对 C:\DATA 文件夹拥有“修改”的权限。具体操作步骤如下：

步骤 1：以 Administrator 账号登录，单击“开始”→“计算机”→C 盘→右击“DATA”文件夹→“属性”→“安全”，如图 4-5（a）所示；单击“编辑”按钮，打开如图 4-5（b）所示窗口，单击“添加”按钮。

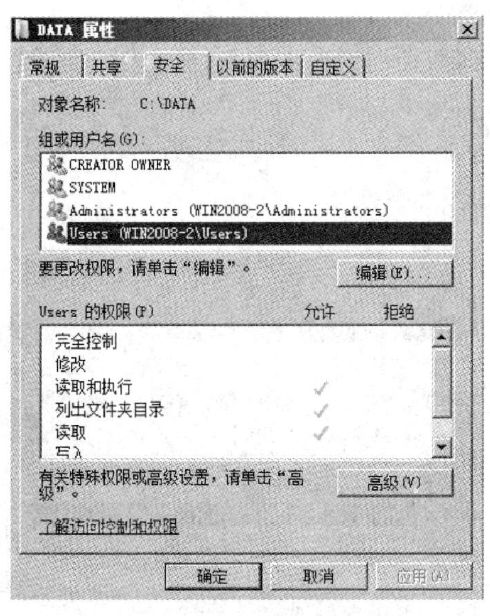

（a）文件夹属性

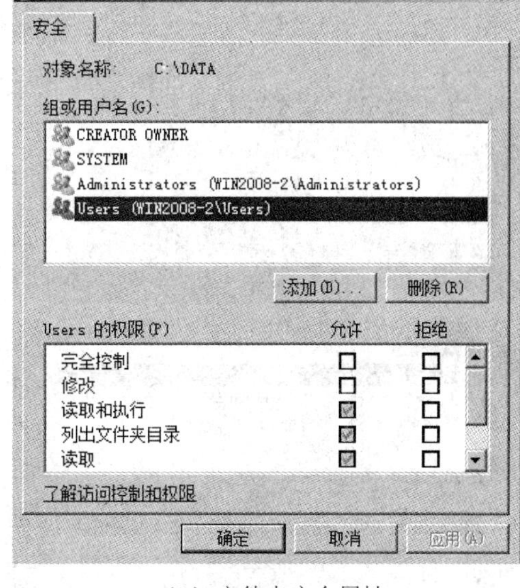

（b）文件夹安全属性

图 4-5　文件夹的权限

图 4-5（b）中的文件夹已有些默认权限（灰色权限）设置，这是从 C：继承的，如果要去掉这些继承的权限，参照 4.4.3 节。

步骤 2：打开“选择用户或组”窗口，如图 4-6（a）所示，单击“高级”→“立即查找”→“USER1”；如图 4-6（b）所示，在权限列表中单击“修改”项的“允许”复选框。

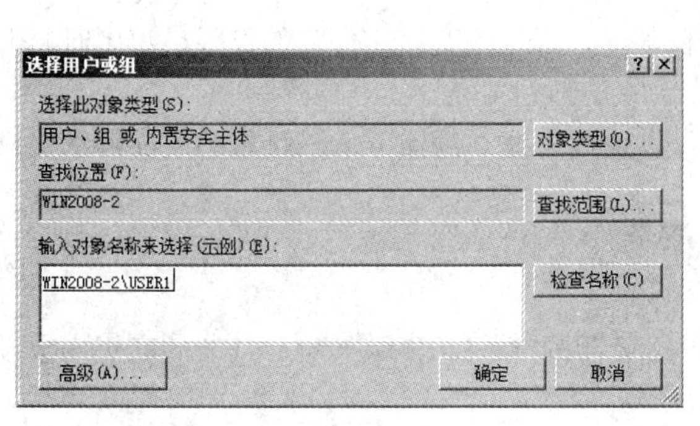

（a）添加用户

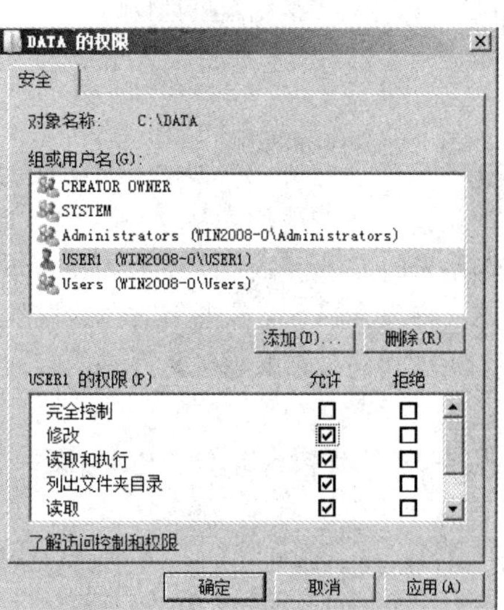

（b）修改权限

图 4-6　设置文件夹的修改权限

4.4.2 设置文件的 NTFS 权限

对于指定的文件，只有它的拥有者（CREATOR OWNER）、管理员（Administrator）和有完全控制权限的用户才可以设置它的 NTFS 权限。

例 4-2：Administrator 设置用户 user2 对 C:\DATA\EXAM.TXT 文件增加“写入”的权限。

右击 C:\DATA\EXAM.TXT 文件→“属性”→“安全”，如图 4-7（a）所示。其余步骤同上例，最终结果如图 4-7（b）所示。

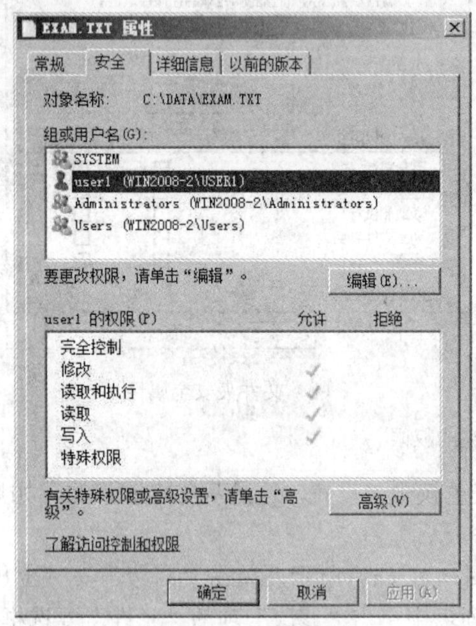

（a）原来 user2 的权限

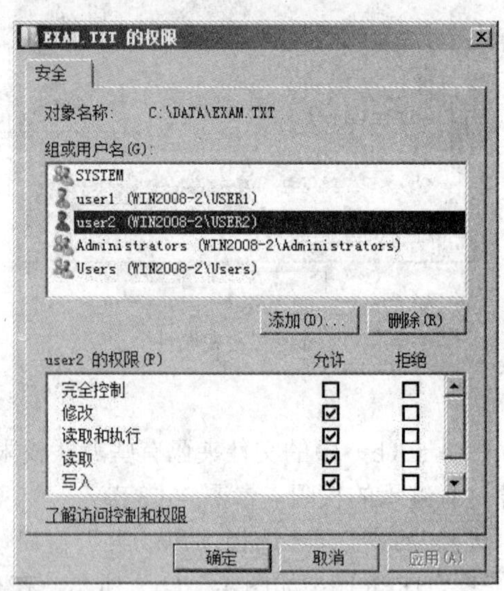

（b）更改后 user2 的权限

图 4-7 设置文件的 NTFS 权限

4.4.3 删除继承权限

默认情况下，用户为某文件夹指定的权限会被这个文件夹所包含的子文件夹和文件继承。当用户改变了一个文件夹的 NTFS 安全权限时，不仅改变该文件夹的权限，也同时修改了该文件夹包含的子文件夹和文件的权限。

如果文件夹不想继承父文件夹的权限，可以通过去掉“包括可从该对象的父项继承的权限”选项来设置。

例 4-3：管理员设置 USER1 对文件 C:\DATA\EXAM.TXT 不继承 C:\DATA 的权限。操作如下：

步骤 1：单击图 4-7（a）所示窗口中的“高级”按钮→打开“EXAM.TXT 的高级安全设置”窗口，如图 4-8 所示，单击“编辑”按钮。

步骤 2：在图 4-9 所示窗口中选择 Users 组，去掉“包括可从该对象的父项继承的权限”复选框中的“√”。

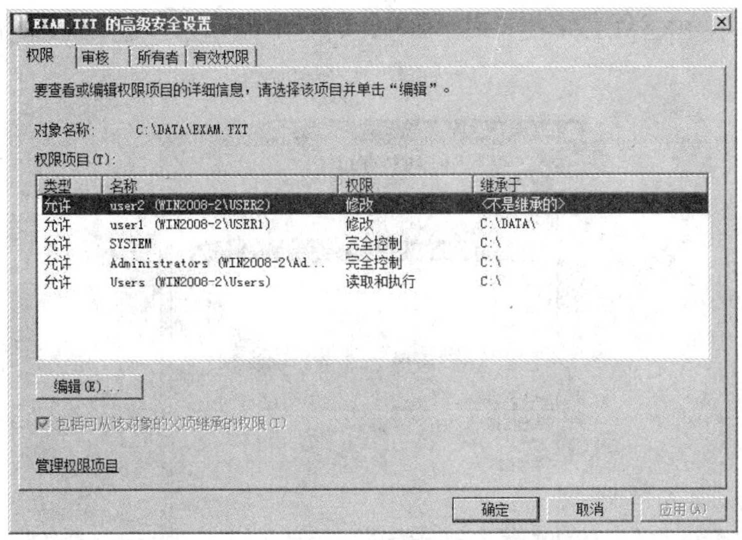

图 4-8　EXAM.TXT 高级安全设置

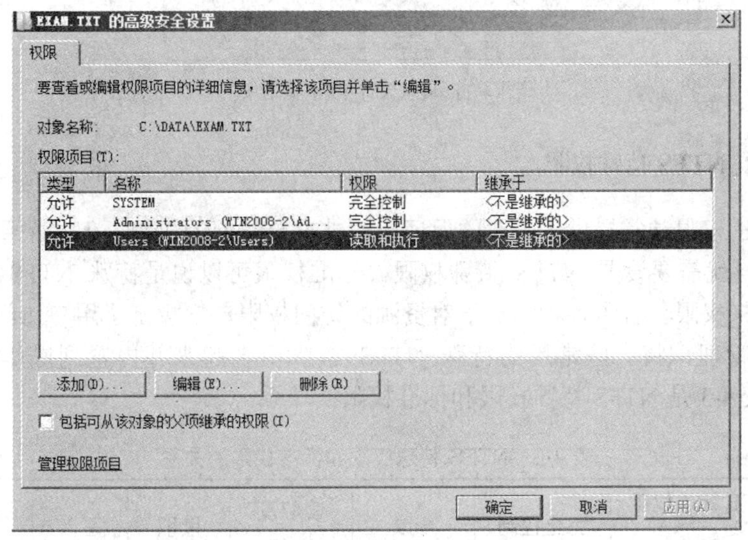

图 4-9　设置取消继承权限

步骤 3：如图 4-10 所示，系统弹出“Windows 安全”窗口，“复制”表示保留从父文件夹继承来的权限，“删除”表示去掉从父文件夹继承来的权限，单击“删除”按钮。

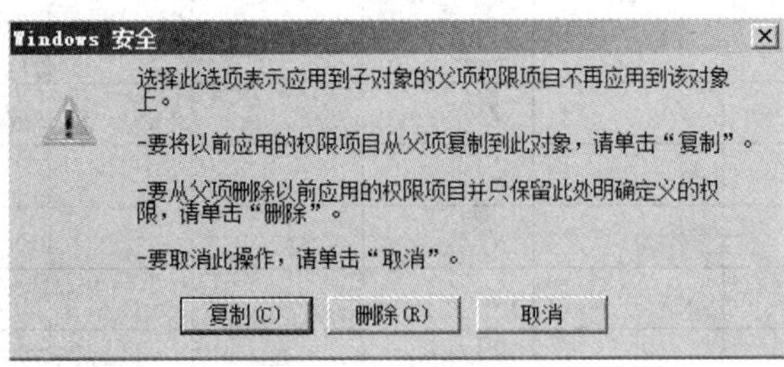

图 4-10　删除继承

步骤 4：查看 EXAM.TXT 文件安全属性，如图 4-11 所示。用 USER1 用户登录，不能打开该文件。

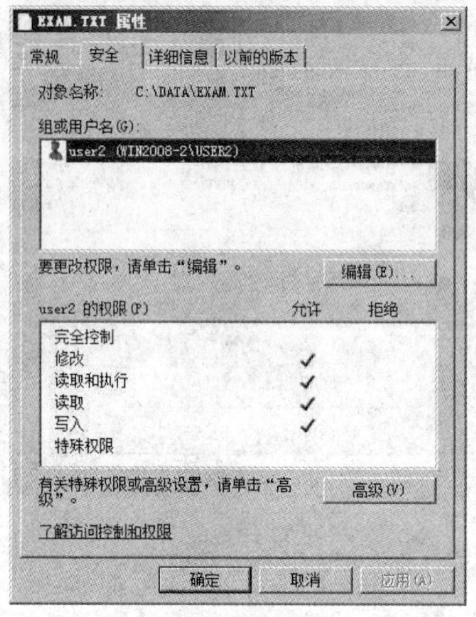

图 4-11　EXAM.TXT 新权限

4.4.4　设置 NTFS 特殊权限

标准 NTFS 权限通常提供了必要的保证资源被安全访问的权限。但如果要分配给用户特定的访问权限，就需要设置 NTFS 特殊权限。标准权限可以说是特殊 NTFS 权限的特定组合，特殊 NTFS 权限包含了各种情况下对资源的访问权限，它规定了用户访问资源的所有行为。为了简化管理，将一些常用的特殊 NTFS 权限组合起来并内置到操作系统形成标准 NTFS 权限。表 4-3 是 NTFS 特殊权限和标准权限的关系。

表 4-3　NTFS 特殊权限和标准权限的关系

NTFS 标准权限 / NTFS 特殊权限	完全控制	修改	读取及运行	读取	写入	列出文件夹目录（针对文件夹）
遍历文件夹/运行文件	√	√	√			√
列出文件夹/读取数据	√	√	√	√		√
读取属性	√	√	√	√		√
读取扩展属性	√	√	√	√		√
创建文件/写入数据	√	√			√	
创建文件夹/附加数据	√	√			√	
写入属性	√	√			√	
写入扩展属性	√	√			√	
删除子文件夹及文件	√					
删除	√	√				

续表

NTFS 标准权限 / NTFS 特殊权限	完全控制	修改	读取及运行	读取	写入	列出文件夹目录（针对文件夹）
读取权限	√	√	√	√		√
更改权限	√					
取得所有权	√					
同步	√	√	√	√	√	√

1. 更改权限

更改权限是对文件或文件夹取得“更改权限”的用户有权重新分配该文件或文件夹权限，如完全控制、读取和写入等权限，它属于特殊权限。在标准 NTFS 权限中，只有对该文件或文件夹拥有“完全控制”权限的用户才可以赋予用户更改权限。具体操作如下：

例 4-4：管理员赋予用户 user1 对文件 C:\DATA\EXAM.TXT 更改的权限，步骤如下：

步骤 1：单击“开始”“资源管理器”→右击 C:\DATA\EXAM.TXT 文件→“属性”→“安全”→“编辑”→“添加”，找到用户 user1，令 user1 出现在“组或用户名”列表中，如图 4-12 所示，单击“确定”按钮。

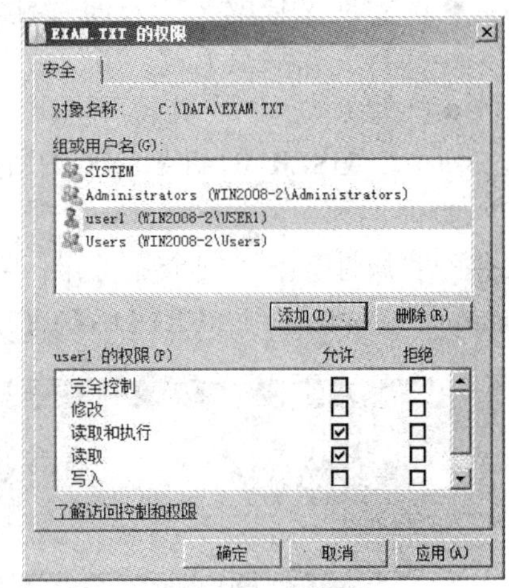

图 4-12　user1 原来的权限

步骤 2：如图 4-7（a）所示，单击“高级”按钮，打开“EXAM.TXT 的高级安全设置”窗口，如图 4-13（a）所示；选择“user1”→“编辑”。

步骤 3：如图 4-13（b）所示，在“EXAM.TXT 的权限项目”窗口中，勾选“更改权限”，单击“确定”按钮。

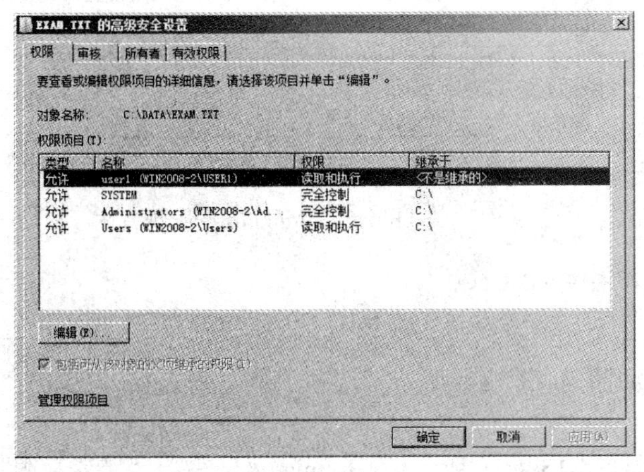

（a）选择 user1

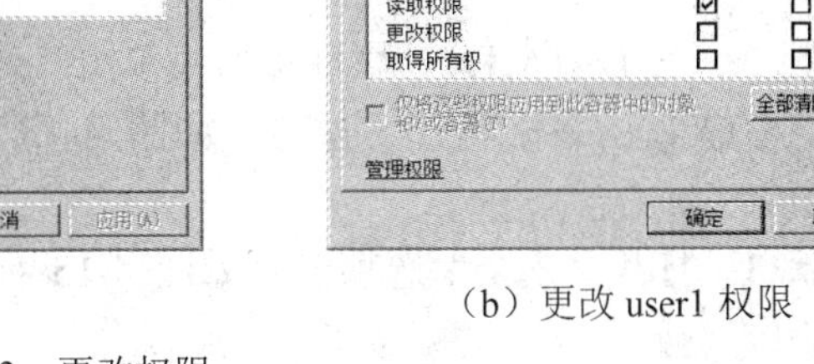

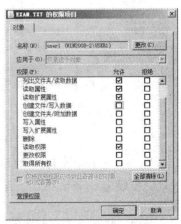

（b）更改 user1 权限

图 4-13　更改权限

步骤 4：以 user1 账户登录后，就可以为其他账户分配 EXAM.TXT 文件的权限。

2．取得所有权

通过指派和撤销权限的操作，可能会出现系统管理员在内的所有操作者都无法访问某个文件的情况。为了解决这个问题，Windows 引入所有权的概念。

Windows Server 2008 中任何一个对象都有所有者，所有权与其他权限是彻底分开的。对象的所有者拥有一项特殊的权限——能够指派权限。系统默认情况下，创建文件和文件夹的用户是该文件或文件夹的所有者，拥有所有权。“取得所有权”是允许或拒绝取得文件或文件夹的所有权。文件或文件夹的所有者始终可以更改其权限，无论是否存在任何保护该文件或文件夹的权限。

所有权可以用以下方式转换：

- 当前文件或文件夹拥有者或者具有“完全控制”权限的用户，可以将“取得所有权”权限授予另一用户或组，这样该用户或组就能获得所有权。
- 管理员可以取得所有权，例如：user1 离开公司，管理员获得 user1 文件 C:\USER1\DATA.TXT 的所有权，然后将该文件的所有权授予 user2。步骤如下：

步骤 1：以 Administrator 登录，“开始”→“资源管理器”→右击 C:\USER1\DATA.TXT 文件→“属性”→“安全”，如图 4-14（a）和图 4-14（b）所示。user1 有完全控制的权限，Administrator 对 C:\USER1\DATA.TXT 有读取和执行以及写入权限。

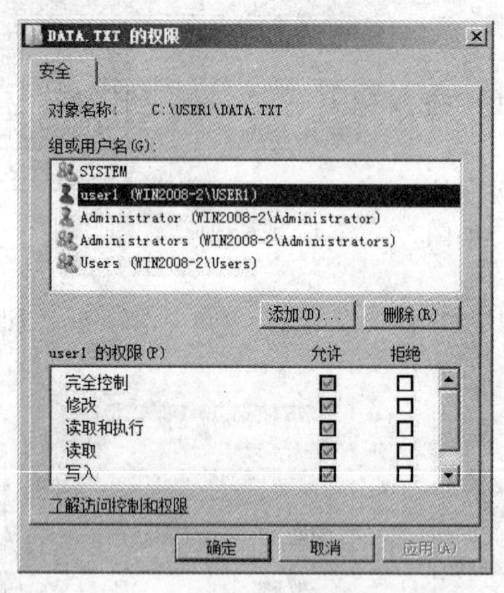

（a）查看 user1 的权限

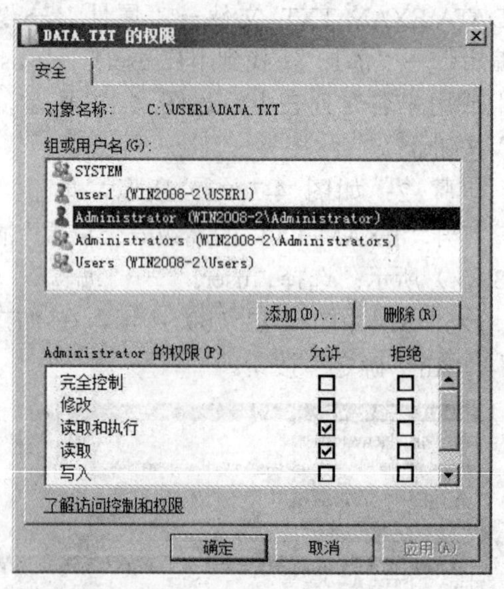

（b）查看 Administrator 的权限

图 4-14　查看权限

步骤 2：在 DATA.TXT 属性窗口中单击“高级”→选择 Administrator →“编辑”→打开“DATA.TXT 的权限项目”窗口，如图 4-15（a）所示，选择“取得所有权”，单击“确定”按钮。

步骤 3：打开“安全”选项卡，如图 4-15（b）所示，Administrator 取得“特殊权限”，单击“确定”按钮。

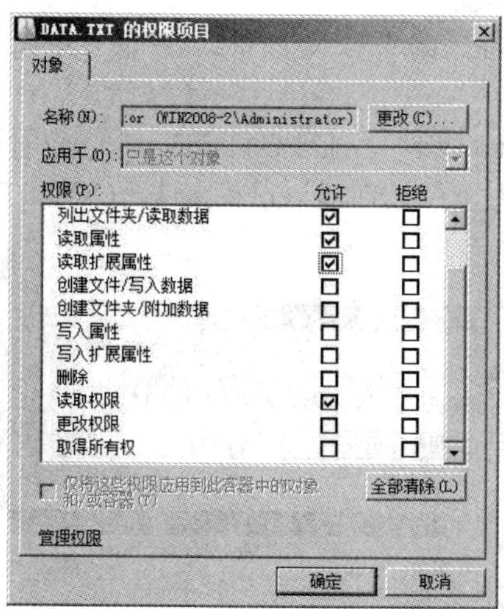

（a）选择“取得所有权”权限

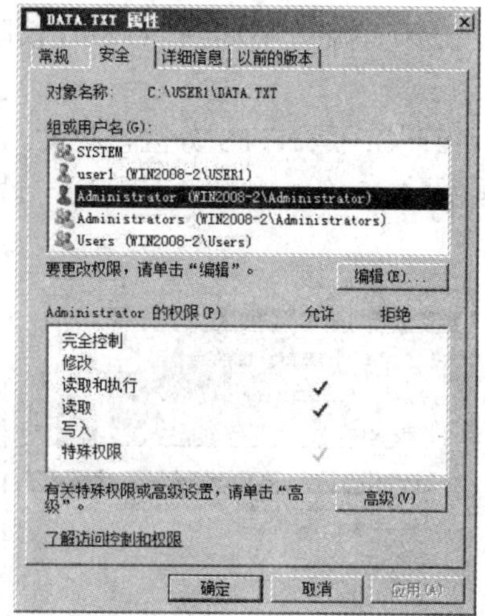

（b）取得了“特殊权限”

图 4-15　Administrator 取得“特殊权限”

步骤 4：这时 Administrator 就可以给 user2 设置完全控制的权限，设置步骤同前，设置结果见图 4-16。

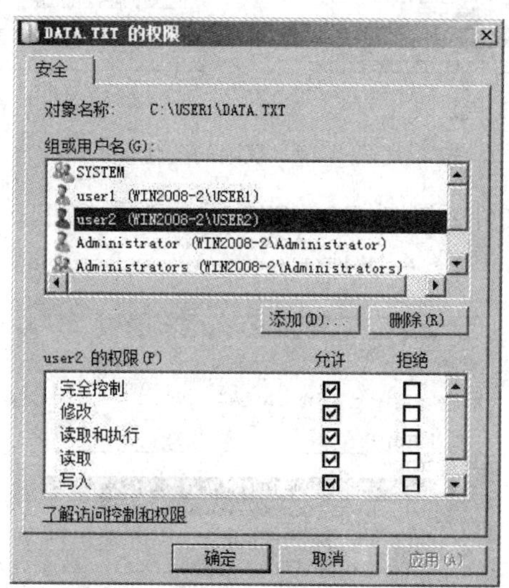

图 4-16　user2 有完全控制的权限

4.5　文件复制和移动对 NTFS 权限的影响

对于 NTFS 卷上的文件，从一个文件夹复制或移动到另一个文件夹后，其 NTFS 权限将会发生变化。

4.5.1　在同一 NTFS 分区上复制或移动文件

在同一 NTFS 分区上将文件复制到不同文件夹，它将继承新文件夹的用户访问权限。但是操作者必须有源文件夹的“读取”权限和目的文件夹的“写入”权限，才能复制文件或文件夹。

例 4-5：C：是 NTFS 分区，将 C:\TEST1\exer.txt 文件复制到 C:\TEST2 中，查看权限的变化。如图 4-17（a）和图 4-17（b）分别是 user1 对 C:\TEST1\exer.txt 文件、C:\TEST2 的原始权限。

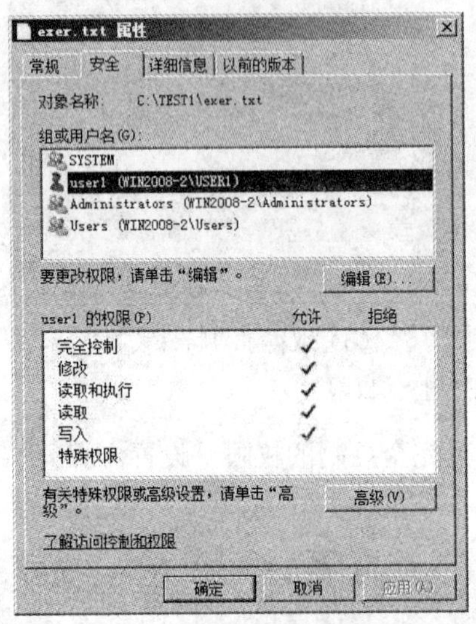

（a）exer.txt 的安全权限

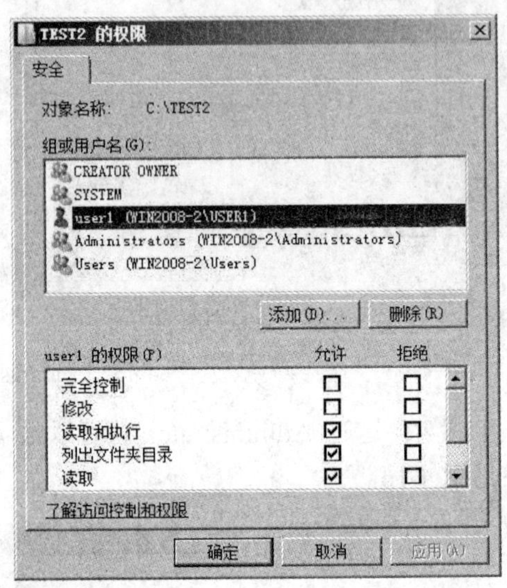

（b）C:\TEST2 原始权限

图 4-17 权限的变化

将 C:\TEST1\exer.txt 文件复制到 C:\TEST2 后，查看 C:\TEST2\exer.txt 的权限，它将继承 C:\TEST2 文件夹的权限，如图 4-18 所示。

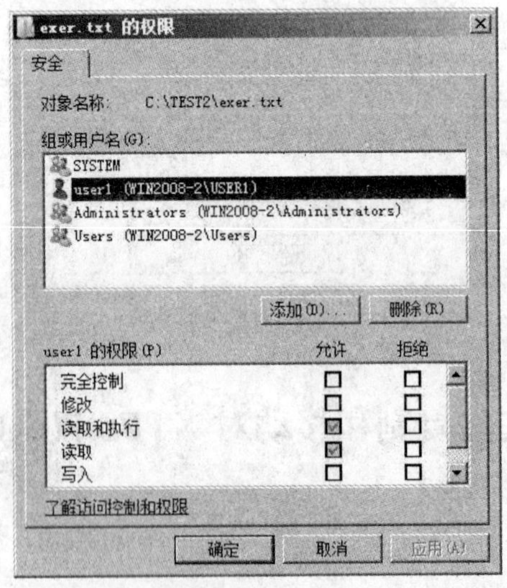

图 4-18 复制后 exer.txt 的权限

在同一 NTFS 分区上将文件或文件夹移动到新文件夹，该文件或文件夹保留原来的权限。

4.5.2　在不同 NTFS 分区间复制或移动文件

（1）在不同 NTFS 分区间将文件复制到不同文件夹，它将继承新文件夹的访问权限。

（2）在不同 NTFS 分区间将文件移动到新文件夹，该文件的访问权限发生改变，它将继承新文件夹的访问权限。

（3）从 NTFS 分区间复制或移动文件到 FAT 分区，因为 FAT 文件系统没有 NTFS 权限设置，当将文件从 NTFS 分区间复制或移动到 FAT 分区时，原文件的所有 NTFS 权限设置都将消失。

4.6　文件夹压缩与加密

压缩和加密功能是 NTFS 特有的功能，默认情况下，对文件夹设置了压缩或加密属性后，这种属性会被该文件夹下的文件和子文件夹继承。压缩和加密功能不能同时设置。

4.6.1　文件夹压缩

Windows Server 2008 有两种压缩方式：NTFS 压缩和压缩文件夹压缩。

1．NTFS 压缩

NTFS 压缩是 NTFS 文件系统内置的功能。NTFS 文件系统的压缩和解压缩对于用户而言是透明的。用户对文件或文件夹应用压缩时，系统会在后台自动对文件或文件夹进行压缩和解压，用户无需干涉。这项功能节约了磁盘空间。

例 4-6：使用 NTFS 压缩功能，对 C:\TEST1 文件夹压缩，步骤如下：

步骤 1：右击 C:\TEST1 文件夹→“属性”→“常规”，显示文件夹的大小和文件占用空间，如图 4-19 所示。

步骤 2：单击“高级”按钮，打开如图 4-20 所示窗口，选择“压缩内容以便节省磁盘空间”复选框，单击“确定”按钮。

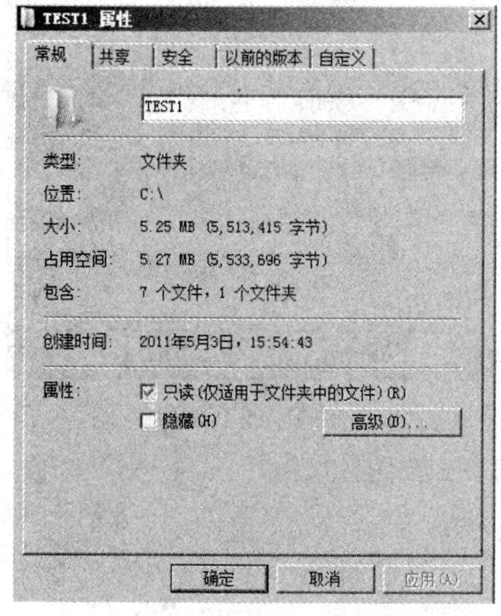

图 4-19　查看文件大小

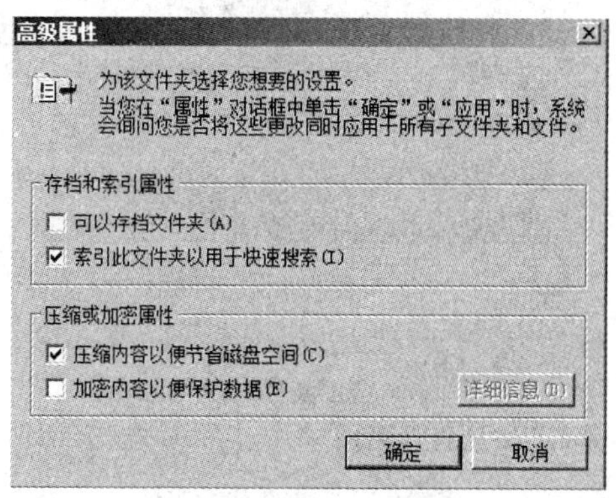

图 4-20　添加压缩属性

步骤 3：打开如图 4-21 所示的“确认属性更改”窗口，选择“将更改应用于此文件夹、子文件夹和文件”单选项。

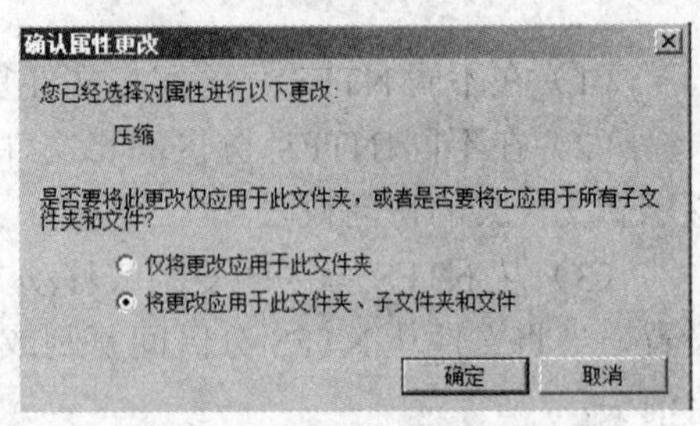

图 4-21 确认属性更改

步骤 4：再查看 C:\TEST1 文件夹属性，发现现在的文件占用空间减少了。

2．压缩（zipped）文件夹压缩

NTFS 压缩只能应用在 NTFS 卷上，用“压缩文件夹”进行文件压缩可以应用在 FAT32、NTFS 卷上。用户利用资源管理器创建压缩文件夹，复制到该文件夹下的文件被自动压缩。下面是压缩文件夹的特性：

（1）可在 FAT32 分区上保持其压缩特性。

（2）用户可直接读取和运行压缩文件夹里的压缩文件，系统会自行解压。

（3）压缩文件的扩展名为.zip，可被 Winzip 应用软件解压。

（4）压缩文件可以被移动和复制到其他分区或网络上。

（5）可以用密码保护压缩文件夹里的压缩文件。

例 4-7：E：是 FAT32 文件系统，创建“E:\YSD”压缩文件夹的步骤如下：

步骤 1：单击“开始”→“计算机”→“E:”→“文件”菜单→“新建”→“压缩（zipped）文件夹”，如图 4-22（a）所示。

步骤 2：如图 4-22（b）所示，输入文件夹名称，单击“确定”按钮。复制文件到 E:\YSD 压缩（zipped）文件夹中，文件将被压缩存放。

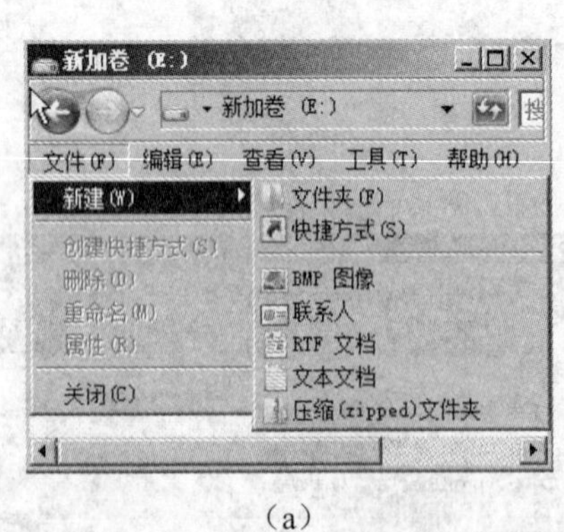

（a）

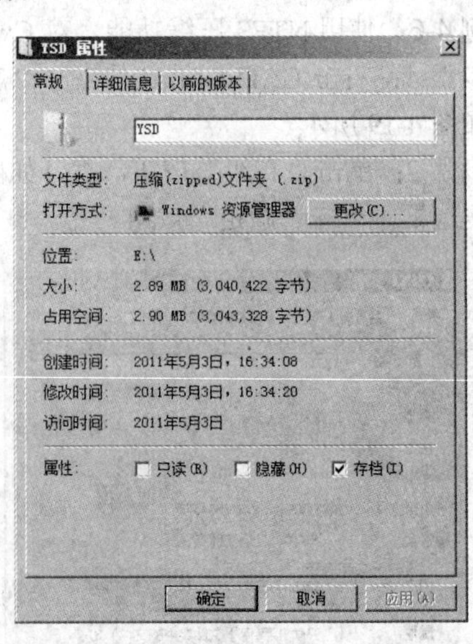

（b）

图 4-22 创建压缩文件夹

4.6.2 文件加密

Windows Server 2008 利用“加密文件系统（Encrypting File System，EFS）”提供对文件

加密的功能，从而提高了文件的安全性。

用户或应用程序读取加密文件时，系统会将文件自动解密后供用户或应用程序使用，而存储在磁盘内的文件仍然处于加密状态；当该文件发生变化写入磁盘时，它会自动加密后再写入磁盘。

下面是加密文件的特性：

（1）文件加密只有在 NTFS 文件系统内实现，加密文件复制到 FAT 分区后，该文件会被解密。

（2）利用 EFS 加密的文件在网上传输时是以解密的状态进行的，所以文件加密只是存储加密。

（3）NTFS 文件的加密和压缩是互斥的。

（4）多个用户之间不能共享加密文件。

（5）只有执行加密操作的用户可以读取该加密文件。

例 4-8：将 C:\TEST2 文件夹加密，步骤如下：

步骤 1：单击“开始”→“计算机”→右击 C:\TEST2 文件夹→“属性”→“常规”。

步骤 2：单击“高级”按钮，见图 4-20，选择“加密内容以便保护数据”复选框，单击“确定”按钮。

步骤 3：弹出“确认属性更改”窗口，如图 4-23 所示，单击“确定”按钮。

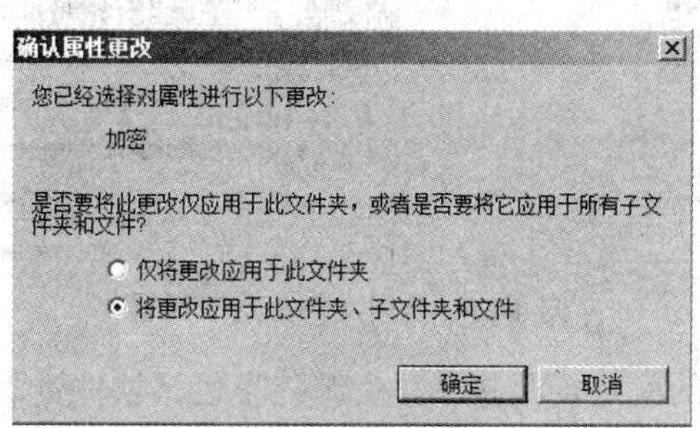

图 4-23　确认属性更改

步骤 4：文件加密后，在资源管理器中显示为绿色。

将 C:\TEST2 文件夹解密，只需在文件夹“高级属性”窗口中不选“加密内容以便保护数据”复选框即可，其他操作与上一个例子的操作类似。

4.7　共享文件夹

4.7.1　公用文件夹

Windows Server 2008 有个公用文件夹，访问该文件夹的路径是：单击“开始”→“计算机”→“公用”，如图 4-24 所示。

公用文件夹有两种使用方式：一种是使用的对象是本地用户，Everyone 组用户对公用文件夹中的文件有“读取”和“读取与执行”的权限。另一种是网络用户，网络用户访问公用文件夹有三种权限，见图 4-25。具体设置如下：单击“开始”→“计算机”→“公用”→“共享设置”，根据实际需要进行选择。

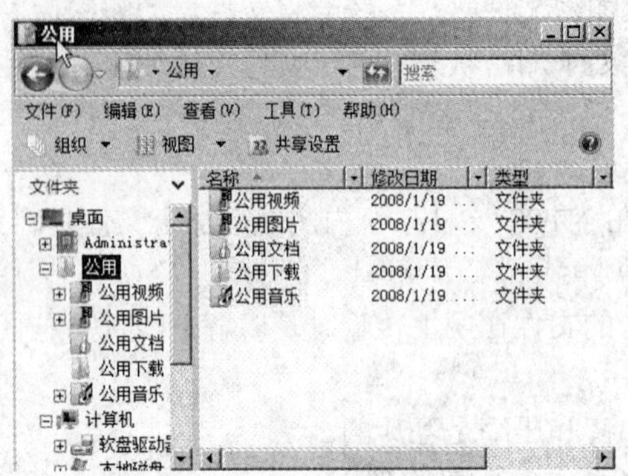

图 4-24　公用文件夹

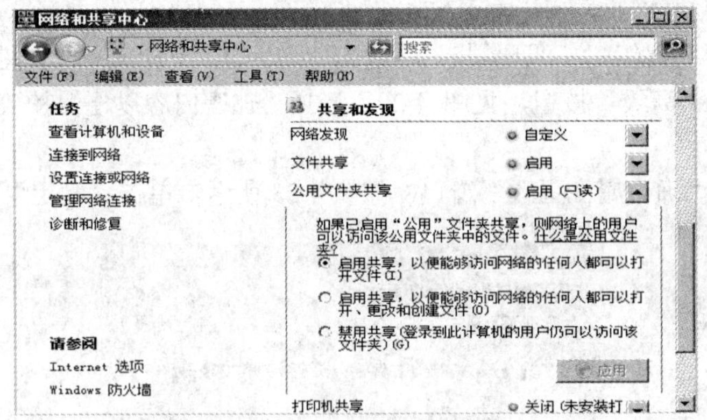

图 4-25　公用文件夹共享设置

计算机连网的主要目的就是资源共享，资源共享包括软件资源和硬件资源的共享。软件资源共享主要是共享文件夹。当用户将某个文件夹共享出来后，网络上的用户在权限许可的情况下就可以访问该文件夹内的文件、子文件夹等内容。共享文件夹可以用在 FAT32、NTFS 文件系统上。

4.7.2　共享文件夹的权限

1．共享文件夹的权限

网络上的用户要想查看共享文件夹的内容，必须拥有对共享文件夹操作的权限，但是本地用户不受此权限限制。共享文件夹的权限如下：

- 完全控制：查看该共享文件夹内的文件名称、子文件夹名称；查看文件内数据、运行程序；遍历子文件夹；向该共享文件夹内添加文件、子文件夹；修改文件内数据；删除子文件夹及文件；更改权限；取得所有权权限。
- 更改：查看该共享文件夹内的文件名称、子文件夹名称；查看文件内数据、运行程序；遍历子文件夹；向该共享文件夹内添加文件、子文件夹；修改文件内数据。
- 读取：查看该共享文件夹内的文件名称、子文件夹名称；查看文件内数据、运行程序；遍历子文件夹。

在 FAT32 文件系统上，共享文件夹权限是保证网络资源安全的唯一方法。默认的共享文件夹权限是读取，并被指定给 Everyone 组。

【提示】只有在想覆盖已指派的特定权限时，才会使用拒绝权限。

2. 共享文件夹权限规则

如果网络上的某用户属于多个组，这些组对某个共享文件夹拥有不同的共享权限，那么这个用户根据权限的累加性、拒绝权限优先于其他权限来确定最终对该文件夹的权限。

例 4-9：权限有累加性。用户 User1 同时属于组 Group A 和组 Group B，它们对某文件夹的权限分配如表 4-4 所示，则用户 User1 的有效权限为这 3 个权限的总和，即“更改+读取”。

表 4-4　权限累加

用户和组	权限
User1	更改
Group A	读取
Group B	未指定

例 4-10：拒绝权限优先于其他权限。用户 User1 属于组 Group A，它们对某文件夹的权限分配如表 4-5 所示，则用户 User1 对该文件夹没有权限。因为拒绝权限优先于其他权限。

表 4-5　拒绝权限优先

用户和组	权限
User1	读取
Group A	拒绝更改

【提示】如果把共享文件夹移动到其他分区，则该文件夹不保留共享属性。如果共享文件夹被复制到新的分区中，原始文件夹仍然是共享文件，而新文件夹没有共享属性。

3. 共享权限和 NTFS 权限累加规则

如果共享文件夹设在 NTFS 文件系统，我们还可以对共享文件夹进一步设置 NTFS 权限，来增强文件的安全性。将共享文件夹权限和文件夹的 NTFS 权限组合起来，用户最终权限是文件夹共享权限和 NTFS 权限之中限制最严格的权限。

例 4-11：用户 User1 属于组 Group A，用户 User1 对文件夹 C:\DATA 有“完全控制”的共享文件夹权限，组 Group A 对文件夹 C:\DATA 有“读取”的 NTFS 权限，如表 4-6 所示。那么用户的最终权限就是“读取”，因为读取的权限更严格。

表 4-6　共享权限和 NTFS 权限累加规则

用户和组	共享权限	NTFS 权限
User1	完全控制	
Group A		读取

4. 网络用户身份认证

使用共享文件夹的网络用户分为两种情况，一是域模式网络用户，一种是工作组模式的网络用户。在域模式下，假设 A 机的当前登录账户是 USER1，密码是 123abc!，共享文件夹在 B 计算机上，C 是域控制器。当 USER1 从 A 机访问 B 机的共享文件夹时，系统会自动将 USER1 和 123abc!发到 C 计算机 Active Directory 中认证，如果通过认证，允许访问。否则要求输入合法的用户名和密码。在工作组模式下，假设 A 机的当前登录账户是 USER1，密码是 123abc!，共享文件夹在 B 计算机上。当 USER1 从 A 机访问 B 机的共享文件夹时，系统默认以 USER1 账户和 123abc!访问 B 计算机，如果 B 计算机本地账户中有 USER1，且密码是 123abc!，允许访问该共享文件夹；如果 B 计算机上没有该账户，那么如果 B 计算机启动了本机的 GUEST 账户，则系统会默认利用 GUEST 账户连接，否则，B 计算机要求 A 机输入 B 计算机本地账户合法的用户名和密码。

4.7.3 创建共享文件夹

创建共享文件夹的用户必须有管理员的权限，普通用户要在网络中创建共享文件夹需要知道管理员的用户名和密码。

例 4-12：Administrator 创建共享文件夹 C:\DATA，且将该文件夹共享给 USER1，共享权限为读取。步骤如下：

步骤 1：在“资源管理器”中右击 C:\DATA 文件夹→“共享”。

步骤 2：打开“文件共享”窗口，选择 USER1→“添加”→“共享”，如图 4-26 所示。

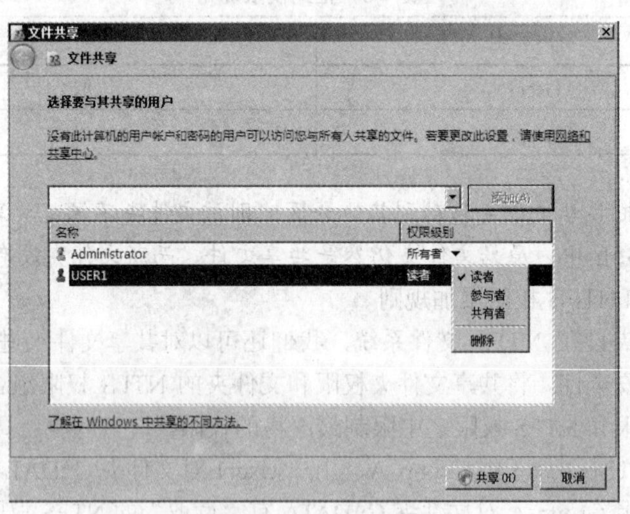

图 4-26 文件共享

- 读者：表示该用户有读取的权限。
- 参与者：表示该用户有更改的权限。
- 共有者：表示该用户有完全控制的权限。

步骤 3：如果是第一次对文件夹共享，将打开“网络发现和文件共享”窗口，如图 4-27（a）所示，如果网络是局域网，选择“否”（本机的实验环境是局域网，所以选“否”），如果是公用网，选择“是”，单击“完成”按钮即可，如图 4-27（b）所示。

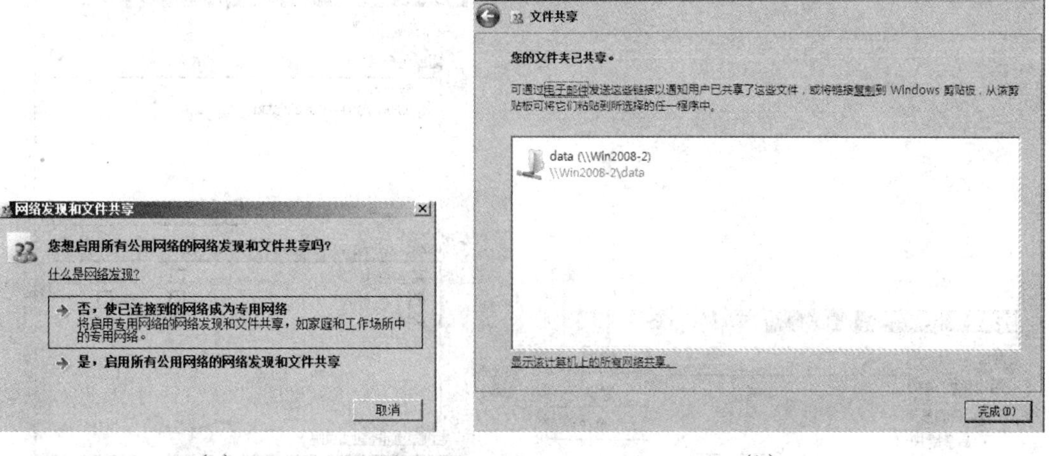

(a)　　　　　　　　　　(b)

图 4-27　网络发现与文件共享路径

步骤 4：共享高级属性设置。在"资源管理器"中右击 C:\DATA 文件夹→"属性"→"共享"，如图 4-28（a）所示；单击"高级共享"按钮，打开如图 4-28（b）所示窗口。

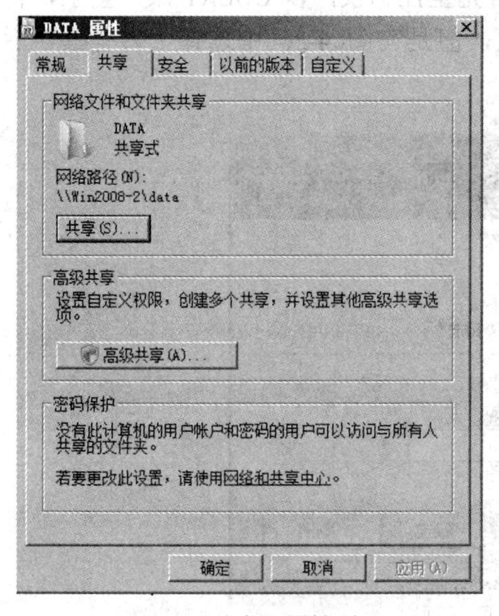

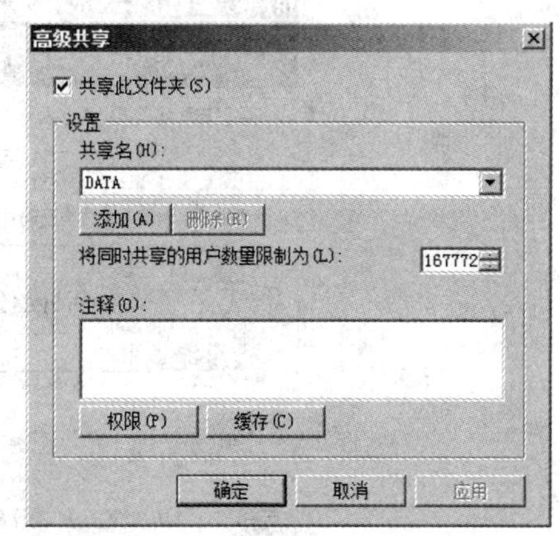

(a)"共享"属性页　　　　　　　　　　(b) 高级共享

图 4-28　共享高级属性设置

- "共享名"：DATA 是网络用户能看到的共享文件夹名，默认与文件夹的名称是一样的。如果要终止共享该文件夹，可去掉"共享此文件夹"前的√。
- "将同时共享的用户数量限制为"：输入具体用户数量。

在图 4-28（b）中，单击"添加"按钮，打开"新建共享"窗口，如图 4-29（a）所示，在这里可以设置共享名和用户数量限制，如果希望隐藏共享文件夹，需要在文件夹名称后面加"$"，客户端访问该文件夹时，要指明路径，否则看不到该文件夹。如图 4-29（b）所示，单击"权限"按钮，可以重新设置共享用户及其权限。

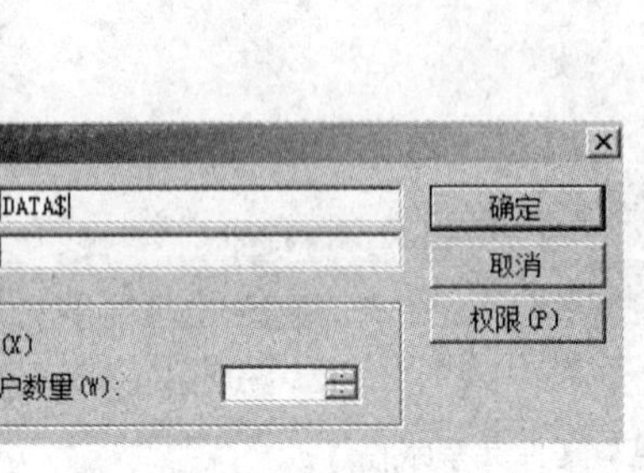

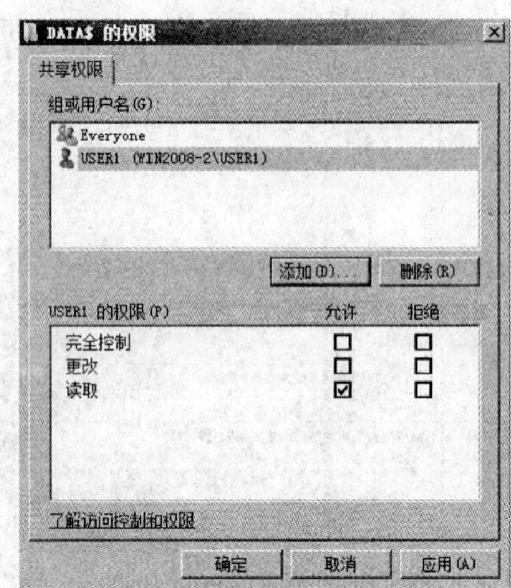

（a）新建共享　　　　　　（b）共享权限

图 4-29　新建共享和权限设置

例 4-13：USER1 用户对 C:\TEST1 文件夹有完全控制权，以 USER1 账户登录，将该文件夹共享给网络用户。操作步骤和上例基本一致，但是在图 4-26 中选择“共有者”后会出现图 4-30，要求输入管理员密码才能完成共享。

图 4-30　用户账户控制

4.7.4　使用共享文件夹

网络用户访问共享文件夹主要有以下几种方式，共享文件夹的表示为：“\\计算机名\共享名”或“\\计算机 IP 地址\共享名”。

1．通过“运行”连接共享文件夹

共享文件夹 DATA 在 IP 为 192.168.0.2，计算机名为 WIN2008-2 的计算机上，网络用户以 WIN2008-2 上的本地账户 USER1 访问共享文件夹，步骤为：在客户机上单击“开始”→“运行”，按照图 4-31（a）所示内容输入共享名，单击“确定”按钮；如图 4-31（b）所示，输入用户名和密码，即可打开共享文件夹。

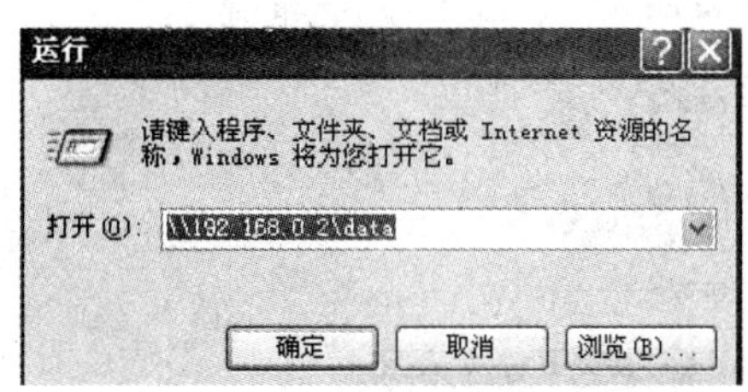

（a）客户端访问共享文件夹

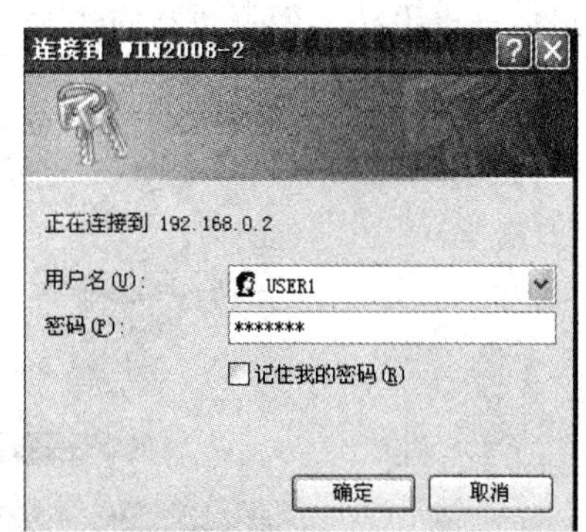

（b）输入用户名和密码

图 4-31　通过“运行”连接共享文件夹

2. 通过“资源管理器”

打开资源管理器，在“地址”栏中输入“\\计算机名\共享名”或“\\计算机 IP 地址\共享名”，然后输入 WIN2008-2 上的本地账户 USER1 和密码即可，如图 4-32 所示。

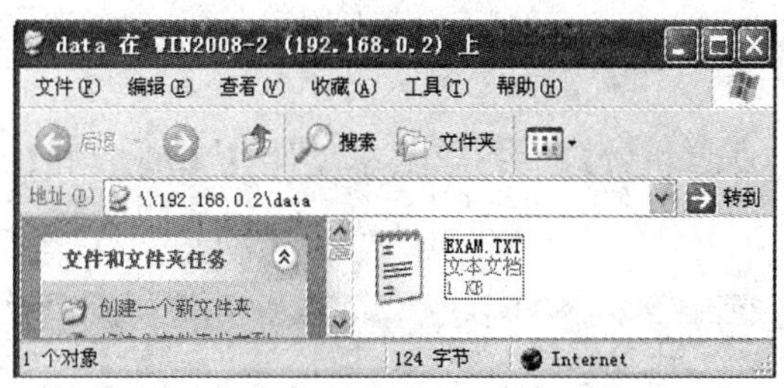

图 4-32　使用 IP 地址访问共享文件夹

3. 通过“映射网络驱动器”

如果某个共享文件夹经常被用户访问，则可以利用“映射网络驱动器”将共享文件夹作为客户机的一个驱动器。设置步骤如下：

步骤 1：单击“网上邻居”→“工具”菜单→“映射网络驱动器”，输入驱动器的盘符以及远程计算机上的文件夹共享名，形式为：\\server\shared_folder_name，如图 4-33 所示。

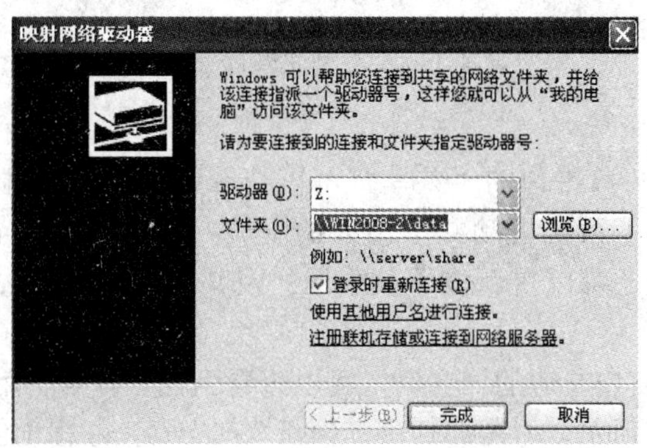

图 4-33　映射网络驱动器

步骤 2：选中“登录时重新连接”可以使得用户登录时自动恢复该网络驱动器的映射，否则用户将每次手动进行驱动器的映射。映射结果如图 4-34 所示。

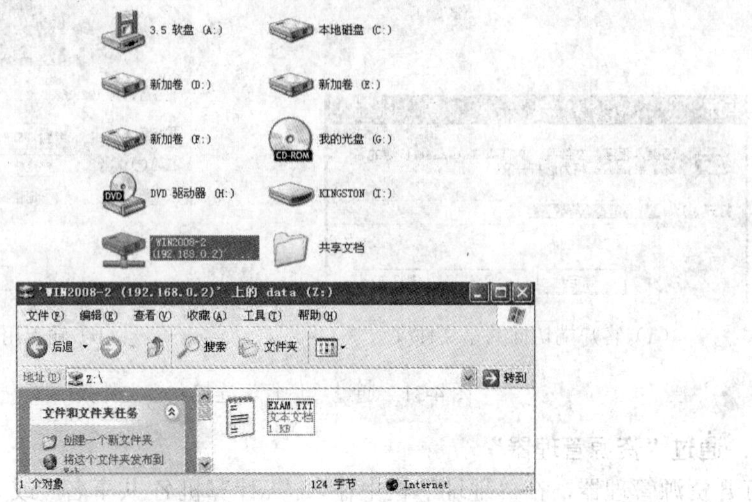

图 4-34 通过“映射网络驱动器”访问共享文件夹

4.7.5 管理共享文件夹

从“管理工具”→“计算机管理”→“共享文件夹”里，如图 4-35 所示，管理员可以管理共享文件夹。

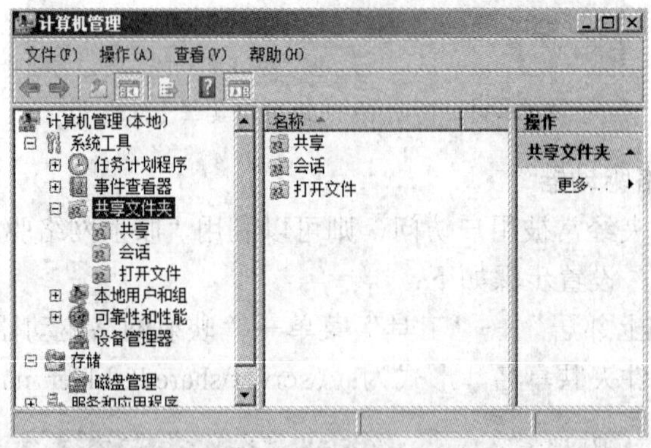

图 4-35 “计算机管理”窗口

1．管理共享

单击图 4-35 所示窗口左边的“共享”可以查看到本地计算机上所有的共享文件夹，如图 4-36 所示，包括了系统自动共享出来的隐藏共享文件夹。在这里可以设置停止共享，通过“属性”命令还可以重新设置共享用户及其权限。

2．管理会话

单击图 4-35 所示窗口左边的“会话”可以查看到究竟有哪些用户在使用本计算机上的共享文件夹，如图 4-37 所示，右击会话可以中断全部会话，右击 USER1，可以关闭 USER1 的会话。

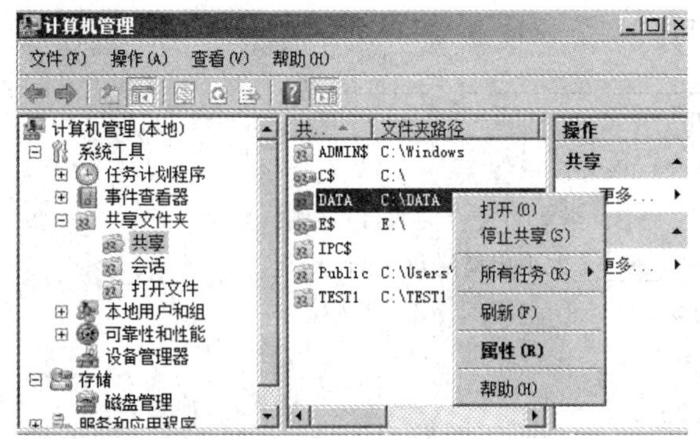

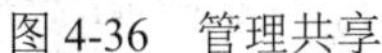

图 4-36 管理共享

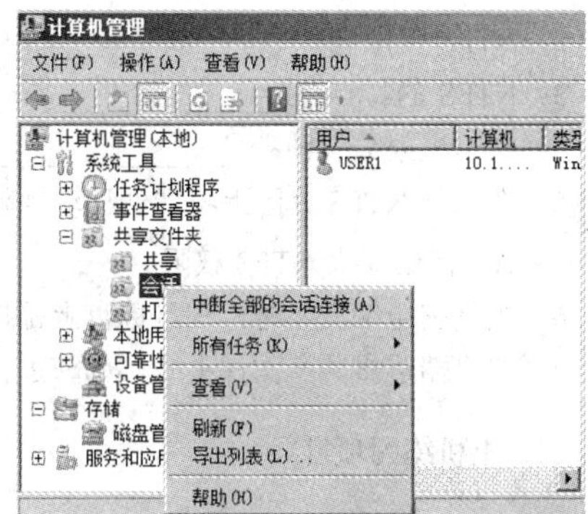

图 4-37 管理会话

3. 管理“打开文件”

如图 4-38 所示，可以看到网络用户在访问哪个共享文件，以及可以“将打开的文件关闭”，如果右击左侧窗口中的“打开文件”，可以关闭所有打开文件。

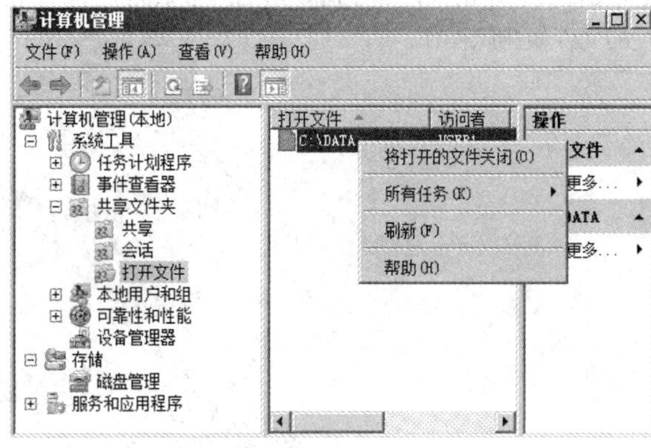

图 4-38 管理打开的文件

本章首先就 Windows Server 2008 中的文件系统做了一个综合性的描述，介绍了在 Windows 中应用的 FAT32 和 NTFS 文件系统。随后深入讨论 NTFS 文件系统下的文件和文件夹权限的确定规则、分配安全权限的操作步骤、安全权限在移动和复制文件或文件夹时的变化、安全权限的规划原则等，还介绍了文件压缩和加密的知识。最后讨论了共享权限的确定规则、如何共享文件夹、如何使用共享文件夹、如何管理共享文件夹。

一、理论习题

1．FAT32 是________位的文件系统，以________字节作为一个扇区，存放文件的最小单位是________。

2．NTFS 权限有________权限和________权限。

3．NTFS 的特点有________、________、________、________、________等。

4．共享权限分三种：________、________和________。

5．在同一 NTFS 分区上将文件移动到新文件夹，该文件将________。

A．保留原来 NTFS 权限　　B．继承新文件夹 NTFS 权限

6．当复制压缩文件时，在目标盘上是按文件________大小申请磁盘空间。

7．客户端连接共享文件夹时，如何进行身份认证？

二、上机练习项目

1．项目 1：D：是 NTFS 磁盘，建立 D:\DATA 文件夹，本地用户组 manager。分配用户组 manager 对这个文件夹有读取与执行的 NTFS 权限，user3 隶属于 manager 组，分配 user3 对 D:\DATA\exer.txt 有写入的 NTFS 权限。以 user3 登录，查看 user3 的最终权限。

2．项目 2：分别用压缩文件夹和 NTFS 压缩的方法对 D:\DATA 文件夹进行压缩，将该文件夹解压后进行加密操作，并查看加密文件夹的颜色变化。

3．项目 3：将 D:\DATA 文件夹共享出来，赋予用户组 Group_test 完全控制的权限，以组成员 user4 登录到域，对文件夹 D:\DATA 的文件做删除操作。

第 5 章　打印服务

Windows Server 2008 为用户提供了强大的打印管理功能，它扩展了驱动程序模型，增加了打印系统的效率和吞吐量。目前，这个系统支持 4000 多种打印机，同时也支持高性能的工业打印设备。Windows Server 2008 提供了打印管理控制台，打印管理员可以通过它为正在使用的打印机制定政策和方案，以及管理打印服务。

1. 了解 Windows Server 2008 打印服务的原理
2. 了解打印服务的基本概念
3. 安装打印服务器
4. 安装服务器客户端
5. 管理打印服务器
6. 管理打印作业

5.1　打印服务的原理

5.1.1　打印服务的工作原理

安装 Windows Server 2008 的计算机被用作打印服务器后，可以管理打印机、与打印客户端通信、给客户端提供打印驱动程序、存储后台打印文档和维护相关的打印队列。

只有安装了打印驱动程序，打印服务器才能完成打印服务，打印机的驱动程序存储在打印服务器的%SystemRoot%\System32\Spool\Drivers 目录下，主要有两种数据类型：

增强型元文件格式（Enhanced Metafile Format，EMF）使用打印机页面描述语言，即 PCL（Printer Command Language），是 Windows 操作系统在打印过程中使用的假脱机文件格式的术语。当打印任务发送到打印机之后，如果打印机正在打印另一个文件，计算机就会读取新的文件并存储它，通常存在硬盘或者内存中，用于稍后打印。假脱机（Spooling）允许多个打印任务在同一时间分配给打印机。

Raw 文件是从数码相机或扫描仪的图像传感器上直接得到的仅经过最少处理的原始数据。它的处理全部在客户端上进行，处理完成后才发到打印服务器上。

下面是 Windows Server 2008 打印服务器的工作过程：

（1）Windows 客户端选择一个打印文档。如果该文档是由 Windows 应用程序提交的，则该应用程序将调用图形设备接口（GDI），它将调用与目标打印机相关联的打印驱动程序，以便用该打印机的语言来提交打印作业，并将它传送到客户端后台打印程序。如果客户端使用非 Windows 操作系统，或使用非 Windows 应用程序，则其他组件将代替 GDI 执行相似任务。

（2）客户端向打印服务器递交打印作业。Windows Server 2008 打印服务器的客户端后台打印程序会向服务器端后台打印程序发出远程过程调用（RPC），该服务器端后台打印程序使用打印路由器轮询客户端的远程打印提供程序。然后远程打印提供程序向服务器后台打印程序发出另一个 RPC，服务器打印程序通过网络接收打印作业。在打印服务器上，Windows Server 2008 客户端的打印作业都属于“增强型元文件（EMF）”数据类型。大多数非 Windows 应用程序都使用 RAW（打印就绪）数据类型。

（3）服务器上的打印路由器将打印作业传送给打印服务器上的本地打印提供程序（后台打印程序的组件），后者将在后台打印该作业（或将其写入磁盘）。

（4）本地打印提供程序将轮询打印处理器，打印处理器识别该作业的数据类型并接收打印作业，然后打印处理器根据其数据类型转换打印作业。

（5）如果在客户机上定义了目标打印机，打印服务器将决定服务器的后台打印程序是转换该打印作业，还是分配另一种数据类型。然后将打印作业传送给本地打印提供程序，将其写入磁盘。

（6）对打印作业的控制被传递给分隔页处理器，分隔页处理器将根据指定，在作业的前面添加分隔页。

（7）作业交给打印监视器。

（8）打印监视器将打印任务发给物理打印设备，物理打印设备接收该作业，然后将每页转换成位图格式，再打印出来。

5.1.2 打印服务的基本概念

（1）打印设备：是常说的打印机，也就是放打印纸的物理打印设备（图 5-1）。

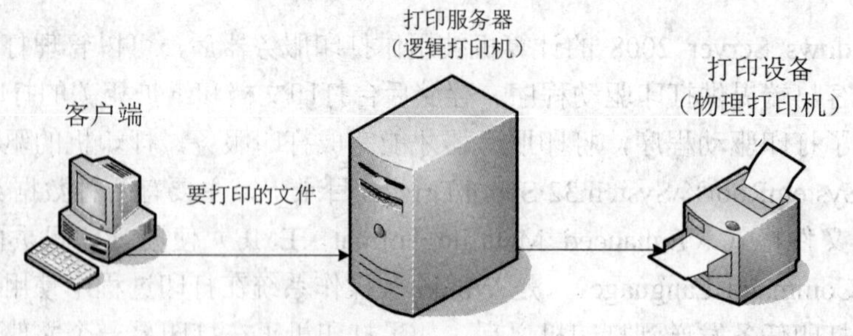

图 5-1 打印过程

（2）打印机（逻辑打印机）：并不是指物理打印设备，而是介于应用程序与打印设备之间的软件接口，用户打印文档就是通过它发送给打印设备。

（3）打印服务器：它是一台计算机，安装了打印驱动程序，连着物理打印设备，负责接收客户端送来的文档，然后将其送往打印设备。

（4）打印队列：是用户发送的打印文件请求。通过查看打印队列可以获得要打印的文档的大小、所有者和打印状态信息。

（5）打印驱动程序：在打印服务器接收到要打印的文档后，打印驱动程序将其转换为打印设备所能识别的格式，以便送往打印设备中打印。不同的物理打印设备需要不同的打印驱动程序。

（6）打印机池：如果打印工作量很大，一台打印机无法满足工作要求，可将多个打印设备组合在一起，形成一个打印机池，由 Windows Server 2008 根据打印负荷情况，自动将打印任务分配到打印机池中各个打印设备上。

5.2 安装打印机服务器

网络打印有三个优势：一、提高工作效率，降低办公费用，网络中的打印方案，不仅将网络连接功能与打印机无缝集成，而且充分发挥网络中所有组件的性能优势，使系统整体性能倍增，在打印速度、打印队列、打印管理方面提供可靠的高效的性能。二、管理性，可靠性。现代的网络打印方案可提供卓越的管理性，极大地减少了管理人员用于处理网络中打印相关问题的时间，直接降低了企业网络的管理成本，管理员及用户能够及时了解到打印状态，第一时间发现问题，迅速排除故障，提高打印效率。三、易用性，可适应性。现代的网络打印方案可连接多种网络环境，真正支持跨平台操作，配置简单，适应力极强。

在网络中的打印机有多种接口类型，目前市面上较为常见的打印机接口类型有并行接口、USB 接口、串口、RJ-45 接口等。并行接口可以简称“并口”，它是一种增强的双向并行传输的接口类型，它的特点是用户只要拥有足够多的端口，就可以不需要其他卡的帮助进行无限制的连接，而且使用起来也颇为方便，在传输速率方面，并口的最高传输速度是 1.5Mbps。USB 接口也已逐渐成为打印机的主流接口，USB 的全称是“通用串行总线”，英文全称为 Universal Serial Bus，它是由英特尔、康柏、IBM、Microsoft 等多家公司在 1994 年底联合推出的。USB 发展到现在的 USB 2.0 版本，传输速度达到了 480Mbps。串口叫做串行接口，现在的 PC 机一般有两个串行口 COM1 和 COM2。串行口不同于并行口之处在于它的数据和控制信息是一位接一位地传送出去的。虽然这样速度会慢一些，但传送距离较并行口更长，因此若要进行较长距离的通信时，应使用串行口。这种接口目前已经很少使用。以上三种接口，打印机都需要连接一台作为打印服务器的计算机，才能成为网络共享打印机。RJ-45 接口也是以太网接口，RJ-45 接口打印机可以配置自己的 IP 地址而成为一个独立的网络节点。这种打印机有两种连接方式，一种是客户端直接连到该打印机，将打印机作为本地打印机来完成打印工作，但是这种安装方式，不利于管理员的统一管理。另一种是一台安装了 Windows Server 的计算机作为打印服务器连接到该打印机，并将该打印机共享出来，客户端再通过打印服务器打印文件。

在安装网络打印机之前，管理员要对打印服务器进行规划，以便满足用户的要求。主要从以下几个方面来考虑：

- 内存大小：打印服务器必须有足够大小的内存来处理要打印的文档。在打印服务器需要管理多台打印设备或处理大量打印文档的时候，需要考虑为打印服务器额外增加内存来满足用户要求。充足的内存是保证打印性能的前提。
- 磁盘容量：在把打印文档送到打印设备之前，打印服务器需要在硬盘上缓存打印文档，因此必须有足够大的硬盘空间才能让打印服务器正常工作，特别是当用户经常需要打印大的文档或是发送大量的打印请求时，需要格外注意是否有足够的硬盘空间。

- 操作系统：建议使用 Windows 系列的操作系统。

网络管理员不仅要考虑打印服务器的规划，还要考虑整个企业或部门的打印要求，来规划打印服务器的安装位置和数量。既不能浪费资金，也不能使打印要求无法满足。打印位置应便于用户及时取走他们打印完的文档，并应该为不同的用户设置不同的权限和优先级，使那些重要用户如经理可以更快地得到他们需要的文档。

为了加强对打印文件、打印队列、打印时间、打印机的管理，下面我们就以 RJ-45 接口的打印机的第二种配置方式来说明如何安装打印服务器。如图 1-1 所示，WIN2008-2（192.168.0.2）充当打印服务器，打印机的型号为 HP LaserJet 5100 PCL 5，打印机是 RJ-45 接口的，打印机的 IP 地址是 192.168.0.3，要求安装打印服务器，步骤如下：

步骤 1：管理员登录作为打印服务器的计算机，单击“开始”→“控制面板 ”→“打印机”→“添加打印机”，如图 5-2 所示，选择“添加本地打印机”。

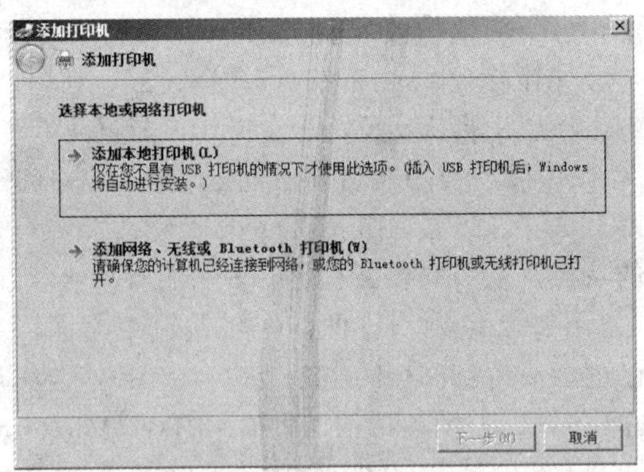

图 5-2　添加打印机

步骤 2：单击“下一步”按钮，选择“创建新端口”，在端口类型中，选择“Standard TCP/IP Port”，如图 5-3 所示。

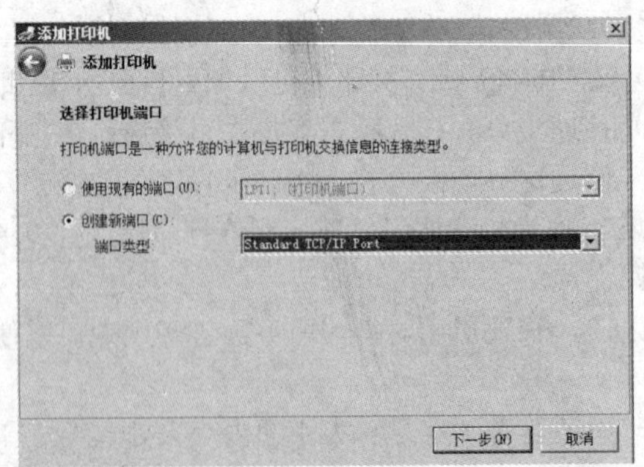

图 5-3　选择打印机端口

【提示】如果是安装本地并口的 LPT 打印机，选择“使用现有的端口”。

步骤 3：输入打印机的 IP 地址，如图 5-4 所示。

步骤 4：系统自动检测打印机的型号，如图 5-5 所示。

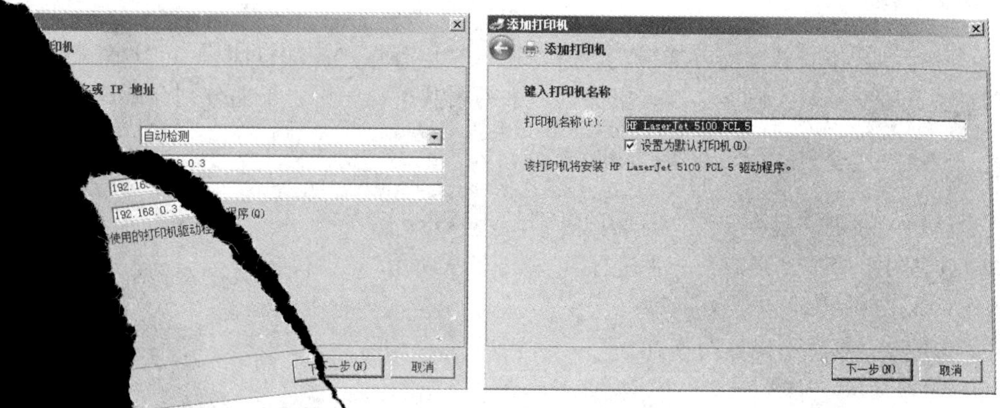

置网络打印机的 IP 地址　　图 5-5　输入打印机名称

图 5-6 所示安装打印驱动程序，Windows 本身配有该型号打印机程序，所以只要

共享网络打印机 HP LaserJet 5100 PCL 5，见图 5-7。

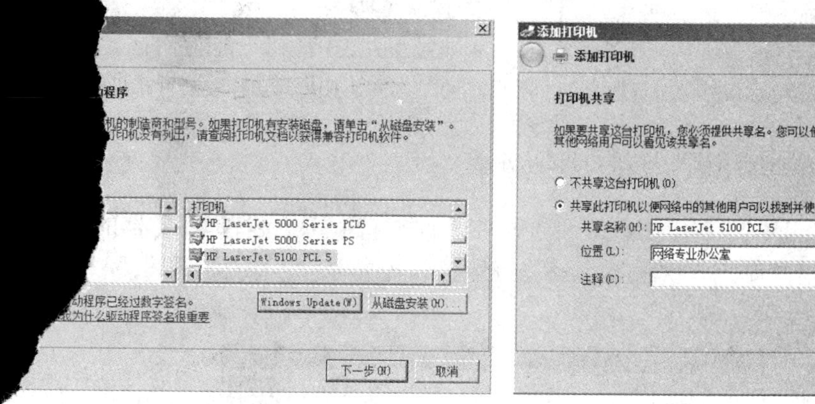

图 5-6　安装打印驱动程序　　图 5-7　共享打印机

步骤 7：打印测试页来测试安装结果，如图 5-8 所示。

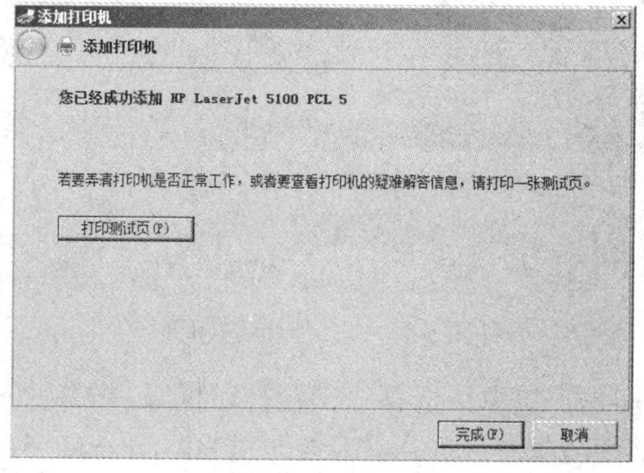

图 5-8　打印测试页

5.3 客户端连接到打印服务器

连接到打印服务器的方式很多，可以通过“运行”、“添加打印机”、“网络搜
网页浏览器”等方式连接到打印服务器，来使用共享打印机。下面分别介绍。

5.3.1 通过“运行”连接打印服务器

客户端通过“运行”连接打印服务器的步骤是：

步骤 1：单击“开始”→“运行”，如图 5-9 所示。然后确认在客户端
即可。

步骤 2：安装结果见图 5-10。

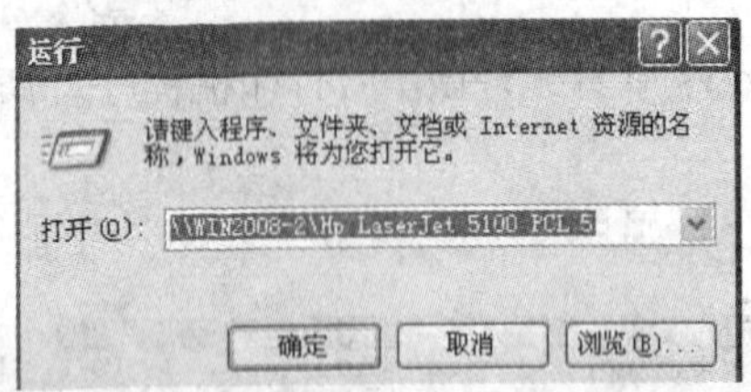

图 5-9 运行连接打印服务器

图 5-10 客户端安装打印机

5.3.2 通过“添加打印机”连接打印服务器

客户端运行 Windows XP 操作系统，通过“添加打印机”连接打印服务器的

步骤 1：单击“开始”→“设置”→“打印机和传真”→“添加打印机”，
所示设置。

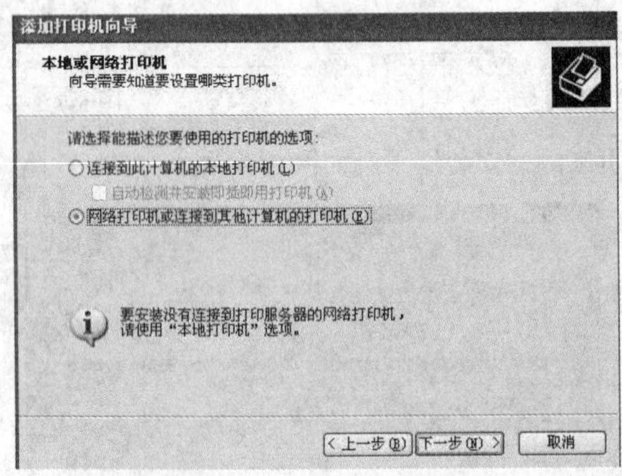

图 5-11 安装网络打印机

步骤 2：在指定打印机窗口中，选择“浏览打印机”，单击“下一步”按钮。在浏览打印机窗口中找到“WIN2008-2”然后选择共享打印机 HP LaserJet 5100 PCL 5，如图 5-12 和图 5-13 所示。

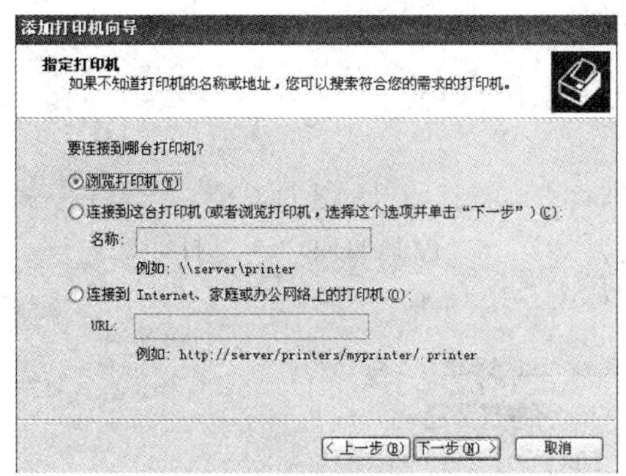

图 5-12　指定打印机

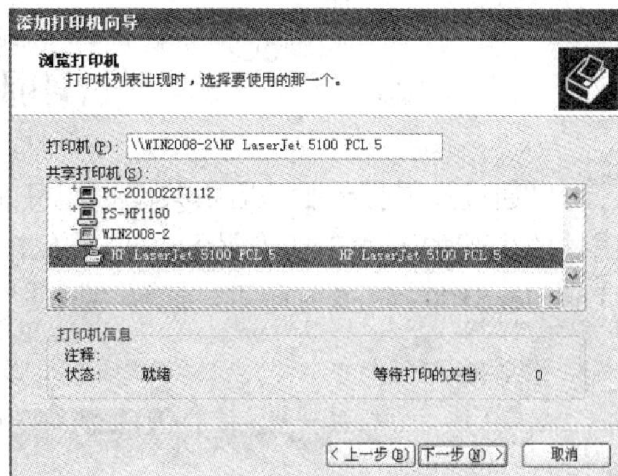

图 5-13　选择共享打印机

步骤 3：确认在客户端安装打印驱动程序，设置为默认打印机，最后打印测试页。安装完毕，见图 5-10。

5.3.3　使用网络搜索连接打印服务器

如果客户端是 Windows Server 2008 或者是 Windows Vista，可以使用网络搜索的方式连接打印服务器。步骤是：

步骤 1：单击“开始”→“网络”，找到打印服务器 WIN2008-2，见图 5-14。

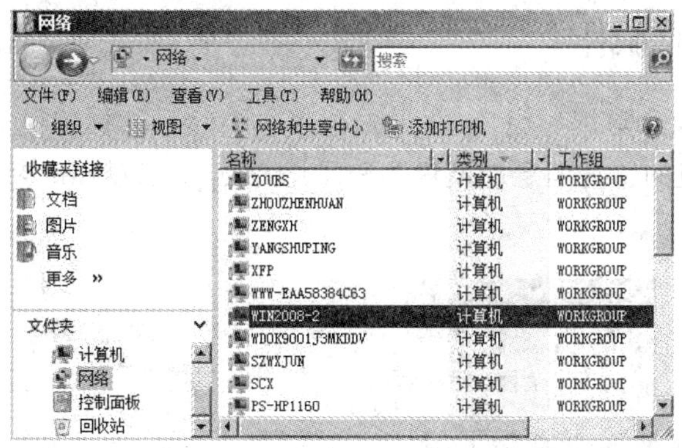

图 5-14　搜索打印服务器

步骤 2：双击 WIN2008-2，右击 HP LaserJet 5100 PCL 5，选择“连接”，后面的步骤同 5.3.2 节中的步骤 3。

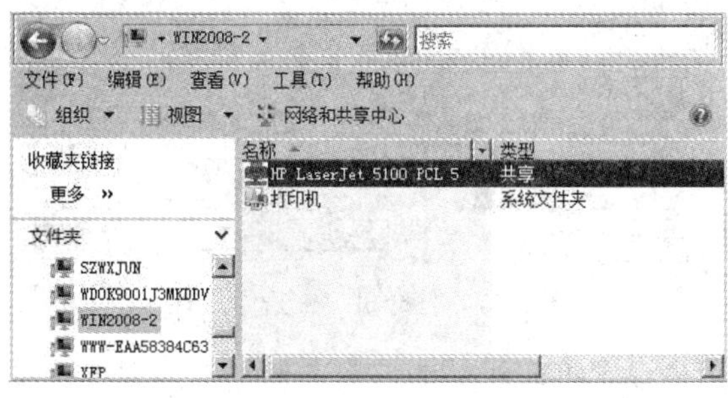

图 5-15　客户端连接共享打印机

5.4 打印服务器的管理

可以通过设置打印服务器中共享打印机的属性来配置打印机的各种功能。设置共享打印机属性的步骤如下：在打印服务器上，单击“开始”→“控制面板”→“打印机”→右击HP LaserJet 5100 PCL 5 打印机，选择“属性”，如图 5-16 所示。

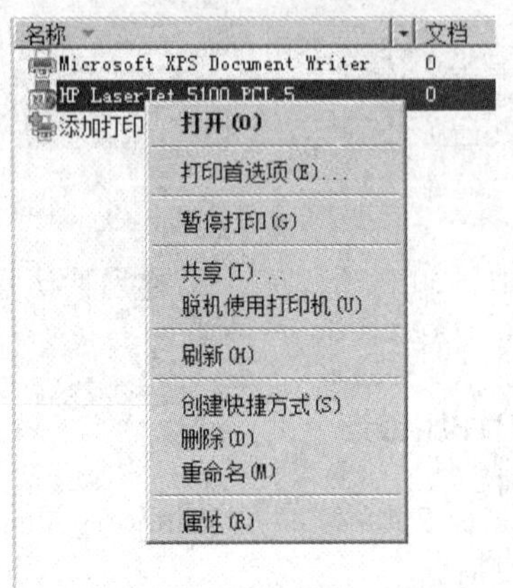

图 5-16　打印机属性

5.4.1 设置“常规”属性

打开共享打印机的“常规”属性，“常规”属性中显示了打印机的型号，以及它的功能参数。还可以将打印机的位置信息以及说明信息填写在“位置”和“注释”框中，如图 5-17 所示。

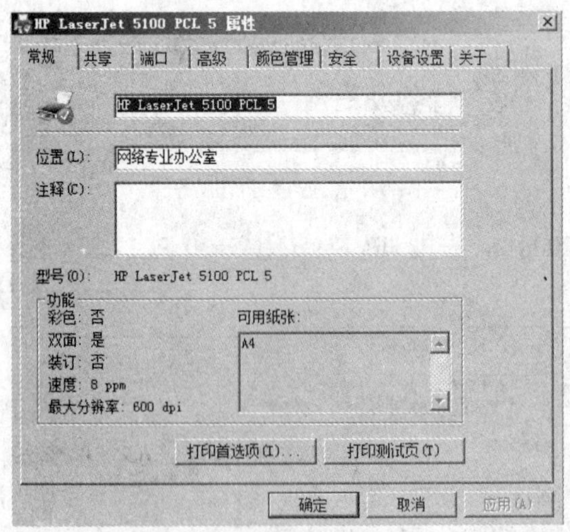

图 5-17　打印机“常规”属性

“打印首选项”是用来设置打印相关的参数，包括页面大小、页面方向、打印分辨率、单面打印还是双面打印、每页打印多页内容和设置打印份数等，如图 5-18 所示。

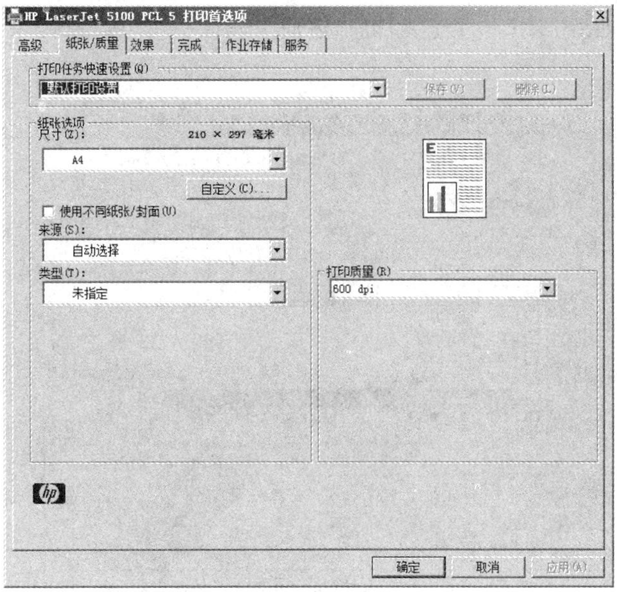

图 5-18　打印首选项

5.4.2　打印机共享

如图 5-19 所示，“共享”属性是用来设置这台打印机是否共享，以及共享名是什么。“在客户端计算机上呈现打印作业”可以将打印任务的处理放在客户端计算机上进行，而不是在打印服务器上进行，该项选择可以降低打印服务器工作负载。

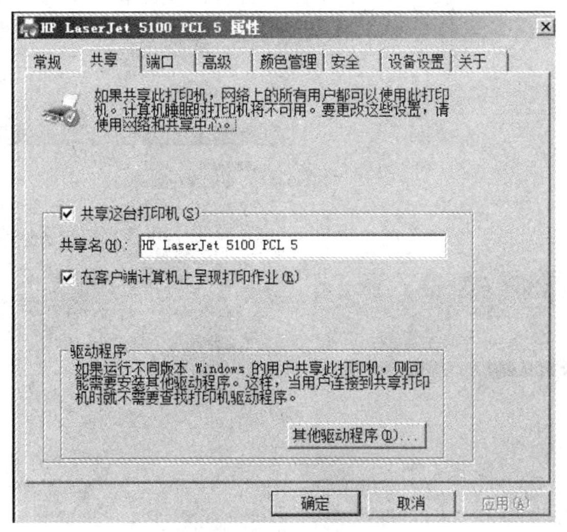

图 5-19　“共享”属性

5.4.3　打印机端口

打印机端口是打印服务器连接打印设备的接口，打印服务器通过该端口来控制打印设备。常见的打印机端口有并行口（LPT1、LPT2）、打印串行端口（COM1～COM4）、RJ-45

（TCP/IP 端口）和 USB 接口。在打印机“端口”属性中可以设置打印重定向和打印机池两种功能。

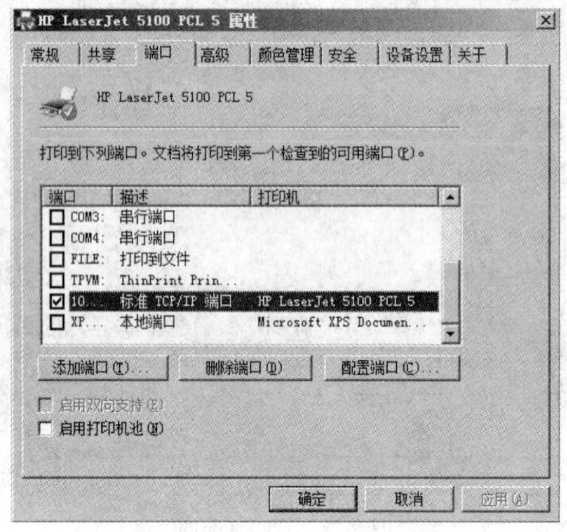

图 5-20　打印机端口

1. 打印重定向

打印重定向就是将要打印的文件定向到另一台打印机上来完成打印任务。一般用于共享的打印机出现故障或忙碌的情况。例如将打印文件由 192.168.0.3 打印机重定向到 192.168.0.10 这台打印机上工作，设置打印重定向的步骤如下：

步骤 1：在图 5-20 中单击“添加端口”按钮，打开“打印机端口”窗口，如图 5-21 所示。

步骤 2：单击“新端口”按钮，打开“添加端口”窗口，输入“192.168.0.10”，如图 5-22 所示。

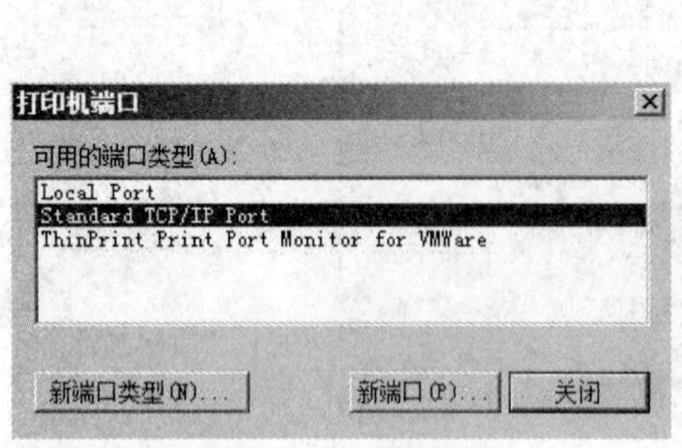

图 5-21　添加端口

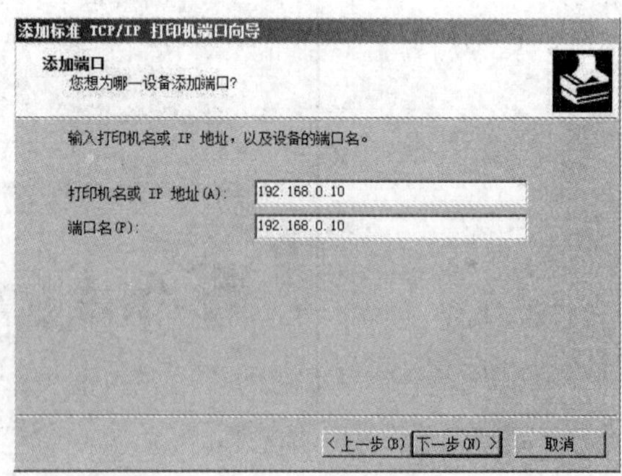

图 5-22　端口名

步骤 3：单击“下一步”按钮，最后成功添加端口。

2. 设置打印机池

打印机池就是用一台打印服务器管理多个物理特性相同的打印设备，以便同时打印大量的文档。当用户将打印文档送到打印服务器时，打印服务器会根据打印设备是否使用，决定将该文档送到打印机池中的哪台空闲打印机，原理见图 5-23。但是要求打印机池的多台打印机同一厂商，同一型号，同样内存；打印机池的不同端口可以是本地端口，也可以是远程端口。

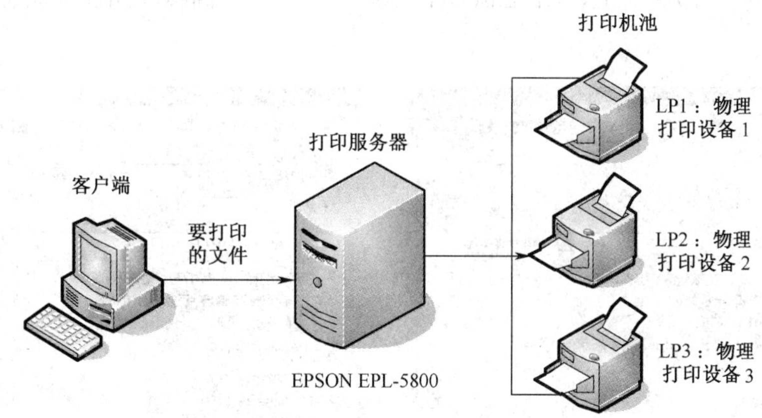

图 5-23　打印机池工作原理

设置打印机池的步骤如下：

步骤 1：安装多台型号相同的打印机（同安装打印机）。

步骤 2：在图 5-20 中，选择“启用打印机池”。

5.4.4　打印高级属性

在打印高级属性中可以设置打印优先级、打印时间和分隔页等项目。

1．设置打印优先级

打印优先级的原理是在打印服务器上针对同一台物理打印机安装多个逻辑打印机，这些逻辑打印机设置不同的打印优先级。使用不同优先级的客户端连接不同优先级的逻辑打印机。如果多个客户端同时将文件发给打印服务器，打印服务器根据各自逻辑打印机的优先级来设置打印顺序。即让优先级高的用户先打印文档，让优先级低的用户等待，数字越大，优先级越高。

例如：在打印服务器 WIN2008-2 上再安装一个名为 HP LaserJet 5100 PCL 5 -2 的逻辑打印机，安装过程同 5.2 节。安装过程的不同之处是在图 5-7 中将共享名设为 HP LaserJet 5100 PCL 5 -2，位置设为 413。结果如图 5-24 所示。

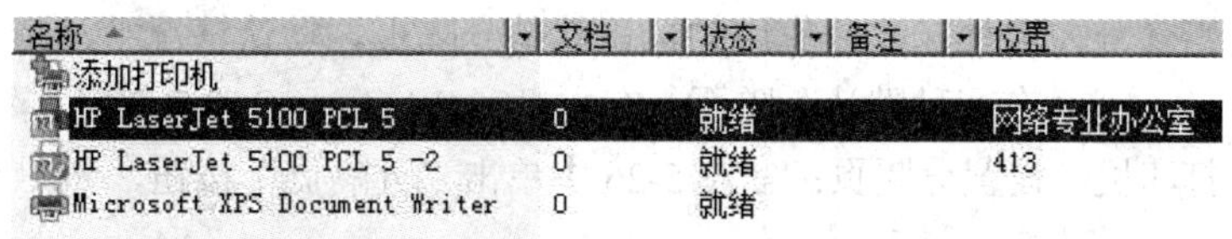

名称	文档	状态	备注	位置
添加打印机				
HP LaserJet 5100 PCL 5	0	就绪		网络专业办公室
HP LaserJet 5100 PCL 5 -2	0	就绪		413
Microsoft XPS Document Writer	0	就绪		

图 5-24　打印服务器上的两个逻辑打印机

假设客户 A 连接 WIN2008-2 上的 HP LaserJet 5100 PCL 5 打印机（设置过程见 5.3 节），客户 B 连接 WIN2008-2 上的 HP LaserJet 5100 PCL 5 -2 打印机（设置过程见 5.3 节）。客户 A 打印文档的优先级高于客户 B，那么设置如下：

步骤 1：在打印服务器上，HP LaserJet 5100 PCL 5“高级”属性中优先级设为 2，如图 5-25 所示。

步骤 2：在打印服务器上，HP LaserJet 5100 PCL 5 -2“高级”属性中优先级设为 1，如图 5-26 所示。

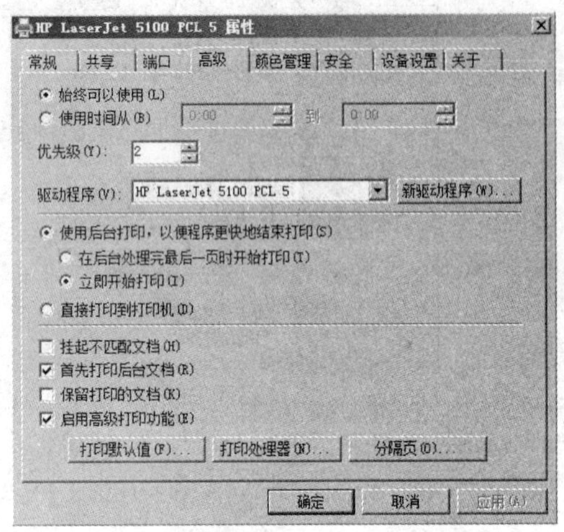

图 5-25 HP LaserJet 5100 PCL 5 优先级

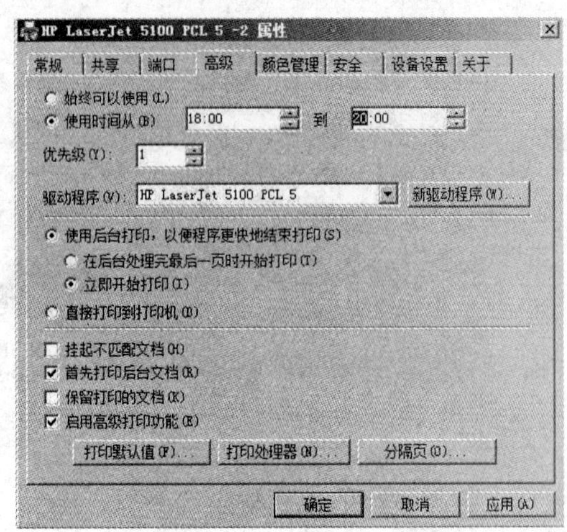

图 5-26 HP LaserJet 5100 PCL 5 -2 优先级

2. 设置打印时间

打印机在工作时间都是比较忙碌，如果有的用户要打印的文档较大，或者文档不是急件，不希望文档送到打印机后立即打印，而是在打印机不忙的时候再打印，比如说下班时间打印，可以通过设置打印时间来解决上述问题。

打印时间的设置原理和设置打印优先级的原理一样。也是针对同一个物理打印设备，在打印服务器上设置多个逻辑打印机，在这些逻辑打印机“高级”属性中设置不同的打印许可时间。让使用不同打印时间的用户连接相应的逻辑打印机。设置方式同设置优先级。例如客户 B 的文档要在 18：00～20：00 打印，平时不打印，那么就将客户 B 连接到 WIN2008-2 上的 HP LaserJet 5100 PCL 5 -2，打印时间设为 18：00～20：00，见图 5-26。客户 A 总可以打印，将 HP LaserJet 5100 PCL 5 打印时间设为始终可以使用。客户 A 连接到 WIN2008-2 上的 HP LaserJet 5100 PCL 5，设置如图 5-25 所示。

3. 设置分隔页

使用分隔页的目的是从大量的打印文档中快速找到自己的文档，也就是通过文档中特定的标识来与其他文档区分。这种起区分作用的标识就是分隔页。默认情况下，打印机不使用该功能。Windows Server 2008 有四种默认分隔页，在本机 c:\Windows\System32 目录下，文件名见图 5-27。针对 PCL 打印机，设置分隔页：在图 5-26 中单击“分隔页”按钮，如图 5-28 所示。

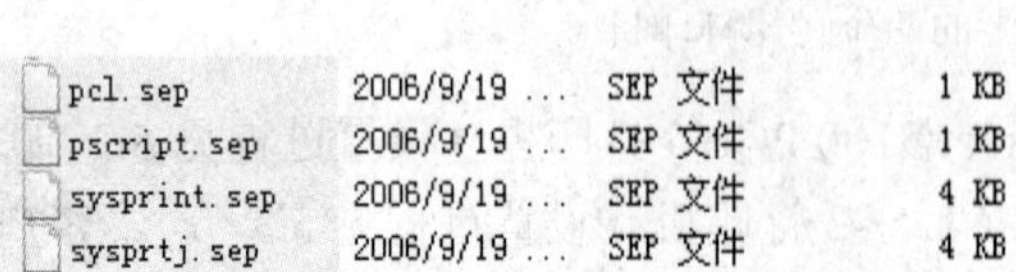

图 5-27 分隔页文件

图 5-28 设置分隔页

5.4.5 打印颜色管理

颜色管理是一个系统，用于确保彩色内容在任何位置的呈现效果都让您满意，包括显示器和打印机等设备，如图 5-29 所示。Windows Server 2008 支持集成颜色管理（ICM），该管理方案确保打印出来的颜色的准确性。WCS 代表 Windows 颜色系统，它是最新版本 Windows 中提供的高级颜色管理系统。在支持基于 ICC（国际色彩联盟）配置文件的颜色管理的同时，WCS 还提供现有ICC颜色管理系统中没有的高级功能。

默认情况下，Windows 只提供有限的配置文件，如图 5-30 所示。

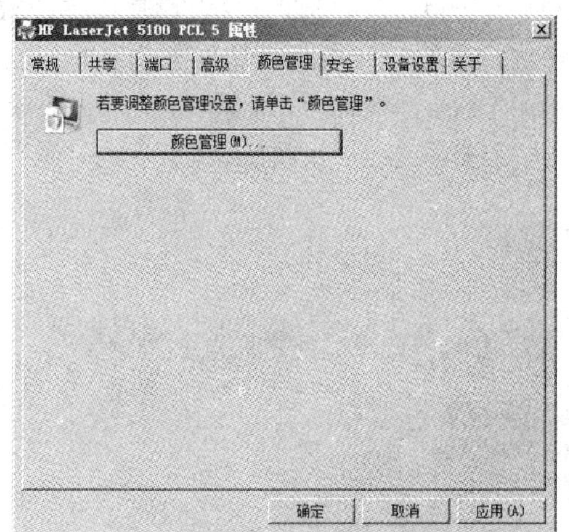

图 5-29　颜色管理

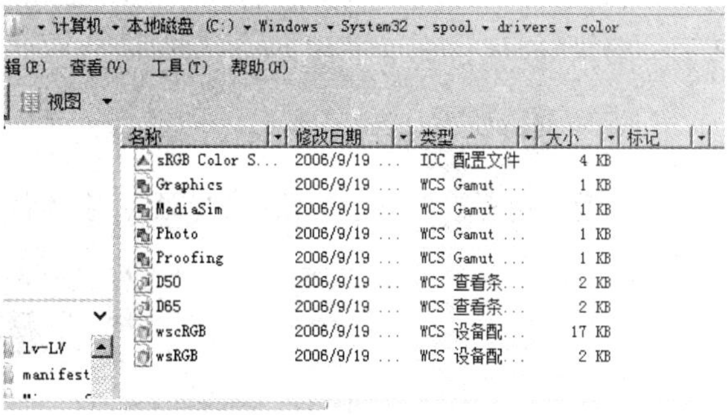

图 5-30　颜色配置文件

5.4.6 “安全”属性

在“安全”属性中可以针对用户或组设置不同的使用打印机权限，设置方式和文件系统章节的权限分配方式一致，如图 5-31 所示。

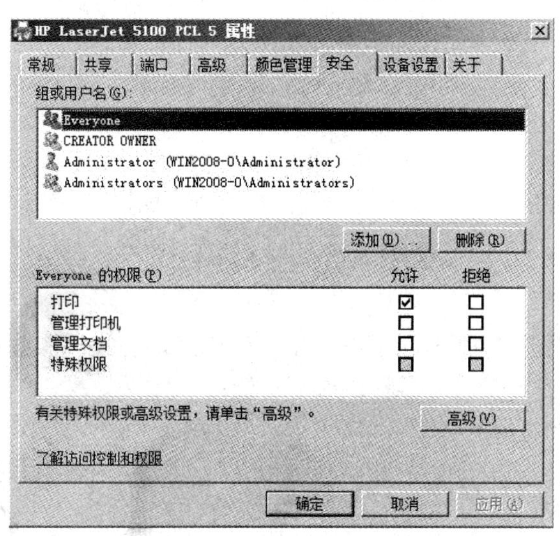

图 5-31　打印机“安全”属性

打印：通过该权限，用户可以连接打印机和提交打印文档；暂停、继续、重新开始和取消打印用户自己的文档。

管理打印机：连接打印机和打印文档；暂停、继续、重新开始和取消打印用户自己的文档；暂停、继续、重新开始和取消打印所有文档；更改所有文档的打印顺序、时间等设置；将打印机设为共享打印机；更改打印机属性；删除打印机；更改打印机权限。

管理文档：暂停、继续、重新开始和取消打印所有文档；更改所有文档的打印顺序、时间等设置，如果用户和组对打印机具有管理文档权限，那么对于打印机，还具有读取权限、更改权限，以及取得所有权这三个特殊权限。

特殊权限：特殊权限是个别指派的，包括读取权限，即允许用户查看权限设置；更改权限，即允许用户更改权限设置；取得所有权，即允许用户取得打印机和打印任务的所有权。

默认情况下，服务器的 Administrators、Power Users、Print Operators 以及 Server Operators 组有“管理打印机”的权限；Everyone 有“打印”权限；文档的所有者有“管理文档”的权限。

5.4.7 设备设置

设备设置包括设置按送纸器格式分配、字体替换表、可安装选项。配置如图 5-32 所示。

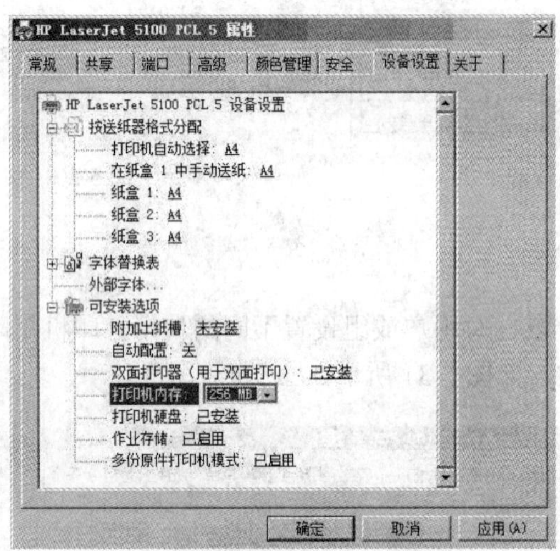

图 5-32 设备设置

5.5 管理打印作业

用户将打印作业发到打印服务器上的共享打印机后，客户端操作系统通过打印机管理器对打印作业进行管理。打印机管理器提供如下功能：

1. 查看打印队列的文档

查看打印队列的文档，帮助用户和管理员确认打印文档的输出和打印状态。操作如下：单击“开始”→“控制面板”→“打印机”，双击打印机图标，打开打印机管理器窗口，如图 5-33 所示。

2．取消、暂停和继续打印文档

如果用户要取消某个文档的打印，可在打印队列中将该文档取消。操作如下：在打印机管理器窗口，右击要打印的文档→“取消”；如果用户因为某种原因要暂停文档的打印，操作如下：右击要打印的文档→“暂停”，此时打印文档的状态显示为“中断”；如果用户要继续打印该文档，就在打印机管理器窗口，右击该文档→“继续”，如图 5-33 所示。

3．暂停和恢复所有打印文档

打印设备出现故障如更换硒鼓时，就需要将整个打印机上打印作业暂停，直到处理完打印设备的故障再恢复打印工作。操作如下：打开打印机管理器窗口，单击“打印机”→“暂停打印”，则打印机显示为“已暂停”。如果要重新启动打印机的打印工作，就重复刚才的操作，将“暂停打印”之前的√去掉，如图 5-34 所示。

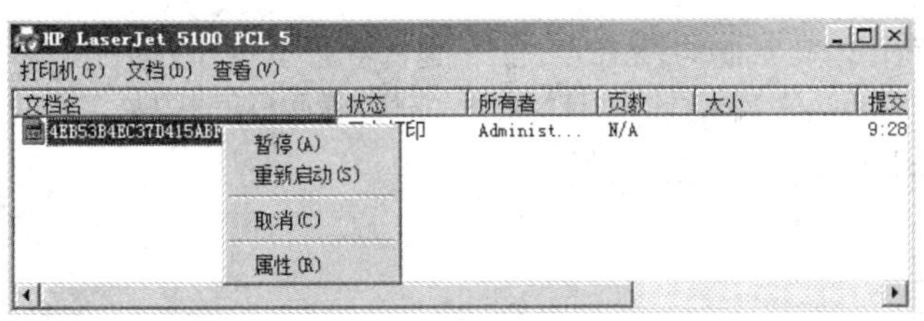

图 5-33　暂停打印文档

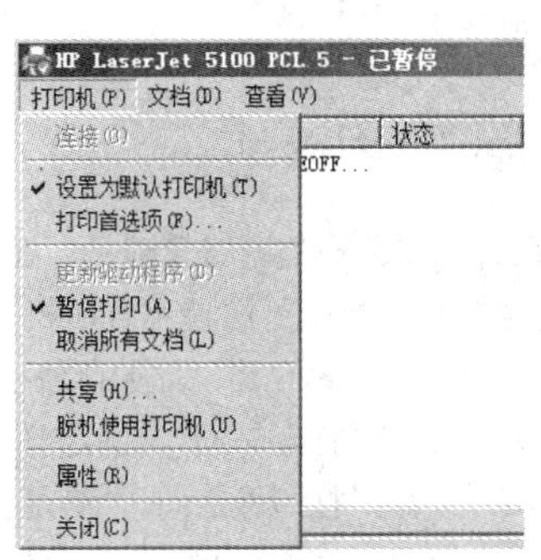

图 5-34　暂停和恢复所有打印文档

4．设置打印文档属性

用户可以针对不同的打印文档来设置它们的优先级、通知人、日程安排、纸张尺寸、是否双面打印、是否打印水印、作业存储等。操作步骤如下：在打印机管理器窗口中，右击要打印文档→“属性”，根据具体情况设置，如图 5-35 所示。

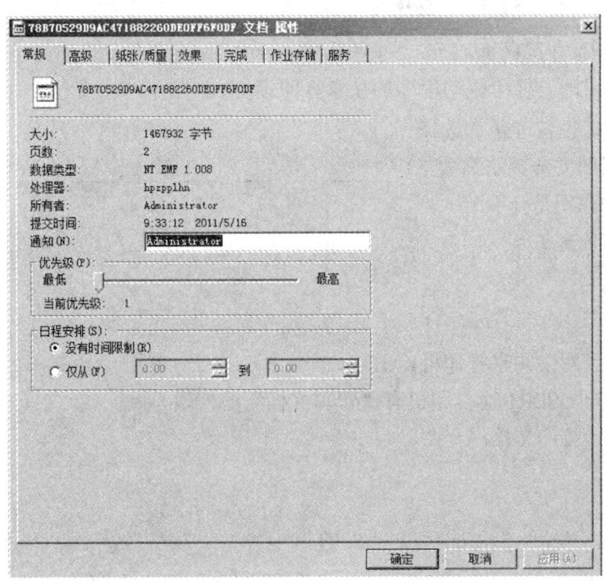

图 5-35　设置打印文档属性

在本章中我们首先介绍了打印机的工作原理以及打印系统的基本概念，如打印机、打印设备、打印驱动程序、打印池等。然后我们介绍了如何安装带网络接口的打印服务器、如何安装打印服务器客户端。本章重点介绍了打印服务器的管理，介绍了打印服务器重定向、设置打印机池、设置打印优先级、设置打印时间、打印权限，以及如何管理打印作业。打印作业的管理包括查看打印队列的文档、暂停和继续打印文档、取消打印文档和设置打印文档属性。

一、理论习题

1．一家公司的网络管理员，在他的公司中，财务部每月末都要长时间地占用机器，打印大量的财务报表，这时其他员工无法使用打印机工作，而你也会在月末打印本月的日志总结，这些日志需要在工作时间处理完毕后，立刻存档，你如何使自己能够打印成功？________。

A．设置“打印时间”，满足打印需要

B．设置“打印重定向”，满足打印需要

C．设置“打印缓冲池”，满足打印需要

D．设置“打印优先级”，使你的优先级高于财务部门的员工，满足打印需要

2．在默认情况下，具有“管理打印机”权限的成员组包括________。

A．Everyone 组　　B．Administrators 组

C．Print Operator 组　　D．Creator Owners 组

3．关于打印机池，正确的说法是________。

A．只允许包含同一厂商、同一型号的打印设备

B．只允许包含 1～5 台设备

C．允许包含使用同一打印驱动程序的任意打印设备

D．所包含的打印设备可随意选择

4．规划打印服务器的安装策略需要考虑________、________和________。

5．打印机首选项的作用是什么？

6．简述打印机工作原理。

二、上机练习项目

1．项目 1：安装一台网络共享打印机。

2．项目 2：设置用户 USER1 对打印机有“管理文档”的权限。

3．项目 3：取消一个打印文档。

第 6 章　WINS 服务器

在网络中进行通信的计算机双方需要知道对方的 IP 地址，然而计算机的 IP 是一个 4 个字节的数字，难以记忆。因此通常采用字符串来代替 IP 地址，有两种字符串代替 IP 地址方案，一种为计算机名（NetBIOS），另一种为域名（DNS）。将在下一章介绍的域名（DNS）是最常用的方案，然而在许多场合，例如使用文件夹共享、分布式文件系统时，计算机名还是经常使用，因此本章将介绍如何将计算机名解析为 IP 地址。

1. 了解计算机名解析为 IP 地址的几种方法
2. 了解 WINS 工作原理，决定是否在企业安装 WINS 服务器
3. 安装 WINS 服务器
4. 配置 WINS 客户端
5. 对 WINS 服务器进行管理

6.1　WINS 概述

6.1.1　什么是 NetBIOS 名

在使用 TCP/IP 协议来通信的网络中，计算机 A 要与计算机 B 通信，就需要知道计算机 B 的 IP 地址（如 192.168.0.1），但是这种数字既没有意义又不便于记忆。于是人们便提出了一种改进办法，给每一台计算机指定一个有意义的名字，比如可以将计算机 B 取名为 ComputerB。这样当计算机 A 要与计算机 B 通信时，就只需要知道计算机 B 的名字（ComputerB）就行了。然而计算机 A 如何才能知道计算机 ComputerB 的 IP 地址为 192.168.0.1 呢？这便引出了一个问题：名字解析问题。除了本章介绍的 NetBIOS 名，下一章要介绍的 DNS 名都可以标识计算机，作为计算机的名称。

NetBIOS 是早期开发的一种高级编程接口，后来微软对它进行了扩展，可以在 TCP/IP 上使用。NetBIOS 使用长度限制在 16 个字符的名称来标识计算机资源，这个标识也称为 NetBIOS 名。与 DNS 计算机名的层次结构不同，NetBIOS 名称是单层的（平面的），NetBIOS 名在一个网络中只能出现一次。在 Windows 中，经常会使用 NetBIOS 名来表示计算机、工作组和域；如图 6-1 所示，就是计算机的 NetBIOS 名和工作组的 NetBIOS 名。

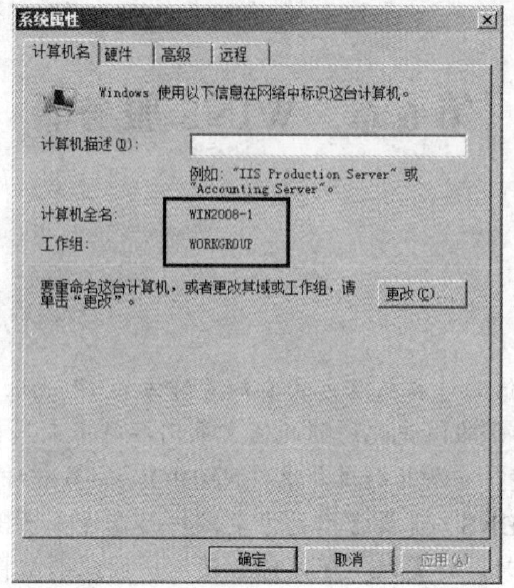

图 6-1　计算机和工作组 NetBIOS 名示例

在 Windows 2000 Server 之前，Windows 操作系统以及应用程序都需要 NetBIOS 名来表示和查找网络资源，在 Windows 2000 Server 之后，就可以不需要对 NetBIOS 进行支持了，而只采用 DNS 计算机名。然而在微软网络中，一些特定的服务必须依赖于 NetBIOS 名而工作。如计算机网络邻居、DFS 分布式文件系统必须要有 NetBIOS 名的支持。这就是我们还要介绍 NetBIOS 名的原因。

6.1.2　解析 NetBIOS 名的几种方法

当我们在网络邻居中使用计算机名来搜索另一计算机或者使用计算机名来访问另一计算机上的资源时，我们的计算机会先把对方计算机名解析为 IP 地址，再使用这个 IP 地址和对方通信，有以下几种方法可以把 NetBIOS 名解析为 IP 地址。

1．使用广播

如图 6-2 所示，计算机 A 在网络上用 UDP 137 进行广播，计算机 B 收到广播后响应自己的 IP 地址，广播的缺点是：占用太多的带宽，不能跨越子网。

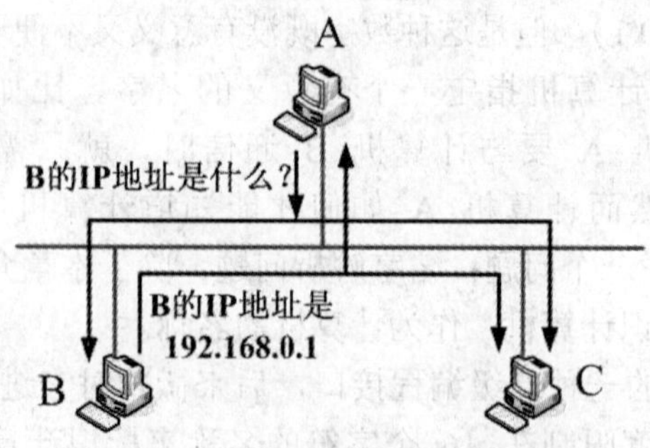

图 6-2　用广播解析 NetBIOS 名

2．使用 LMHOSTS 文件

该文件位于 C:\Windows\System32\drivers\etc 下，默认时没有任何记录，可以在文件中

添加以下记录：

192.168.0.1　win2008-1

192.168.0.2　win2008-2

则计算机可以直接从 LMHOSTS 解析 win2008-1、win2008-2 的 IP 地址。由于 LMHOSTS 文件是存放在计算机本地磁盘上的，所以在每台计算机上都要有 LMHOSTS 文件，配置的工作量很大；其次 LMHOSTS 不能动态变化，当计算机的 IP 地址发生变化时，要手工更新 LMHOSTS 文件；再者，当网络中的计算机很多时，LMHOSTS 文件记录会很多，严重影响 NetBIOS 名的解析速度。由于篇幅有限，且这种方式较少使用，本书不再介绍这种方式。

3．使用 WINS 服务器

WINS 全称为 Windows Internet Name Server，原理和 DNS 有类似的地方，可以动态地将 NetBIOS 名和计算机的 IP 地址进行映射。如图 6-3 所示，每台计算机开机时先在 WINS 服务器注册自己的 NetBIOS 和 IP 地址，其他计算机需要查找 IP 地址时，只要向 WINS 服务器提出请求，WINS 服务器就将已经注册了 NetBIOS 名的计算机的 IP 地址响应给它。当计算机关机时，也会在 WINS 服务器把该计算机的记录删除。

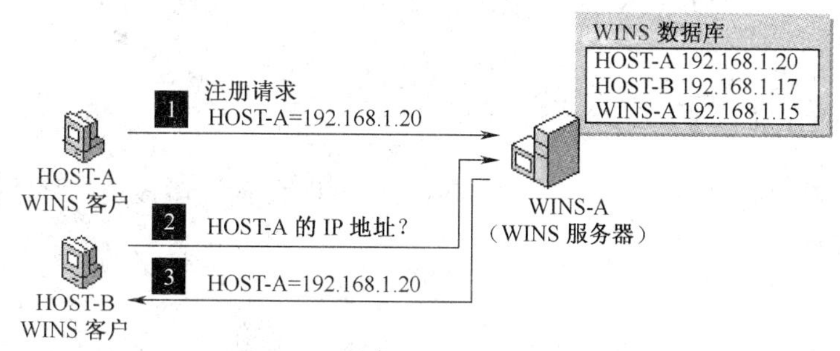

图 6-3　用 WINS 解析 NetBIOS 名

6.1.3　NetBIOS 节点

实际上计算机是把 6.1.2 节中介绍的几种方法结合起来进行 NetBIOS 名的解析，如何结合与 NetBIOS 的节点类型有很大的关系，使用 ipconfig/all 命令可以查看计算机所采用的 NetBIOS 节点类型，如图 6-4 所示，图中的节点类型未知（即默认值）。节点类型有如下几种：

（1）b-node（广播）：采用广播解析 NetBIOS 名，微软的 b-node 方式还提供另外一种扩充能力，就是当利用广播方式失败时，它还会尝试到 LMHOSTS 文件内，去查找是否有要通信的计算机的 IP 地址。

（2）p-node（对等）：使用点对点工作方式，直接向 WINS 服务器查询 NetBIOS 名的 IP 地址。

（3）m-node（混合）：是 b-node 和 p-node 的结合，计算机首先通过广播解析 NetBIOS 名，如果失败改为向 WINS 服务器查询 NetBIOS 名的 IP 地址。

（4）h-node（混合）：是 p-node 和 b-node 的结合，计算机首先向 WINS 服务器查询 NetBIOS 名的 IP 地址，如果失败改为通过广播解析 NetBIOS 名。

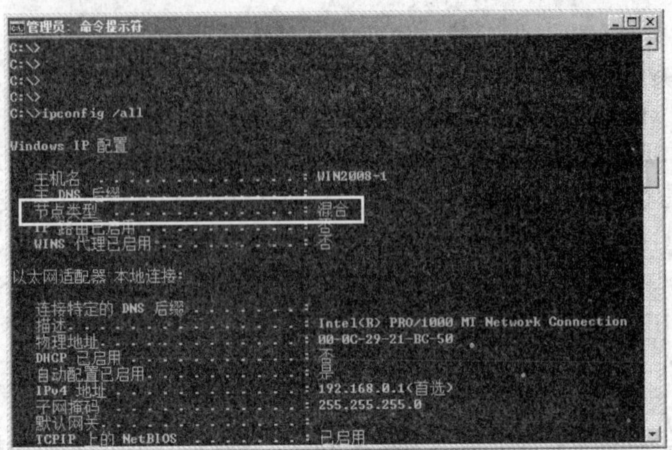

图 6-4　计算机节点类型

当 Windows 没有设置使用 WINS 时，默认节点类型是 b-node；而如果设置了 WINS 时，默认是 h-node。可以通过修改注册表来改变计算机所使用的节点类型，在 HKEY_LOCAL_MACHINE\SYSTEM\CurrentControlSet\Services\NetBT\paramaters 下，建立名为 NodeType，类型为 DWORD，取值：1 表示 b-node；2 表示 p-node；4 表示 m-node；8 表示 h-node。

6.1.4 WINS 的工作原理

WINS 有客户端和服务器端之分，WINS 工作过程有 4 个阶段：名称注册、名称刷新、名称解析、名称释放，如图 6-5 所示。

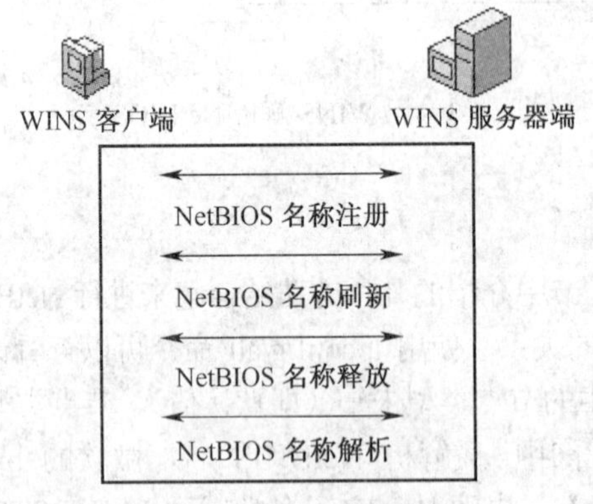

图 6-5　WINS 的工作过程

1. 名称注册

当 WINS 客户端启动时，会请求在 WINS 服务器上进行注册，WINS 服务器会向 WINS 客户端发送肯定或者否定的响应。如图 6-6 所示，Host-C 向 WINS-A 发送注册请求，WINS-A 会在其数据库检查是否已经有该记录，如果没有该记录，WINS-A 接受 Host-C 的注册请求，并向 Host-C 返回一个响应信息，该响应信息包括 WINS 客户端可以使用此名的时间（TTL，生存时间）。

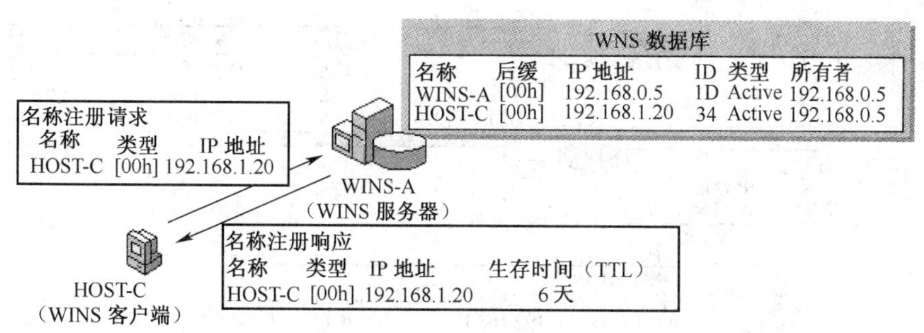

图 6-6 名称注册

2. 名称刷新

WINS 客户端计算机需要在 WINS 服务器上定期更新其 NetBIOS 名。WINS 服务器处理名称更新请求与新名称注册类似，如图 6-7 所示。如果客户端在 TTL 结束之前没有刷新名称，WINS 服务器会将记录释放。

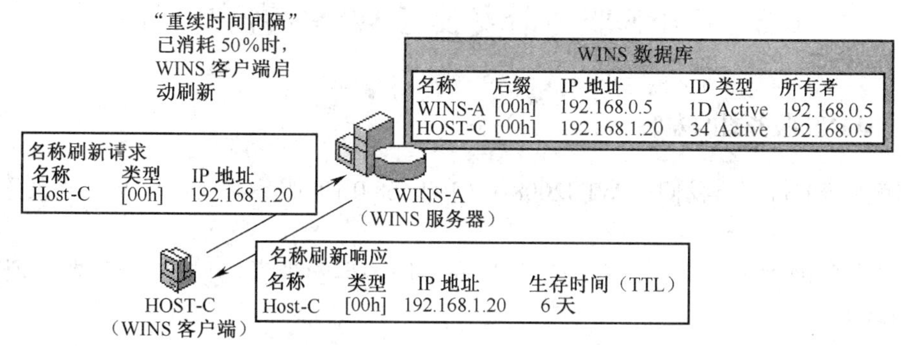

图 6-7 名称刷新

3. 名称解析

如果 Windows 操作系统的计算机被设置成 WINS 客户端，节点类型默认会使用 h-node。WINS 客户端将使用以下流程解析名称：

（1）确定名称是否多于 15 个字符，或是否包含句点（.）。如果是这样，则向 DNS 查询名称。

（2）确定名称是否存储在客户端的远程名称缓存中。

（3）联系并尝试已配置的 WINS 服务器，使用 WINS 解析名称。

（4）对子网使用本地 IP 广播。

（5）如果在连接的“Internet 协议（TCP/IP）”属性中选择了“启用 LMHOSTS 搜索”，则检查 LMHOSTS 文件。

（6）检查 Hosts 文件。

（7）查询 DNS 服务器。

4. 名称释放

当 WINS 客户端计算机正常关机时，通知其 WINS 服务器，将不再使用其注册名称，如图 6-8 所示。

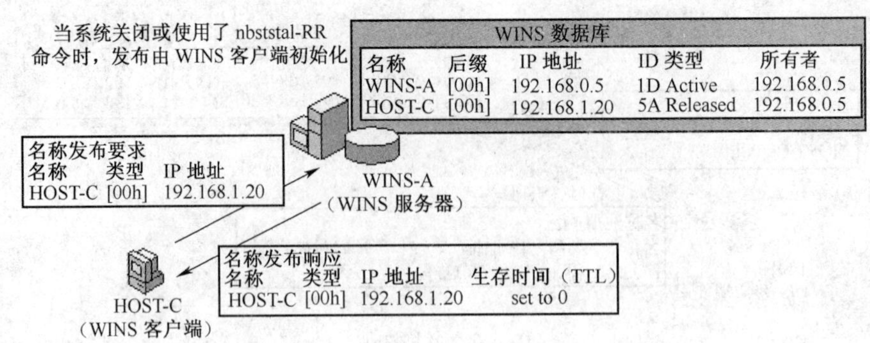

图 6-8 名称释放

从以上介绍可以知道，还是有必要在企业中部署 WINS 服务器，以便用户使用计算机互相查找。况且 WINS 服务是一个简单的服务，并不会消耗大量的服务器资源和加大管理员的工作量。

6.2 WINS 服务器安装与 WINS 客户设置

6.2.1 WINS 服务器的安装

根据第 1 章的规划，我们在 WIN2008-1（192.168.0.1）服务器上安装 WINS 服务器，步骤如下：

步骤 1：单击“开始”→“管理工具”→“服务器管理”，打开“服务器管理器”窗口，如图 6-9 所示。

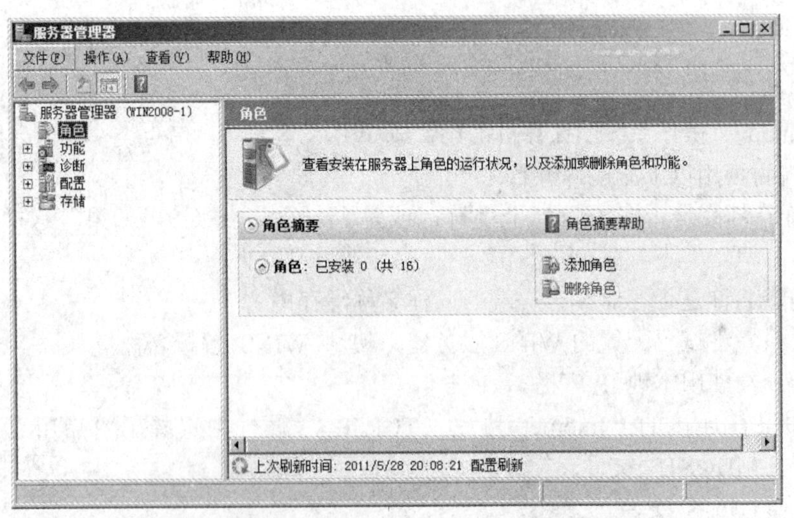

图 6-9 “服务器管理器”窗口

步骤 2：右击窗口左侧的“功能”，选择“添加功能”菜单项，打开如图 6-10 所示的“添加功能向导”窗口。选择“WINS 服务器”选项，单击“下一步”按钮。然后在“确认安装选择”窗口，单击“安装”按钮，开始安装 WINS 服务器。

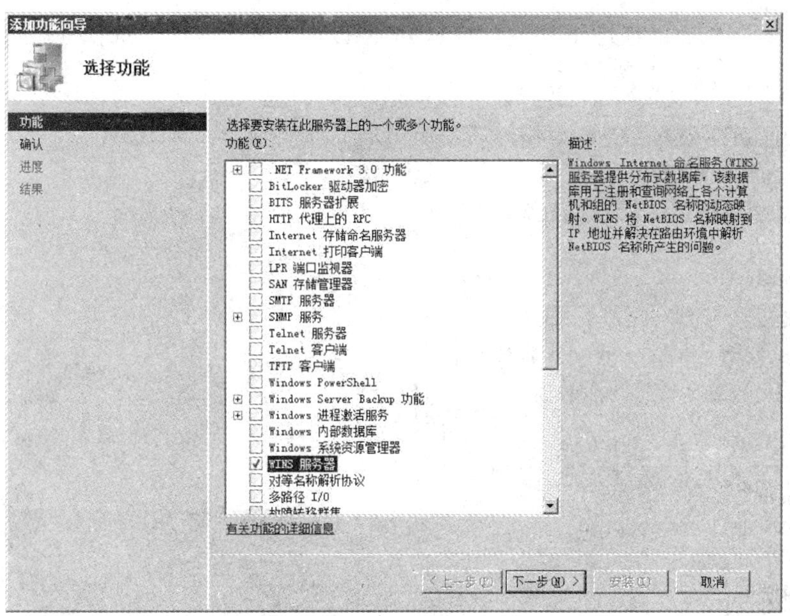

图 6-10 “添加功能向导”窗口

6.2.2 WINS 客户端的设置

WINS 客户端可以是 Windows XP/2003/2008/Vista/7 等，设置 WINS 客户端的方法如下（以 Windows Server 2008 为例）：

步骤 1：打开连接属性窗口，如图 6-11 所示；双击“此连接使用下列项目”列表框中的“Internet 协议版本 4（TCP/IPv4）”，打开 TCP/IP 属性窗口，如图 6-12 所示。

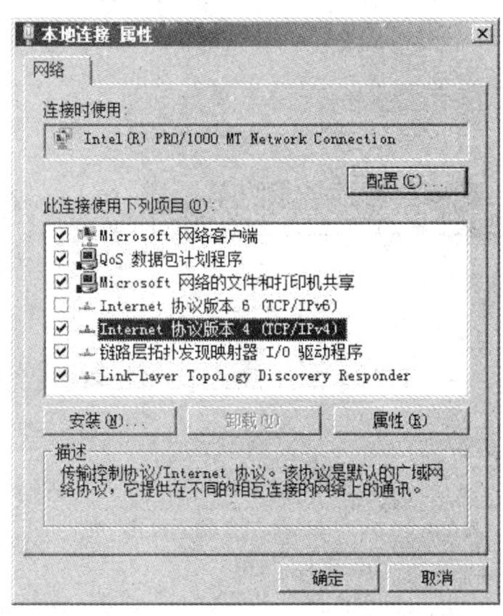

图 6-11 “本地连接 属性”窗口

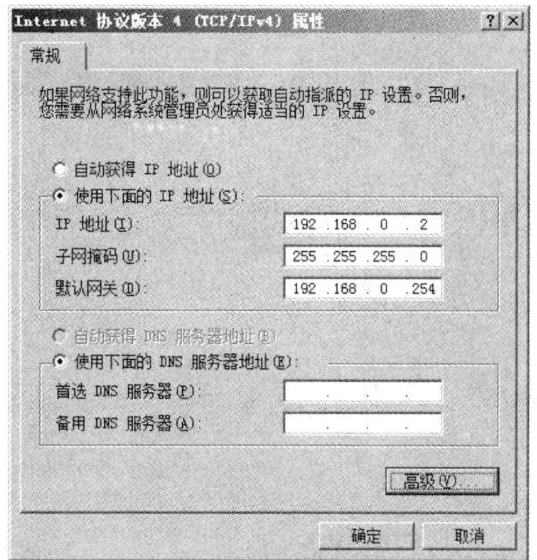

图 6-12 TCP/IP 属性窗口

步骤 2：在图 6-12 中，单击“高级”按钮，打开“高级 TCP/IP 设置”窗口，如图 6-13 所示，选择 WINS 选项卡；单击“添加”按钮，如图 6-14 所示，输入 WINS 服务器 IP 地址后，单击“添加”按钮；在图 6-13 的“NetBIOS 设置”选项区中，选择“启用 TCP/IP 上的 NetBIOS”，单击“确定”按钮关闭窗口即可。

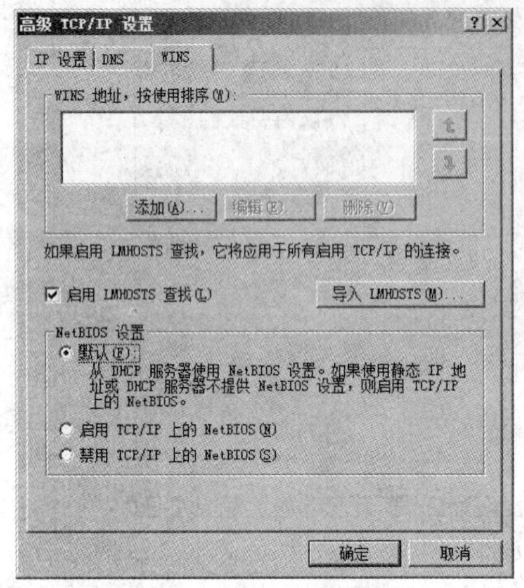

图 6-13 “高级 TCP/IP 设置”窗口

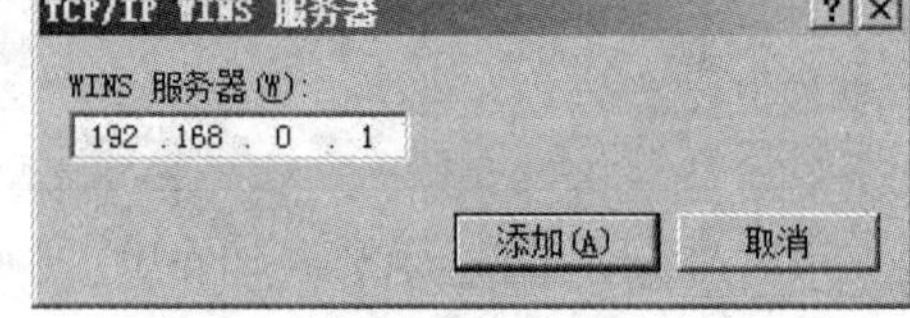

图 6-14 输入 WINS 服务器的 IP

步骤 3：在企业的全部计算机（包含服务器）上，按照以上步骤配置为 WINS 客户端。

6.3 WINS 服务器的管理

安装了 WINS 服务器后，可以单击“开始”→“管理工具”→“WINS”菜单项，打开 WINS 服务器的管理窗口，如图 6-15 所示。

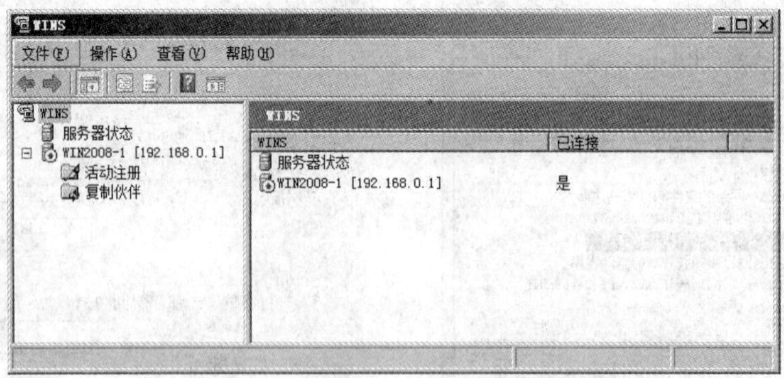

图 6-15 WINS 服务器的管理窗口

6.3.1 管理 WINS 数据

在 WINS 服务器管理窗口的左边，右击“活动注册”，选择“显示记录”，可以查看 WINS 服务器中的数据库记录，如图 6-16 所示。在“记录映射”选项卡中，可以设定查找记录的条件，选择“筛选与此名称样式匹配的记录”时，可以根据 WINS 记录的名称进行查找，例如输入 win2008，则名称含有 win2008 字样的 WINS 记录将被显示出来。选择“筛选与此 IP 地址匹配的记录”时，可以显示某个指定 IP 或者某个网段上的 IP 的 WINS 记录。

如图 6-17 所示，在“记录所有者”选项卡中，可以根据记录所有者进行查询。当 WINS 客户端向某台 WINS 服务器进行注册时，这个 WINS 服务器就是记录的所有者，即使该记录被复制到别的服务器上，所有者仍然是原来的服务器。

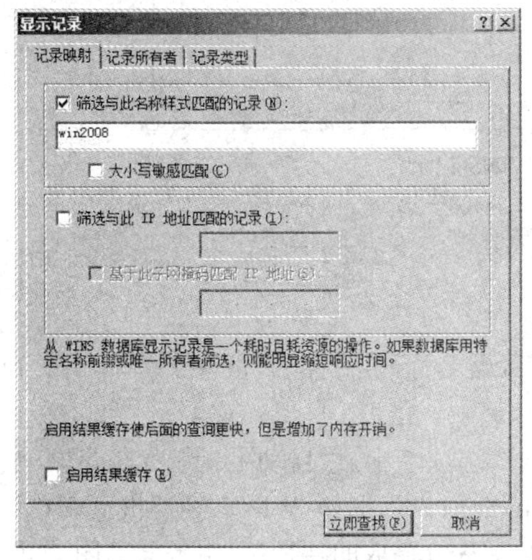

图 6-16 “显示记录”窗口

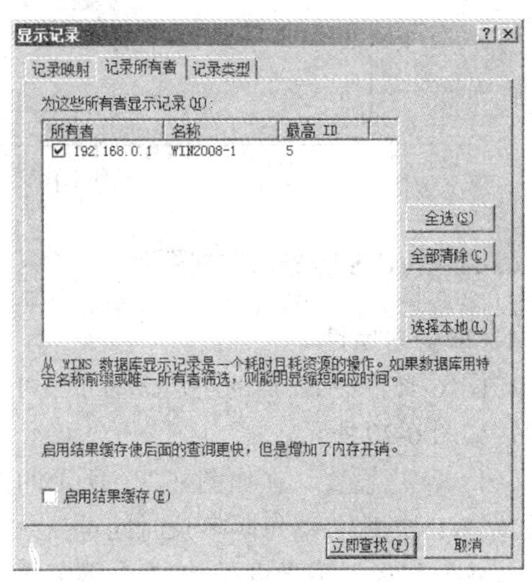

图 6-17 “记录所有者”选项卡

如图 6-18 所示，在“记录类型”选项卡中，可以根据记录类型查找 WINS 记录，记录类型有工作站、域控制器、文件服务器等。设置好查找条件，单击“立即查找”按钮，可以显示出要查找的记录，如图 6-19 所示。在显示出的每一记录中，包含了记录的名称（即 NetBIOS 名）、类型、计算机 IP 地址、状态（活动、已逻辑删除、释放等）、所有者、版本 ID、过期日期等信息。可以看到一个 NetBIOS 名常常有多条记录，这是因为 WINS 客户端注册时，不但注册了 NetBIOS 名，而且还注册了所提供的服务（即类型）。

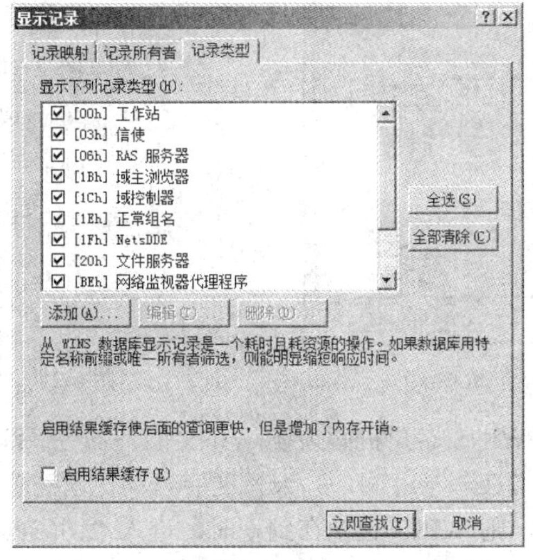

图 6-18 “记录类型”选项卡

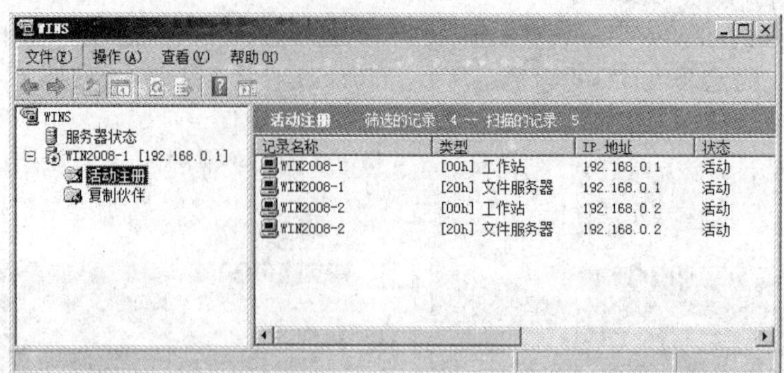

图 6-19　显示 WINS 记录

6.3.2 WINS 服务器常规管理

1. 服务器属性

在图 6-15 所示窗口的左边，右击 WINS 服务器名称，选择“属性”菜单项，打开属性窗口，如图 6-20 所示。

（1）常规设置。在如图 6-20 所示的“常规”选项卡中，“自动更新统计信息间隔”用来设置 WINS 服务器每隔多长时间重新统计 WINS 数据，例如 WINS 客户机查询总数等。“默认备份路径”用于设置 WINS 服务器的数据库备份存放的路径；“服务器关闭期间备份数据库”则控制 WINS 服务器关闭时是否自动备份数据库。

（2）间隔设置。如图 6-21 所示。

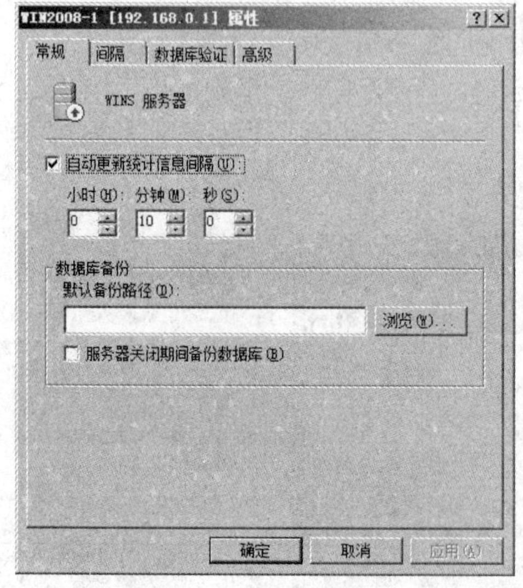

图 6-20　“常规”选项卡

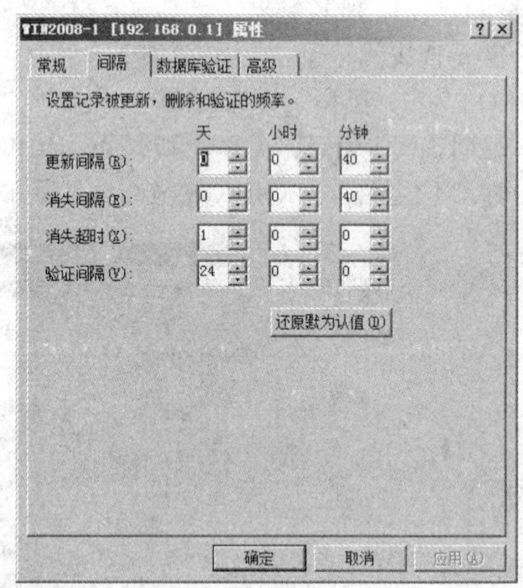

图 6-21　“间隔”选项卡

- 更新间隔：指定 WINS 客户机必须在 WINS 服务器更新注册的时间间隔。默认为 6 天，WINS 客户端在一半时间（3 天）便会自动更新注册，如果在更新时间内客户端没有更新注册，则 WINS 记录在到期时，进入“消失间隔”计时。该时间不要设置得太短，否则会导致 WINS 客户端频繁更新而加重网络的负担。

- 消失间隔：当 WINS 客户端在更新间隔到期后还没有在 WINS 服务器上更新注册，WINS 服务器在等待一段时间后就将该记录标为“消失”，这段时间就称为消失间隔，然而记录何时从数据库中删除还和消失超时有关。
- 消失超时：如果一条 WINS 记录被标为“消失”，等待一段时间后也没有得到 WINS 客户的更新，记录将彻底从数据库中消除，该时间就被称为“消失超时”。
- 验证间隔：指定时间间隔，在该间隔后，WINS 服务器必须验证从其他服务器复制来的名称是否在 WINS 服务器仍然是活动的。

一条 WINS 记录如果要从 WINS 服务器中彻底消除，要经过 3 个阶段：更新间隔、消失间隔、消失超时。

（3）数据库验证设置。如图 6-22 所示，当网络有多个 WINS 服务器时，不同服务器之间需要复制，在该选项卡中可以设置 WINS 服务器之间的验证。

- 数据库验证间隔：该 WINS 服务器每隔多长时间和指定的 WINS 服务器进行数据库的验证。
- 开始时间：数据库验证间隔到时，再经过多长时间开始验证。
- 每一周期验证的最大记录数：WINS 服务器每次验证数据库时，最多可以验证的记录数。
- 验证根据：该服务器和哪些服务器进行验证。选择“所有者服务器”，则该 WINS 服务器和 WINS 记录的所有者（另一台 WINS 服务器）进行验证；选择“随机选择的伙伴”时，服务器随机选择一个 WINS 服务器进行验证。

（4）高级设置。如图 6-23 所示。

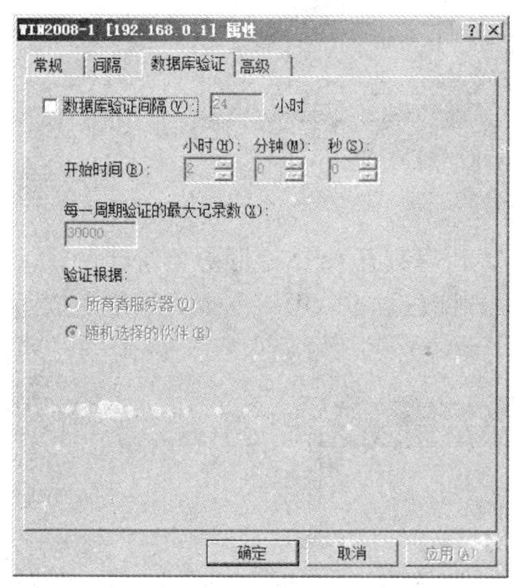

图 6-22 数据库验证设置

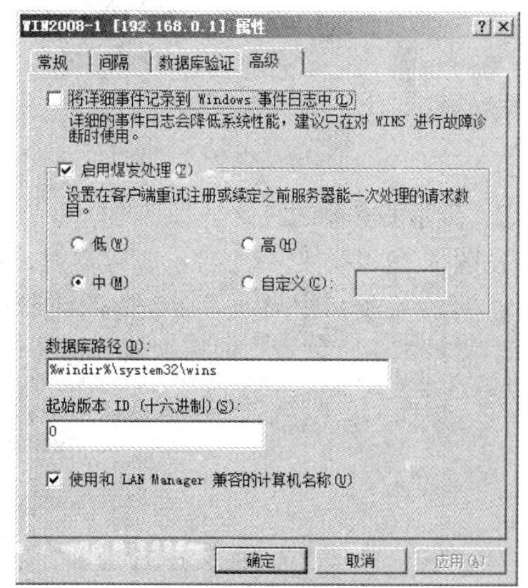

图 6-23 高级设置

- 将详细事件记录到 Windows 事件日志中：选择此项时，WINS 服务器会自动将与 WINS 服务器工作有关的详细事件记录在日志中以便查看，然而这样会导致系统负担加重，要谨慎考虑。
- 启用爆发处理：当发生停电故障后又恢复时，有大量用户同时开机并在 WINS 服务器上进行注册，从而导致很大的负载出现。通过爆发式支持，如果客户量大于爆发队列（默认是 500），WINS 服务器会立即发送成功响应（即可能不验证是否有重名注册等），并且随后每 100 个客户请求，WINS 记录的 TTL 值将增加 5 分钟。可以选择低、中、高、自定义，设置服务器一次能处理的请求数量。

- 数据库路径：设置 WINS 数据库存放的路径。
- 起始版本 ID：每一条 WINS 记录都有一个 ID 用以标识记录的新旧程度，如果客户更新注册，ID 值会加 1。有多个 WINS 服务器时，服务器之间存在复制，服务器会通过判断接受到的记录的 ID 值来决定是否采纳该记录。

2．服务器的启动、停止、暂停或者重新启动

如图 6-24 所示，在“所有任务”菜单中，可以停止、启动、暂停或者重新启动 WINS 服务器。

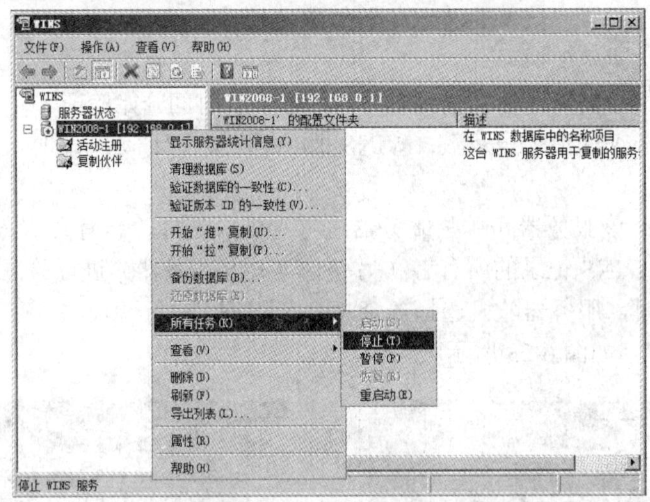

图 6-24 停止、启动、暂停、重启动 WINS 服务器

3．显示服务器的统计信息

在图 6-24 中，选择“显示服务器统计信息”，可以打开 WINS 服务器统计窗口，如图 6-25 所示，在窗口中显示了接收到的注册总数、查询总数等。可以单击“复位”按钮将统计数清零；单击“刷新”按钮刷新当前统计数。

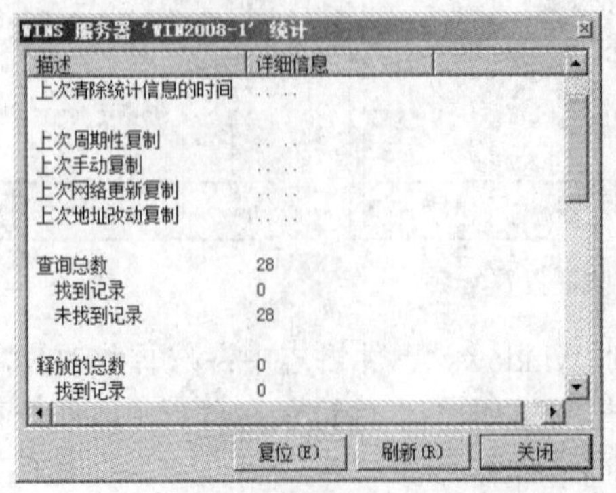

图 6-25 服务器统计信息

6.3.3 WINS 服务器数据库的维护

WINS 服务器所使用的数据库默认是存放在\Windows\system32\wins 目录中，其中 wins.mdb 是最重要的文件。

1．清理数据库

WINS 服务器工作一段时间后，数据库会存在一些废弃记录，系统会自动清除（在服务器属性窗口的“间隔”选项卡中控制）。如果需要手工清除，可以在 WINS 管理窗口中，右击 WINS 服务器，选择“清理数据库”。

2．数据库的整理

WINS 服务器使用一段时间后，数据库的记录可能分布得很凌乱，影响记录的查询速度，WINS 服务器会自动定期在线整理数据库，但效果不是很好。可以手工整理，步骤如下：

步骤 1：停止 WINS 服务。

步骤 2：进入 DOS 命令行界面。

步骤 3：运行以下命令：

```
cd \windows\system32\wins
jetpack wins.mdb temp.mdb
```

这里的 temp.mdb 是临时文件，名称可以任意取。

步骤 4：启动 WINS。

3．数据库的一致性和版本验证

数据库一致性检查有助于在网络中的多个 WINS 服务器之间维护数据库的完整性，系统会定期进行检查（服务器属性窗口的“数据库验证”选项卡中可以控制定期检查），必要时也可以手工进行。在 WINS 管理窗口中，右击服务器名，选择“验证数据库的一致性”，单击“确定”按钮即可。

有多个 WINS 服务器时，如果 WINS 记录被正常复制到其他的 WINS 服务器上，则所有 WINS 服务器上的 WINS 记录都应是最新的，即记录的版本 ID 是一致的。可以手工验证 WINS 记录的版本 ID 的一致性：在 WINS 管理窗口中，右击服务器名，选择“验证版本 ID 的一致性”，单击“确定”按钮即可。

4．WINS 数据库的备份和还原

为了防止 WINS 数据库的意外损坏，可以备份 WINS 数据库。在服务器属性窗口的“常规”选项卡中可以控制 WINS 关闭时是否自动备份；而手工备份的方法是：在 WINS 管理窗口中，右击服务器名，选择“备份数据库”，回答备份路径即可。

还原 WINS 数据库的步骤如下：

步骤 1：停止 WINS 服务器。

步骤 2：在 WINS 管理窗口中右击服务器名，选择“还原数据库”菜单项，回答 WINS 数据库备份所在的路径，单击“确定”按钮即可。

步骤 3：WINS 服务器会自动启动。

计算机常常使用 NetBIOS 名来查找另一计算机上的资源。NetBIOS 名是一个单层次的、不超过 16 字符的名称。要把 NetBIOS 名解析为 IP 地址可以采用广播、LMHOSTS 文件、WINS 服务器等方法；这些方法常常是结合使用的，如何结合则和计算机上的 NetBIOS 节点类型有关。节点类型有：b-node、p-node、m-node、h-node。WINS 服务器提供专业的 NetBIOS 名称解析服务；WINS 客户端开机时在 WINS 服务器上进行注册；并且定期更新注册记录；当 WINS 客户端查询 NetBIOS 名的 IP 时，WINS 服务器查找记录给予响应；WINS 客户端关机时会在 WINS 服务器上释放记录。

一、理论习题

1．NetBIOS 名长度为________个字符，是________层的。
2．已经有了 DNS，为什么还需要 NetBIOS 名？
3．解析 NetBIOS 名，有________、________、________这几种方法。
4．NetBIOS 节点类型有________、________、________、________。
5．如何手工修改 NetBIOS 节点类型？
6．WINS 工作过程有 4 个阶段：________、________、________、________。
7．如何手工整理 WINS 数据库？

二、上机练习项目

项目 1：安装 1 台 WINS 服务器（IP 地址为 192.168.0.1）；把工作站 A、B、C 的首选 WINS 指向 WINS 服务器，在 WINS 服务器上查看是否有工作站的记录。

第 7 章　DNS 服务

DNS 是域名系统（Domain Name System）的缩写，在一个 TCP/IP 架构的网络（例如 Internet）环境中，DNS 是一个非常重要而且常用的系统，主要的功能就是将易于记忆的域名与不容易记忆的 IP 地址作转换。执行 DNS 服务的网络主机称为 DNS 服务器，通过它来应答域名服务的查询。

1. 了解 DNS 技术的基本原理和功能
2. 掌握 DNS 的结构
3. 安装 DNS 服务器
4. 配置 DNS 服务器，创建正向和反向查找区域
5. 创建和管理 DNS 记录（主机记录、别名记录和邮件交换器记录）
6. 配置 DNS 转发器，当 DNS 服务器收到客户端发出的 DNS 请求时，如果本地无法解析，则自动把 DNS 请求转发给 ISP 的 DNS 服务器
7. 测试 DNS 服务器

7.1　DNS 简介

7.1.1　DNS 概述

随着互联网在世界范围的快速发展，网络已经日益走进人们的生活。在 TCP/IP 网络上，每个设备都是用一个唯一的 IP 地址来标识，但是人们在使用网络资源的时候，为了便于记忆和理解，更倾向于使用有代表意义的名称，即域名系统 DNS，如 www.sz.net.cn 代表深圳之窗网站的域名，这就是为什么当我们打开浏览器，在“地址”栏中输入如“www.sz.net.cn”的域名后，就能看到所需要的页面。这是因为在输入域名后，有一台称为“DNS 服务器”的计算机自动把域名“翻译”成了相应的 IP 地址。

在早期的 IP 网络里面，每台电脑都只用 IP 地址来表示，不久人们就发现这样很难记忆。于是，一些 UNIX 的管理者，就建立一个 HOSTS 对应表，将 IP 地址和主机名对应起来，只要用户输入主机名，计算机就可以将该名字转换成机器能够识别的 IP 地址。在 Windows 的计算机里也有这样的文件：\WINDOWS\system32\drivers\etc\hosts，该文件没有后缀名，可以用文件编辑器打开。

但是随着 Internet 规模的不断扩大，这种做法显然是不可行的。为了解决这个问题，1983 年，Internet 开始采用 DNS（域名系统）。

DNS 的核心思想是分级，它主要用于将主机名和电子邮件映射成 IP 地址。那么 DNS 是怎么运行的？DNS 是使用层的方式来运行的。一般来说，每个组织有其自己的 DNS 服务器，并维护域的名称映射数据库记录或资源记录。当请求名称解析时，DNS 服务器先在自己的记录中检查是否有对应的 IP 地址。如果未找到，它就会向其他 DNS 服务器询问该信息。DNS 解析程序的查询流程如图 7-1 所示。

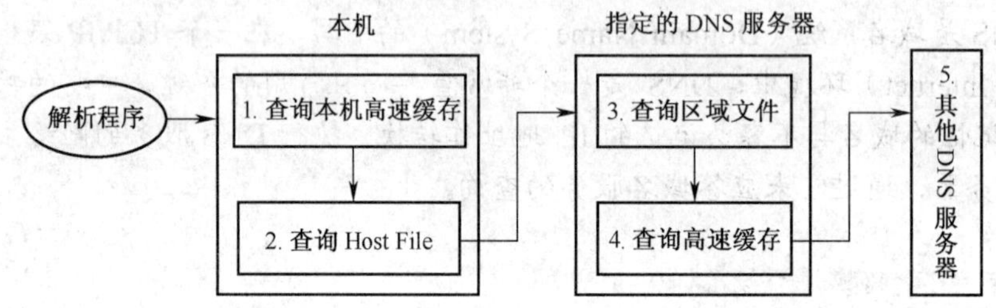

图 7-1　DNS 解析程序的查询流程

例如，我校的域名为 www.szpt.edu.cn，这个域名当然不是凭空而来的，是从“.edu.cn”所分配下来的。“.edu.cn”又是从“.cn”授予的。“.cn”是从哪里来的呢？答案是从“.”来的，也就是所谓的“根域”（Root Domain）来的。根域已经是域名的最上层。而“.”这层是由 InterNIC（Internet Network Information Center，互联网信息中心）所管理。全世界域名就是这样一层一层地授予下来。

7.1.2　域名的结构

为了方便管理及确保网络上每台主机的域名绝对不会重复，整个 DNS 结构设计成多层，分别是根域、顶层域、第二层域和主机。

1. 根域

这是 DNS 的最上层，当下层的任何一台 DNS 服务器无法解析某个 DNS 名称时，便可以向根域的 DNS 寻求协助。理论上，只要所查找的主机按规定注册，那么无论它位于何处，从根域的 DNS 服务器往下层查找，一定可以解析出它的 IP 地址。

2. 顶层域

这一层的命名方式有争议。在美国以外的国家，大多数以 ISO3116 所定制的国家码来区分，例如，cn 为中国，jp 为日本，kr 为韩国等，如图 7-2 所示。

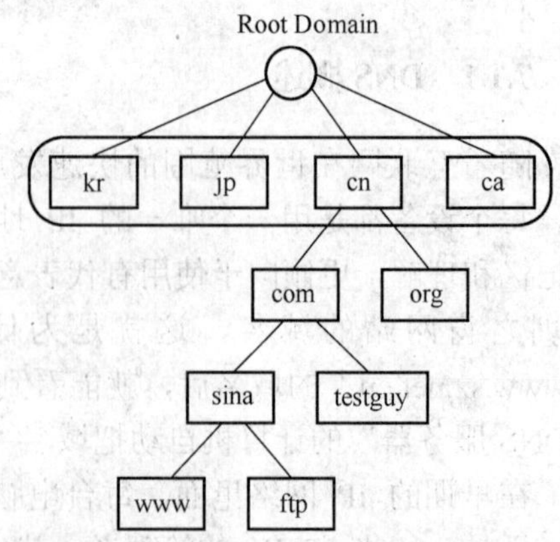

图 7-2　DNS 顶级域名以国家码命名

但是在美国，虽然它也有“us”，但却很少用来当成顶级域名，反而是以“组织性质”来区分，如图 7-3 所示。

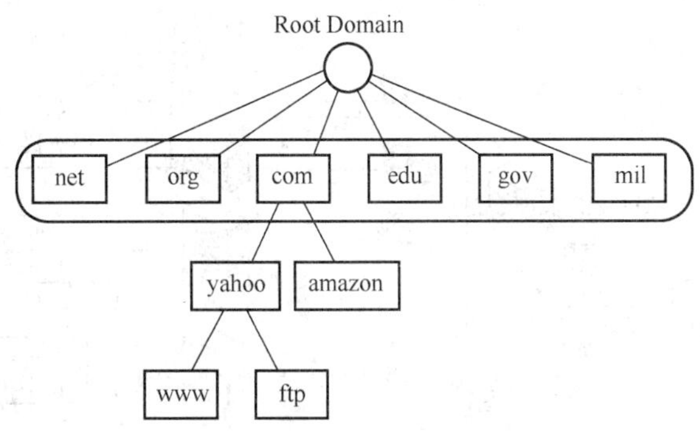

图 7-3　DNS 顶级域名以组织性质命名

常见的组织名称如下：

com：表示商业组织　　**net**：表示计算机网络组织

edu：表示教育机构　　**gov**：表示美国政府组织

org：表示非赢利组织　　**mil**：表示军事部门

3．第二层域

第二层域可以说是整个 DNS 系统中最重要的部分，在这些域名之下都可以开放给所有人申请，名称则由申请者自己定义，例如：“.szpt.edu.cn”。

4．主机

最后一层是主机，也就是隶属于第二层域的主机，这一层是由各个域的管理员自行建立，不需要通过管理域名的机构。例如，可以在“szpt.edu.cn”这个域下再建立“www.szpt.edu.cn”、“ftp.szpt.edu.cn”等主机。

【注意】域名有相对域名和绝对域名之分。相对域名就是指在某一级的域名下面的下属域名。例如，前面所说 szpt 是 edu 下属的一个相对域名，而 ftp 又是 szpt 下属的一个相对域名。绝对域名是完整的域名，一直写出根域名，例如前面所说的“www.szpt.edu.cn”就是一个绝对域名。绝对域名有时也称为完全合格的域名（Full Qualified Domain Name，FQDN）。在局部范围使用相对域名更为方便。

7.1.3　DNS 迭代过程

各组织的 DNS 服务器负责自己 DNS 域的域名解析，如果 DNS 客户请求其他域名的解析，将发生 DNS 迭代。如图 7-4 所示，以解析 www.microsoft.com 的 IP 为例。

（1）DNS 客户机发送一个查询给首选 DNS 服务器，等待域名服务器返回“www.microsoft.com”的 IP 地址。

（2）本地域名服务器发现自己并不管理“microsoft.com”域，无法解析“www.microsoft.com”的 IP 地址，就查询缓存的信息，如果有缓存就返回一个应答给客户。如果在本地缓存中没有相应的记录，那么本地的 DNS 服务器将向根域名服务器发送一个迭代查询。全世界共有 13 台根服务器，DNS 服务器上有这些根服务器的列表。

（3）根域名服务器返回“.com”域名服务器的 IP 地址。

（4）本地域名服务器向“.com”域名服务器发送和以前一样的查询请求。

（5）“.com”域名服务器返回“microsoft.com”域名服务器的地址。

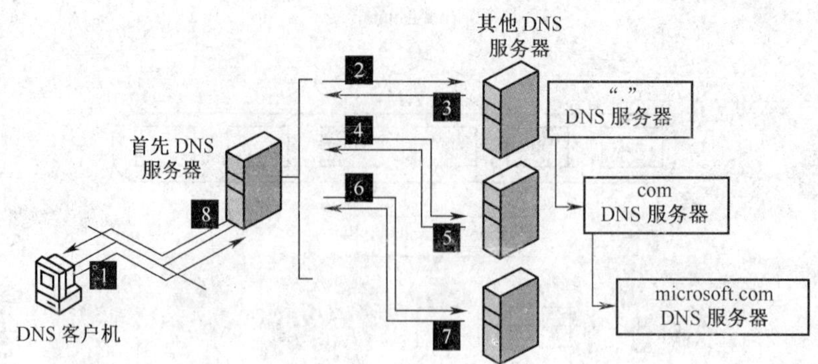

图 7-4 DNS 迭代过程

（6）本地域名服务器向“microsoft.com”域名服务器发送和以前一样的查询请求。

（7）“microsoft.com”域名服务器返回“www.microsoft.com”的 IP 地址，由本地域名服务器将该查询结果返回给客户；同时缓存起来，如果有另外 DNS 客户查询 www.microsoft.com，DNS 服务器将直接响应。

7.1.4 资源记录

如前所述，每个 DNS 数据库都由资源记录构成。一般来说，资源记录包含与特定主机有关的信息，如 IP 地址、主机的所有者或者提供服务的类型，当进行 DNS 解析时，它取回的是与该域名相关的资源记录。

数据库文件的每一行都由一条资源记录组成，而每个资源记录通常包含 5 项，大多数情况下用 ASCII 文本显示，每条记录一行，格式如下：

<u>Domain</u>　<u>Time to Live</u>　<u>Record Type</u>　<u>Class</u>　<u>Record Data</u>

各项的含义如下：

（1）域名（Domain）：该项给出要定义的资源记录的域名，该域名通常用来作为域名查询时的关键字。

（2）存活期（Time to Live）：在该存活期过后，该记录不再有效。

（3）类别（Class）：该项说明网络类型。目前大部分的资源记录都采用“IN”，表明 Internet，该域的缺省值为“IN”。

（4）记录数据（Record Data）：说明和该资源记录相关的信息，通常由资源记录类型来决定。

（5）记录类型（Record Type）：该项说明资源记录的类型，常用的资源记录类型如表 7-1 所示。

具体解释如下：

（1）A：此记录列出特定主机名的 IP 地址。这是域名解析的重要记录。

（2）CNAME：此记录指定标准主机名的别名。

（3）MX：建立邮件服务器记录，此记录列出了负责接收发到域中的电子邮件的主机。

（4）PTR：反向地址解析。

（5）SRV：服务位置记录用于将 DNS 域名映射到指定的 DNS 主机列表，该 DNS 主机提供 Active Directory 域控制器之类的特定服务。

表 7-1　常用的资源记录类型

记录类型	说明
A	将主机名转换为地址
CNAME	指定主机的别名
MX	建立邮件服务器记录
PTR	将地址变成主机名，主机名必须是规范主机名
SRV	服务位置

7.1.5　DNS 规划

如图 1-1 所示，我们决定在企业内部部署 DNS 服务器（在 WIN2008-1 服务器上）为企业内的计算机提供域名解析服务。假设企业已经申请了域名“xyz.com.cn”。在该 DNS 服务器上，需要把各常用的资源记录添加到正向 DNS 域 xyz.com.cn 中，主要有：www、ftp、pop3、smtp 以及邮件交换器等。为提高效率，对于互联网上的域名解析，可以在 DNS 服务器上设置转发器，转发器指向当地的 ISP 的 DNS 服务器 202.96.134.133，让当地 ISP 的 DNS 服务器进行域名解析。

7.2　安装和配置 DNS 服务器

7.2.1　安装 DNS 服务器

在配置之前，必须在服务器上安装 DNS 服务器。默认情况下，在安装 Windows Server 2008 的过程中不会安装 DNS 服务器。可以在安装过程之后安装 DNS 服务器。

安装 DNS 服务器的步骤如下：

步骤 1：以管理员账户登录到 Windows Server 2008 系统，运行“开始”→“程序”→“管理工具”→“服务器管理器”，出现如图 7-5 所示窗口。

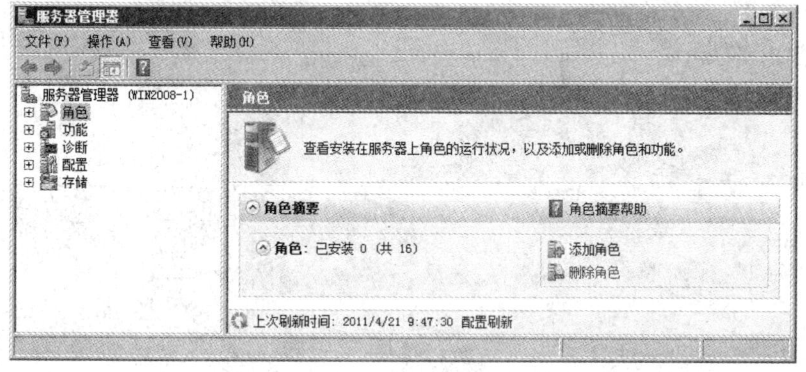

图 7-5　“服务器管理器”窗口

步骤 2：在“服务器管理器”窗口中，单击“角色”，单击“添加角色”，打开如图 7-6 所示的“选择服务器角色”窗口。选中“DNS 服务器”复选框，单击“下一步”按钮。

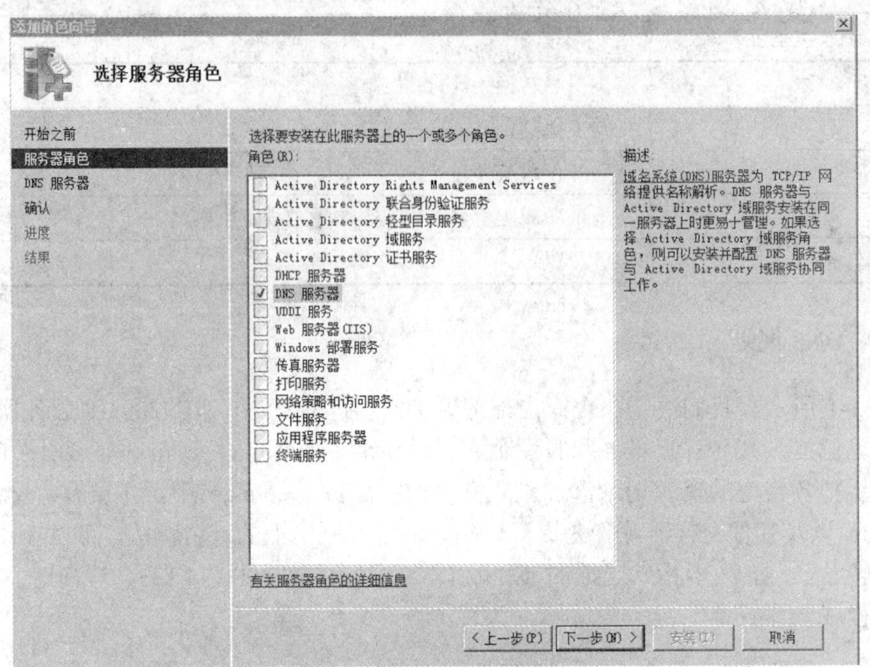

图 7-6 “选择服务器角色”窗口

步骤 3：在如图 7-7 所示的“DNS 服务器”窗口中，单击“下一步”按钮。

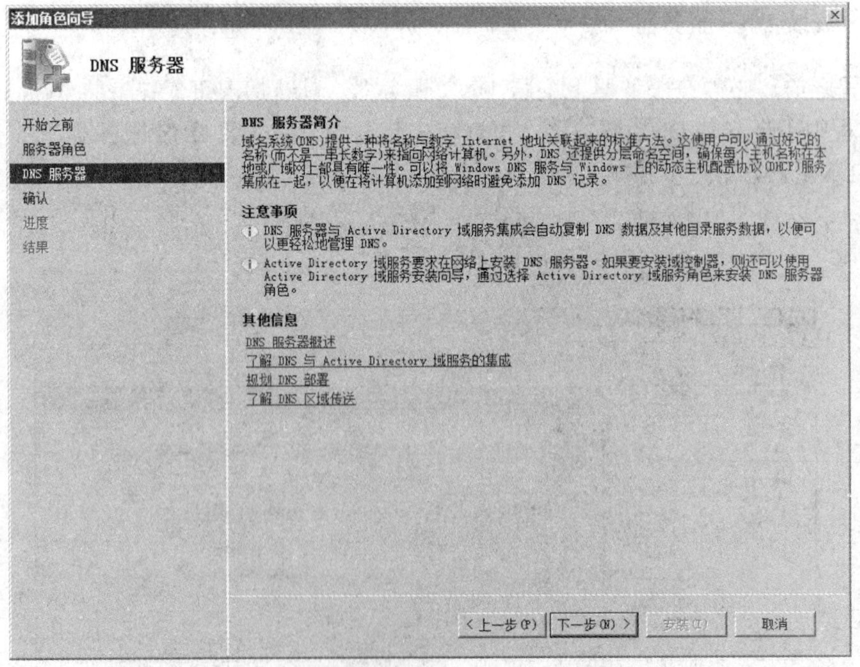

图 7-7 “DNS 服务器”窗口

步骤 4：在如图 7-8 所示的“确认安装选择”窗口中，单击“安装”按钮。

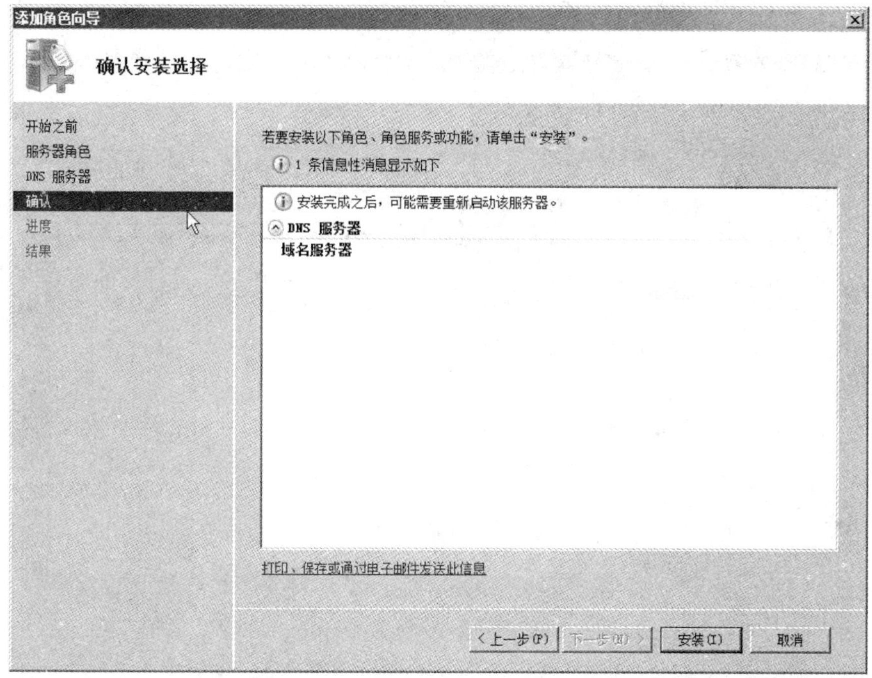

图 7-8　“确认安装选择”窗口

步骤 5：DNS 服务器安装过程如图 7-9 所示。

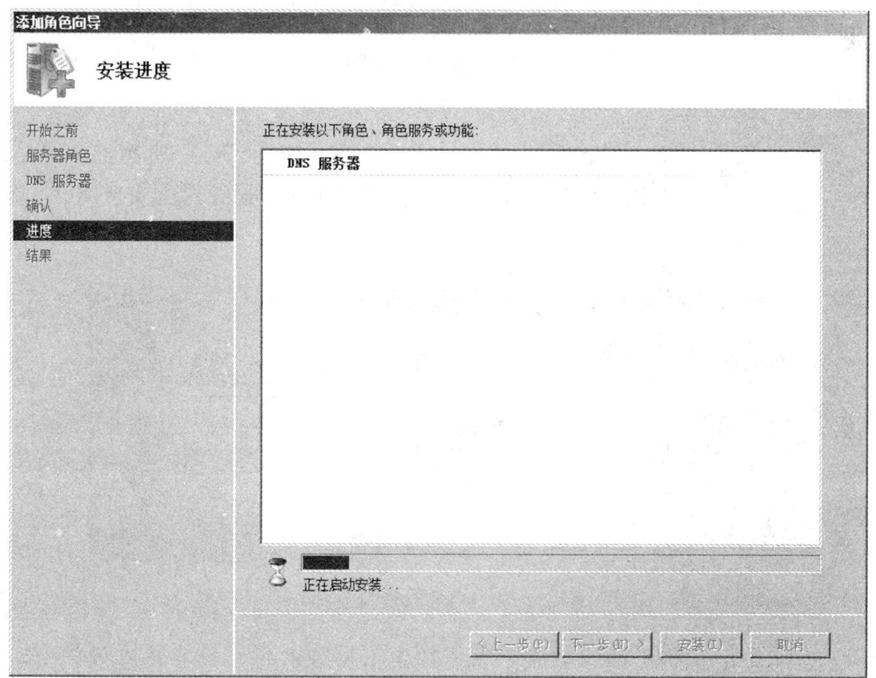

图 7-9　“安装进度”窗口

步骤 6：在如图 7-10 所示的“安装结果”窗口中，显示“安装成功”，单击“关闭”按钮，完成 DNS 服务器的安装。

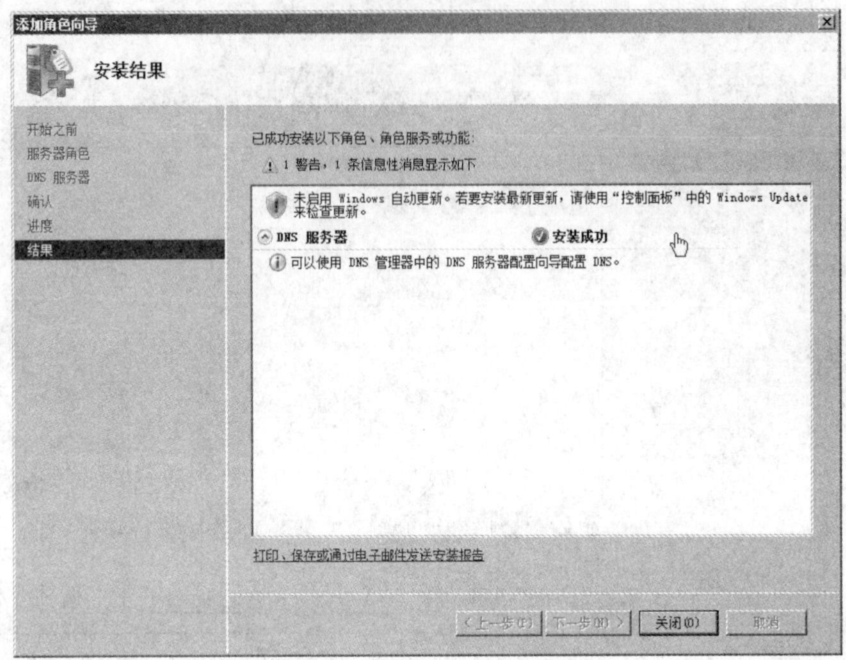

图 7-10 “安装结果”窗口

7.2.2 创建正向查找区域

在安装 DNS 服务之后，使用“配置 DNS 服务器向导”配置 DNS 服务器，具体的步骤如下：

步骤 1：单击“开始”→“管理工具”→“DNS”，如图 7-11 所示，右击服务器名称“WIN2008-1”，然后单击“配置 DNS 服务器”，进入“DNS 服务器配置向导”，单击“下一步”按钮。

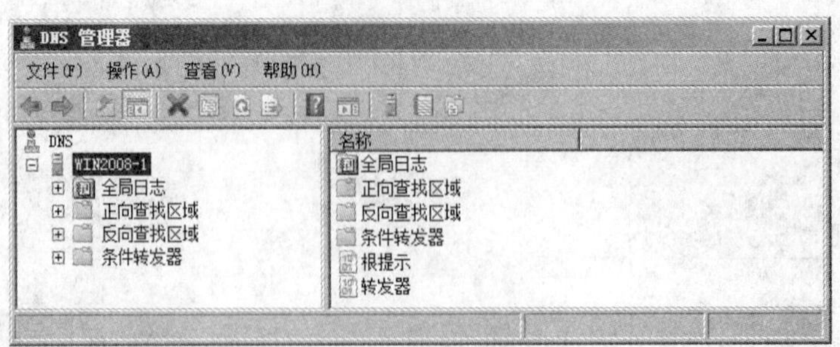

图 7-11 “DNS 管理器”窗口

步骤 2：在如图 7-12 所示的“选择配置操作”窗口中，有三种查找区域类型：

- 创建正向查找区域（适合小型网络使用）：所谓正向查找，也就是说在这个区域里的记录可以依据名称来查找对应的 IP 地址。

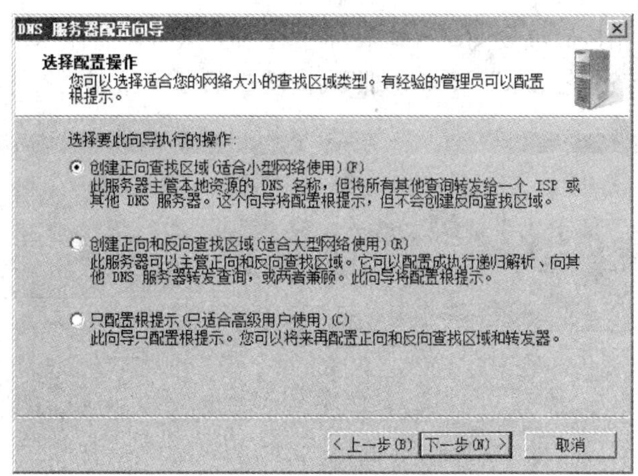

图 7-12 “选择配置操作”窗口

- 创建正向和反向查找区域（适合大型网络使用）：允许客户端通过查询 IP 地址得到对应的名称，反向查询的类型我们称之为 PTR（Pointer），所以反向查询也被称为指针查询。
- 只配置根提示（只适合高级用户使用）：如果要创建单纯的正向 DNS 服务器，或者要给当前配置了区域和转发器的 DNS 服务器添加根提示，请使用此选项。

我们这里选择“创建正向查找区域”单选项，单击“下一步”按钮。

步骤 3：在如图 7-13 所示的“主服务器位置”窗口中，可以设置对 DNS 服务器的区域数据进行维护的方法，有两种选择，可以选择不同的位置来为网络资源维护数据库：

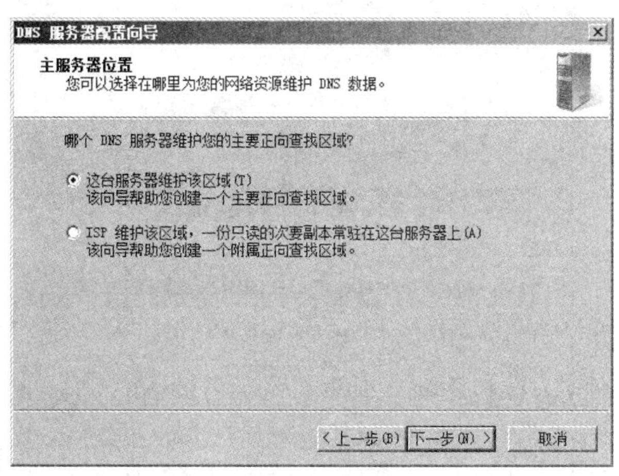

图 7-13 “主服务器位置”窗口

- 这台服务器维护该区域：DNS 服务器负责维护网络中的 DNS 资源的主要区域。
- ISP 维护该区域：DNS 服务器负责维护网络中 DNS 资源的辅助区域。

选中“这台服务器维护该区域”单选项，单击“下一步”按钮。

步骤 4：在如图 7-14 所示的“区域名称”窗口中，在文本框中输入区域名称，单击“下一步”按钮。

步骤 5：在如图 7-15 所示的“区域文件”窗口中，用于设置 DNS 服务器区域对应的物理文件名称。区域文件是最重要的文件，存储了 DNS 服务器管辖区域内主机的域名记录。默认的区域文件名为“域名.dns”。一般按照默认设置即可，单击“下一步”按钮。

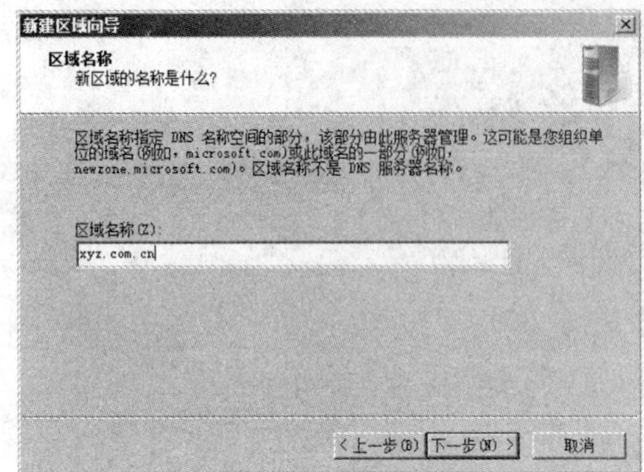

图 7-14 “区域名称”窗口

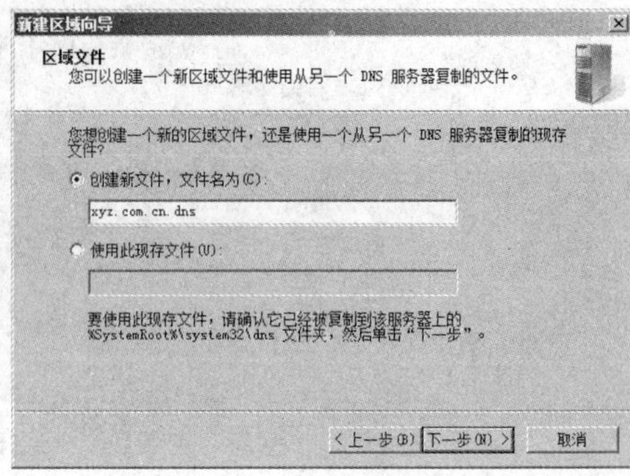

图 7-15 “区域文件”窗口

步骤 6：在如图 7-16 所示的“动态更新”窗口中，动态更新允许 DNS 客户端在发生更改的任何时候使用 DNS 服务器注册和动态地更新其资源记录。它减少了对区域记录进行手动管理的需要，特别是对于频繁移动或改变位置并使用 DHCP 获得 IP 地址的客户端更是如此。DNS 客户端和服务器服务支持使用动态更新。有三种选择：

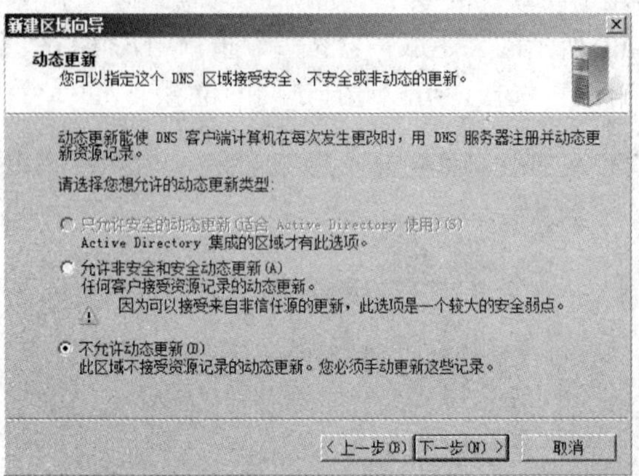

图 7-16 “动态更新”窗口

- 只允许安全的动态更新：只有在安装了 Active Directory 集成的区域后才能选择该项。
- 允许非安全和安全动态更新：如果要使任何客户端都可以进行资源记录的动态更新，可以选择此项。但是由于可以接受来自非信任源的更新，存在安全隐患，所以选择此项要慎重。
- 不允许动态更新：此区域不接受资源记录的动态更新，因此选择此项比较安全，但是需要手动更新资源记录。

选择“不允许动态更新”，单击“下一步”按钮。

步骤 7：在如图 7-17 所示的“转发器”窗口中，转发器是网络上的域名系统（DNS）服务器，用来将外部 DNS 域名的 DNS 查询转发给该网络外的 DNS 服务器，该 DNS 服务器将不再进行 DNS 的迭代过程。也可使用“条件转发器”按照特定域名转发查询。通过让网络中的其他 DNS 服务器将它们在本地无法解析的查询转发给网络上的 DNS 服务器，该 DNS 服务器即被指定为转发器。使用转发器可管理网络外的域名解析，并改进网络中的计算机的域名解析效率。如果要设置要转发的 IP 地址（通常 ISP 的 DNS 地址），选择“是，应当将查询转发到有下列 IP 地址的 DNS 服务器上”单选项，单击“下一步”按钮。

步骤 8：在如图 7-18 所示的“配置完成”窗口中，在“设置”列表框中显示了本次配置的具体信息，单击“完成”按钮，完成 DNS 服务器的安装。

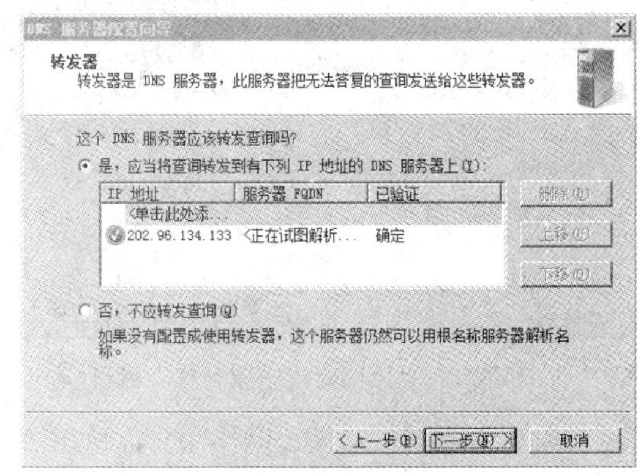

图 7-17　“转发器”窗口

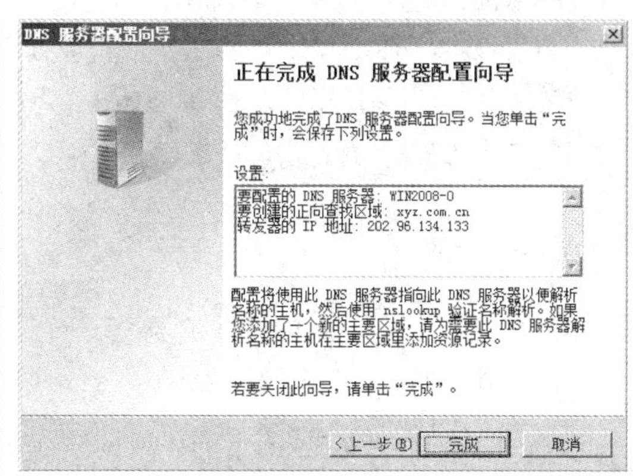

图 7-18　“配置完成”窗口

7.2.3 创建反向查找区域

由于在 7.2.2 节中，只创建正向查找区域，接下来创建反向查找区域。步骤如下：

步骤 1：选中“DNS 管理器”窗口中的“反向查找区域”，单击鼠标右键，选择“新建区域”，如图 7-19 所示。进入“新建区域向导”，单击“下一步”按钮。

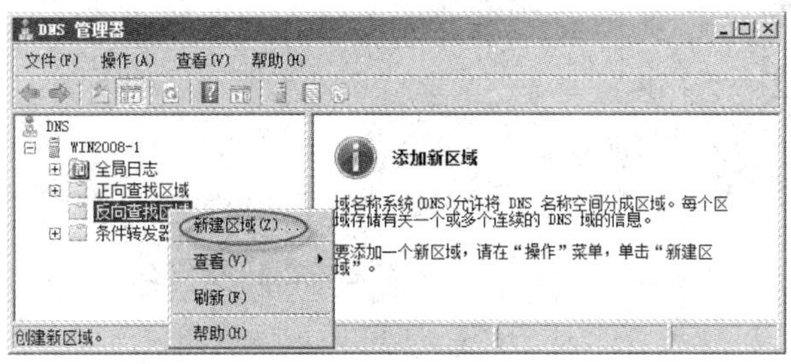

图 7-19　新建反向查找区域

【提示】在大多数域名系统（DNS）查找中，客户端通常执行正向查找，即基于另一台计算机的 DNS 名称的搜索，此类型的查询将 IP 地址作为应答响应的资源数据。DNS 还提供反向查找过程，在此过程中，客户端使用已知的 IP 地址并根据其地址查找计算机名称。反向查找采用问题的形式，如“是否可以告诉我使用 IP 地址 192.168.0.20 的计算机的 DNS 名称？”为解决此问题，已在 DNS 标准中定义了特殊的域，即“in-addr.arpa”域，并将其保留在 Internet DNS 命名空间中，以提供一种用于执行反向查询的可行且可靠的方式。

步骤 2：在如图 7-20 所示的“区域类型”窗口中，区域类型分为三种：主要区域、辅助区域和存根区域。这里的区域类型的含义和创建正向区域时区域类型的含义是一样的。这里选择“主要区域”，单击“下一步”按钮。

步骤 3：在如图 7-21 所示的“反向查找区域名称”窗口中，选择为 IPv4 地址还是 IPv6 地址创建反向查找区域。这里选择“IPv4 反向查找区域”，单击“下一步”按钮。

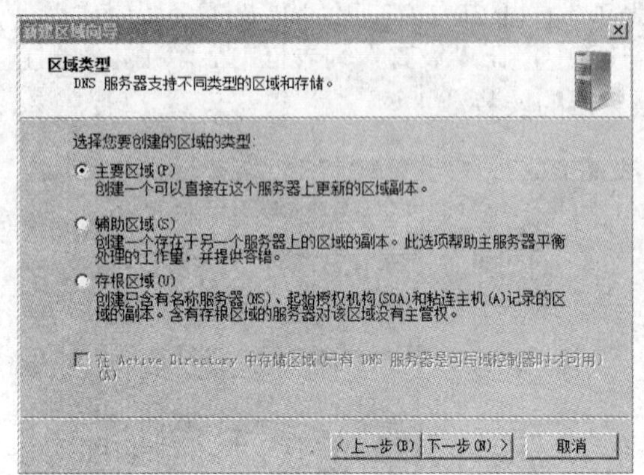

图 7-20 “区域类型”窗口

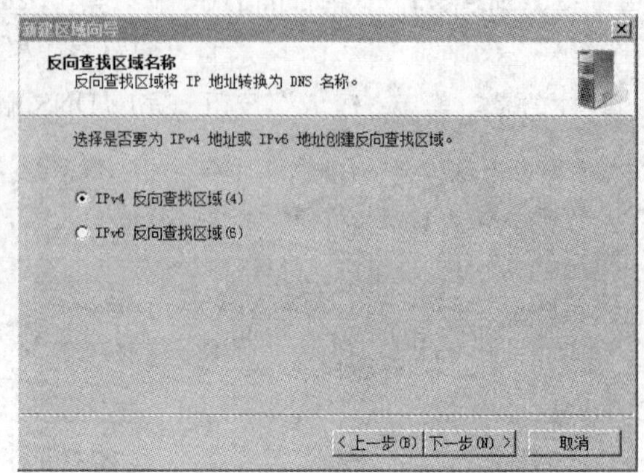

图 7-21 “反向查找区域名称”窗口

步骤 4：在如图 7-22 所示的“反向查找区域名称”窗口中，输入“网络 ID”，单击“下一步”按钮。

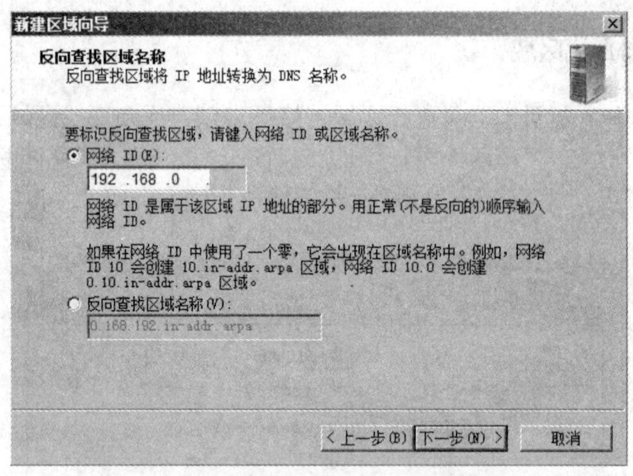

图 7-22 “反向查找区域名称”窗口

【提示】为创建反向命名空间，通过对 IP 地址点分十进制表示法形式的数字进行反向排序，可以形成 in-addr.arpa 域中的子域。必须对网络 ID 进行反向排序，因为与 DNS 名称不同，当从左到右读取 IP 地址时，将按照相反的方式对其进行解释。

步骤 5：在如图 7-23 所示的“区域文件”窗口中，选择“创建新文件，文件名为”单选项，系统默认文件名为“0.168.192.in-addr.arpa.dns”，单击“下一步”按钮。

步骤 6：在如图 7-24 所示的“动态更新”窗口中，选择“不允许动态更新”，单击“下一步”按钮。

步骤 7：在如图 7-25 所示的“正在完成新建区域向导”窗口中，单击“完成”按钮。

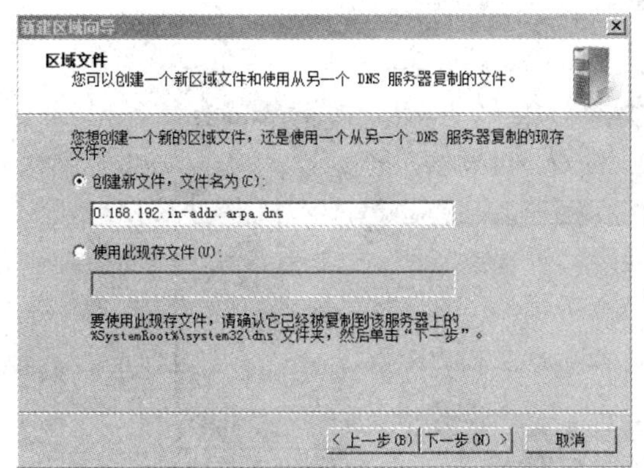

图 7-23 “区域文件”窗口

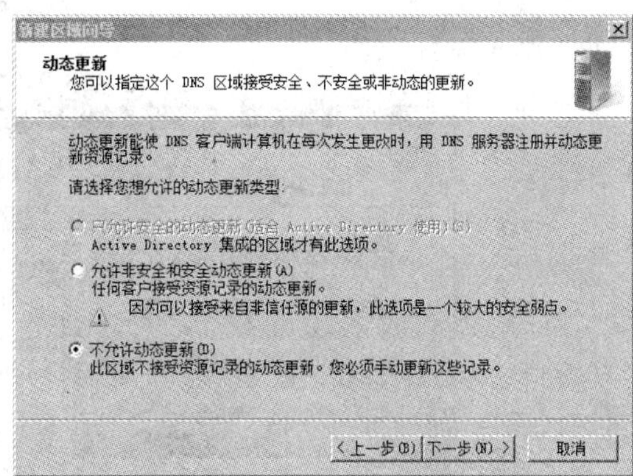

图 7-24 “动态更新”窗口

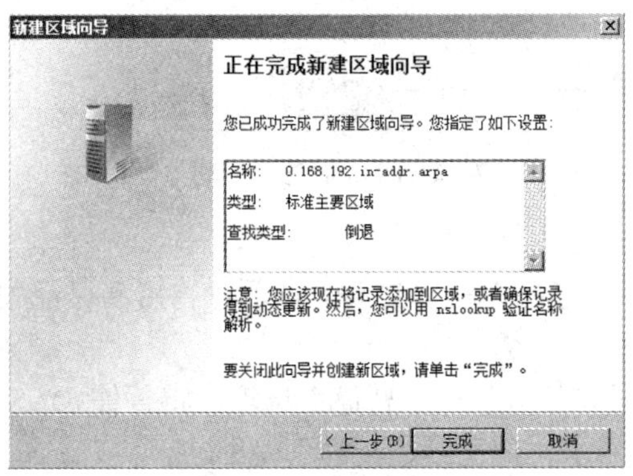

图 7-25 “正在完成新建区域向导”窗口

步骤 8：正向查找区域和反向查找区域创建完成后，“DNS 管理器”窗口显示结果如图 7-26 所示。

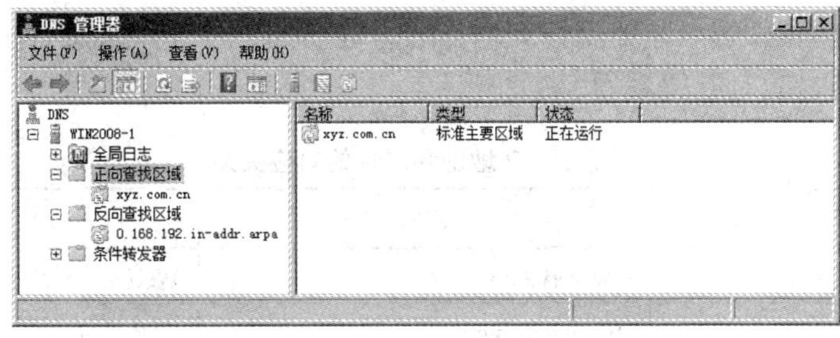

图 7-26 创建成功后的“DNS 管理器”窗口

7.3 管理 DNS 服务器

7.3.1 DNS 服务器的停止与启动

1. DNS 服务器的停止

如图 7-27 所示，右击服务器名称“WIN2008-1”→“所有任务”→“停止”选项，将关闭 DNS 服务器。

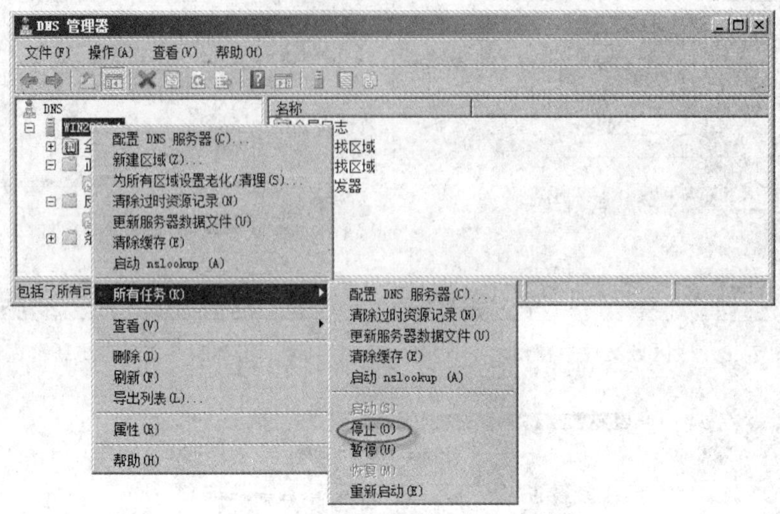

图 7-27　DNS 服务器启动与停止

2．DNS 服务器的启动

在图 7-27 中选择“所有任务”→“启动”选项，将启动已经关闭的 DNS 服务器。

3．DNS 服务器的暂停

在图 7-27 中选择“所有任务”→“暂停”选项，将暂停 DNS 服务器。暂停的 DNS 服务器不接受新的域名解析请求，但已经连接的不受影响。

4．DNS 服务器的重启

在图 7-27 中选择“所有任务”→“重新启动”选项，将关闭的 DNS 服务器重新启动。

7.3.2　创建主机记录

主机是用于将 DNS 域名映射到计算机使用的 IP 地址。公司内局域网需要新建三台主机记录，IP 地址和域名的对应关系如表 7-2 所示。

表 7-2　IP 地址和域名的对应关系

IP 地址	域名	功能
192.168.0.2	www.xyz.com.cn	Web 服务器
192.168.0.2	ftp.xyz.com.cn	FTP 服务器
192.168.0.2	mail.xyz.com.cn	Mail 服务器

新建主机记录的步骤如下：

步骤 1：如图 7-28 所示，在“DNS 管理器”窗口中，单击“正向查找区域”的“xyz.com.cn”，单击鼠标右键，然后单击“新建主机”。

步骤 2：在如图 7-29 所示的“新建主机”窗口中，在“名称”文本框中，键入新主机名称，在“IP 地址”文本框中，键入新主机的 IP 地址。选中“创建相关的指针（PTR）记录”复选框，可以根据在“名称”和“IP 地址”文本框中输入的信息在此主机的反向区域中创建附加的指针记录。单击“添加主机”按钮，向区域添加新主机记录。

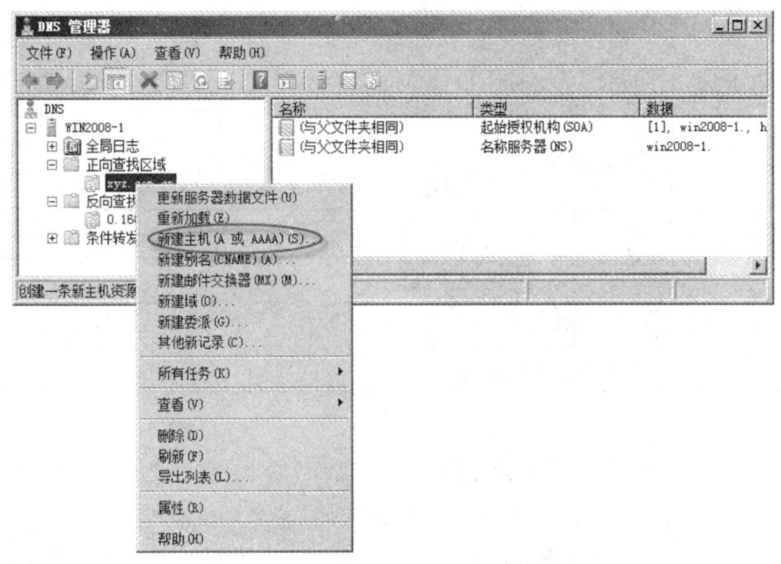

图 7-28 “新建主机”菜单项

步骤 3：成功创建主机记录的提示信息如图 7-30 所示。

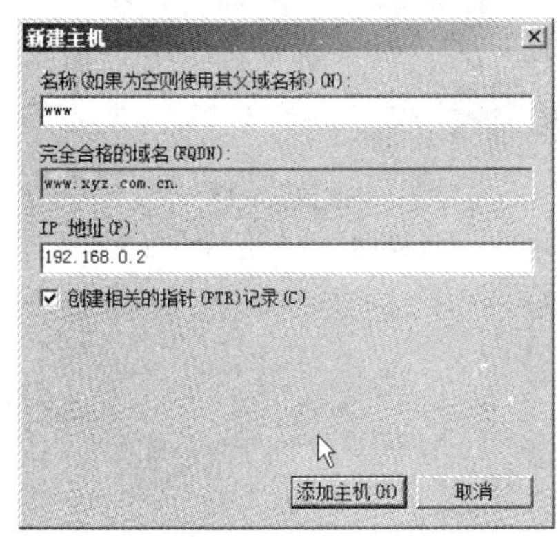

图 7-29 新建主机 www

图 7-30 成功添加主机 www

步骤 4：重复步骤 2～3，分别添加主机 ftp 和 mail，添加成功的窗口如图 7-31 所示。

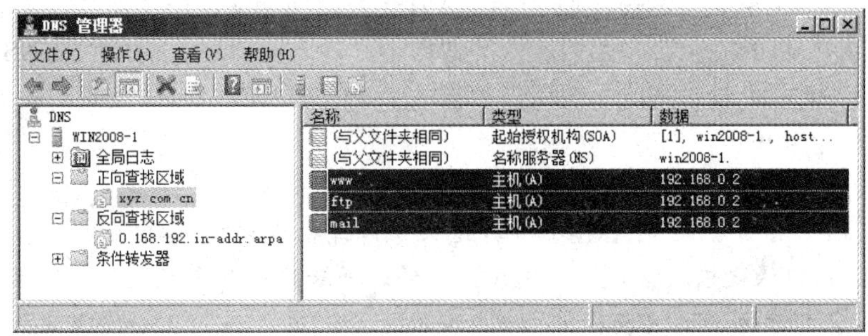

图 7-31 成功添加 3 台主机 www、ftp、mail

7.3.3 创建别名记录

别名是用于将 DNS 域名的别名映射到另一个主要的或规范的名称。借助这些记录，可以使用多个名称来指向单一主机，从而轻松实现某些特殊的目的。本节将建立别名，如表 7-3 所示。

表 7-3 别名和域名的对应关系

IP 地址	别名	主机名
192.168.0.2	web.xyz.com.cn	www.xyz.com.cn
192.168.0.2	pop3.xyz.com.cn	mail.xyz.com.cn
192.168.0.2	smtp.xyz.com.cn	mail.xyz.com.cn

具体步骤如下：

步骤 1：如图 7-32 所示，在“DNS 管理器”窗口中，单击“正向查找区域”的“xyz.com.cn”，单击鼠标右键，然后单击“新建别名”。

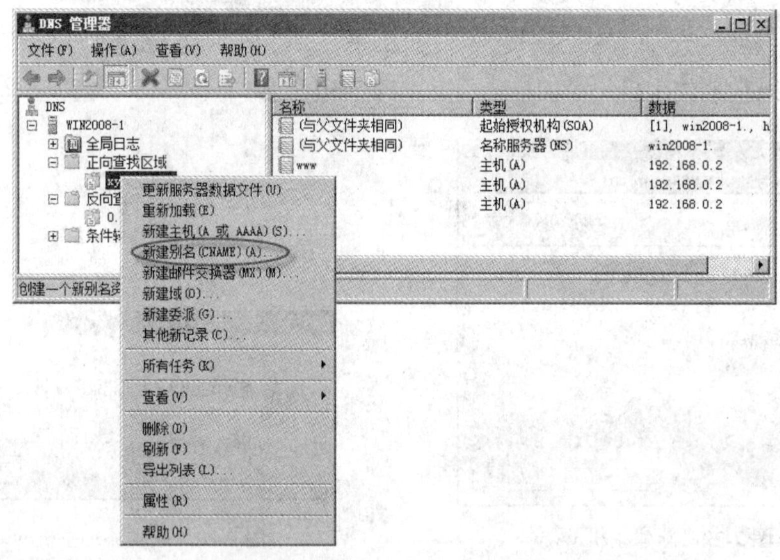

图 7-32 “新建别名”菜单项

步骤 2：在如图 7-33 所示的“别名（CNAME）”选项卡中，在“别名”文本框中，输入别名，在“目标主机的完全合格的域名”文本框中，输入将使用此别名的 DNS 主机的完全合格的域名。也可以单击“浏览”按钮来搜索域中主机的 DNS 名称空间，其中该域已定义了主机（A）记录。单击“确定”按钮。

步骤 3：在该区域中添加了新别名记录，如图 7-34 所示。

【提示】在使用别名（CNAME）资源记录为计算机提供别名或重命名时，请临时限定从 DNS 中删除该记录之前在区域中使用该记录的时间长度。如果忘记删除别名（CNAME）资源记录，并且之后删除了它的相关主机（A）资源记录，则别名（CNAME）资源记录会将服务器资源浪费在尝试解析对网络上已不再使用的名称的查询上面。

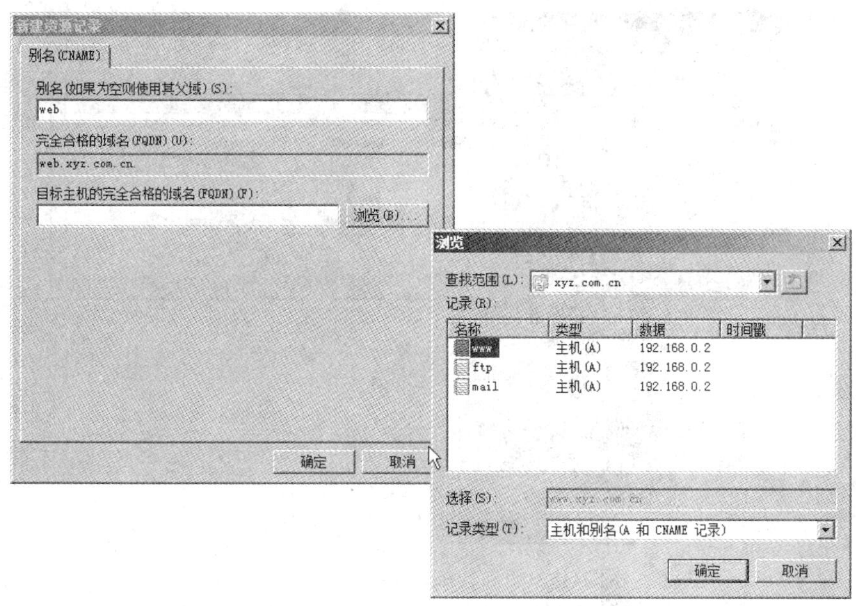

图 7-33 “别名（CNAME）”选项卡

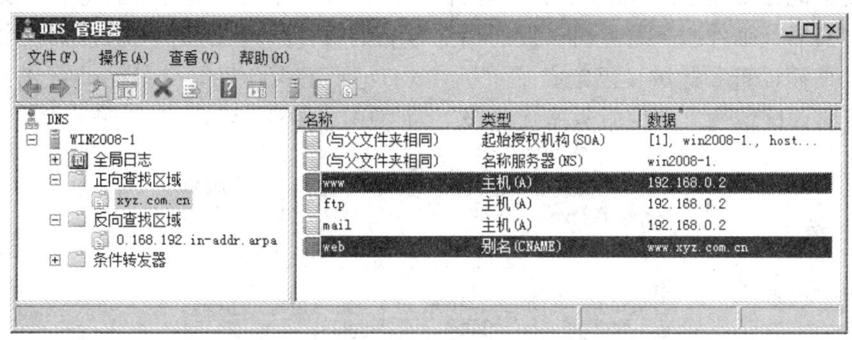

图 7-34 成功新建别名 web

步骤 4：重复以上步骤，创建 mail.xyz.com.cn 的别名 pop3.xyz.com.cn 和 smtp.xyz.com.cn。

7.3.4 创建邮件交换器记录

电子邮件应用程序根据电子邮件收件人的目标地址中的 DNS 域名，使用邮件交换器（MX）资源记录来查找邮件服务器。例如，名称为 mail.xyz.com.cn 的 DNS 查询可以用来查找邮件交换器（MX）资源记录，这使得电子邮件应用程序可以将邮件转发或交换到带有电子邮件地址 user@mail.xyz.com.cn 的用户。邮件交换器（MX）资源记录显示为某个域处理邮件的一个或多个计算机的 DNS 域名。如果存在多条邮件交换器（MX）资源记录，DNS 客户端服务将按从最低值（最高优先级）到最高值（最低优先级）的优先顺序，尝试联系邮件服务器。

建立邮件交换器记录的步骤如下：

步骤 1：在如图 7-35 所示的“DNS 管理器”窗口中，单击“正向查找区域”的“xyz.com.cn”，单击鼠标右键，然后单击“新建邮件交换器”。

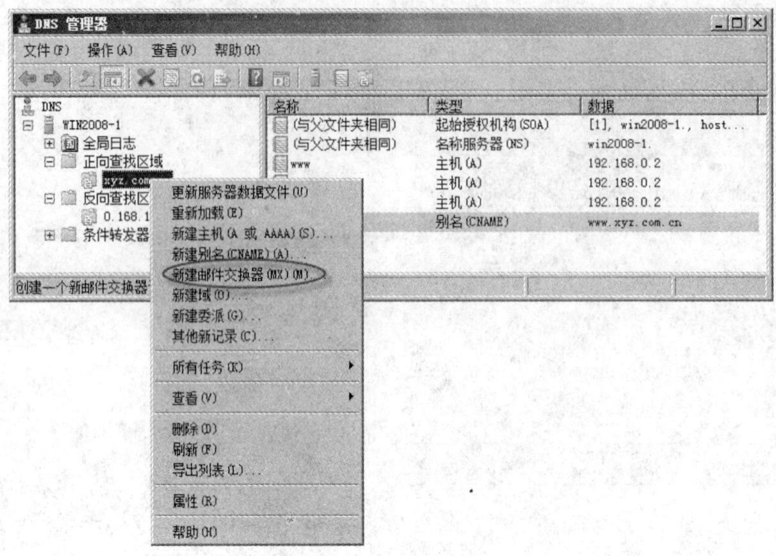

图 7-35 “新建邮件交换器”菜单项

步骤 2：在如图 7-36 所示的“邮件交换器（MX）”选项卡中，在“主机或子域”文本框中，输入使用此记录发送邮件的域的名称，在“邮件服务器的完全合格的域名”文本框中，键入邮件交换器或邮件服务器主机（发送指定域名的邮件）的 DNS 主机计算机名。可以单击“浏览”按钮以查看此域（已定义了主机（A）记录）中邮件交换器主机的 DNS 名称。根据需要调整此区域的“邮件服务器优先级”为“10”，单击“确定”按钮。

新建资源记录
邮件交换器(MX)
主机或子域(H):
mail
在默认方式，当创建邮件交换记录时，DNS 使用父域名。您可以指定主机或子域名称，但是在多数部署，不填写以上字段。
完全合格的域名(FQDN)(U):
mail.xyz.com.cn.
邮件服务器的完全合格的域名(FQDN)(F):
mail.xyz.com.cn 浏览(B)...
邮件服务器优先级(S):
10
确定 取消 帮助

图 7-36 “邮件交换器（MX）”选项卡

步骤 3：在该区域中添加新的邮件交换器记录，如图 7-37 所示。

【提示】用户可能不习惯 user@mail.xyz.com.cn 作为邮箱地址，而习惯 user@xyz.com.cn 作为邮箱地址。如果想把 user@xyz.com.cn 作为邮箱地址，则图 7-36 中的“主机或者子域”文本框中保留为空即可。

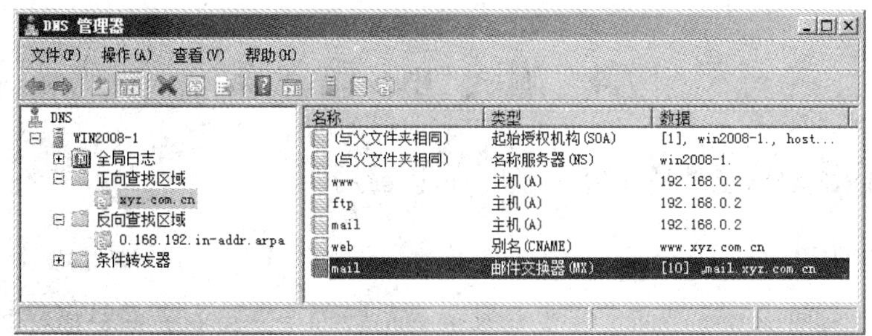

图 7-37　成功新建邮件交换器 mail

7.3.5　企业内外的 DNS 服务问题

在本章前面的小节中，已经在企业内部部署了 DNS 服务器。该 DNS 服务器是放在企业内部，因此添加 www、ftp、pop3、smtp 主机或者别名等记录时，记录的 IP 指向这些主机的私有 IP，对于同样都在企业内部的计算机来说使用这个 DNS 是没有问题的，它们将得到这些主机在内部局域网的 IP 地址（192.168.0.0/255.255.255.0 网段上），然后使用这些地址来访问这些主机。然而互联网的用户如果也让这台 DNS 服务器来进行域名解析，将得到主机的私有 IP，从而无法访问这些主机。

如图 7-38 所示，常用的做法是：在申请注册域名时，也同时让 ISP 提供域名解析服务，需要注意的是主机记录或者其他资源记录的 IP 应该指向企业的公网 IP（图中为 61.0.0.1），然后在局域网边界的接入服务器上做端口映射，把公网 IP 上的应用端口（例如 web 的 80 端口）映射到内部主机的应用端口上。这样企业内的 DNS 服务器为企业内部的计算机提供域名解析，企业内的计算机通过私有 IP 地址访问企业内的服务器；互联网上的 DNS 服务器为互联网的用户提供本企业域名的解析服务，互联网的用户将获得企业的公网地址，他们通过公网 IP 地址访问企业的服务器。

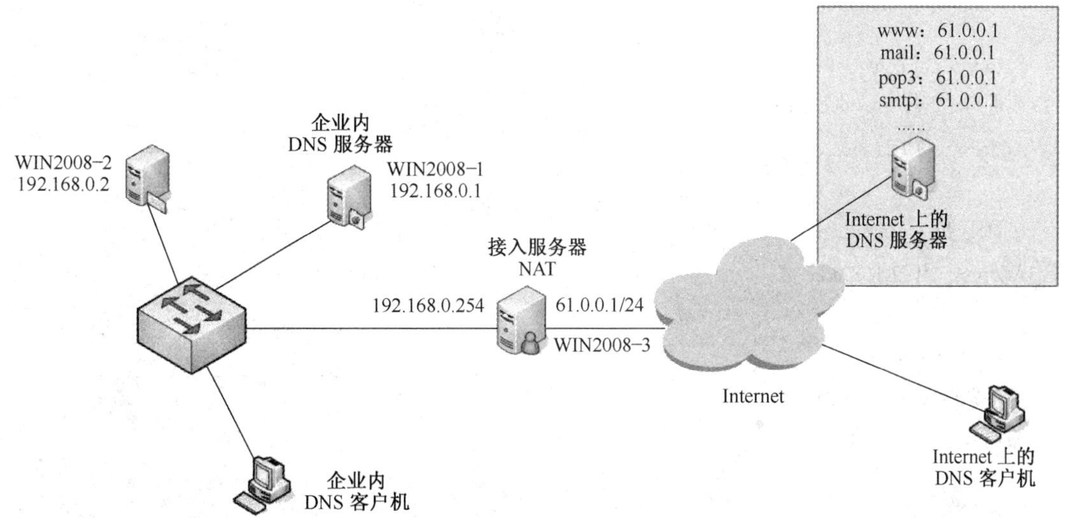

图 7-38　企业内外的 DNS 服务

7.4 测试 DNS 服务器

最常用的 DNS 测试工具是 nslookup 和 ping 命令。

7.4.1 nslookup

nslookup 命令用来向 Internet 域名服务器发出查询信息。它有两种模式：交互式和非交互式。交互模式允许使用者从名字服务器查询不同主机或域的信息，或者打印出一个域内的主机列表；非交互模式用于只打印一个主机或域的名字和所请求的信息。

当没有指定参数（使用缺省的域名服务器）或第一个参数是“_”，第二个参数为一个域名服务器的主机名或 IP 地址时，nslookup 为交互模式；当第一个参数是待查询的主机的域名或 IP 地址时，nslookup 为非交互模式。这时，任选的第二个参数指定了一个域名服务器的主机名或 IP 地址。下面通过实例使用交互模式对 DNS 进行测试。

1．查找主机

```
C:\Users\Administrator>nslookup
默认服务器:  www.xyz.com.cn
Address:  192.168.0.1

> www.xyz.com.cn
服务器:  www.xyz.com.cn
Address:  192.168.0.1

名称:  www.xyz.com.cn
Address:  192.168.0.2

> ftp.xyz.com.cn
服务器:  www.xyz.com.cn
Address:  192.168.0.1

名称:  ftp.xyz.com.cn
Address:  192.168.0.2

> mail.xyz.com.cn
服务器:  www.xyz.com.cn
Address:  192.168.0.1

名称:  mail.xyz.com.cn
Address:  192.168.0.2
```

```
> exit
```

2．查找域名信息

```
C:\Users\Administrator>nslookup
默认服务器:  www.xyz.com.cn
Address:  192.168.0.1

> set type=ns
> xyz.com.cn
服务器:  www.xyz.com.cn
Address:  192.168.0.1
> exit
```

【说明】"set type"表示设置查找的类型。

3．检查反向 DNS

假如要查找 IP 地址为 192.168.0.2 的域名，输入：

```
C:\Users\Administrator>nslookup
默认服务器:  www.xyz.com.cn
Address:  192.168.0.1

> set type=ptr
> 192.168.0.2
服务器:  www.xyz.com.cn
Address:  192.168.0.1

2.0.168.192.in-addr.arpa        name = ftp.xyz.com.cn
2.0.168.192.in-addr.arpa        name = mail.xyz.com.cn
2.0.168.192.in-addr.arpa        name = www.xyz.com.cn
> exit
```

4．检查 MX 邮件记录

要查找 xyz.com.cn 域的邮件记录地址，输入：

```
C:\Users\Administrator>nslookup
默认服务器:  www.xyz.com.cn
Address:  192.168.0.2

> set type=mx
> xyz.com.cn
服务器:  www.xyz.com.cn
Address:  192.168.0.1

xyz.com.cn
```

```
        primary name server = win2008-1
        responsible mail addr = hostmaster
        serial  = 6
        refresh = 900 (15 mins)
        retry   = 600 (10 mins)
        expire  = 86400 (1 day)
        default TTL = 3600 (1 hour)
> exit
```

5．检查 CNAME 记录

要查找 web.xyz.com.cn 主机的别名，输入：

```
C:\Users\Administrator>nslookup
默认服务器:  www.xyz.com.cn
Address:  192.168.0.1

> set type=cname
> web.xyz.com.cn
服务器:  www.xyz.com.cn
Address:  192.168.0.1

web.xyz.com.cn    canonical name = www.xyz.com.cn
www.xyz.com.cn    internet address = 192.168.0.2
> exit
```

7.4.2 ping

ping 命令是用来测试 DNS 能够正常工作的最为简单和实用的工具，比如想测试 DNS 服务器能否解析 www.xyz.com.cn，在命令行直接输入：

```
C:\Users\Administrator>ping www.xyz.com.cn
正在 Ping www.xyz.com.cn [192.168.0.2] 具有 32 字节的数据:
来自 192.168.0.2 的回复: 字节=32 时间=1ms TTL=128
来自 192.168.0.2 的回复: 字节=32 时间=2ms TTL=128
来自 192.168.0.2 的回复: 字节=32 时间<1ms TTL=128
来自 192.168.0.2 的回复: 字节=32 时间<1ms TTL=128
192.168.0.2 的 Ping 统计信息:
    数据包: 已发送 = 4，已接收 = 4，丢失 = 0 (0% 丢失)，
往返行程的估计时间(以毫秒为单位):
    最短 = 0ms，最长 = 2ms，平均 = 0ms

C:\Users\Administrator>ping web.xyz.com.cn
正在 Ping www.xyz.com.cn [192.168.0.2] 具有 32 字节的数据:
```

来自 192.168.0.2 的回复：字节=32 时间<1ms TTL=128
来自 192.168.0.2 的回复：字节=32 时间<1ms TTL=128
来自 192.168.0.2 的回复：字节=32 时间<1ms TTL=128
来自 192.168.0.2 的回复：字节=32 时间<1ms TTL=128
192.168.0.2 的 Ping 统计信息：
    数据包：已发送 = 4，已接收 = 4，丢失 = 0 (0% 丢失)，
往返行程的估计时间(以毫秒为单位)：
    最短 = 0ms，最长 = 0ms，平均 = 0ms

根据输出结果，很容易判断 DNS 解析是成功的。

【提示】用 ping 测试 DNS 时，即使 ping 不通也不代表 DNS 失败。如果能看到 IP 地址，就说明 DNS 是正常的了。

域名系统（DNS）是一种用于 TCP/IP 应用程序的分布式数据库，它提供主机名和 IP 地址之间的转换以及有关电子邮件的路由信息。本章主要介绍了 DNS 的基本原理、DNS 域名解析过程、DNS 服务器安装、配置与测试等内容。DNS 配置是网络管理的重点和难点，应该好好掌握和理解。

一、理论习题

1．DNS 提供了一个________命名方案。
2．Internet 管理结构最高层域划分中表示商业组织的是________。
3．________表示别名的资源记录。
4．DNS 资源记录通常包含 4 项，格式为________、________、________、________。
5．常用的 DNS 测试的命令包括________。
6．DNS 是________的缩写。
7．根域是由________管理。

二、上机练习项目

项目 1：某小型企业申请了域名 test.com，企业内部的局域网段为 10.1.1.0/24，并且拥有自己的 Web 服务器（地址：10.1.1.1，域名 www.test.com，别名：web.test.com）和 FTP 服务器（地址：10.1.1.2，域名 ftp.test.com），完成如下任务：

（1）安装 DNS 服务器。
（2）配置 DNS 服务器。
（3）新建主机、PTR、CNAME 记录。
（4）用 nslookup 测试 DNS 服务器。

第 8 章　DHCP 服务

IP 地址已是每台计算机必定配置的参数了，手工设置每一台计算机的 IP 地址成为管理员最不愿意做的一件事，于是自动配置 IP 地址的方法出现了，这就是 DHCP。DHCP 服务器能够从预先设置的 IP 地址池里取出 IP 地址分配给主机，它不仅能够保证 IP 地址不重复分配，也能及时回收 IP 地址以提高 IP 地址的利用率。

1. 了解 DHCP 技术的工作过程
2. 安装 DHCP 服务器
3. DHCP 服务器配置（地址池，排除地址，保留地址）
4. DHCP 服务器管理
5. DHCP 客户端配置

8.1　DHCP 简介

8.1.1　DHCP 意义

TCP/IP 协议目前已经成为互联网的通信协议，用 TCP/IP 协议进行通信时，每一台计算机（主机）都必须拥有一个 IP 地址用于在网络上标识自己。如果 IP 地址是由系统管理员在每一台计算机上手工进行设置，把它设定为一个固定的 IP 地址时，就称为静态 IP 地址。设定静态的 IP 地址是常见的方法之一，但在许多场合并不适用。如果网络的规模较大，系统管理员给每一台计算机分配 IP 地址的工作量就会很大，而且常常因为用户不遵守规则而会出现错误（如 IP 地址的冲突等）。当大批计算机从一个网络移动到另一网络或者改变部门计算机所属子网时，同样存在改变 IP 地址的工作量大的问题。随着笔记本电脑的普及，移动办公也是习以为常的事，当电脑从一个网络移动到另一网络时，则每次移动也需要改变 IP 地址，并且移动的电脑在每个网络都需要占用一个 IP 地址。DHCP（Dynamic Host Configuration Protocol）就是应这个需求而诞生的。采用 DHCP 的方法配置计算机 IP 地址的方案称为动态 IP 地址。

在动态 IP 地址的方案中，每台计算机并不设定固定的 IP 地址，而是在计算机开机时才被分配一个 IP 地址，这台计算机被称为 DHCP 客户端。而负责给 DHCP 客户端分配 IP 地址的计算机称为 DHCP 服务器。也就是说 DHCP 是采用 Client/Server 模式工作。DHCP 服务器在给 DHCP 客户分配 IP 地址（即 IP 地址租用）的时候，还会有租用时间期限的限制，超过租用期限时，DHCP 服务器就把这个 IP 地址收回。收回的 IP 地址可以重新分配给另一 DHCP 客户端，这样 IP 地址就被重复使用，大大提高了 IP 地址的利用率。移动的计算机在不同的网络上开机时，将会获得它所在网络上的 DHCP 服务器分配的有效 IP 地址，也就不必每次手工更改 IP 地址了。由于 DHCP 客户端是在开机的时候自动获得 IP 地址的，因此并不能保证每次获得的 IP 地址是相同的。

动态 IP 地址方案可以减少管理员的工作量是显而易见的，只要 DHCP 服务器正常，IP 地址的冲突是不会发生的。要大批量更改计算机的所在子网或其他 IP 参数，只要在 DHCP 服务器上进行，管理员不必亲自到每一台计算机上修改。

8.1.2 BOOTP 引导程序协议

DHCP 是对 BOOTP 的扩展，所以要先介绍 BOOTP（BOOTstrap Protocol）。BOOTP 也称为自举协议，它使用 UDP 来使一个工作站自动获取配置信息。

为了获取配置信息，协议软件广播一个 BOOTP 请求报文，收到请求报文的 BOOTP 服务器查找出发出请求的计算机的各项配置信息（如 IP 地址、默认网关地址、子网掩码等），将配置信息放入一个 BOOTP 应答报文，并将应答报文返回给发出请求的计算机。这样，一台计算机就获得了所需的配置信息。由于计算机发送 BOOTP 请求报文时还没有 IP 地址，因此它会使用广播地址作为目的地址，而使用全“0”作为源地址，BOOTP 服务器可使用广播将应答报文返回给计算机，或使用收到的广播帧上的 MAC 地址进行单播。

但是 BOOTP 设计用于相对静态的环境，管理员创建一个 BOOTP 配置文件，该文件定义了每一个主机的一组 BOOTP 参数。配置文件只能提供主机标识符到主机参数的静态映射，如果主机参数没有要求变化，BOOTP 的配置信息通常保持不变。但是 BOOTP 配置文件不能快速更改，此外管理员必须为每一主机分配一个 IP 地址，并对服务器进行相应的配置，使它能够理解从主机到 IP 地址的映射。由于 BOOTP 是静态配置 IP 地址和相关参数的，不可能充分利用 IP 地址和减少配置的工作量，因此有必要引入自动机制。

8.1.3 DHCP 动态主机配置协议

DHCP 是对 BOOTP 的扩充，此协议从两个方面对 BOOTP 进行有力的扩充。第一，DHCP 可使计算机通过一个消息获取它所需要的配置信息，例如：一个 DHCP 报文除了能获得 IP 地址，还能获得子网掩码、网关等。第二，DHCP 允许计算机快速动态获取 IP 地址，为了使用 DHCP 的动态地址分配机制，管理员必须配置 DHCP 服务器，使得它能够提供一组 IP 地址。任何时候一旦有新的计算机连到网络上，新的计算机与服务器联系，并申请一个 IP 地址。服务器从管理员指定的 IP 地址池中选择一个地址，并将它分配给该计算机。

DHCP 允许有三种类型的地址分配。

（1）和 BOOTP 类似，DHCP 允许手工配置，管理员可为特定的某个计算机配置特定的地址。

（2）管理员可为第一次连接到网络的计算机分配一个固定的地址。

（3）DHCP 允许完全动态配置，服务器可使计算机在一段时间内“租用”一个地址。

动态地址分配是 DHCP 的最重要和新颖的功能，与 BOOTP 所采用的静态分配地址不同的是，动态 IP 地址的分配不是一对一的映射，服务器预先不知道客户端的身份。特别的是可以配置 DHCP 服务器，使得任意一个主机都可以获得 IP 地址并开始通信。为了使自动配置成为可能，DHCP 服务器一开始就拥有网络管理员交给它的一组 IP 地址，管理员定义服务器的操作，DHCP 客户端通过与服务器交换信息协商 IP 地址的使用。在交换中，服务器为客户端提供 IP 地址，客户端确认它已经接收此地址。一旦客户端接收了一个地址，它就开始使用此地址进行通信。

从以上的讨论中，可以看到 DHCP 可以提高 IP 地址的利用率，减少 IP 地址的管理工作量，便于移动用户的使用。但要注意的是由于客户端每次获得的 IP 地址不是固定的，如果想利用某主机对外提供网络服务（例如：Web 服务、DNS 服务）等，动态的 IP 地址是不可行的，这时通常要求采用静态 IP 地址配置方法。此外对于一个只有几台计算机的小网络，DHCP 服务器则显得有点多余。

8.1.4 DHCP 的工作过程

DHCP 服务器端口号为 UDP 67，客户端端口号为 UDP 68，其工作过程如图 8-1 所示。

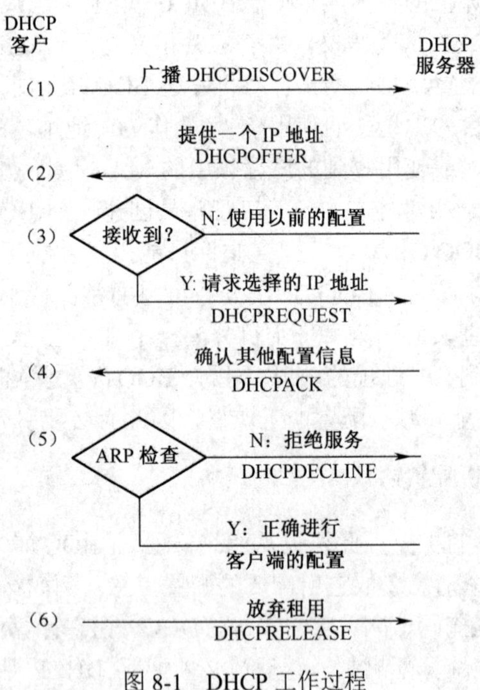

图 8-1 DHCP 工作过程

（1）DHCP 客户端启动时，客户端在当前的子网中广播 DHCPDISCOVER 报文，向 DHCP 服务器申请一个 IP 地址。

（2）DHCP 服务器收到 DHCPDISCOVER 报文后，将从地址池中为它提供一个尚未被分配出去的 IP 地址，并把提供的 IP 地址暂时标记为不可用。服务器以 DHCPOFFER 报文发送给客户端。如果网络里包含有不止一个的 DHCP 服务器，则客户端可能收到好几个 DHCPOFFER 报文，客户端通常只承认第一个收到的 DHCPOFFER。

（3）客户端收到 DHCPOFFER 后，向服务器发送一个含有有关 DHCP 服务器提供的 IP

地址的 DHCPREQUEST 报文。如果客户端没有收到 DHCPOFFER 报文并且还记得以前的网络配置，此时使用以前的网络配置（如果该配置仍然在有效期限内）。

（4）DHCP 服务器向客户端发回一个含有原先被发出的 IP 地址及其分配方案的应答报文（DHCPACK）。

（5）客户端接收到包含了配置参数的 DHCPACK 报文，利用 ARP 检查网络上是否有相同的 IP 地址。如果检查通过，则客户端接受这个 IP 地址及其参数，如果发现有问题，客户端向服务器发送 DHCPDECLINE 信息，并重新开始新的配置过程。服务器收到 DHCPDECLINE 信息，将该地址标为不可用。

（6）DHCP 服务器只能将 IP 地址分配给 DHCP 客户端一定时间，DHCP 客户端必须在该次租用过期前对它进行更新。客户端在 50%租借时间过去以后，每隔一段时间就开始请求 DHCP 服务器更新当前租借，如果 DHCP 服务器应答则租用延期。如果 DHCP 服务器始终没有应答，在有效租借期的 87.5%，客户端应该与任何一个其他的 DHCP 服务器通信，并请求更新它的配置信息。如果客户端不能和所有的 DHCP 服务器取得联系，租借时间到后，它必须放弃当前的 IP 地址并重新发送一个 DHCPDISCOVER 报文，开始上述的 IP 地址获得过程。

（7）客户端可以主动向服务器发出 DHCPRELEASE 报文，将当前的 IP 地址释放。

8.1.5 DHCP 数据包的格式

DHCP 数据包的格式如图 8-2 所示，各个字段的含义如下：

0　　7	8　　15	16　　23	24　　31
代码	硬件类型	硬件地址长度	跳数
事务ID			
秒数		标志	
客户端IP地址			
你的IP地址			
服务器IP地址			
网关IP地址			
客户端硬件地址（16字节）			
服务器名称（64字节）			
启动文件名（128字节）			
DHCP选项（长度可变）			

图 8-2　DHCP 数据包格式

（1）操作代码：1 表示是 Client 的请求，2 表示是 Server 的应答。

（2）硬件类型：网络中使用的硬件类型，如 1 表示以太网，15 表示帧中继，20 表示串行线路等。

（3）硬件地址长度：指硬件地址的长度。

（4）跳数：当前的 DHCP 数据包经过的 DHCP RELAY（中继）的数目，每经过一个

DHCP 中继，此字段就会加 1，此字段的作用是限制 DHCP 数据包不要经过太多的延时。

（5）事务 ID：由客户端产生的 32 位标识符，用来将请求与从 DHCP 服务器收到的回复进行匹配。

（6）秒数：从客户端开始尝试获取或更新租用以来经过的秒数。当有多个客户端请求未得到处理时，繁忙的 DHCP 服务器使用此数值来排定回复的优先顺序。

（7）标志：只使用 16 位中的左边的最高位，代表广播标志。

（8）客户端 IP 地址：当且仅当客户端有一个有效的 IP 地址且处在绑定状态时，客户端才将自己的 IP 地址放在这个字段中，否则客户端设置此字段为 0。

（9）你的 IP 地址：服务器分配给客户端的 IP 地址。

（10）服务器 IP 地址：用于 bootstrap 过程中的 IP 地址。

（11）网关 IP 地址：涉及到 DHCP 中继代理时，路由 DHCP 消息的 IP 地址。网关地址可以帮助位于不同子网或网络的客户端与服务器之间传输 DHCP 请求和 DHCP 回复。

（12）客户端硬件地址：客户端的物理层地址。

（13）服务器名称：发送 DHCPOFFER 或 DHCPACK 消息的服务器可以选择性地将其名称放在此字段中。

（14）启动文件名：客户端选择性地在 DHCPDISCOVER 消息中使用它来请求特定类型的启动文件。服务器在 DHCPOFFER 中使用它来完整指定启动文件目录和文件名。

（15）DHCP 选项：容纳 DHCP 选项，包括基本 DHCP 运作所需的几个参数。此字段的长度不定。客户端与服务器均可以使用此字段。

8.1.6 DHCP 规划

根据第 1 章的规划，图 1-1 中计算机的 IP 地址分配如下：

（1）192.168.0.1～192.168.0.20 预留出给服务器，192.168.0.254 作为网关。

（2）192.168.0.21～192.168.0.120 则分配给使用台式机的员工。

（3）192.168.0.121～192.168.0.240 则分配给使用笔记本电脑的员工。

（4）其余 IP 地址则作为备用。

我们将在企业内安装 DHCP 服务器，为了能够练习 DHCP 服务器配置，规划如下（如果不是为了学习，可以有更简洁的规划）：

（1）地址池为：192.168.0.1～192.168.0.254，地址租约时间为 8 天。

（2）排除地址：192.168.0.1～192.168.0.120、192.168.0.241～192.168.0.254。

（3）为计算机分配 DNS 地址 192.168.0.1，WINS 地址 192.168.0.1，网关地址 192.168.0.254。

8.2 安装和配置 DHCP 服务器

8.2.1 安装 DHCP 服务器

在配置之前，必须在服务器上安装 DHCP 服务器。默认情况下，在安装 Windows Server

2008 的过程中不会安装 DHCP 服务器。安装 DHCP 服务器的同时也完成了基本配置。安装和配置 DHCP 服务器的步骤如下：

步骤 1：以管理员账户登录到 Windows Server 2008 系统，运行“开始”→“程序”→“管理工具”→“服务器管理器”，出现如图 8-3 所示窗口，显示已经安装了 DNS 服务器。

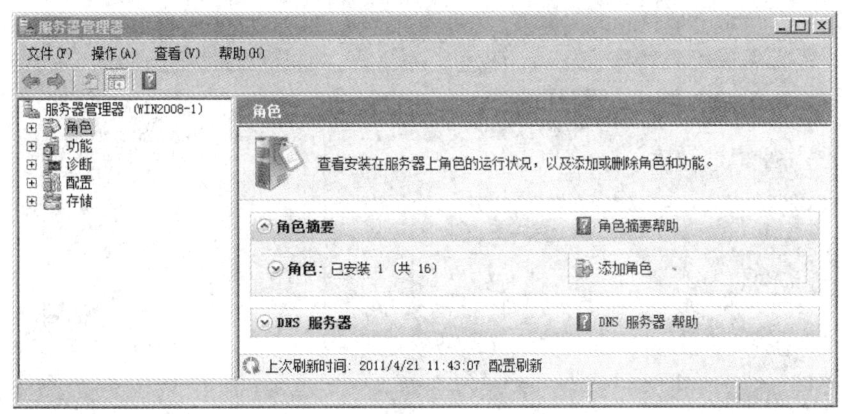

图 8-3　“服务器管理器”窗口

步骤 2：在如图 8-3 所示的“服务器管理器”窗口，单击“角色”，单击“添加角色”，打开如图 8-4 所示的“选择服务器角色”窗口。选中“DHCP 服务器”复选项，单击“下一步”按钮。

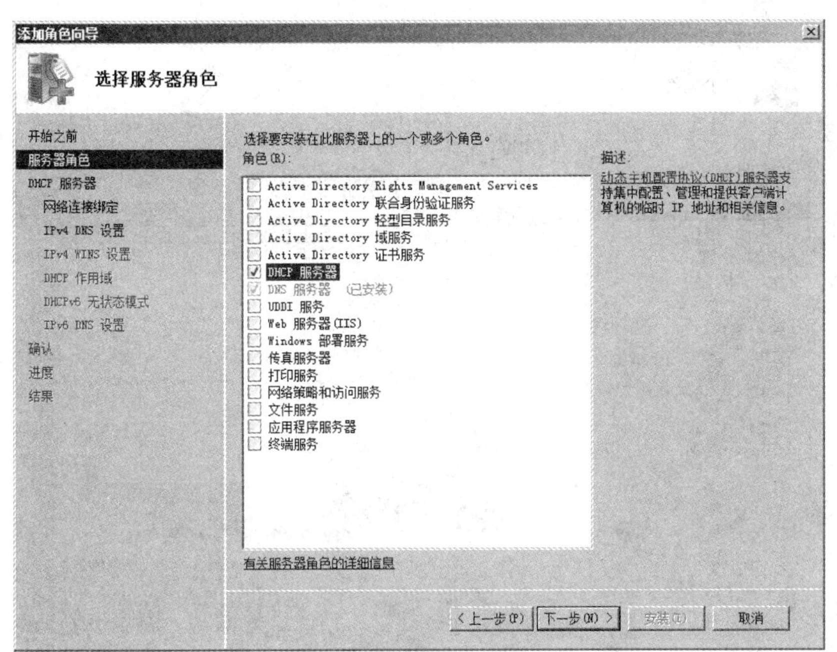

图 8-4　“选择服务器角色”窗口

步骤 3：在如图 8-5 所示的“DHCP 服务器”窗口中，单击“下一步”按钮。

步骤 4：在如图 8-6 所示的“选择网络连接绑定”窗口中，显示 DHCP 服务器绑定到的网卡的 IP 地址，在复选框中勾选此 DHCP 服务器将用于向客户端提供服务的网络连接的 IP

地址，单击“下一步”按钮。

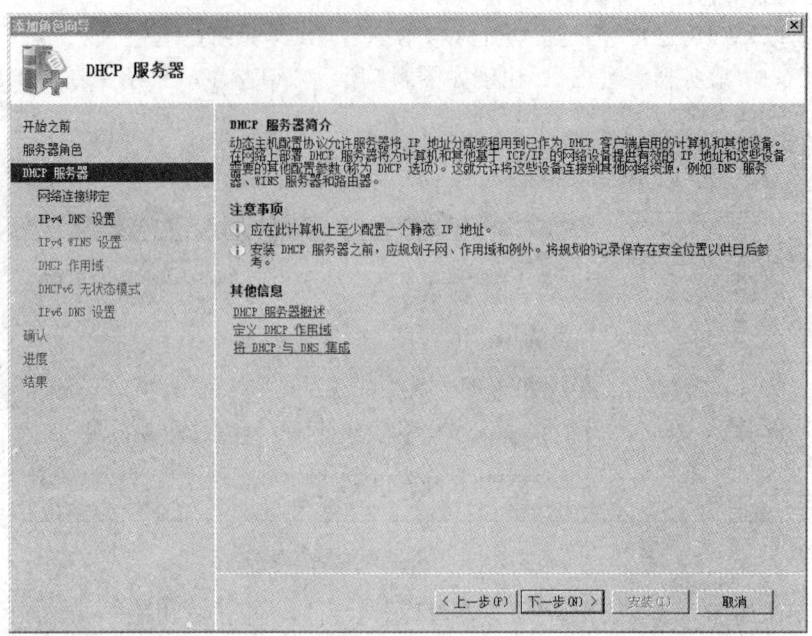

图 8-5 “DHCP 服务器”窗口

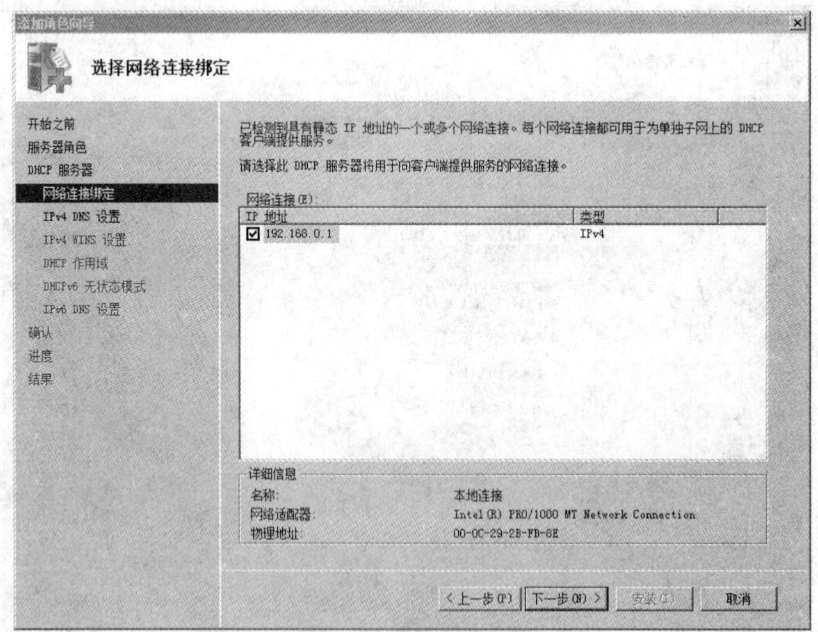

图 8-6 “选择网络连接绑定”窗口

步骤 5：在如图 8-7 所示的“指定 IPv4 DNS 服务器设置”窗口中，在文本框中输入“父域”和“首选 DNS 服务器 IPv4 地址”，并且单击“验证”按钮，验证有效后，单击“下一步”按钮。

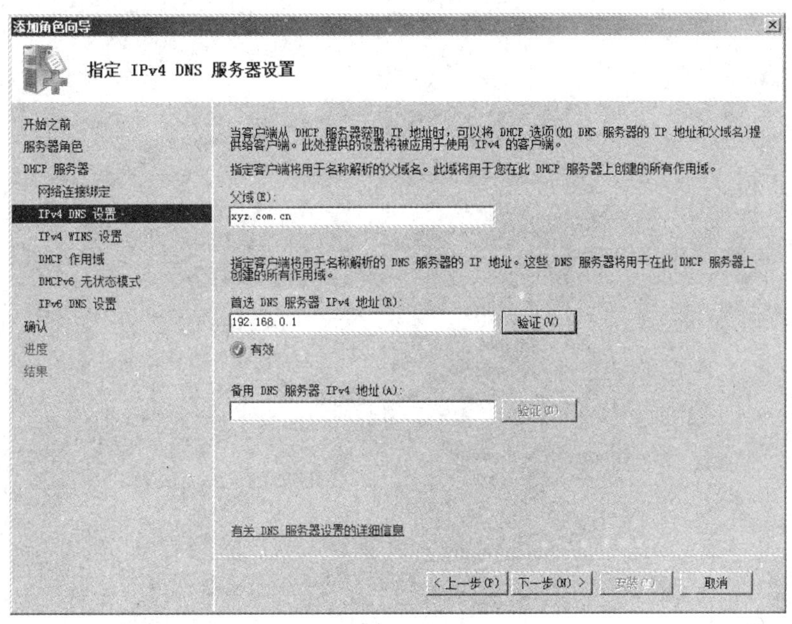

图 8-7　“指定 IPv4 DNS 服务器设置”窗口

步骤 6：在如图 8-8 所示的“指定 IPv4 WINS 服务器设置”窗口中，选择“此网络上的应用程序需要 WINS”，并在文本框中输入“首选 WINS 服务器 IP 地址”，单击“下一步”按钮。

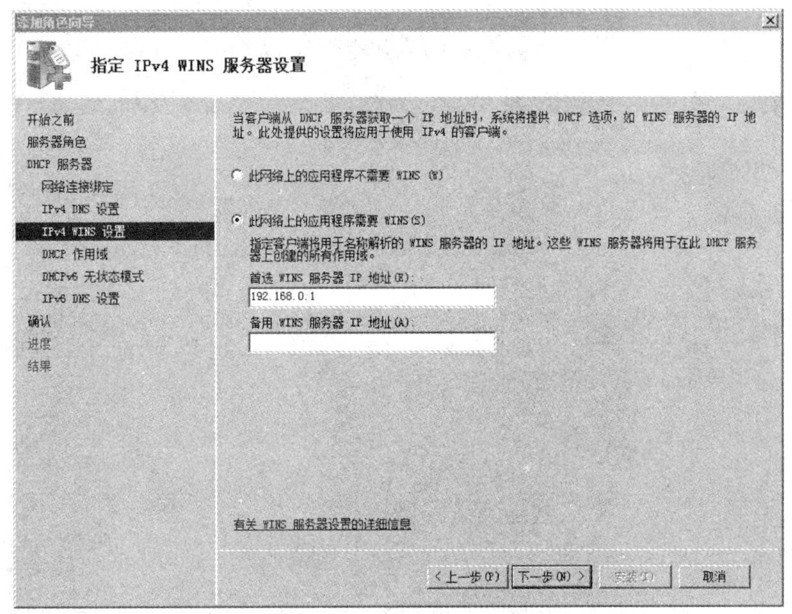

图 8-8　“指定 IPv4 WINS 服务器设置”窗口

步骤 7：在如图 8-9 所示的“添加或编辑 DHCP 作用域”窗口中，单击“添加”按钮，在弹出的“添加作用域”窗口中，输入“作用域名称”、“起始 IP 地址”、“结束 IP 地址”、“子网掩码”和“默认网关”，并且勾选“激活此作用域”复选框，单击“下一步”按钮。

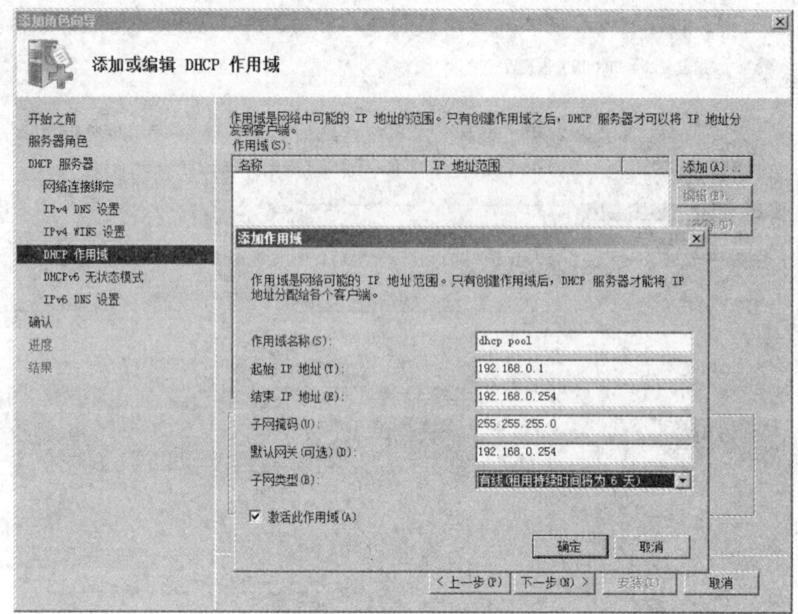

图 8-9 “添加或编辑 DHCP 作用域”窗口

【提示】系统默认的有线网络租期为 6 天，无线网络的租期为 8 小时。通常，租用期限应等于该子网上的客户端的平均活动时间。例如，对于有线网络，如果客户端是很少关闭的桌面计算机，理想的期限可能比 8 天长，如果客户端是经常离开网络或在子网之间移动的移动设备，这个期限就可能比 8 天短。

步骤 8：新建的 DHCP 作用域“dhcp pool”如图 8-10 所示，单击“下一步”按钮。

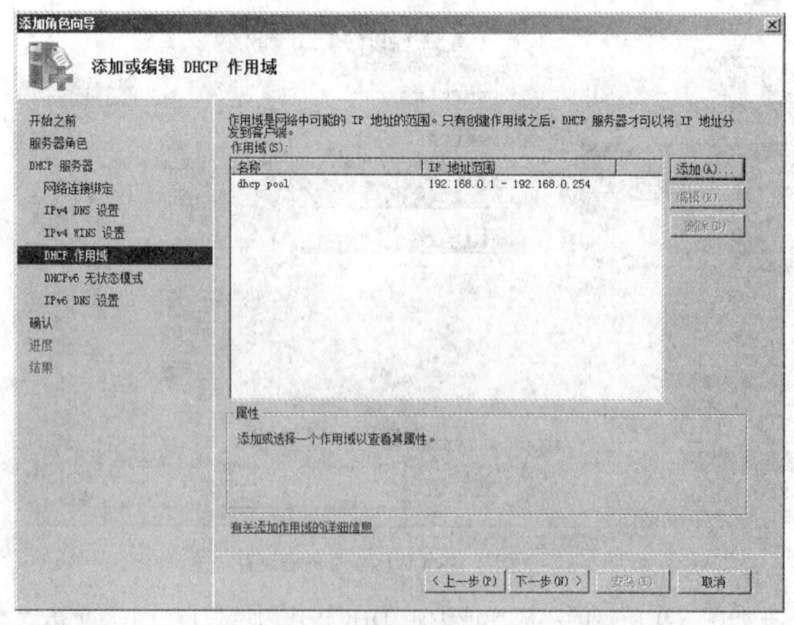

图 8-10 新建的 DHCP 作用域

步骤 9：在如图 8-11 所示的“配置 DHCPv6 无状态模式”窗口中，选择“对此服务器禁用 DHCPv6 无状态模式”，单击“下一步”按钮。

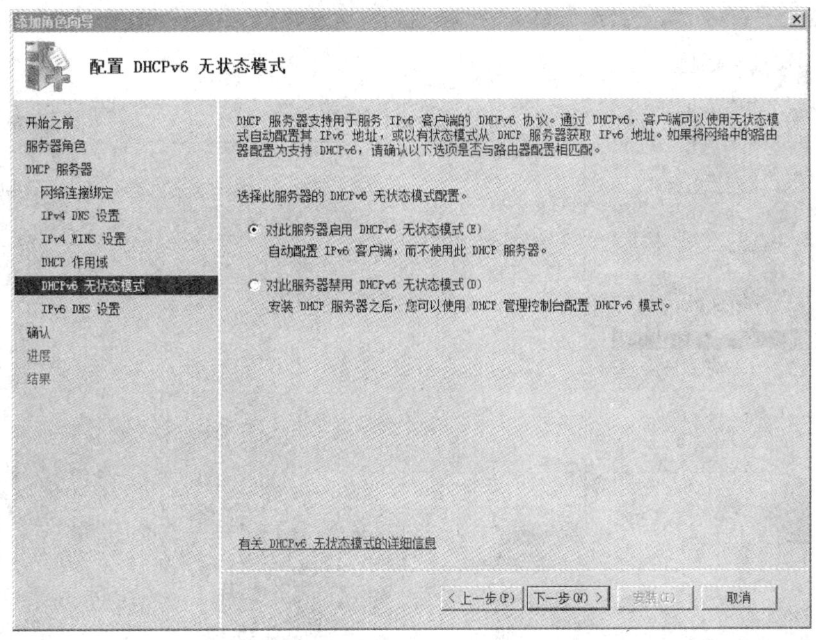

图 8-11　“配置 DHCPv6 无状态模式”窗口

【提示】本书不对 IPv6 进行讨论，因此也不在此后的小节介绍 IPv6 DHCP。

步骤 10：在如图 8-12 所示的“确认安装选择”窗口中，可以看到即将安装的 DHCP 服务器的信息，单击“安装”按钮。

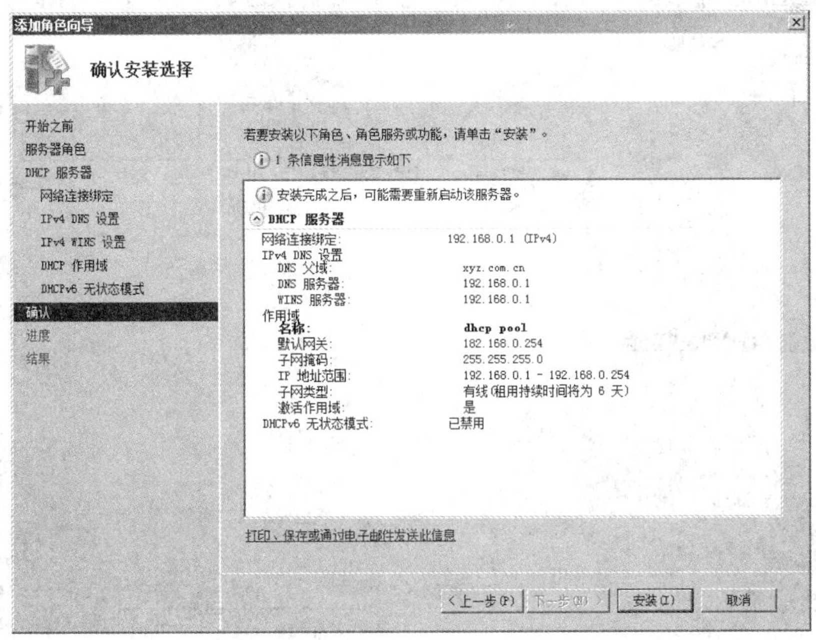

图 8-12　“确认安装选择”窗口

步骤 11：DHCP 服务器安装过程如图 8-13 所示。

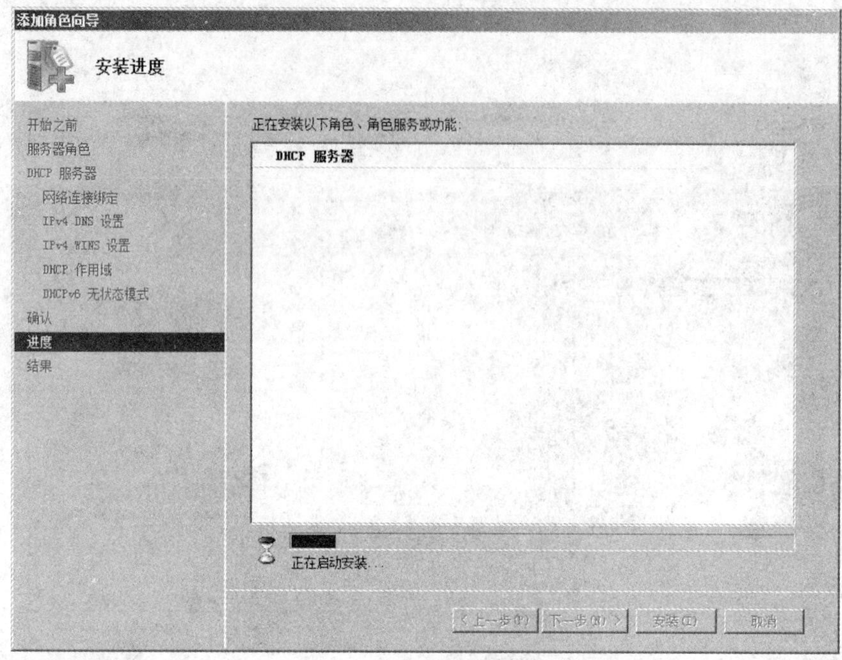

图 8-13 “安装进度”窗口

步骤 12：在如图 8-14 所示的“安装结果”窗口中，显示“安装成功”，单击“关闭”按钮，完成安装。

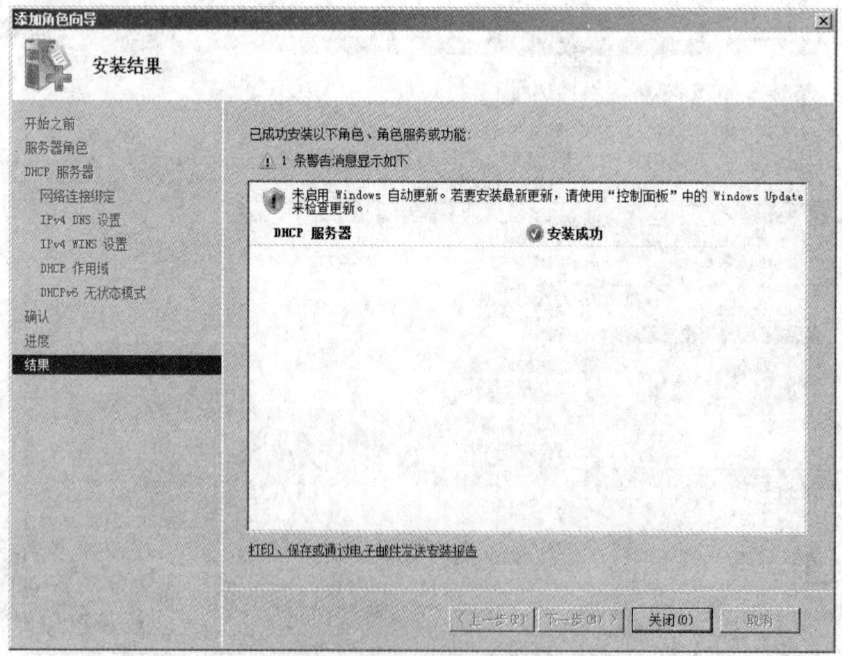

图 8-14 “安装结果”窗口

步骤 13：如图 8-15 所示，在“服务器管理器”窗口看到 DHCP 服务器已经成功安装。

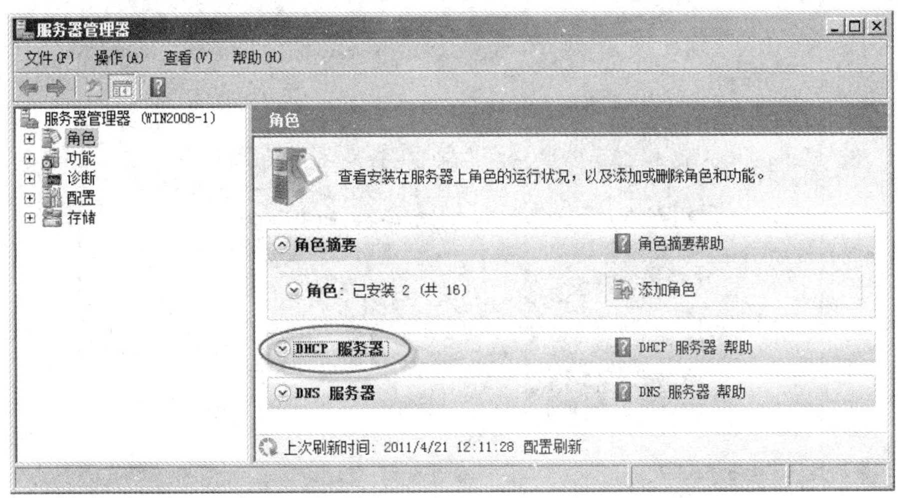

图 8-15 DHCP 服务器成功安装

8.2.2 配置 IPv4 DHCP 服务器

在安装 DHCP 服务器之后，如果发现作用域配置错误，可以删除，然后再添加新的作用域，可以使用“配置 DHCP 服务器向导”来完成 DHCP 服务器配置，具体的步骤如下：

步骤 1：单击“开始”→“管理工具”→“DHCP”，如图 8-16 所示。

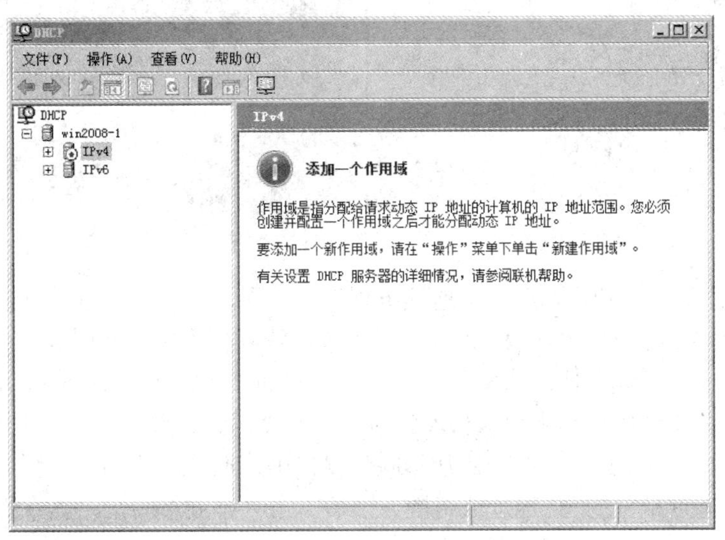

图 8-16 DHCP 窗口

步骤 2：右击服务器名称“win2008-1”下的“IPv4”，然后单击“新建作用域”，如图 8-17 所示，进入“新建作用域向导”，如图 8-18 所示，单击“下一步”按钮。

步骤 3：在如图 8-19 所示的“作用域名称”窗口中，在“名称”和“描述”文本框中输入相应的信息，单击“下一步”按钮。

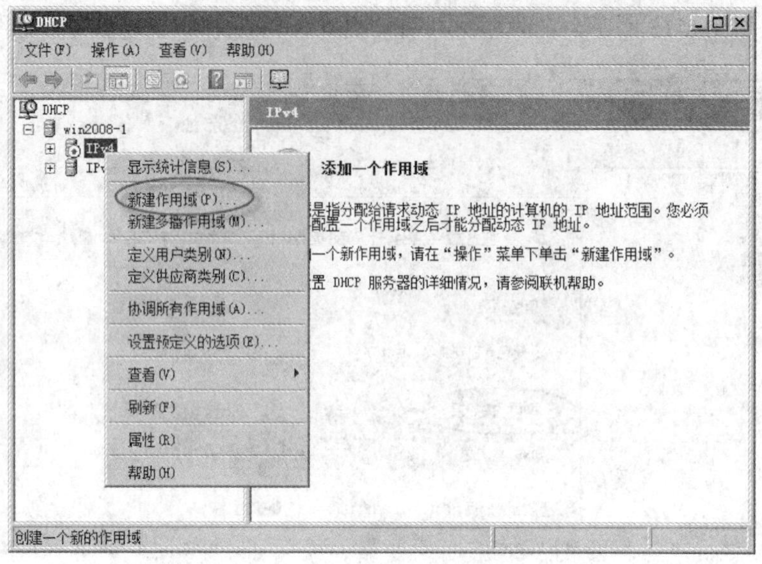

图 8-17 “新建作用域”菜单项

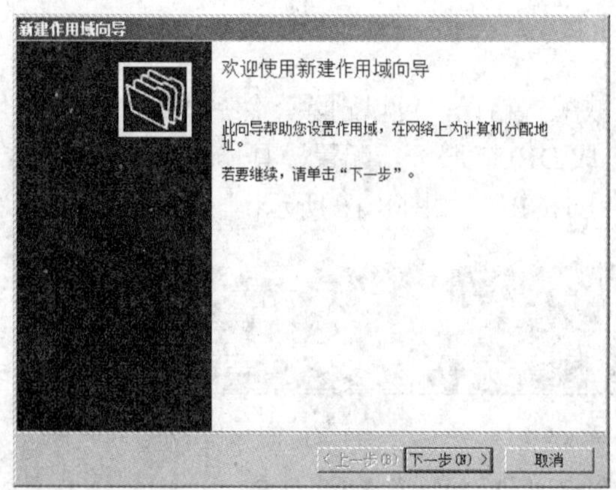

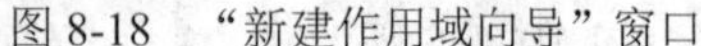
图 8-18 “新建作用域向导”窗口

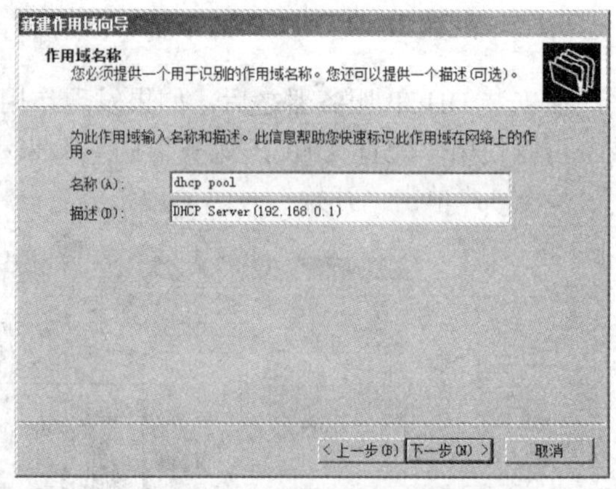

图 8-19 “作用域名称”窗口

步骤 4：在如图 8-20 所示的“IP 地址范围”窗口中，在“起始 IP 地址”文本框中输入作用域的起始 IP 地址，在“结束 IP 地址”文本框中输入作用域的结束 IP 地址。在“长度”下拉列表框中设置子网掩码使用的位数（24 代表子网掩码为 255.255.255.0），设置长度后，在“子网掩码”文本框中自动出现该长度对应的子网掩码的设置，单击“下一步”按钮。

步骤 5：在如图 8-21 所示的“添加排除”窗口中，在“起始 IP 地址”和“结束 IP 地址”文本框中输入要排除的 IP 地址或范围，然后单击“添加”按钮。排除的 IP 地址不会被服务器分配给客户端，单击“下一步”按钮。

步骤 6：在如图 8-22 所示的“租用期限”窗口中，在“天”、“小时”、“分钟”文本框中设置租约的有效时间。一般而言，对于经常变动的网络，租约期限可以设置短一些，单击“下一步”按钮。

步骤 7：在如图 8-23 所示的“配置 DHCP 选项”窗口中，选中“是，我想现在配置这些选项”单选项，单击“下一步”按钮。

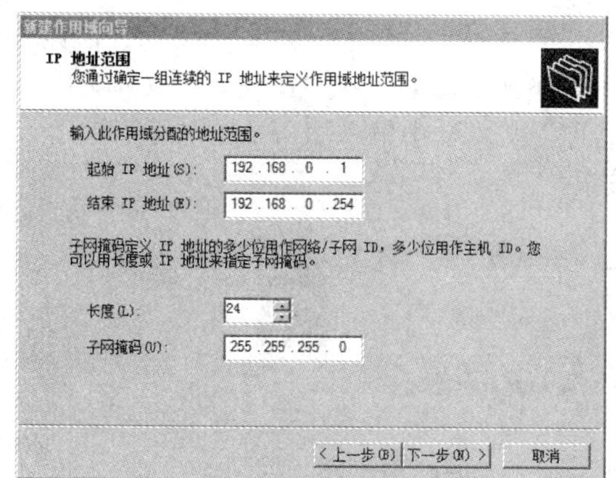

图 8-20 “IP 地址范围”窗口

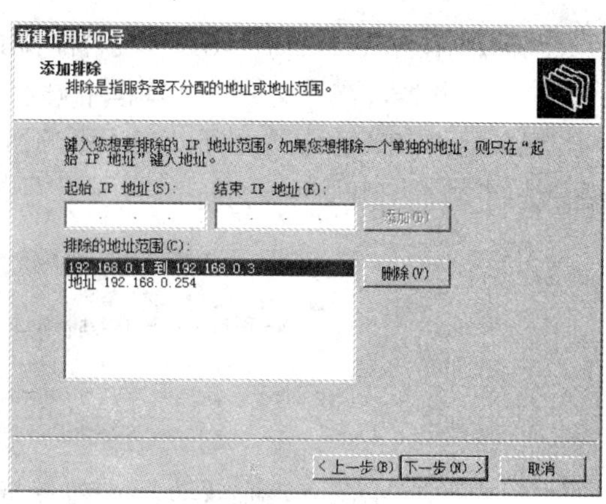

图 8-21 “添加排除”窗口

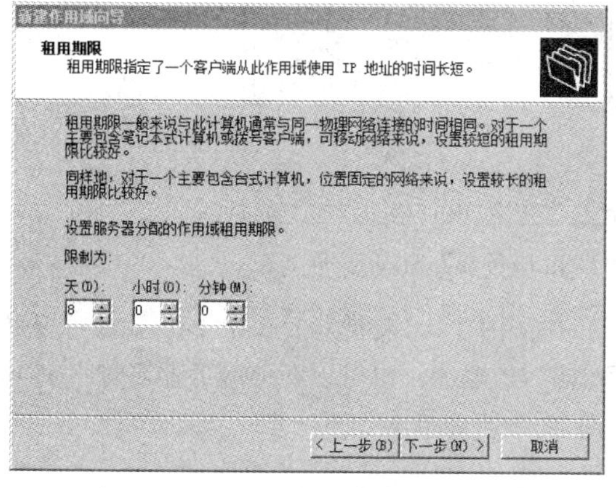

图 8-22 “租用期限”窗口

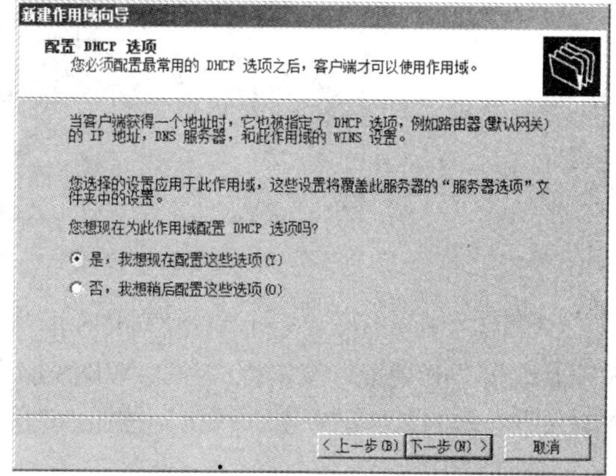

图 8-23 “配置 DHCP 选项”窗口

步骤 8：在如图 8-24 所示的“路由器（默认网关）”窗口中，在“IP 地址”文本框中输入 DHCP 服务器发送给 DHCP 客户端使用的默认网关的 IP 地址，然后单击“添加”按钮，单击“下一步”按钮。

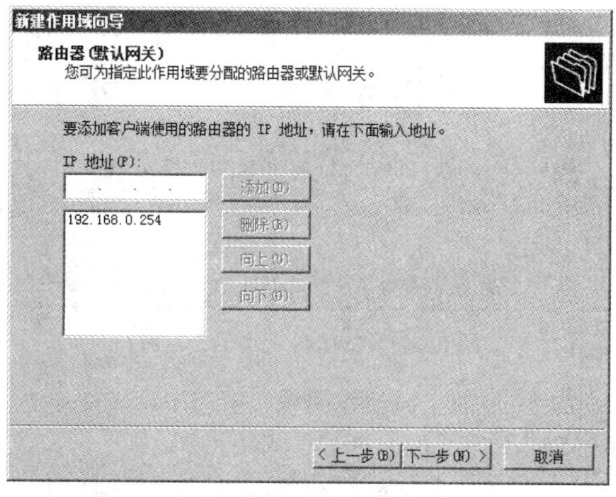

图 8-24 “路由器（默认网关）”窗口

步骤 9：在如图 8-25 所示的“域名称和 DNS 服务器”窗口中，如果要为 DHCP 客户端设置 DNS 服务器，在“父域”文本框中设置 DNS 解析的域名，在“IP 地址”文本框中添加 DNS 服务器的 IP 地址，也可以在“服务器名称”文本框中输入服务器的名称后单击“解析”按钮自动查询 IP 地址，单击“下一步”按钮。

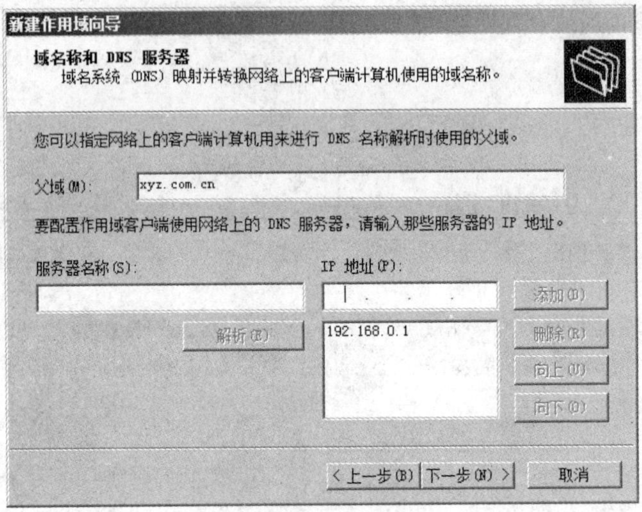

图 8-25 “域名称和 DNS 服务器”窗口

步骤 10：在如图 8-26 所示的“WINS 服务器”窗口中，如果要为 DHCP 客户端设置 WINS 服务器，在“IP 地址”文本框中添加 WINS 服务器的 IP 地址，也可以在“服务器名称”文本框中输入服务器的名称后单击“解析”按钮自动查询 IP 地址，单击“下一步”按钮。

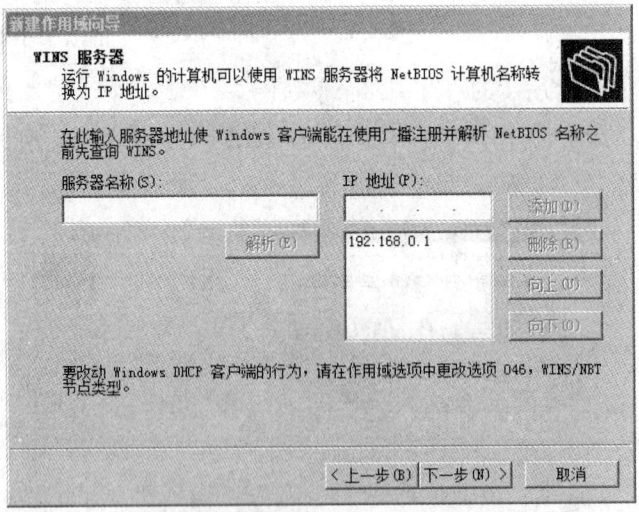

图 8-26 “WINS 服务器”窗口

步骤 11：在如图 8-27 所示的“激活作用域”窗口中，选中“是，我想现在激活此作用域”单选项，单击“下一步”按钮。

步骤 12：在如图 8-28 所示的“正在完成新建作用域向导”窗口中，单击“完成”按钮。

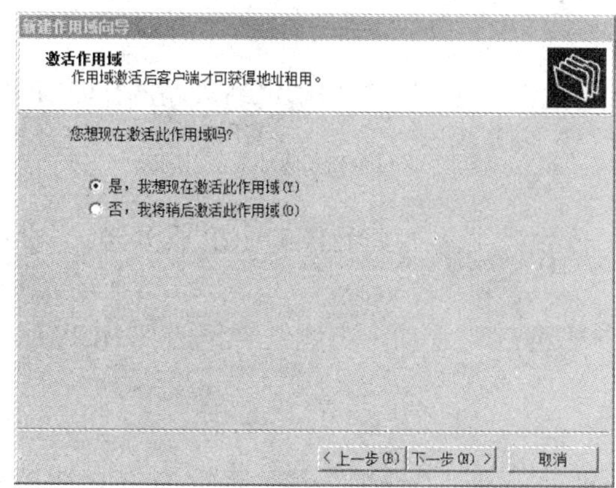

图 8-27　“激活作用域”窗口

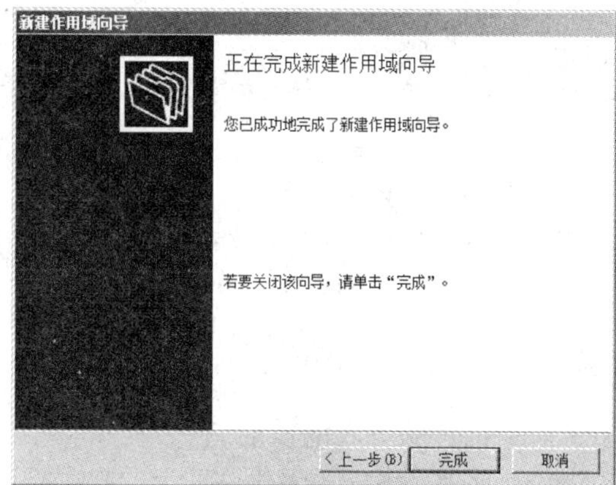

图 8-28　“正在完成新建作用域向导”窗口

步骤 13：新建的 DHCP 作用域如图 8-29 所示。

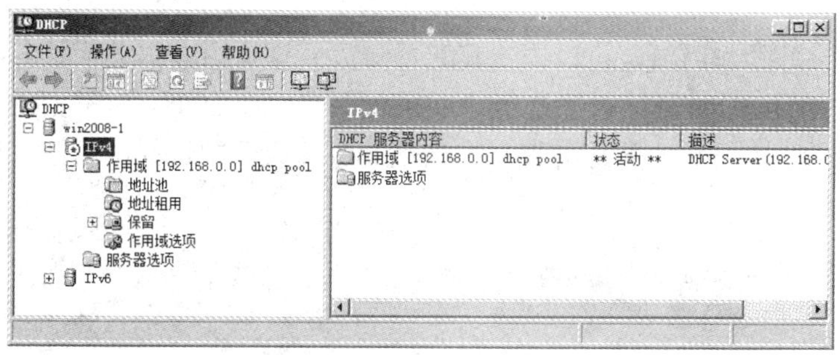

图 8-29　新建 DHCP 作用域成功

8.3　管理 DHCP 服务器

8.3.1　DHCP 服务器的停止与启动

1．DHCP 服务器的停止

如图 8-30 所示，右击服务器名称“win2008-1”→“所有任务”→“停止”选项，将关闭 DHCP 服务器。

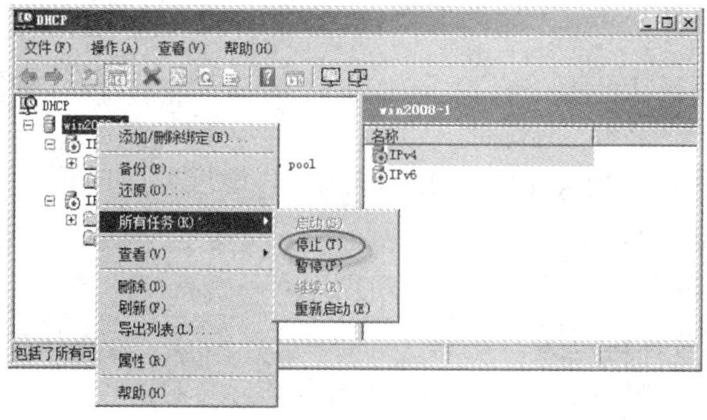

图 8-30　DHCP 服务器启动与停止菜单

2．DHCP 服务器的启动

在图 8-30 所示菜单中选择"所有任务"→"启动"选项，将启动已经关闭的 DHCP 服务器。

3．DHCP 服务器的暂停

在图 8-30 所示菜单中选择"所有任务"→"暂停"选项，将暂停 DHCP 服务器。

4．DHCP 服务器的继续

在图 8-30 所示菜单中选择"所有任务"→"继续"选项，将继续暂停的 DHCP 服务器。

5．DHCP 服务器的重启

在图 8-30 所示菜单中选择"所有任务"→"重新启动"选项，将关闭的 DHCP 服务器重新启动。

8.3.2 修改作用域的属性

对于已经建立好的作用域，可以修改其配置参数。具体的操作步骤如下：

步骤 1：在 DHCP 的目标树下选择"DHCP"→"win2008-1"→"IPv4"→"作用域[192.168.0.0] dhcp pool"，单击鼠标右键，在出现的快捷菜单中选择"属性"选项，如图 8-31 所示。

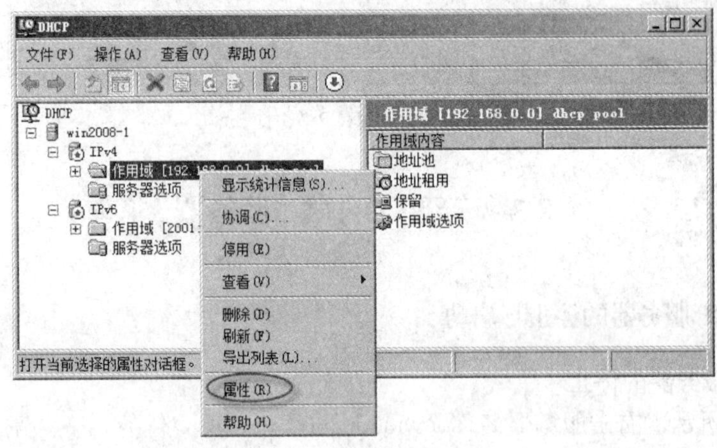

图 8-31 "属性"菜单项

步骤 2：在图 8-31 中，单击"属性"，显示如图 8-32 所示的作用域属性窗口，单击"常规"选项卡：

- 作用域名称：可以修改域名。
- 起始 IP 地址和结束 IP 地址：可以分配的 IP 地址范围，但是"子网掩码"文本框是不可编辑的。
- DHCP 客户端的租用期限：表示租用期限。

  限制为：可以设置租用期限。

  无限制：表示租用无期限限制。
- 描述：可以修改作用域的描述。

步骤 3：在如图 8-32 所示的作用域属性窗口中，单击“DNS”选项卡，如图 8-33 所示。

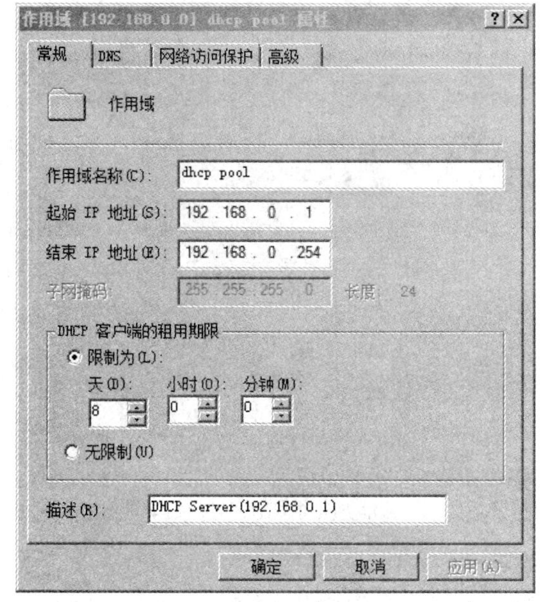

图 8-32　“常规”选项卡

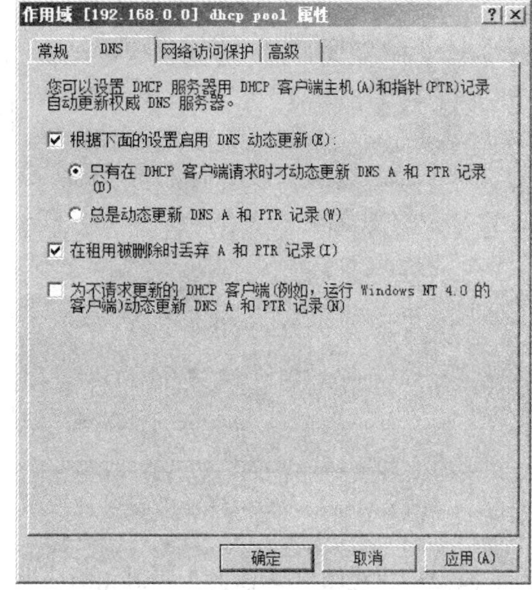

图 8-33　“DNS”选项卡

- 根据下面的设置启用 DNS 动态更新：表示 DNS 服务器上该客户端的 DNS 设置参数如何变化。有两种方式。选中“只有在 DHCP 客户端请求时才动态更新 DNS A 和 PTR 记录”单选钮，表示 DHCP 客户端主动请求，DNS 服务器上的数据才进行更新。选中“总是动态更新 DNS A 和 PTR 记录”单选钮，表示 DNS 客户端的参数发生变化后，DNS 服务器的参数就发生变化。
- 在租用被删除时丢弃 A 和 PTR 记录：表示 DHCP 客户端的租用失效后，其 DNS 参数也被丢弃。
- 为不请求更新的 DHCP 客户端动态更新 DNS A 和 PTR 记录：表示 DNS 服务器对非动态的 DHCP 客户端也能够执行更新。

步骤 4：在如图 8-32 所示的作用域属性窗口中，单击“网络访问保护”选项卡，如图 8-34 所示：

- 对此作用域启用：表示对此作用域启用网络保护，可以选择“使用默认网络访问保护配置文件”单选钮或者“使用自定义配置文件”单选钮。
- 对此作用域禁用：表示对此作用域不保护，这是系统默认选项。

步骤 5：在如图 8-32 所示的作用域属性窗口中，单击“高级”选项卡，如图 8-35 所示：

- 在“动态为以下客户端分配 IP 地址”区域有 3 个选项：
  仅 DHCP：只为 DHCP 客户端分配 IP 地址。
  仅 BOOTP：只为一些支持 BOOTP 的客户端分配 IP 地址。
  两者：支持多种类型的客户端。
- 在“BOOTP 客户端的租用期限”区域设置 BOOTP 客户端的租用期限。

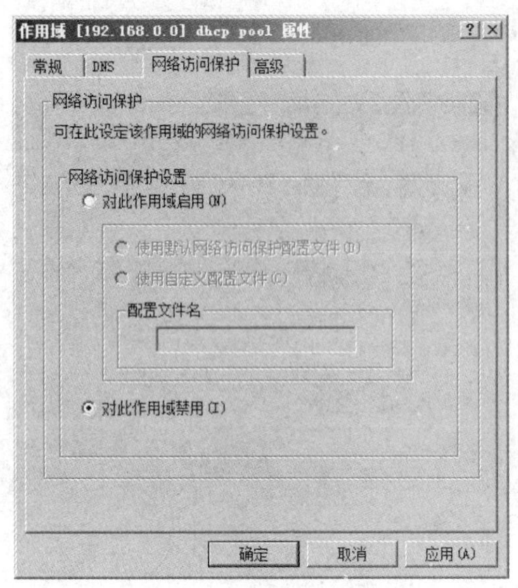

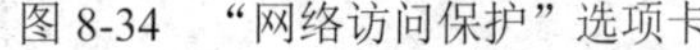

图 8-34 “网络访问保护”选项卡

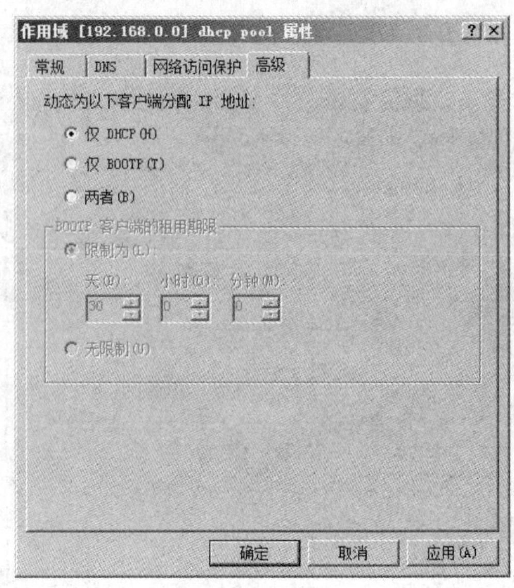

图 8-35 “高级”选项卡

8.3.3 新建作用域地址池中排除范围

对于已经设立的作用域的地址池可以修改其配置，步骤如下：在 DHCP 的目标树下选择“DHCP”→“win2008-1”→“IPv4”→“作用域[192.168.0.0] dhcp pool”→“地址池”选项，单击鼠标右键，在出现的快捷菜单中选择“新建排除范围”选项，如图 8-36 和图 8-37 所示，可以添加地址池中要排除的 IP 地址的范围。根据我们的规划，应该把 192.168.0.1～192.168.0.120 以及 192.168.0.241～192.168.0.254 地址排除出去，使用以上步骤进行实施。

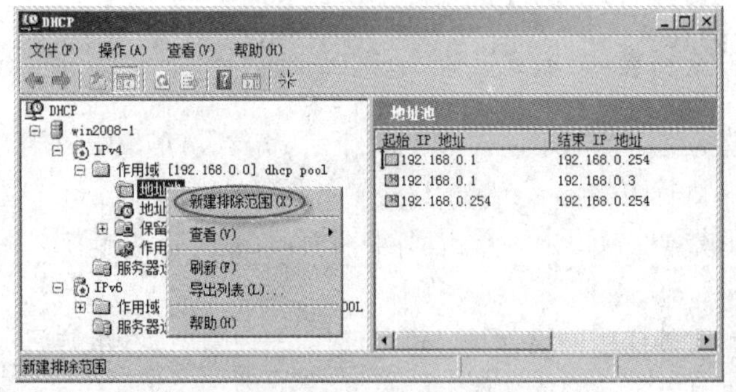

图 8-36 “新建排除范围”菜单项

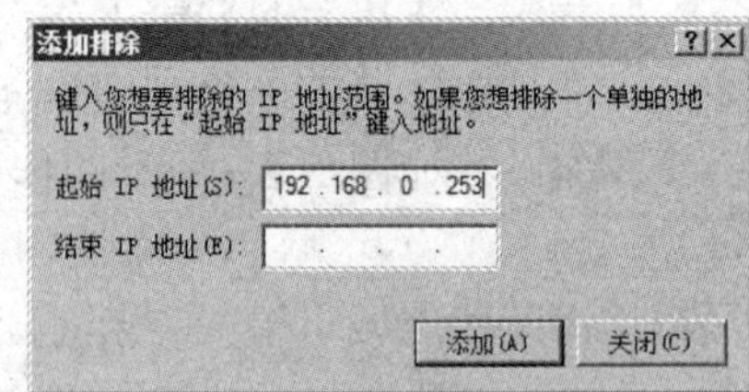

图 8-37 “添加排除”窗口

8.3.4 建立保留

如果员工的主机有特殊的需求，可以让 DHCP 服务器为它分配固定的 IP 地址。具体的配置步骤如下：

步骤 1：在 DHCP 的目标树下选择“DHCP”→“win2008-1”→“IPv4”→“作用域[192.168.0.0] dhcp pool”→“保留”选项，单击鼠标右键，在出现的快捷菜单中选择“新建保留”选项，如图 8-38 所示。

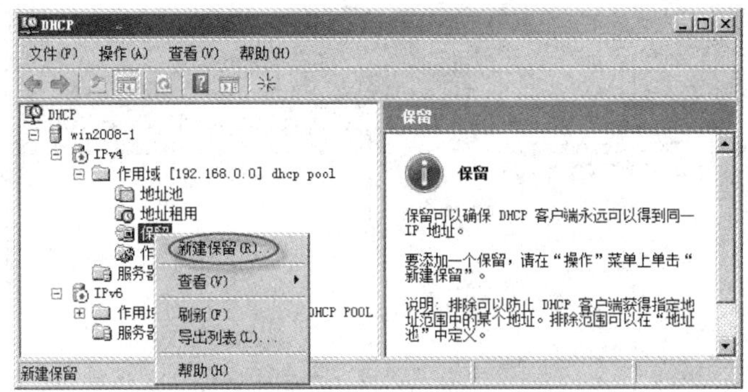

图 8-38 “新建保留”菜单项

步骤 2：在如图 8-39 所示的“新建保留”窗口中，在“保留名称”文本框中输入名称，在“IP 地址”文本框中输入保留的 IP 地址，在“MAC 地址”文本框中输入客户端网卡的 MAC 地址，完成设置后单击“添加”按钮。

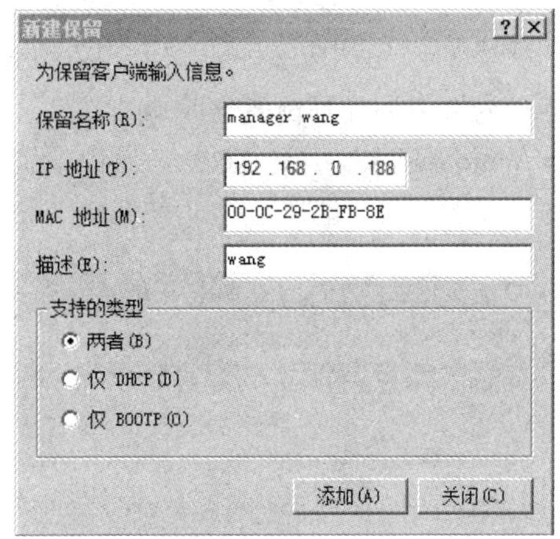

图 8-39 “新建保留”窗口

8.3.5 备份与还原 DHCP 数据库

1. 备份数据库

为了防止 DHCP 服务器由于硬盘发生错误而导致数据库丢失的情况，需要备份数据库。DHCP 数据库文件 dhcp.mdb 存储在“%systemroot%\system32\dhcp”目录下，备份在“%systemroot%\system32\dhcp\backup\new”文件夹下。为了安全的考虑，把备份的文件拷贝到其他的计算机上，以备系统故障时还原。在 DHCP 的目标树下选择“DHCP”→“win2008-1”，单击鼠标右键，单击菜单中的“备份”即可实现 DHCP 数据库的备份，如图 8-40 所示。

2. 还原数据库

当 DHCP 服务器启动时，会检测 DHCP 数据库是否损坏，如果损坏，将自动用“%systemroot%\system32\dhcp\backup\new”文件夹内的数据进行还原。当然也可以手工还原 DHCP 数据库文件。此时选择图 8-40 中的“还原”，然后选择备份文件的位置即可。为了使改动生效，系统会提示停止和重启 DHCP 服务器。

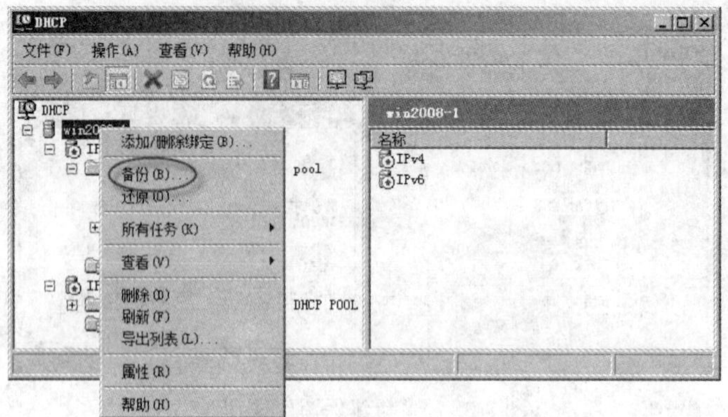

图 8-40 “备份”菜单项

8.4 配置 DHCP 客户端

DHCP 客户端可以有多种类型，如：Windows XP、Windows Vista、Windows 7 或者 Linux 等，本节以 Windows XP 为例讲述如何配置客户端。

如图 8-41 所示，首先在 Windows XP 下把 TCP/IP 属性设置为“自动获得 IP 地址”，如果 DHCP 服务器还提供 DNS、WINS 等，也把它们设置为自动获得。

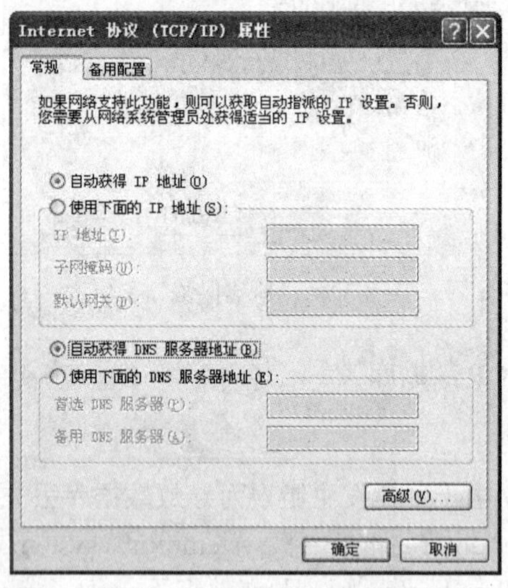

图 8-41 修改 TCP/IP 属性

在“命令提示符”下，执行 C:/>ipconfig /renew 可以更新 IP 地址。而执行 C:/>ipconfig /all 可以看到 IP 地址、WINS、DNS、域名是否正确。要释放地址用 C:/>ipconfig /release 命令。

【实例】

```
C:\>ipconfig /renew


Windows IP Configuration
Ethernet adapter 本地连接:
```

```
        Connection-specific DNS Suffix  . :   xyz.com.cn
        IP Address. . . . . . . . . . . . :   192.168.0.5
        Subnet Mask . . . . . . . . . . . :   255.255.255.0
        Default Gateway . . . . . . . . . :   192.168.0.254

C:\>ipconfig /all

Windows IP Configuration
    Host Name . . . . . . . . . . . . :   china-e2969066d
    Primary Dns Suffix  . . . . . . . :
    Node Type . . . . . . . . . . . . :   Hybrid
    IP Routing Enabled. . . . . . . . :   No
    WINS Proxy Enabled. . . . . . . . :   No
    DNS Suffix Search List. . . . . . :   xyz.com.cn
Ethernet adapter 本地连接:
        Connection-specific DNS Suffix  . :   xyz.com.cn
        Description . . . . . . . . . . . :   Intel(R) 82567LM Gigabit Network Connection
        Physical Address. . . . . . . . . :   00-1E-37-DA-95-AB
        Dhcp Enabled. . . . . . . . . . . :   Yes
        Autoconfiguration Enabled . . . . :   Yes
        IP Address. . . . . . . . . . . . :   192.168.0.5
        Subnet Mask . . . . . . . . . . . :   255.255.255.0
        Default Gateway . . . . . . . . . :   192.168.0.254
        DHCP Server . . . . . . . . . . . :   192.168.0.1
        DNS Servers . . . . . . . . . . . :   192.168.0.1
        Primary WINS Server . . . . . . . :   192.168.0.1
        Lease Obtained. . . . . . . . . . :   2011年4月21日 19:49:33
        Lease Expires . . . . . . . . . . :   2011年4月29日 19:49:33
```

本章小结

本章首先介绍了静态 IP 地址方案和动态 IP 地址方案的区别，动态 IP 地址的优点主要是减少 IP 地址和 IP 参数管理的工作量、提高 IP 地址的利用率。DHCP 的工作过程主要有：DHCPDISCOVER、DHCPOFFER、DHCPREQUEST、DHCPACK 四个步骤。本章着重介绍 DHCP 服务器的安装、DHCP 服务器的配置、DHCP 服务器的管理等，最后还介绍了 DHCP 客户端的配置。

习题八

一、理论习题

1. DHCP 是________的缩写。
2. BOOTP 是________的缩写。
3. DHCP 工作过程包括的 4 种报文是________、________、________、________。

4．DHCP 服务器工作的端口号是________。

5．有线网络 DHCP 默认租期是________。

6．无线网络 DHCP 默认租期是________。

7．用________命令可以更新 IP 地址。

二、上机练习项目

项目 1：为某企业配置 DHCP 服务器，要求如下：

（1）安装 DHCP 服务器。

（2）新建作用域 sz.com。

（3）IP 地址的范围是 10.1.1.1～10.1.1.254，掩码长度为 24 位。

（4）排除地址范围 10.1.1.1～10.1.1.5（服务器使用的地址）和 10.1.1.254（网关地址）。

（5）租用期限为 24 小时。

（6）该 DHCP 服务器同时向客户端分配 DNS 的 IP 地址为 10.1.1.2，父域名称为 sz.com，路由器（默认网关）的 IP 地址为 10.1.1.254，WINS 服务器的 IP 地址为 10.1.1.3，网关为 10.1.1.254。

（7）将 IP 地址 10.1.1.88（MAC 地址：00-00-3c-12-23-24）保留和 10.1.1.188（MAC 地址：00-00-3c-12-23-25）保留。

在 Windows XP 下测试 DHCP 服务器的运行情况，用 ipconfig 命令查看分配的 IP 地址以及 DNS、默认网关、WINS 服务器等信息是否正确。

第 9 章　Web 服务

Web 服务是一种应用程序，它使用标准的互联网协议，像超文本传输协议（HTTP）和 XML，主要功能是提供网上信息浏览服务，是 Internet 的多媒体信息查询工具，是 Internet 发展最快和目前应用最广泛的服务，而利用 Windows 附带的 IIS 建立 Web 服务器是目前使用最广泛的手段之一。

1. 了解 IIS 7.0 的特性
2. 了解什么是 Web 服务器
3. 安装 IIS 7.0
4. 配置 Web 网站
5. 一台服务器上建立多个网站
6. 实现 Web 网站的安全

9.1　IIS 7.0 简介

Windows Server 2008 是一个集 IIS 7.0、ASP.NET、Windows Communication Foundation 以及微软 Windows SharePoint Services 于一身的平台。IIS 7.0 是对现有的 IIS Web 服务器的重大改进，并在集成网络平台技术方面发挥着重要作用。IIS 7.0 的主要特征包括更加有效的管理工具，提高的安全性能以及减少的支持费用。这些特征使集成式的平台能够为网络解决方案提供集中式的、连贯性的开发与管理模型。

9.1.1　IIS 7.0 Web 服务器角色的功能

IIS 7.0 是一个统一的 Web 平台，为管理员和开发人员提供了一个一致的 Web 解决方案。它采取了完全模块化的安装和管理，增强了安全性和自定义服务器以减少攻击的可能，简化了诊断和故障排除功能，以帮助解决问题；改进了配置且支持多个服务器管理，尤其是对于营运商和企业网站较多的用户来说，其委派管理可以带来极大的方便性。Windows Server 2008 中的 Web 平台 IIS 7.0 的功能和改进之处如下：

1. 全新的管理工具

IIS 7.0 提供了基于任务的全新 UI，并新增了功能强大的命令行工具：

（1）通过一种工具来管理 IIS 和 ASP.NET。

（2）查看运行状况和诊断信息，包括实时查看当前所执行的请求的能力。

（3）为站点和应用程序配置用户和角色权限。

（4）将站点和应用程序配置工作委派给非管理员。

2. 配置

IIS 7.0 引入了新的配置存储，该存储集成了针对整个 Web 平台的 IIS 和 ASP.NET 配置设置。借助新的配置存储，可以：

（1）在一个配置存储中配置 IIS 和 ASP.NET 设置，该存储使用统一的格式并可通过一组公共 API 进行访问。

（2）以一种准确可靠的方式将配置委派给驻留在内容目录中的分布式配置文件。

（3）将特定站点或应用程序的配置和内容复制到另一台计算机中。

（4）使用新的 WMI 提供程序编写 IIS 和 ASP.NET 的配置脚本。

3. 诊断和故障排除

通过 IIS 7.0 Web 服务器，可以更加轻松地诊断和解决 Web 服务器的问题。利用新的诊断和故障排除功能，可以：

（1）查看有关应用程序池、工作进程、站点、应用程序域和当前请求的实时状态信息。

（2）记录有关通过 IIS 请求－处理通道的请求的详细跟踪信息。

（3）将 IIS 配置为自动基于运行时间或错误响应代码记录详细跟踪信息。

4. 模块式体系结构

在 IIS 7.0 中，Web 服务器由多个模块组成，可以根据需要在服务器中添加或删除这些模块：

（1）通过仅添加需要使用的功能对服务器进行自定义，这样可以最大程度地减少 Web 服务器的安全问题和内存需求量。

（2）在一个位置配置以前在 IIS 和 ASP.NET 中重复出现的功能（例如，身份验证、授权和自定义错误）。

（3）将现有的 Forms 身份验证或 URL 授权等 ASP.NET 功能应用于所有请求类型。

5. 兼容性

IIS 7.0 Web 服务器可以保证最大程度地实现现有应用程序的兼容性：

（1）使用现有的 Active Directory 服务接口（ADSI）和 WMI 脚本。

（2）在不更改代码的情况下运行 ASP 应用程序。

（3）在不更改代码的情况下运行现有的 ASP.NET 1.1 和 ASP.NET 2.0 应用程序（当在 IIS 7.0 中以 ISAPI 模式在应用程序池中运行时）。

（4）在不进行更改的情况下使用现有的 ISAPI 扩展。

（5）使用现有的 ISAPI 筛选器（依赖 READ RAW 通知的筛选器除外）。

9.1.2　安装 IIS 7.0

为了更好地预防恶意用户和攻击者的攻击，在默认情况下，没有将 IIS 7.0 安装到 Microsoft Windows Server 2008 上。安装 IIS 7.0 的步骤如下：

步骤 1：以管理员账户登录到 Windows Server 2008 系统，运行“开始”→“程序”→“管理工具”→“服务器管理器”，单击“添加角色”，打开“添加角色向导”窗口。选中“Web 服务器（IIS）”复选项，由于 IIS 依赖 Windows 进程激活服务（WAS），因此会弹出如图 9-1 所示的“是否添加 Web 服务器（IIS）所需的功能”窗口，单击“添加必需的功能”按钮后，出现“选择服务器角色”窗口，如图 9-2 所示，单击“下一步”按钮。

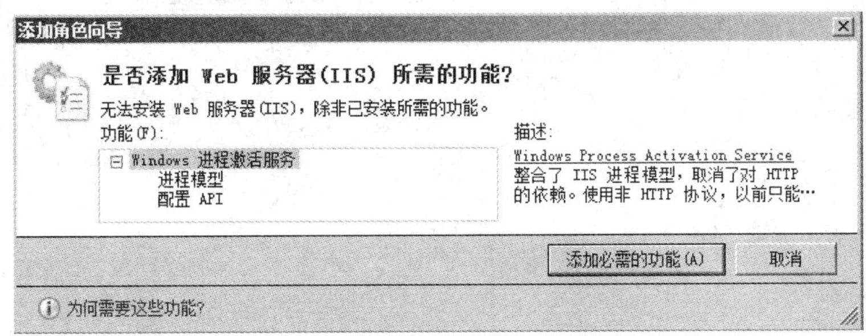

图 9-1　“是否添加 Web 服务器（IIS）所需的功能”窗口

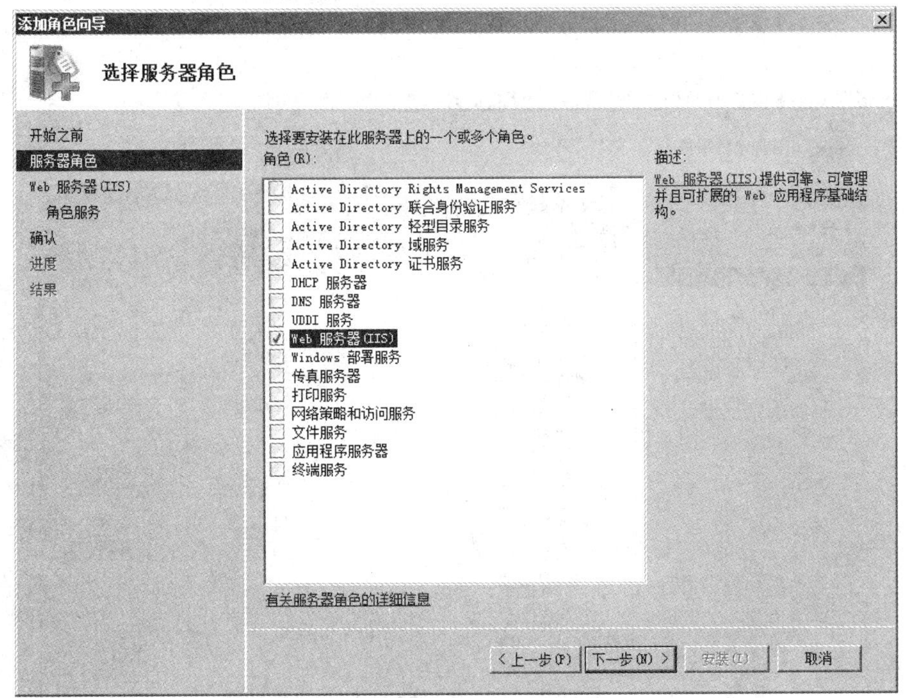

图 9-2　“选择服务器角色”窗口

步骤 2：如图 9-3 所示，在“Web 服务器”窗口中，单击“下一步”按钮。

步骤 3：如图 9-4 所示，在“选择角色服务”窗口中，选择要安装的功能模块，单击

“下一步”按钮。IIS 7.0 是一个完全模块化的 Web 服务器，这一点从这个步骤中可以看出，用户根据实际情况选择相应的模块。

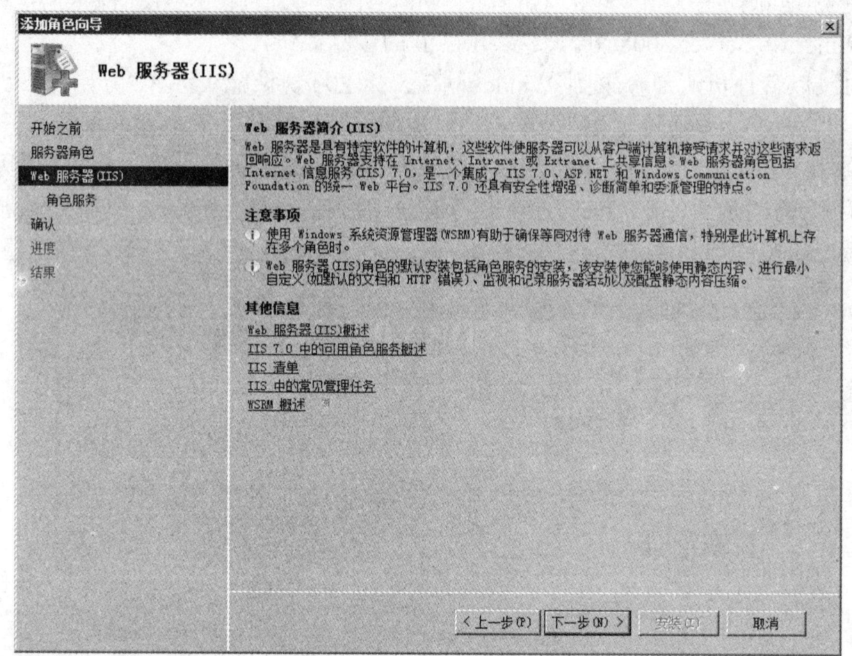

图 9-3 “Web 服务器”窗口

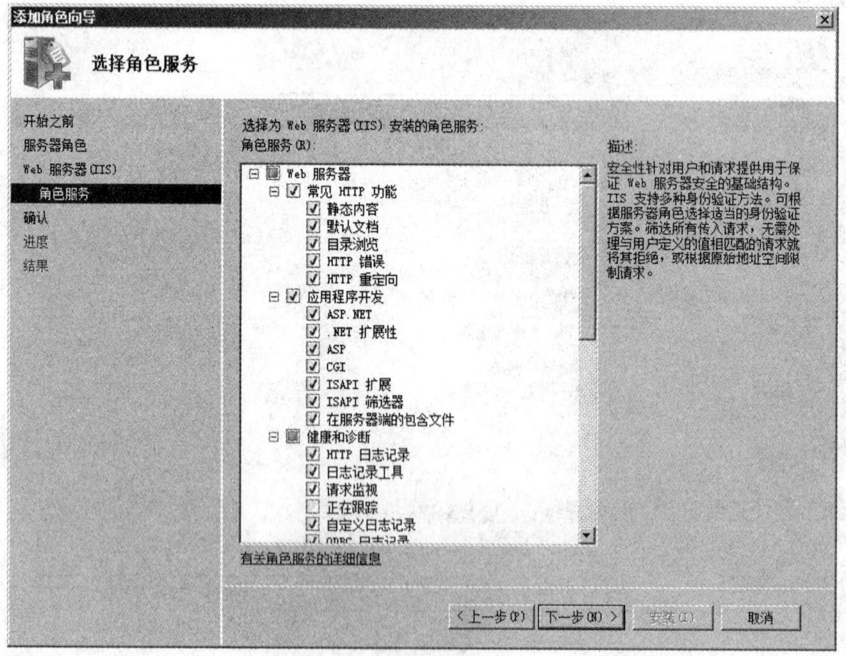

图 9-4 “选择角色服务”窗口

步骤 4：如图 9-5 所示，在“确认安装选择”窗口中，可以看到即将安装的 Web 服务器的信息，如果有问题则单击“上一步”按钮继续进行修改设置，如果没问题，单击“安装”按钮。

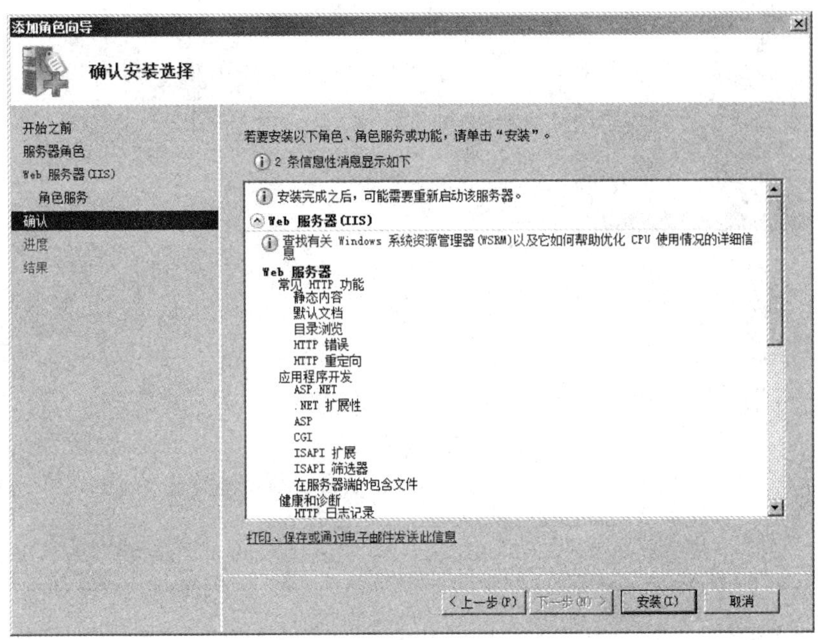

图 9-5　“确认安装选择”窗口

步骤 5：Web 服务器的“安装进度”窗口如图 9-6 所示。

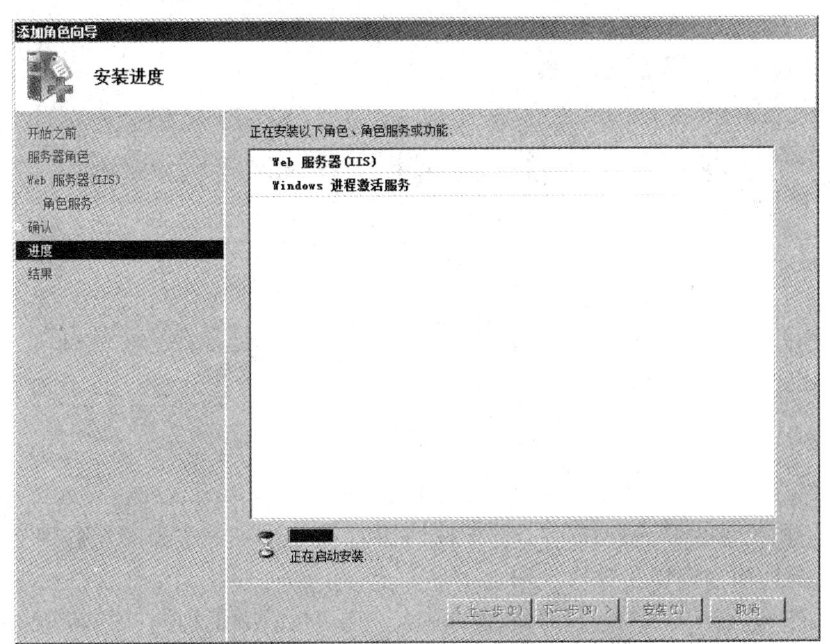

图 9-6　“安装进度”窗口

步骤 6：如图 9-7 所示，在“安装结果”窗口中，显示“安装成功”，单击“关闭”按钮，完成 IIS 7.0 安装。

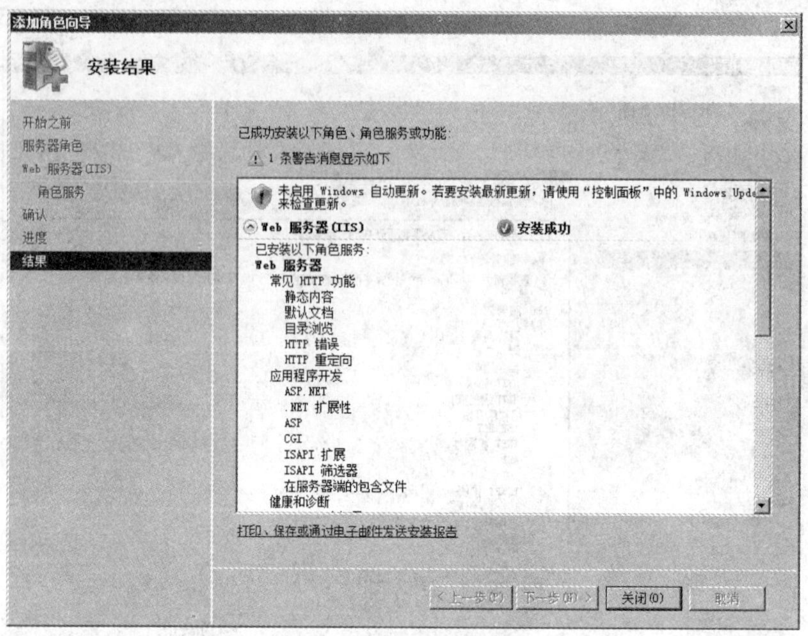

图 9-7　“安装结果”窗口

步骤 7：如图 9-8 所示，在“服务器管理器”窗口看到“Web 服务器（IIS）”服务器已经成功安装。

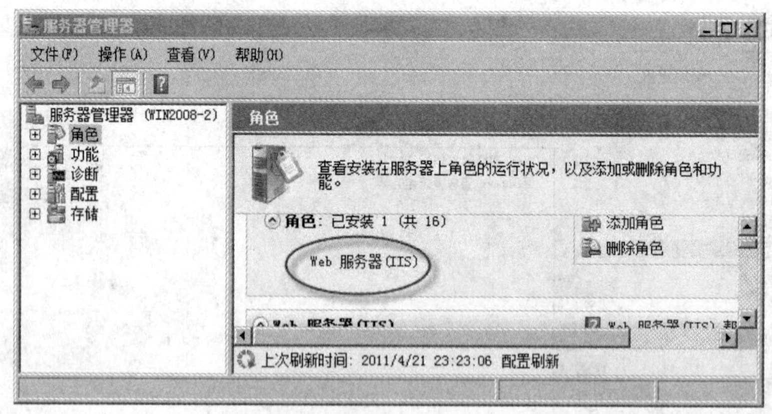

图 9-8　Web 服务器成功安装

步骤 8：从“开始”→“管理工具”→“Internet 信息服务（IIS）管理器”，进入 IIS 7.0 管理器窗口，如图 9-9 所示。IIS 7.0 管理器采用了常见的三列式界面，分别是“连接”窗口、“功能视图”和“操作”窗口。在这个界面中可以同时管理 IIS 和 ASP.NET 相关的配置，而且这个管理工具不仅可以管理本地的站点，还可以管理远程的 IIS 7.0 服务器，前提是远程的 IIS 7.0 服务器安装、启用和设置了相关的服务。

【提示】IIS 7.0 安装完成，可以在浏览器中输入“http://127.0.0.1”或者“http://本机 IP 地址或者域名”，如果出现 IIS 的默认画面，就证明安装成功了。

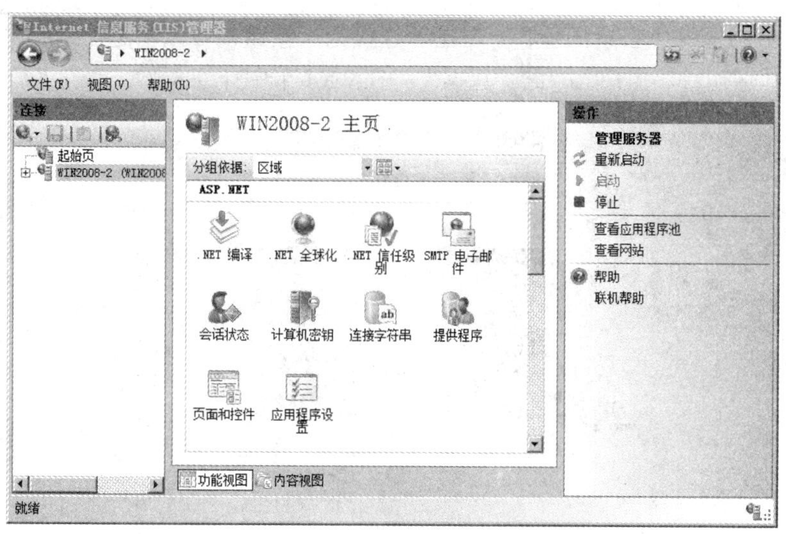

图 9-9 “Internet 信息服务（IIS）管理器”窗口

9.1.3 Web 服务规划

本书的第 1 章中，我们根据企业的需要规划（见图 1-1）在 WIN2008-2 上架设多个网站。其中：

（1）www.xyz.com.cn 作为企业的主页，用于宣传企业和对客户进行服务，允许匿名登录。

（2）web1.xyz.com.cn 和 web2.xyz.com.cn 作为企业内部的主页，用于办公以及业务应用，不允许匿名登录，用户需登录才能访问。

9.2 配置 Web 服务器

IIS 7.0 安装完成后，系统会自动建立一个“Default Web Site”站点，可以直接利用它来作为您的网站，或者自己新建立一个网站。在 DNS 服务器上确认已经添加主机记录 www.xyz.com.cn，IP 地址为 192.168.0.2，则用户应该能够使用 http://www.xyz.com.cn 来访问该网站了。然而默认配置未必能够满足我们的需求，本节将利用“Default Web Site”（IP 地址：192.168.0.2）来讲述 Web 服务器进一步的配置。

9.2.1 主目录与默认文档

1．主目录

所有的网站都必须要有主目录（或者称为根目录）。IIS 默认网站主目录是“%SystemDrive%\inetpub\wwwroot”。设置主目录的步骤如下：

在如图 9-10 所示窗口中，在左列的“连接”窗口中选择“网站”下的“Default Web Site”，在右列的“操作”窗口中单击“编辑站点”下的“基本设置”，弹出“编辑网站”窗口，如图 9-10 所示。可以修改“网站名称”和选择“应用程序池”。在“物理路径”文本框中，通过浏览选择网站主目录的位置。单击“连接为”按钮，可以指定“路径凭据”为“特定用户”或者是“应用程序用户”。“路径凭据”将在9.5.1节中详细介绍。单击“确定”按钮。

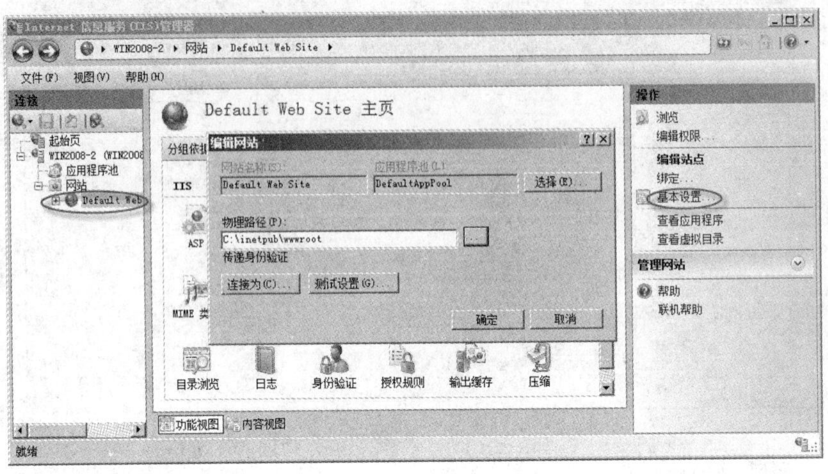

图 9-10 “编辑网站”窗口

2．默认文档

如果用户访问网站或应用程序时，只在浏览器中输入网站的 IP 地址或者是域名，但没有指定文档名（如 http://www.xyz.com.cn，而不是 http://www.xyz.com.cn/Default.htm），则可以配置 IIS 提供一个默认文档，如 Default.htm。IIS 将返回与目录中的文件名匹配的列表中的第一个默认文档。在如图 9-10 所示窗口中，在左列的“连接”窗口中选择“网站”下的“Default Web Site”，双击中间列的“功能视图”中的“IIS”下的“默认文档”，如图 9-11 所示，系统默认设置 6 个默认文档名，它会先读取最上面的文件（Default.htm），若在主目录内没有该文件，则依次读取后面的文件。可以通过单击图 9-11 所示的右列的“操作”窗口中的“上移”和“下移”按钮来调整系统读取这些文件的顺序，也可以通过单击“添加”按钮来添加默认文档。

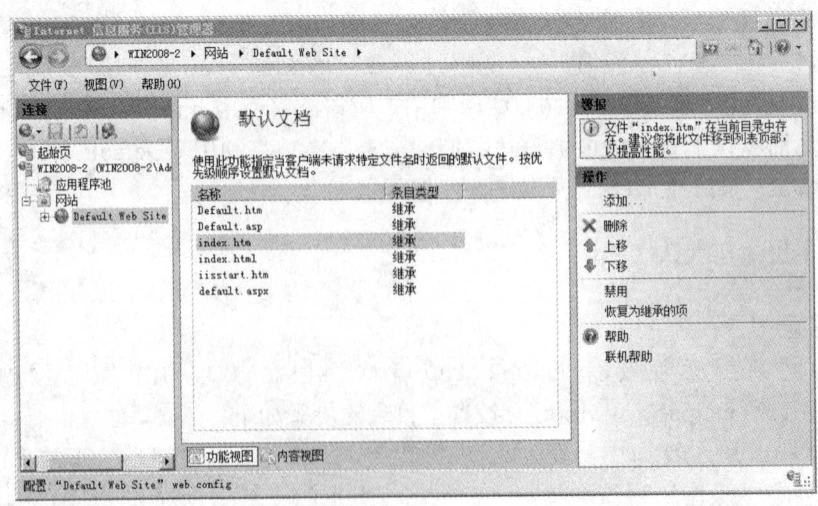

图 9-11 “默认文档”窗口

若在主目录中找不到列表中的任何一个默认文档，则用户的浏览器画面会出现如图 9-12 所示的消息。

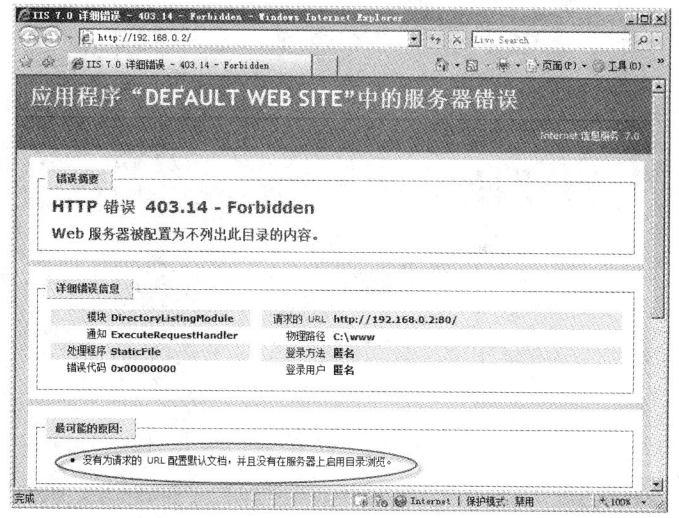

图 9-12　找不到默认文档时浏览器显示的消息

9.2.2　虚拟目录

虚拟目录是指向存储在本地计算机或远程计算机上共享的物理内容的指针。如果网站包含的文件位于并非主目录的目录中，而是在其他目录或者其他计算机上，就必须创建虚拟目录以将这些文件包含到网站中。要使用另一台计算机上的目录，必须指定该目录的通用命名约定（UNC）名称，并为访问权限提供用户名和密码，为了创建虚拟目录，在 C 盘下新建一个目录“cisco”，并且在该文件夹内新建文件“index.htm”。创建虚拟目录的步骤如下：

步骤 1：单击“开始”→“管理工具”→“Internet 信息服务（IIS）管理器”，展开“WIN2008-2”，展开“网站”，单击要添加虚拟目录的“Default Web Site”，单击鼠标右键，在菜单中单击“添加虚拟目录”，如图 9-13 所示。

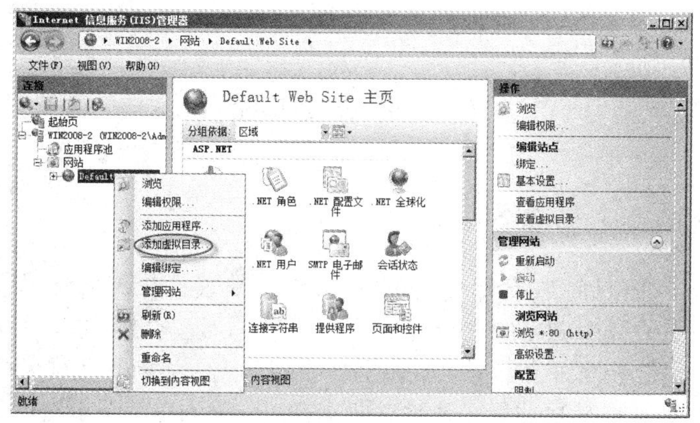

图 9-13　“添加虚拟目录”菜单项

步骤 2：如图 9-14 所示，在“添加虚拟目录”窗口中，在文本框中输入“别名”，并单击“浏览”按钮选择“物理路径”，单击“确定”按钮。

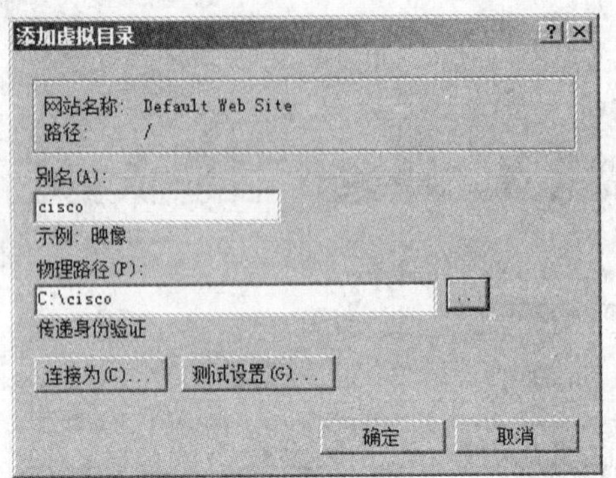

图 9-14 “添加虚拟目录”窗口

步骤 3：如图 9-15 所示，在虚拟目录添加成功窗口中，可以通过单击中间列的“功能视图”的相应图标修改相应的属性。此时在浏览器中输入“http://192.168.0.2/cisco/”，便可以访问虚拟目录。

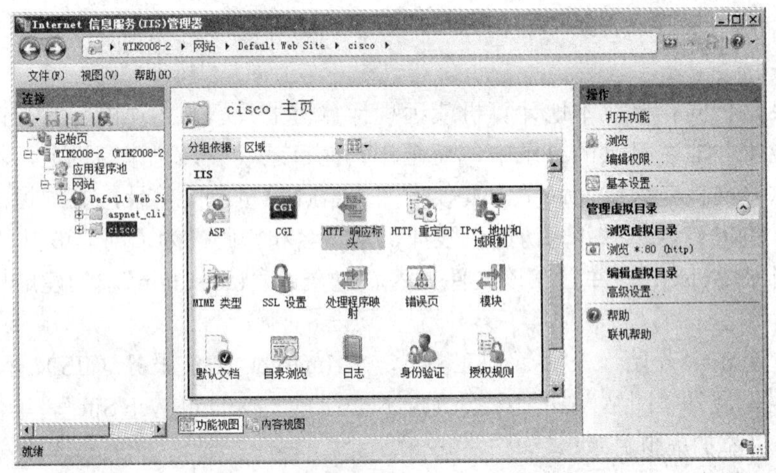

图 9-15 虚拟目录添加成功窗口

9.3 建立多网站

9.3.1 利用虚拟主机建立多个网站

虚拟主机是在一台 Web 服务器上，可以为多个单独域名提供 Web 服务，并且每个域名都完全独立，包括具有完全独立的文档目录结构及设置，这样域名之间完全独立，不但使用每个域名访问到的内容完全独立，并且使用另一个域名无法访问其他域名提供的网页内容。

虚拟主机的概念对于 ISP 或者企业来讲非常有用，因为虽然一个组织可以将自己的网页挂在具备其他域名的服务器的下级网址上，但使用独立的域名和根网址更为正式，易为人接受。传统上，必须自己设立一台服务器才能达到单独域名的目的，然而这需要维护一个单独的服务器，很多小单位缺乏足够的维护能力和财力，所以更为合适的方式是租用别人维护的服务器。ISP 或企业也没有必要为一个机构提供一台单独的服务器，完全可以使用虚拟主机，使用一台服务器为多个域名提供 Web 服务，而且不同的服务互不干扰，对外就表现为多个不同的服务器。IIS 7.0 支持虚拟主机。

本小节将利用虚拟主机来建立三个网站，分别是 www.xyz.com.cn（在 9.2 节中已经创建，但需修改）、web1.xyz.com.cn 和 web2.xyz.com.cn，设置如表 9-1 所示。

表 9-1 域名与 IP 地址对应关系

网站域名	IP 地址	主目录
www.xyz.com.cn	192.168.0.2	c:\inetpub\wwwroot
web1.xyz.com.cn	192.168.0.2	c:\web1
web2.xyz.com.cn	192.168.0.2	c:\web2

创建虚拟主机 web1.xyz.com.cn 和 web2.xyz.com.cn，具体步骤如下：

步骤 1：在“DNS 管理器”窗口中，选择“新建主机”web1 和 web2，如图 9-16 所示。

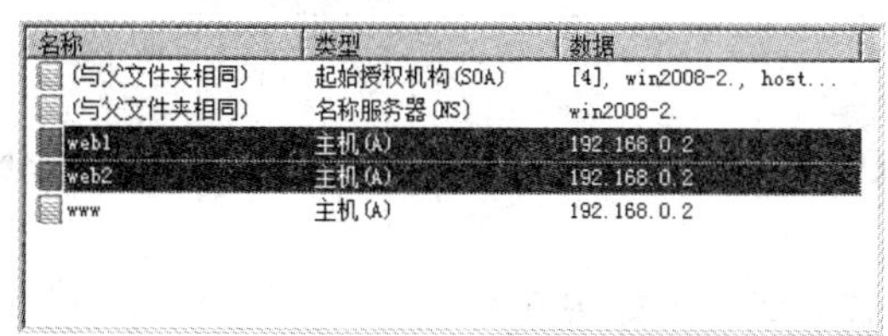

图 9-16 在 DNS 服务器添加 web1 和 web2 两条主机记录

步骤 2：在 C 盘下建立主目录 web1 和 web2，并且在各自的文件夹建立默认文档 default.htm。

步骤 3：为“web1.xyz.com.cn”建立新网站，单击“开始”→“管理工具”→“Internet 信息服务（IIS）管理器”，展开“WIN2008-2”，单击“网站”，单击鼠标右键，在菜单中单击“添加网站”，如图 9-17 所示。

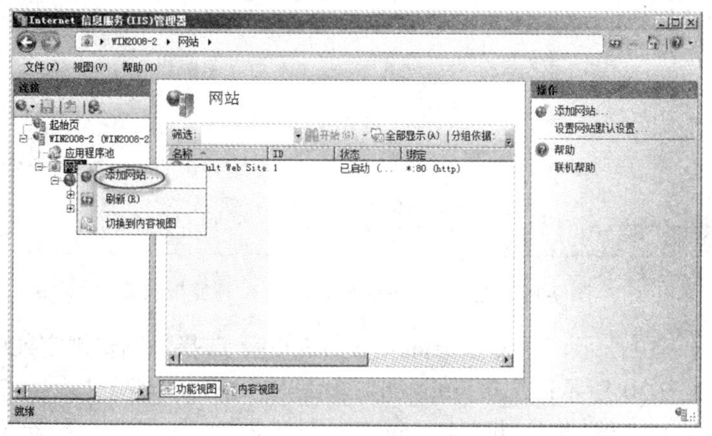

图 9-17 “添加网站”菜单项

步骤 4：如图 9-18 所示，在“添加网站”窗口中，在文本框中键入“网站名称”，并选择“应用程序池”，在“物理路径”文本框中，输入或者通过浏览选择网站主目录的位置。在“类型”下拉列表中选择“http”或者“https”，在“主机名”文本框中输入主机名，并且勾选“立即启动网站”复选框，单击“确定”按钮，完成网站“web1”的配置。

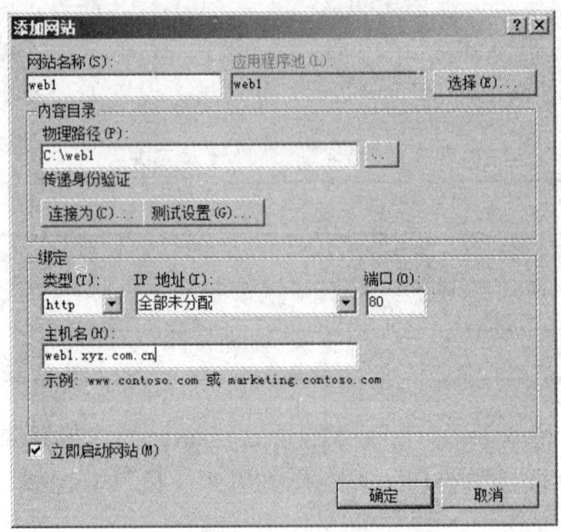

图 9-18 “添加网站”窗口

步骤 5：为“web2.xyz.com.cn”建立新网站，配置方法和 web1 类似，请参考前面步骤 4。

步骤 6：虚拟主机配置完成后，如图 9-19 所示。

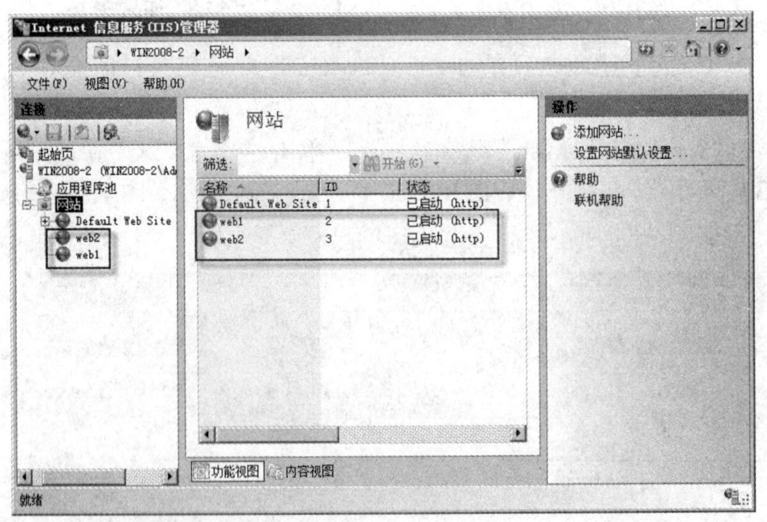

图 9-19 虚拟主机 web1 和 web2 配置完成窗口

步骤 7：如图 9-19 所示，右击“Default Web Site”，选择“编辑绑定菜单”，打开“网站绑定”窗口，如图 9-20 所示；选择 http，单击“编辑”按钮，打开如图 9-21 所示的“编辑网站绑定”窗口，输入主机名 www.xyz.com.cn，这样服务器将把该网站和 web1.xyz.com.cn、web2.xyz.com.cn 区分开。

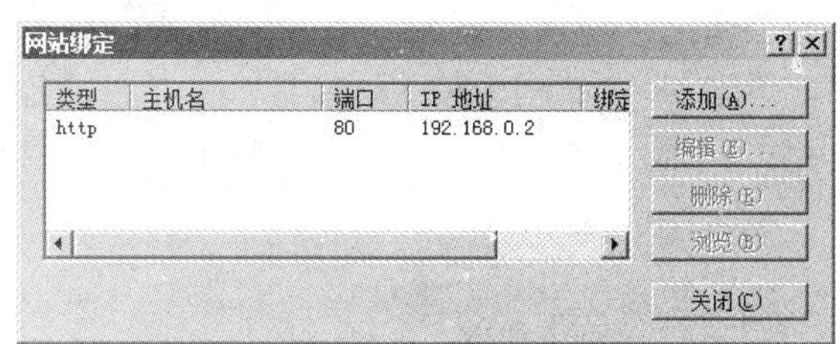

图 9-20 “网站绑定”窗口

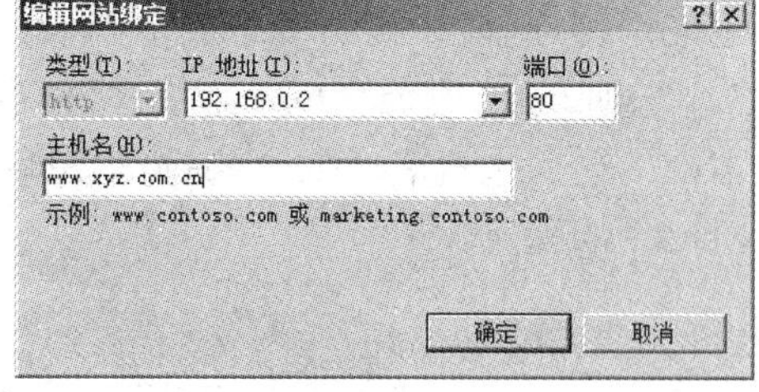

图 9-21 “编辑网站绑定”窗口

步骤 8：测试。在浏览器中分别输入“web1.xyz.com.cn”和“web2.xyz.com.cn”，显示的画面如图 9-22 所示。同样再次测试一下 www.xyz.com.cn 网站是否还能正常访问。

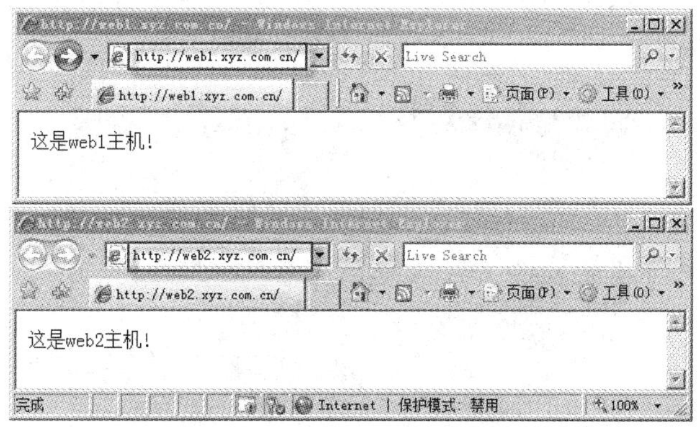

图 9-22 虚拟主机的测试

9.3.2 利用 TCP 连接端口建立多网站

通过 TCP 连接端口架设多网站的基本原理是让每个网站分别拥有一个唯一的 TCP 端口号码。用户在访问网站时，在 URL 中必须指定相应的端口号。Web 服务的默认端口是 TCP 80 端口。本节建立两个网站，IP 地址是 192.168.0.2，网站域名是 web3.xyz.com.cn，但是连接端口号不同，分别是 8080 和 8081，设置如表 9-2 所示。

表 9-2 域名、IP 地址和 TCP 端口号对应关系

网站域名	IP 地址	主目录	TCP 端口号	备注
web3.xyz.com.cn	192.168.0.2	c:\web3	8080	网站 3
web3.xyz.com.cn	192.168.0.2	c:\web4	8081	网站 4

具体步骤如下：

步骤 1：在“DNS 管理器”窗口中，添加主机记录 web3，如图 9-23 所示。

步骤 2：在 C 盘建立主目录 web3 和 web4，并且在各自的文件夹建立默认文件 default.htm。

步骤 3：建立新网站“web3.xyz.com.cn:8080”，在如图 9-17 所示的菜单中单击“添加网站”。

步骤 4：如图 9-24 所示，在“添加网站”窗口中，在文本框中键入“网站名称”，并选

择“应用程序池”，在“物理路径”文本框中，通过浏览选择网站主目录的位置。在“类型”下拉列表中选择“http”或者“https”，在“端口”文本框中输入端口号，在“主机名”文本框中输入主机名，并且勾选“立即启动网站”复选框，单击“确定”按钮，完成网站“web3”的配置。

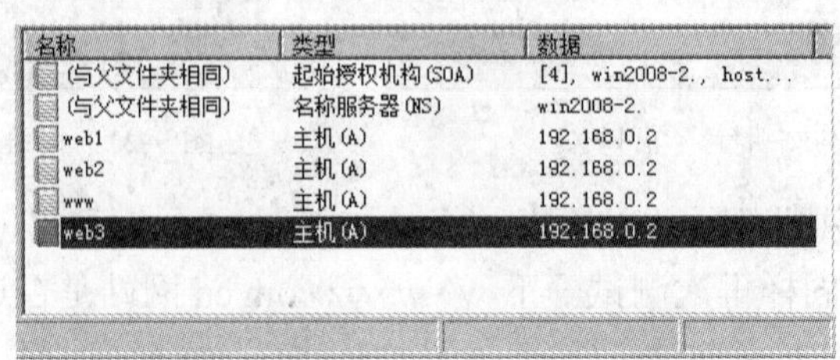

图 9-23　在 DNS 服务器添加 web3 主机记录

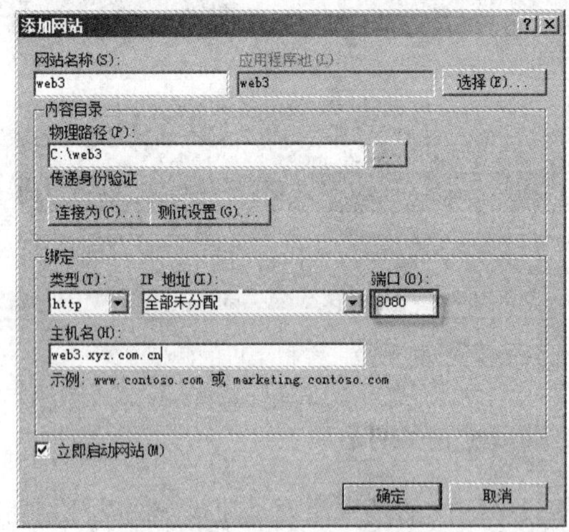

图 9-24　“添加网站”窗口

步骤 5：建立新网站“web3.xyz.com.cn:8081”的步骤和上面的步骤 3 相同。

步骤 6：网站建立完成后，如图 9-25 所示。

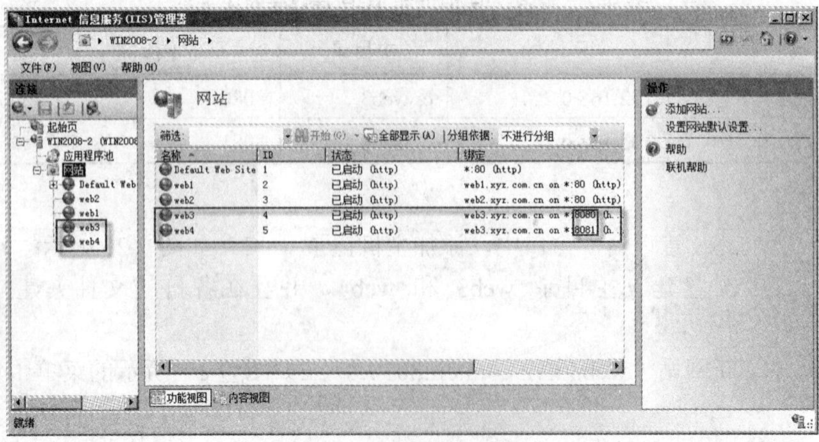

图 9-25　网站 web3 和 web4 配置完成

步骤 7：测试。在浏览器中分别输入地址“http://web3.xyz.com.cn:8080”和“http://web3.xyz.com.cn:8081”，显示的画面如图 9-26 所示。

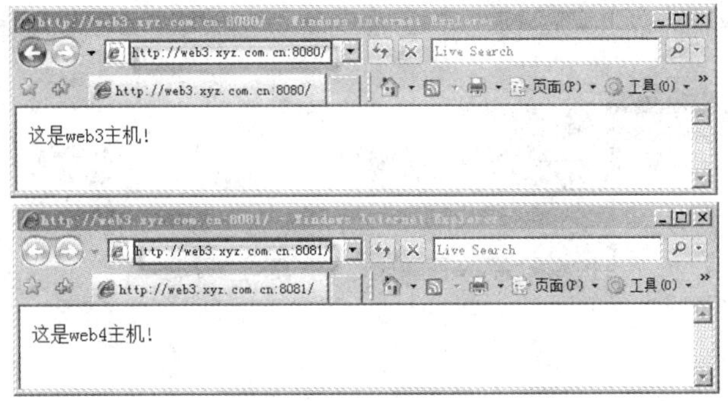

图 9-26　利用 TCP 连接端口建立多网站测试

9.4　实现网站的安全

网站的安全是每个网络管理员必须关心的，必须通过各种方式和手段来降低入侵者攻击的机会。如果 Web 服务器采用正确的安全措施，就可以降低或消除来自怀有恶意的个人以及意外获准访问限制信息或无意中更改重要文件的善意用户的各种安全威胁。

9.4.1　验证用户的身份

网站默认情况下所有用户都可以匿名访问，然而如果网站的信息是机密性的，为了确保信息的安全，必须要求用户输入用户名和密码才能够访问。可以根据网站对安全的具体要求，来选择适当的验证方法。本节以“web1”网站为例，讲述设置用户验证的步骤：

步骤 1：选择“Internet 信息服务（IIS）管理器”→“网站”→“web1”，如图 9-27 所示，双击中间列“功能视图”中 IIS 下的“身份验证”图标。

图 9-27　启用身份验证

步骤 2：如图 9-28 所示，在“身份验证”窗口中，网站默认的身份验证方法是“匿名身份验证”。

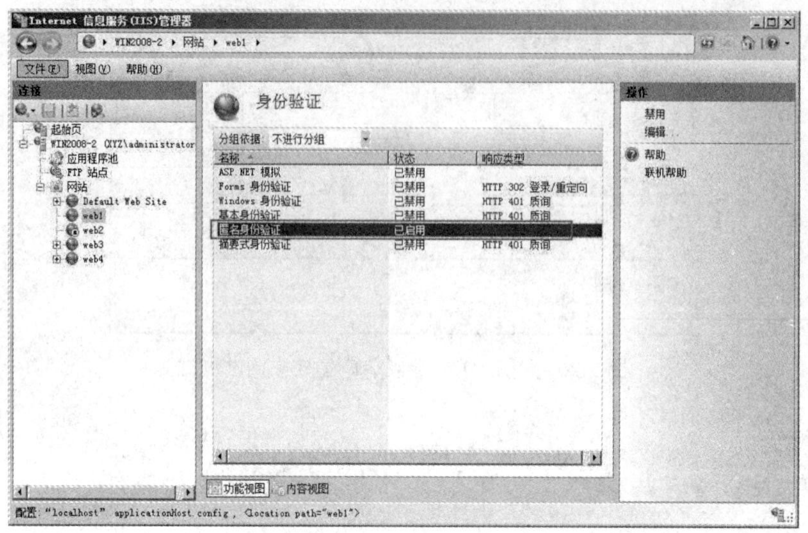

图 9-28 “身份验证”窗口

各种身份验证方法解释如下：

- 匿名身份验证：匿名身份验证允许任何用户访问网站而不要求提供用户名和密码。默认情况下，匿名身份验证在 IIS 7.0 中处于启用状态。如果希望访问网站的所有客户端都可以查看网站内容，使用匿名身份验证。

【注意】如果启用了匿名验证，则 IIS 始终尝试先使用匿名验证对用户进行验证，即使启用了其他验证方法，也是如此。因此如果要使用验证，需要禁用匿名验证。

- 基本身份验证：基本身份验证方法要求提供用户名和密码，提供很低级别的安全性，最适于给需要很少或不需要保密性的信息授予访问权限。由于密码在网络上是以明文的形式发送的，这些密码很容易被截取，因此可以认为安全性很低。为了要测试基本身份验证的功能，先将匿名验证的方法“禁用”，因为 IIS 会先用匿名方法来验证用户的身份。实现基本身份验证的步骤如下：单击图 9-29 中的“基本身份验证”，单击鼠标右键，如图 9-29 所示，在出现的菜单中单击“启用”，则启用了“基本身份验证”。

  如果单击“编辑”，则在如图 9-30 所示的“编辑基本身份验证设置”窗口中，提示输入两项信息：

  - 默认域：“默认域”用来设置用户账户所隶属的域，然后利用 Active Directory 数据库来检查。在“默认域”文本框中，键入要使用的域名，则该名称用作默认域。如果“默认域”文本框保留空白，则 IIS 将运行 IIS 的计算机的域用作默认域。
  - 领域：如果设置了“领域”属性，那么当使用基本身份验证时，其值将出现在客户的登录对话框中。仅出于参考目的将“领域”属性值发送到客户，在使用基本身份验证时，不能使用该值对客户进行身份验证。

当用户利用浏览器访问启用基本身份验证的网站时，会出现如图 9-31 所示的窗口。此时用户必须输入有效的用户名和密码才可以访问网站，用户创建参见第 2 章。

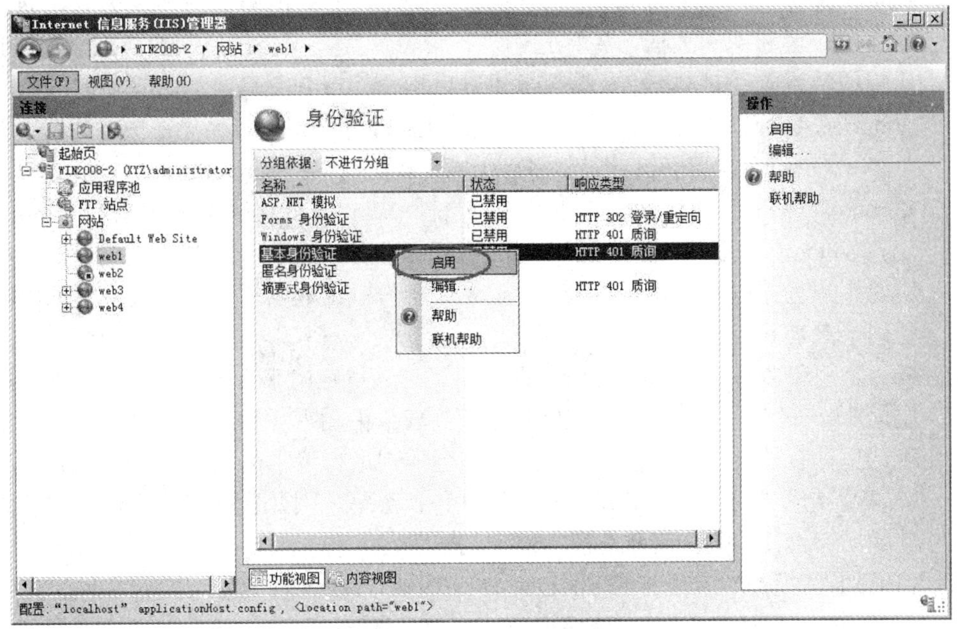

图 9-29 “基本身份验证”菜单

图 9-30 “编辑基本身份验证”窗口

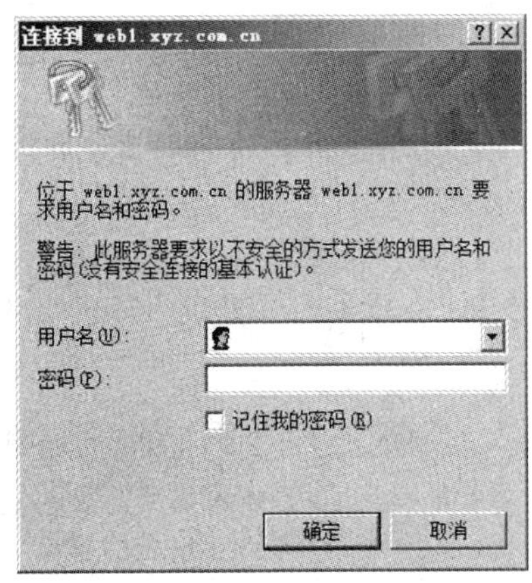

图 9-31 启动基本身份验证的测试

- 摘要式身份验证：摘要式身份验证使用 Windows 域控制器来对请求访问服务器上的内容的用户进行身份验证。当需要比基本身份验证更高的安全性时，应考虑使用摘要式身份验证。Windows 域服务器要求在 IIS 服务器上启用摘要式身份验证之前，必须满足以下最低要求。只有域管理员才能够验证是否达到域控制器要求：
  - ➢ 所有访问使用摘要式身份验证保护的资源的客户端使用较高版本的浏览器。
  - ➢ 用户和运行 IIS 的服务器必须是同一域的成员，或者由同一域信任。
  - ➢ 用户必须将有效的 Windows 用户账户存储在域控制器上的 Active Directory 中。
  - ➢ 域必须拥有运行 Windows 2000 或更高版本的域控制器。

➢ 摘要式身份验证依赖于 HTTP 1.1 协议。因为摘要式身份验证需要与 HTTP 1.1 兼容，所以并非所有的浏览器均支持该验证。

- Windows 身份验证：Windows 身份验证是一种安全的验证形式，因为在通过网络发送用户名和密码之前，先将它们进行哈希计算。当启用 Windows 身份验证时，用户的浏览器通过与 Web 服务器进行密码交换（包括哈希）来证明其知晓密码。Windows 身份验证使用 Kerberos v5 验证和 NTLM 验证。如果在域控制器上安装了 Active Directory 服务，并且用户的浏览器支持 Kerberos v5 验证协议，则使用 Kerberos v5 验证，否则使用 NTLM 验证。Windows 身份验证最适用于 Intranet 环境。Windows 身份验证不适合在 Internet 上使用，因为该环境不需要用户凭据，也不对用户凭据进行加密。尽管 Windows 身份验证非常安全，但它最大的限制是不能用于 HTTP 代理连接。
- Forms 身份验证：Forms 身份验证使用客户端重定向来将未经过身份验证的用户重定向至一个 HTML 表单，用户可以在该表单中输入凭据，通常是用户名和密码。确认凭据有效后，系统会将用户重定向至他们最初请求的页面。由于 Forms 身份验证以明文形式向 Web 服务器发送用户名和密码，因此应当对应用程序的登录页和其他所有页使用安全套接字层（SSL）加密。
- ASP.NET 模拟：ASP.NET 模拟允许在默认 ASP.NET 账户以外的上下文中运行 ASP.NET 应用程序。可以将模拟与其他 IIS 身份验证方法结合使用或设置任意用户账户。

9.4.2 限制 IP 地址或者域访问

使用“IPv4 地址和域限制”可以为特定 IP 地址、IP 地址范围或域名定义和管理允许或拒绝访问内容的规则。本节以“Default Web Site”网站为例，通过 IP 地址限制用户访问的步骤如下：

步骤 1：选择“Internet 信息服务（IIS）管理器”→“网站”→“Default Web Site”，如图 9-32 所示，双击中间列“功能视图”中 IIS 下的“IPv4 地址和域限制”图标。

图 9-32 启用 IPv4 地址和域限制窗口

步骤 2：如图 9-33 所示，在“IPv4 地址和域限制”窗口中，通过单击右列“操作”窗口中的“添加允许条目”或“添加拒绝条目”，可以为特定 IP 地址、IP 地址范围或 DNS 域名定义允许或拒绝访问内容的规则。本节以添加拒绝条目为例，讲述“IPv4 地址和域限制”的实现，单击“添加拒绝条目”。

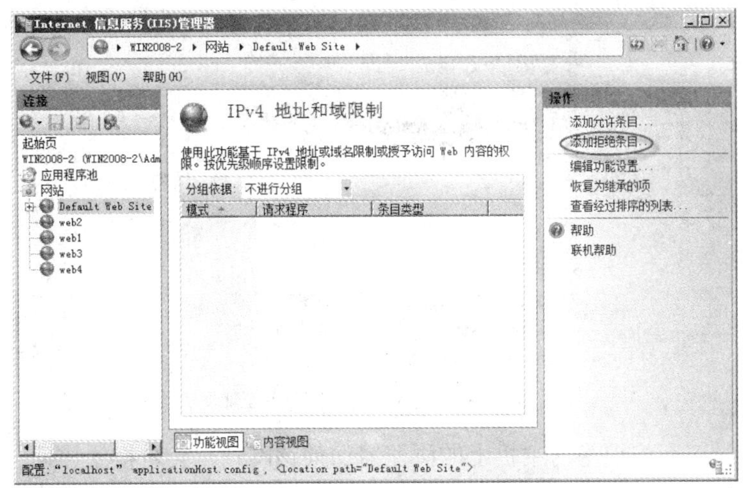

图 9-33 “IPv4 地址和域限制”窗口

【提示】如图 9-34 所示，在“编辑 IP 和域限制设置”窗口，可以选择“未指定的客户端的访问权”，系统默认是“允许”；或为所有规则勾选“启用域名限制”复选框，默认添加规则是没有“启用域名限制”的。

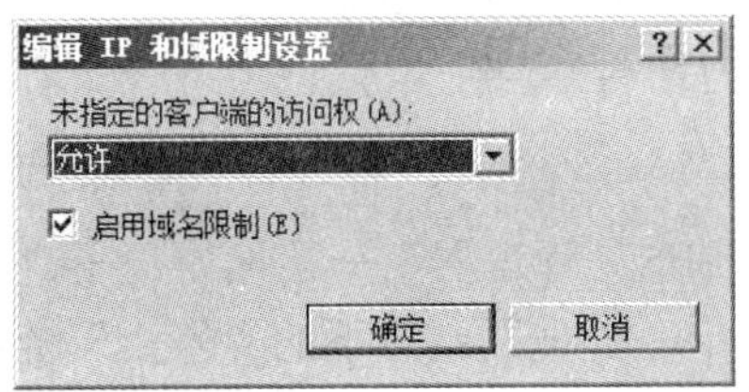

图 9-34 “编辑 IP 和域限制设置”窗口

步骤 3：如图 9-35 所示，在“添加拒绝限制规则”窗口中，可以添加拒绝的“特定 IPv4 地址”、“IPv4 地址范围”或者“域名”，可以多次添加拒绝规则。

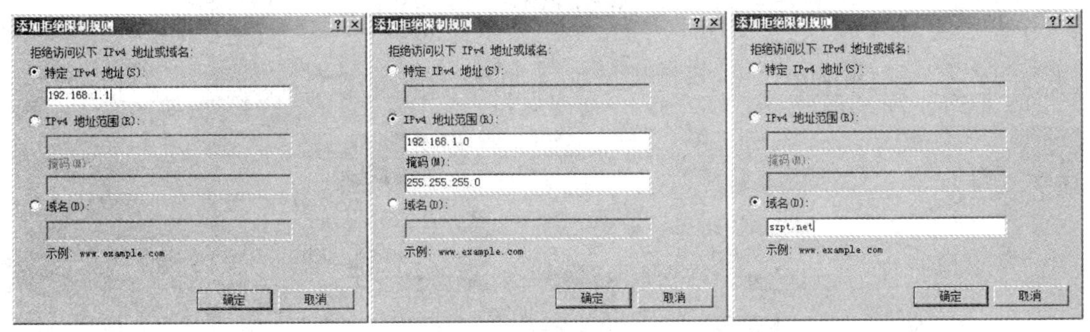

图 9-35 “添加拒绝限制规则”窗口

步骤 4：如图 9-36 所示，在添加拒绝规则结果窗口中，显示了添加的规则，可以通过右列的“操作”窗口中的“删除”，来删除选中的规则。

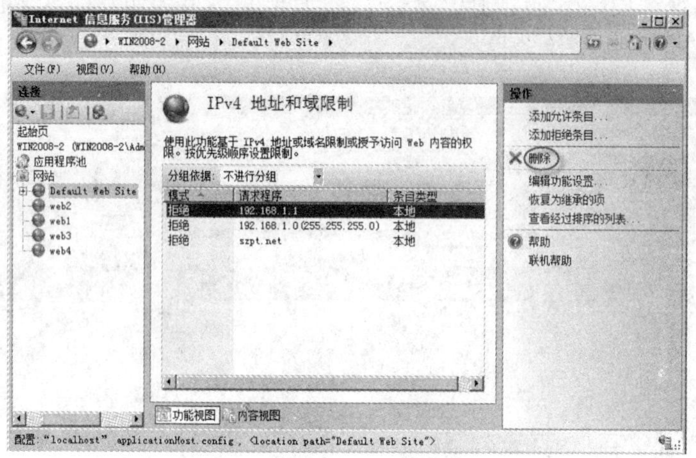

图 9-36 添加拒绝规则结果窗口

步骤 5：测试。在被拒绝的主机上的浏览器访问该网站，会被拒绝访问。

9.5 管理 Web 服务器

使用 IIS 的“管理服务”功能，用户以本地和远程方式管理使用 IIS 管理器的 Web 服务器上的网站和应用程序。

9.5.1 利用 IIS 管理器进行本地管理

1. Web 服务器的停止

选择“Internet 信息服务（IIS）管理器”→“网站”→“Default Web Site”，如图 9-37 所示，单击右列“操作”窗口中“管理网站”下的“停止”链接，将关闭 Web 服务器。

图 9-37 Web 服务器停止和启动窗口

2．Web 服务器的启动

在图 9-37 中单击右列“操作”窗口中“管理网站”下的“启动”链接，将启动已经关闭的 Web 服务器。

3．Web 服务器的重新启动

在图 9-37 中单击右列“操作”窗口中“管理网站”下的“重新启动”链接，将重新启动 Web 服务器。

4．Web 服务器的高级设置

在图 9-37 中单击右列“操作”窗口中“管理网站”下的“高级设置”链接，进入如图 9-38 所示的“高级设置”窗口。用户可以根据实际的需要进行相应的设置。

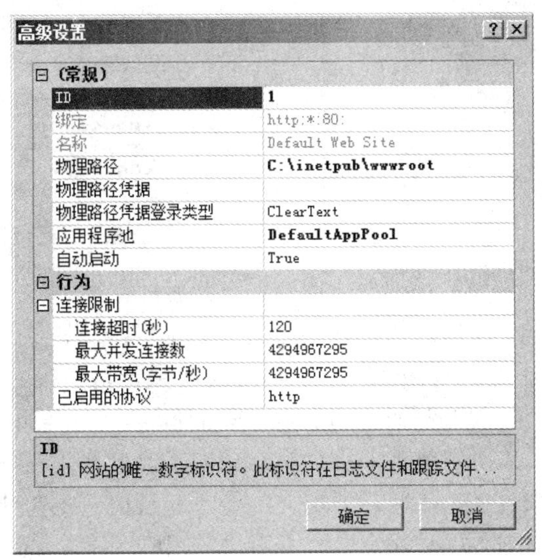

图 9-38 “高级设置”窗口

（1）ID：显示网站的唯一 ID。

（2）绑定：显示网站的一个或多个绑定，显示的信息格式是“协议：IP 地址：端口：主机名”，各字段含义如下：

- 协议：http 或者 https。
- IP 地址：显示每个网站绑定的 IP 地址。如果未指定 IP 地址，则“IP 地址”字段将显示星号“*”，这表示绑定适用于所有 IP 地址。
- 端口：显示每个网站绑定的端口号。默认 http 端口为 80，https 端口为 443。
- 主机名：显示每个网站绑定的主机名（如果有）。

在图 9-39 中单击右列的“操作”窗口的“绑定”链接，可以添加、编辑和删除绑定，单击“编辑”按钮，如图 9-39 所示，显示“编辑网站绑定”窗口，在各个文本框通过下拉列表选择或者输入信息后，单击“确定”按钮。

（3）物理路径：显示用来存放网站内容的物理路径。物理路径既可以是本地计算机上的路径，也可以是远程计算机上的路径或共享路径。

（4）物理路径凭据：提供网站、应用程序或虚拟目录指定的物理路径中访问内容的用户凭据。在如图 9-40 所示的“高级设置”窗口中，选中“物理路径凭据”，然后单击右侧的按钮，在如图 9-40 所示的“连接为”窗口中，可以选择：

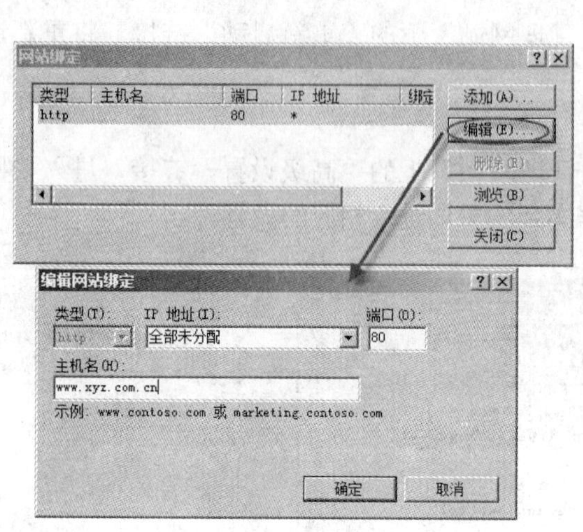

图 9-39 “网站绑定”和“编辑网站绑定”窗口

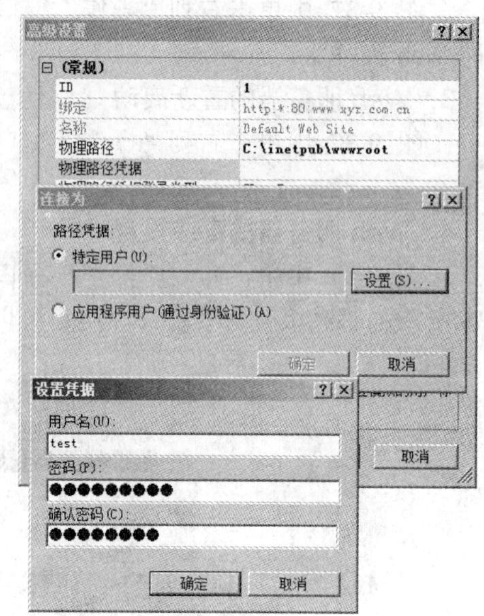

图 9-40 “连接为”窗口

- 特定用户：为具有物理路径访问权限的特定用户账户提供凭据。
- 应用程序用户（通过身份验证）：如果要使用身份验证，选择该选项。通过此选项，IIS 使用请求用户的凭据来访问物理路径。对于匿名请求，IIS 使用为匿名身份验证配置的标识来访问物理路径。默认情况下，此标识是内置的 IUSR 账户。对于经过验证的请求，IIS 使用请求用户的经过验证的凭据集来访问物理路径。确保为此应用程序提供服务的应用程序池标识具有物理路径的读取访问权限，以便经过身份验证的用户能够访问物理路径中的内容。

本例中，选择“特定用户”，用户名为“test”，单击“确定”按钮完成配置。

（5）自动启动：“True”表示网站在创建时启动，或在 IIS 启动时启动。

（6）连接限制：通常基于带宽使用情况和连接限制来优化网站的性能。在图 9-37 中单击右列“操作”窗口中“配置”菜单的“限制”链接，如图 9-41 所示，显示“编辑网站限制”窗口。

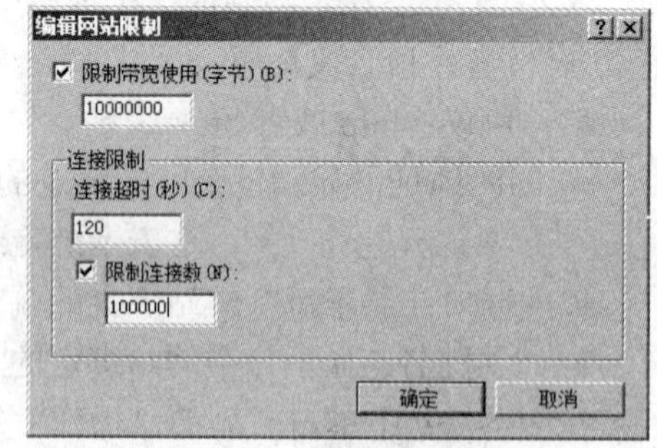

图 9-41 “编辑网站限制”窗口

- 限制带宽使用（字节）：可以基于带宽使用情况来限制允许流向网站的通信量。在对应的文本框中，输入的网站通信量的值必须是介于 1024 和 4294967295（不受限制）之间的整数。
- 连接超时（秒）：Web 服务器在断开非活动用户的连接之前等待的时间长度（以秒为单位）。此设置可保证在 HTTP 协议无法关闭某个连接时，所有连接都能得以关闭。

- 限制连接数：限制允许与网站建立的连接数目。在对应的文本框中，连接数的值必须是介于 0 和 4294967295（不受限制）之间的整数。如果连接数波动较大，则将数目设为不受限制可以免去不断进行管理的麻烦。但是，如果连接数超出了系统资源所允许的范围，则系统性能可能会受到负面影响。将网站限定在指定的连接数以保持性能的稳定。

9.5.2 利用 IIS 管理器进行远程管理

利用管理服务，计算机和域管理员能够以远程方式管理使用 IIS 管理器的 Web 服务器。步骤如下：

步骤 1：如图 9-42 所示，在左列“连接”窗口，选择“WIN2008-2”，双击在中间列“功能视图”中“管理”下的“管理服务”图标。

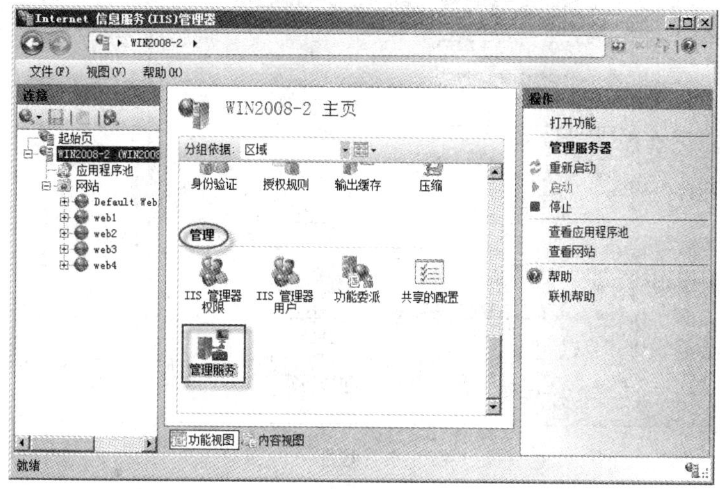

图 9-42 启用管理服务窗口

步骤 2：如图 9-43 所示，在“管理服务”窗口：

- 启用远程连接：表示用户能够通过使用 IIS 管理器以远程方式连接到 Web 服务器。
- 标识凭据：
  - ➢ 仅限于 Windows 凭据：仅允许拥有 Windows 账户的用户连接到 Web 服务器。
  - ➢ Windows 凭据或 IIS 管理器凭据：允许拥有 Windows 账户或 IIS 管理器账户的用户连接到 Web 服务器。
- 连接：
  - ➢ IP 地址：用户在连接到 Web 服务器时使用的特定 IP 地址，如果不想指定 IP 地址，选择“全部未分配”。
  - ➢ 端口：用户连接到 Web 服务器时想要连接使用的端口。默认端口为 8172。
  - ➢ SSL 证书：选择想要用于 Web 服务器的证书。如果要添加新证书，可以使用“服务器证书”功能。
- IPv4 地址限制：
  - ➢ 未指定的客户端的访问权：选择“允许”或“拒绝”来指定是允许还是拒绝与

"IPv4 地址限制"列表中的条目不匹配的请求程序。如果配置管理服务以拒绝未指定客户端的访问，但未向"IPv4 地址限制"列表中添加任何允许规则，客户端将无法通过使用 IIS 管理器连接到服务器。

- 允许：打开"添加允许连接规则"对话框，从该对话框中，可以基于某个 IPv4 地址或一定范围的 IPv4 地址添加规则以允许请求程序。
- 拒绝：打开"添加拒绝连接规则"对话框，从该对话框中，可以基于某个 IPv4 地址或一定范围的 IPv4 地址添加规则以拒绝请求程序。
- 删除：删除"IPv4 地址限制"列表中的选定条目。

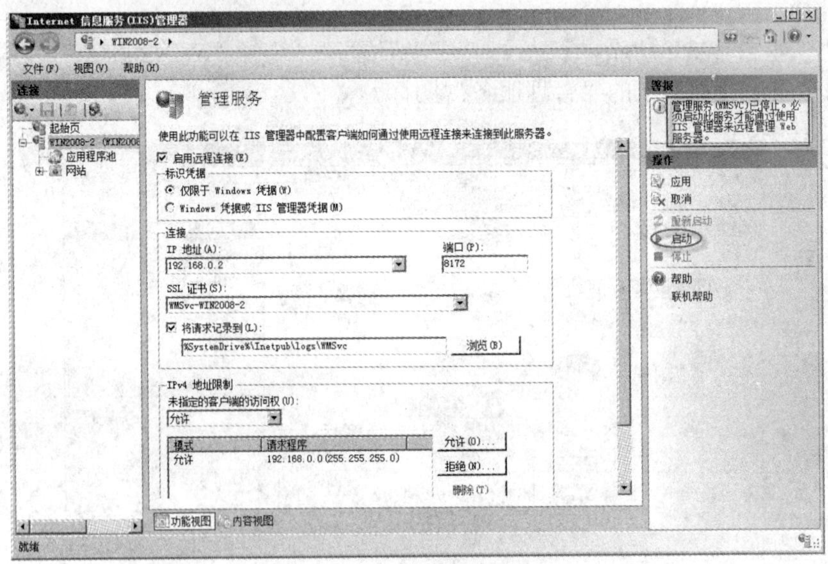

图 9-43 "管理服务"窗口

步骤 3：管理服务配置好以后，必须单击右列的"启动"才能生效。

步骤 4：测试远程管理。在远程计算机上，单击图 9-44 左列的"起始页"链接，单击鼠标右键，在菜单中选择"连接至服务器"，如图 9-44 所示。

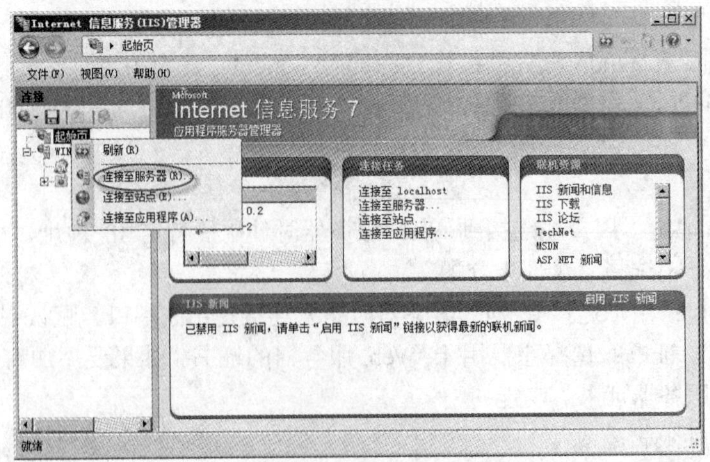

图 9-44 "连接至服务器"菜单项

步骤 5：在如图 9-45 所示的“指定服务器连接详细信息”窗口中，输入服务器的信息，单击“下一步”按钮。

步骤 6：在如图 9-46 所示的“指定连接名称”窗口中，输入连接名称，单击“完成”按钮。

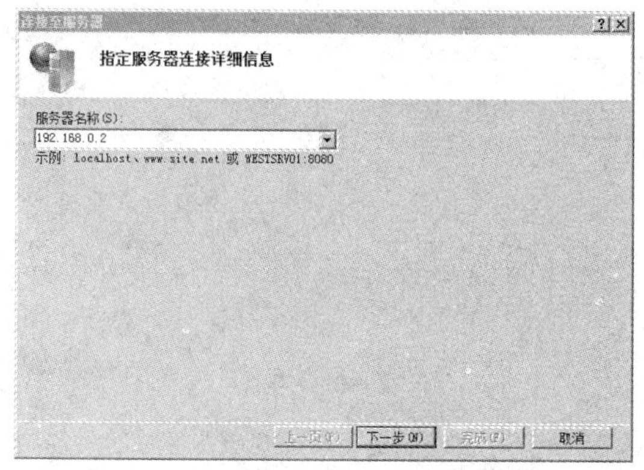

图 9-45　“指定服务器详细信息”窗口

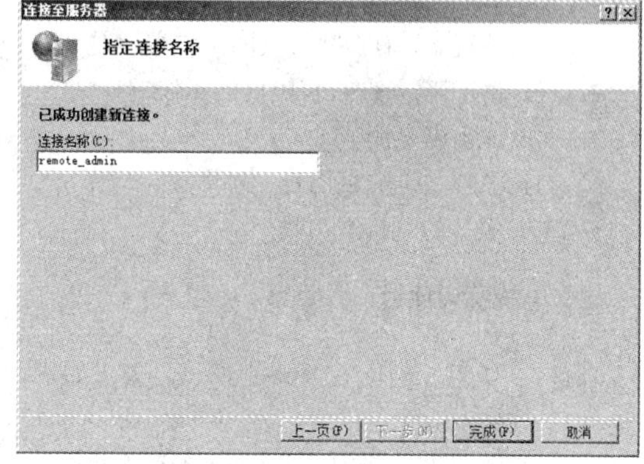

图 9-46　“指定连接名称”窗口

步骤 7：在如图 9-47 所示的远程连接成功窗口中，就可以像本地一样远程管理 IIS 了。

图 9-47　远程连接成功窗口

本章小结

无论网站是在 Intranet 或 Internet 上，提供内容的原则是相同的。将 Web 文件放置在服务器的目录中，以便用户可以通过使用 Web 浏览器建立 HTTP 连接并查看这些文件。除了在服务器上存储文件之外，还必须管理站点如何部署。本章主要讲述了 IIS 7.0 的特征、安装以及 Web 服务器的建立、多网站的建立、网站的管理、访问控制等，最后介绍了如何进行远程管理。

一、理论习题

1．默认情况下，HTTP 协议的工作端口是________。

2．默认情况下，HTTPS 协议的工作端口是________。

3．Web 服务器是指________。

4．创建虚拟主机的目的是________。

5．Web 服务的默认端口是________。

二、上机练习项目

项目 1：为某企业配置 Web 服务器，要求如下。

（1）安装 IIS 7.0。

（2）配置 DNS，域名为 sz.net，新建主机 www、hosta、hostb。

（3）新建网站 www.sz.net。

（4）修改网站的属性，包括默认文件、主目录等，并建立虚拟目录 test。

（5）配置虚拟主机 hosta.szpt.net 和 hostb.szpt.net。

（6）设置安全属性，访问 www.sz.net 时采用“基本身份验证”方法。

（7）禁止 IP 地址 192.168.100.1 的主机和 172.16.0.0/24 网络访问 hosta.szpt.net。

（8）实现远程管理该 Web 服务器。

第 10 章　FTP 服务

FTP 是 File Transfer Protocol 文件传输协议的缩写，FTP 服务器能够在网络上提供文件传输服务。FTP 最初与 WWW 服务和邮件服务一起被列为因特网的三大应用，可见其在网络应用中的地位举足轻重。而利用 Windows 附带的 IIS 建立 FTP 服务器是目前使用最广泛的手段之一。

1. 了解 FTP 技术的工作过程和基本命令
2. FTP 服务器安装
3. FTP 服务器配置
4. 创建用户隔离的 FTP 站点
5. FTP 客户端配置

10.1　FTP 简介

10.1.1　文件传输协议

FTP 是文件传输协议（File Transfer Protocol），是 Internet 上使用最广泛的文件传送工具。FTP 提供交互式的访问，用来在远程主机与本地主机之间或两台远程主机之间传输文件。FTP 服务工作的端口号是 TCP 的 20（数据端口）和 21（控制端口）。而数据端口不一定是 20，这和 FTP 的应用模式有关，如果是主动模式，应该为 20，如果为被动模式，由服务器端和客户端协商而定。FTP 不仅可从远程主机上获取文件，而且可以将文件从本地主机传送到远程主机，如图 10-1 所示。

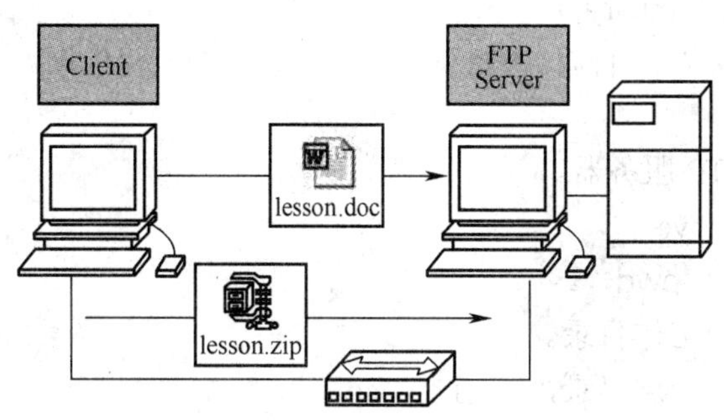

图 10-1　文件传输

在 Internet 上有两类 FTP 服务器。一类是普通的 FTP 服务器，连接到这种 FTP 服务器上时，用户必须具有合法的用户名和口令。另一类是匿名 FTP 服务器，所谓匿名 FTP 是指在访问 FTP 服务器时以固定的用户名“anonymous”登录就能访问资源，不需要口令或者可以使用任何字符、邮箱作为口令，通常这种访问限制在公共目录下。

10.1.2 命令行 FTP

我们通常使用 IE 浏览器或者专门的 FTP 客户端程序来访问 FTP 服务器，Windows 系统中还提供命令行的 FTP 客户端。命令行 FTP 客户端的命令使用格式为：“ftp 网址或 IP 地址”，若连接成功，系统将提示用户输入用户名及口令，如下所示：

```
C:\>ftp ftp.xyz.com.cn
连接到 ftp.xyz.com.cn。
220 Microsoft FTP Service
用户(ftp.xyz.com.cn:(none)): anonymous                    //匿名登录
331 Anonymous access allowed, send identity (e-mail name) as password.
密码:                        //输入密码，任意字符均可
230 Anonymous user logged in.
ftp> ls            //ftp 命令
200 PORT command successful.
150 Opening ASCII mode data connection for file list.
新建文件夹
226 Transfer complete.
ftp: 收到 12 字节，用时 0.00 秒 12000.00 千字节/秒。
ftp>
```

进入想要连接的 FTP 站点后，用户就可以进行相应的文件下载或者上载等操作了，其中一些重要的命令如下所示：

1．help、?、rhelp

（1）help：显示 LOCAL 端的命令说明，若不接受则显示所有可用命令。

（2）?：相当于 help，例如：?cd。

（3）rhelp：同 help，只是它用来显示 REMOTE 端的命令说明。

2．ascii、binary、image、type

（1）ascii：切换传输模式为文字模式。

（2）binary：切换传输模式为二进制模式。

（3）image：相当于 binary。

（4）type：更改或显示目前传输模式。

3．bye、quit

（1）bye：退出 FTP 服务器。

（2）quit：相当于 bye。

4．cd、cdup、lcd、pwd、!

（1）cd：改变当前工作目录。

（2）cdup：回到上一层目录，相当于“cd. .”。

（3）lcd：更改或显示 LOCAL 端的工作目录。

（4）pwd：显示目前的工作目录（REMOTE 端）。
（5）!：执行外壳命令，例如："!ls"。

5．delete、mdelete、rename

（1）delete：删除 REMOTE 端的文件。
（2）mdelete：批量删除文件。
（3）rename：更改 REMOTE 端的文件名。

6．get、mget、put、mput、recv、send

（1）get：下载文件。
（2）mget：批量下载文件。
（3）put：上传文件。
（4）mput：批量上传文件。
（5）recv：相当于 get。
（6）send：相当于 put。

7．hash、verbose、status、bell

（1）hash：当有数据传送时，显示#号，每一个#号表示传送了 1024/8192 字节/位。
（2）verbose：切换所有文件传输过程的显示。
（3）status：显示目前的一些参数。
（4）bell：当指令做完时会发出叫声。

8．ls、dir、mls、mdir、mkdir、rmdir

（1）ls：有点像 UNIX 下的 ls(list)命令。
（2）dir：相当于"ls -l"。
（3）mls：只是将 REMOTE 端某目录下的文件存于 LOCAL 端的某文件里。
（4）mdir：相当于 mls。
（5）mkdir：像 DOS 下的 MD（创建子目录）一样。
（6）rmdir：像 DOS 下的 RD（删除子目录）一样。

9．open、close、disconnect、user

（1）open：连接某个远端 FTP 服务器。
（2）close：关闭目前的连接。
（3）disconnect：相当于 close。
（4）user：再输入一次用户名和口令（有点像 Linux 下的 su）。

10.2 安装、启动与测试 FTP 服务器

10.2.1 安装 FTP 服务器

Windows Server 2008 中的 IIS 7.0 提供了 FTP 服务，但是默认情况下 FTP 服务是没有安装，需要管理员手工进行安装。本安装是在已经安装了 IIS 7.0 基础之上进行的，IIS 7.0 的安装参考 9.1.3 节，这里不再赘述，安装 FTP 服务器的步骤如下：

步骤 1：以管理员账户登录到 Windows Server 2008 系统，运行"开始"→"程序"→

“管理工具”→“服务器管理器”，单击“角色”，选中“Web 服务器（IIS）”，然后单击鼠标右键，在菜单中单击“添加角色服务”，如图 10-2 所示。

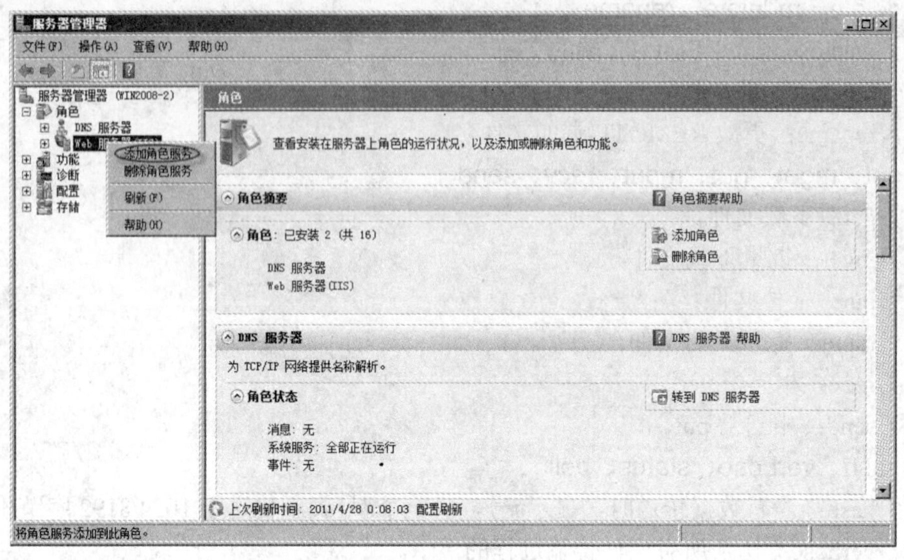

图 10-2 添加角色服务窗口

步骤 2：如图 10-3 所示，在“选择角色服务”窗口中，选择“IIS 6 管理兼容性”和“FTP 发布服务”两个模块，单击“下一步”按钮。

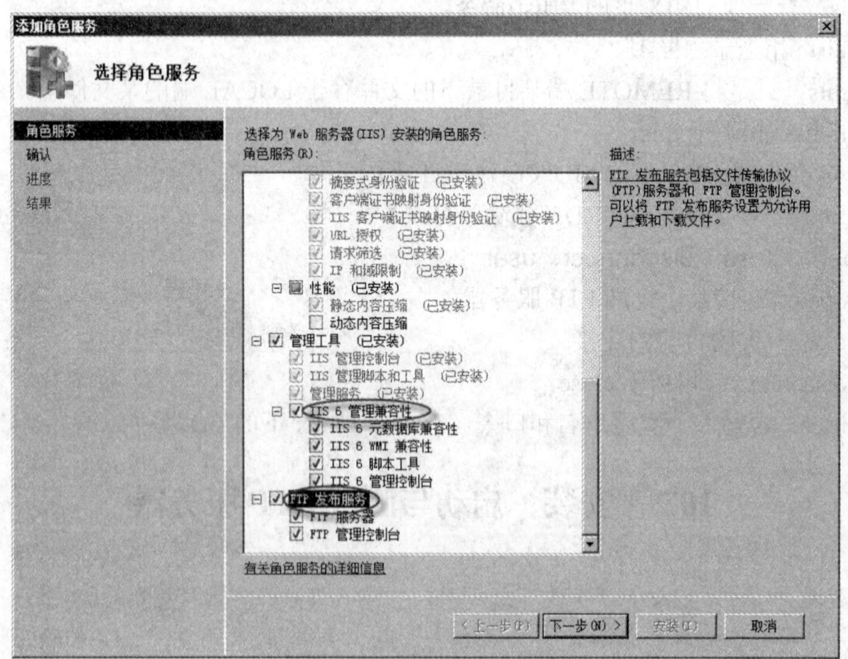

图 10-3 “选择角色服务”窗口

步骤 3：如图 10-4 所示，在“确认安装选择”窗口中，可以看到即将安装的信息，如果有问题，则单击“上一步”按钮修改设置，如果没问题，单击“安装”按钮。

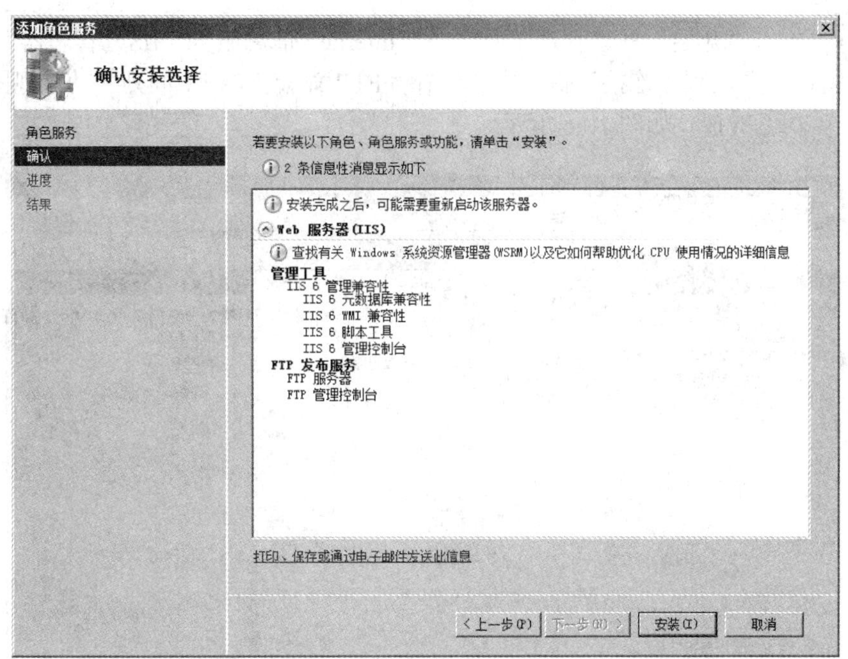

图 10-4　“确认安装选择”窗口

步骤 4：如图 10-5 所示，在“安装结果”窗口中，显示“安装成功”，单击“关闭”按钮。

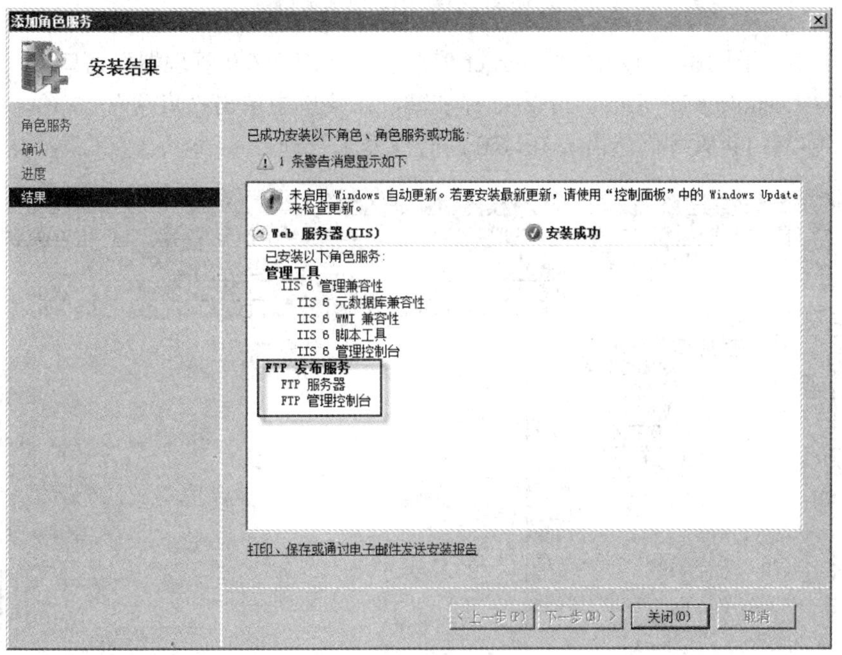

图 10-5　“安装结果”窗口

10.2.2　启动 FTP 服务器

在 IIS 7.0 安装 FTP 服务后，默认情况下不会启动该服务。启动 FTP 的步骤如下：

步骤 1：单击“开始”→“管理工具”→“Internet 信息服务（IIS）管理器”，进入 IIS 7.0 管理器窗口，在左列“连接”窗口中，选择“FTP 站点”，在中间列“功能视图”中单击“单击此处启动”链接，如图 10-6 所示。

图 10-6　启动 FTP 服务窗口

步骤 2：在如图 10-7 所示的“Internet 信息服务（IIS）6.0 管理器”窗口中，选中“FTP 站点”下的“Default FTP Site”，单击鼠标右键，在菜单中单击“启动”。注意，在 Windows Server 2008 中，FTP 服务仍然需要 IIS 6.0 的管理器来管理。

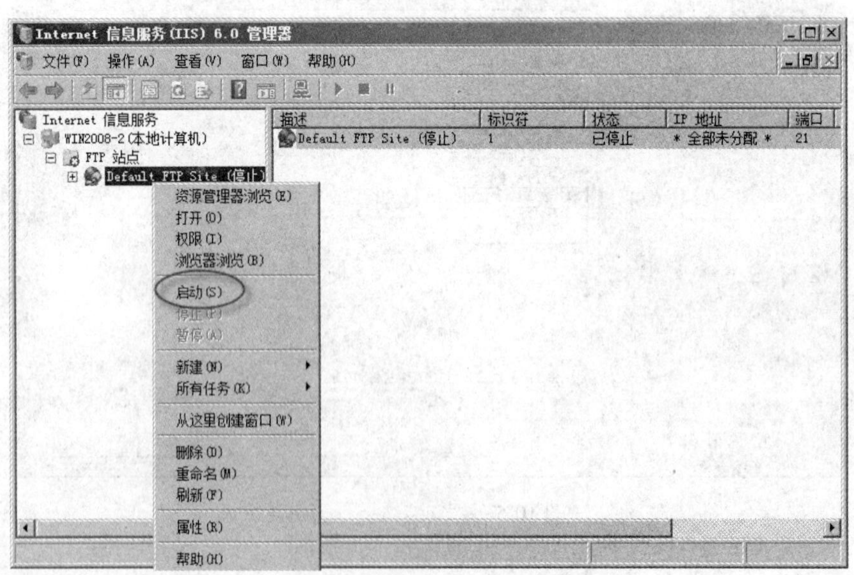

图 10-7　“Internet 信息服务（IIS）6.0 管理器”窗口

步骤 3：在如图 10-8 所示的“IIS6 管理器”窗口中，单击“是”按钮，启动 FTP 服务。

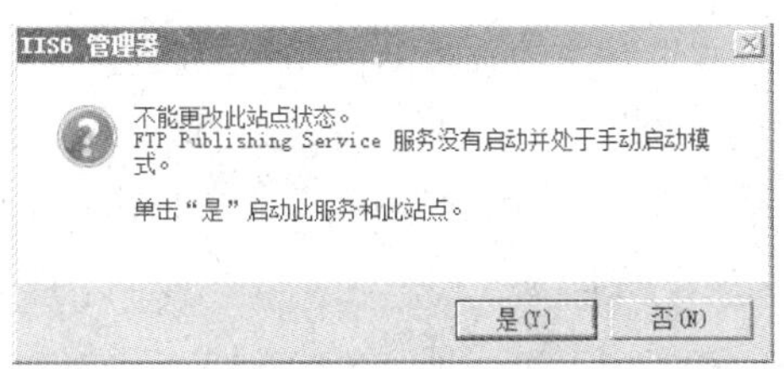

图 10-8　“IIS6 管理器”窗口

10.2.3　测试 FTP 服务器

1．利用客户端连接程序

打开“命令提示符”，然后按照如图 10-9 所示进行操作，图中“用户”处输入匿名账户“anonymous”，而“密码”处输入电子邮件账号或直接回车即可。

```
管理员: 命令提示符 - ftp 192.168.0.2
Microsoft Windows [版本 6.0.6001]
版权所有 (C) 2006 Microsoft Corporation。保留所有权利。

C:\Users\Administrator>ftp 192.168.0.2
连接到 192.168.0.2。
220 Microsoft FTP Service
用户(192.168.0.2:(none)): anonymous
331 Anonymous access allowed, send identity (e-mail name) as password.
密码:
230 Anonymous user logged in.
ftp>
```

图 10-9　命令提示符下进行 FTP 匿名登录

2．利用浏览器访问 FTP 站点

可以在浏览器地址栏输入“ftp://192.168.0.2”进行 FTP 匿名登录。由于目前 FTP 默认站点内还没有文件，因此在画面中看不到任何的文件。

10.3　配置 FTP 服务器

FTP 服务安装完成后，系统会自动建立一个默认 FTP 站点“Default FTP Site”，可以直接利用它来作为 FTP 站点，或者自己新建立一个 FTP 站点。本节将利用“Default FTP Site”（IP 地址：192.168.0.2）来说明 FTP 站点的配置。

10.3.1　主目录与目录格式列表

计算机上每个 FTP 站点都必须有自己的主目录。默认 FTP 站点的默认主目录位于“%SystemDriver%\Inetpub\ftproot”。单击“开始”→“管理工具”→“Internet 信息服务（IIS）6.0 管理器”→“FTP 站点”→“Default FTP Site”，单击鼠标右键，在出现的快捷菜单中选择“属性”选项，进入“Default FTP Site 属性”窗口，选择“主目录”选项卡，如图 10-10 所示。

1．“此资源的内容来源”区域

该区域有两个选项：

（1）此计算机上的目录。系统默认 FTP 站点的默认主目录位于“%SystemDriver%\

Inetpub\ftproot”，可以通过“浏览”按钮选择新的主目录。

（2）另一台计算机上的目录。将主目录指定到另外一台计算机的共享文件夹，同时单击“连接为”按钮来设置一个有权限存取此共享文件夹的用户名和密码，如图 10-11 所示。

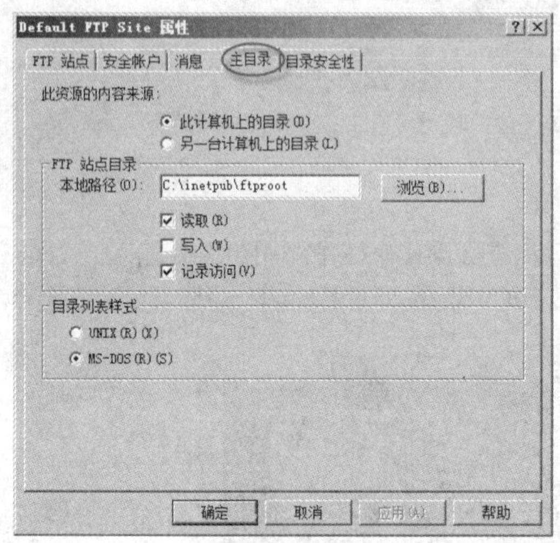

图 10-10　“主目录”选项卡

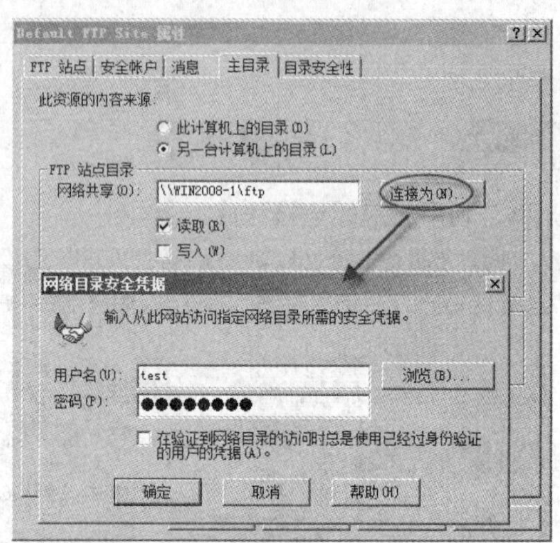

图 10-11　其他计算机上的共享目录作为主目录

2. FTP 站点目录区域

可以选择本地路径或者网络共享，同时可以设置用户的访问权限，共有三个复选框，分别是：

（1）读取：用户可以读取主目录内的文件，例如可以下载文件。

（2）写入：用户可以在主目录内添加、修改文件，例如可以上传文件。

（3）记录访问：将连接到此 FTP 站点的行为记录到日志文件内。

3. 目录列表格式区域

用来设置如何将主目录内的文件显示在用户的屏幕上，有两种选择：“MS-DOS”（默认选项）和“UNIX”显示格式，如图 10-12 所示。

```
管理员: 命令提示符 - ftp 192.168.0.2
C:\>ftp 192.168.0.2
连接到 192.168.0.2。
220 Microsoft FTP Service
用户(192.168.0.2:(none)): anonymous
331 Anonymous access allowed, send identity (e-mail name) as password.
密码:
230 Anonymous user logged in.
ftp> dir
200 PORT command successful.
150 Opening ASCII mode data connection for /bin/ls.
04-28-11  10:07AM                   10 a.txt
04-28-11  10:07AM       <DIR>          web1
04-28-11  10:07AM       <DIR>          web2
04-28-11  10:07AM       <DIR>          web3
04-28-11  10:07AM       <DIR>          web4
226 Transfer complete.
ftp: 收到 226 字节，用时 0.14秒 1.61千字节/秒。
ftp>
```

MS-DOS 格式

```
管理员: 命令提示符 - ftp 192.168.0.2
C:\>ftp 192.168.0.2
连接到 192.168.0.2。
220 Microsoft FTP Service
用户(192.168.0.2:(none)): anonymous
331 Anonymous access allowed, send identity (e-mail name) as password.
密码:
230 Anonymous user logged in.
ftp> ls
200 PORT command successful.
150 Opening ASCII mode data connection for file list.
a.txt
web1
web2
web3
web4
226 Transfer complete.
ftp: 收到 31 字节，用时 0.16秒 0.20千字节/秒。
ftp>
```

UNIX 格式

图 10-12　目录列表格式

10.3.2 FTP 站点标识、连接限制、日志记录

在图 10-10 中，选择“FTP 站点”选项卡，如图 10-13 所示。

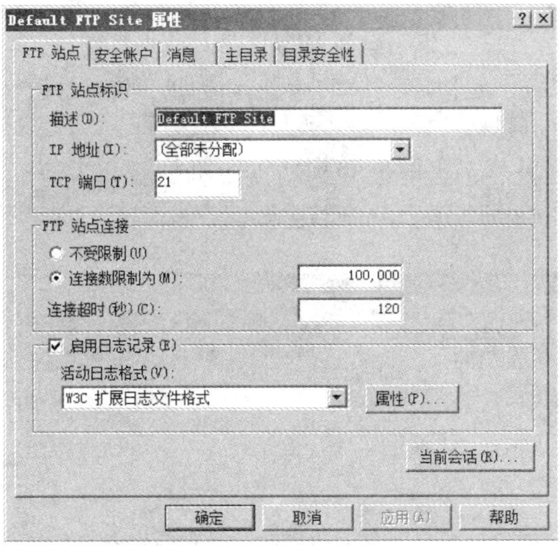

图 10-13 “FTP 站点”选项卡

在图 10-13 中，有三个区域：

1.“FTP 站点标识”区域

为每一个站点设置不同的识别信息。站点的描述不是必需的。

（1）描述：可以在文本框内输入一些文字说明。

（2）IP 地址：若此计算机内有多个 IP 地址，可以指定只有通过某个 IP 地址才可以访问 FTP 站点。如果没有分配特定的 IP 地址，那么此站点将响应分配给该计算机但没有分配给其他站点的所有 IP 地址，这使它成为默认网站。

（3）TCP 端口：FTP 默认的端口是 21。可以将端口更改为任何唯一的 TCP 端口号，但是客户端必须事先知道才能请求该端口号，否则其请求不能连接到服务器。端口号是必需的，该文本框不能为空。

2.“FTP 站点连接”区域

可以同时连接到服务器的客户端连接的数量。

（1）不受限制：不限制并发连接的数量，服务器接受连接直到内存不足。

（2）连接数限制为：可以强制限制同时连接到服务器的客户端连接数。要保持服务器的良好性能，建议设置限制。达到限制时，IIS 将向客户端返回一个错误消息，声明当前服务器连接数超限。

（3）连接超时：设置服务器在断开与非活动用户的连接之前等待的时间（以秒为单位）。这将确保在 FTP 协议无法关闭某个连接时，在指定时间段内关闭所有的连接。

3.“启用日志记录”区域

可以启用 FTP 站点的日志功能，它可以记录关于用户活动的细节并按所选格式创建日志。

（1）活动日志格式：

- Microsoft IIS 日志格式：一种固定的 ASCII 格式。
- ODBC 日志记录：一种记录到某个数据库（与该数据库兼容）的固定格式。
- W3C 扩展日志文件格式：一种可自定义的 ASCII 格式，默认情况下处于选中状态。要使用进程记账，必须选择 W3C 扩展日志文件格式。

（2）属性：可以配置创建日志文件的选项（例如，每周或按文件大小），或配置 W3C 扩展日志或 ODBC 日志的属性。

（3）当前会话：可以显示当前连接到站点而不是服务器的用户列表。如图 10-14 所示，可以通过“断开”按钮断开选中用户的连接。

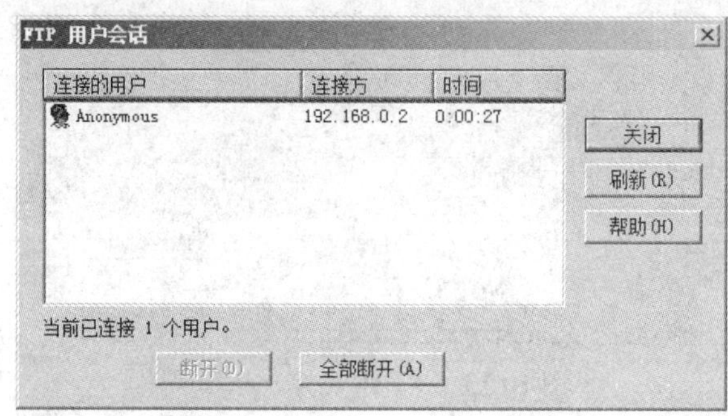

图 10-14 “FTP 用户会话”窗口

10.3.3 FTP 站点消息

设置 FTP 站点时，可以向用户 FTP 客户端发送站点的消息。该消息可以是用户登录时的欢迎用户到 FTP 站点的问候消息、用户注销时的退出消息、通知用户已达到最大连接数的消息或横幅消息。在图 10-10 中，选择“消息”选项卡，如图 10-15 所示。

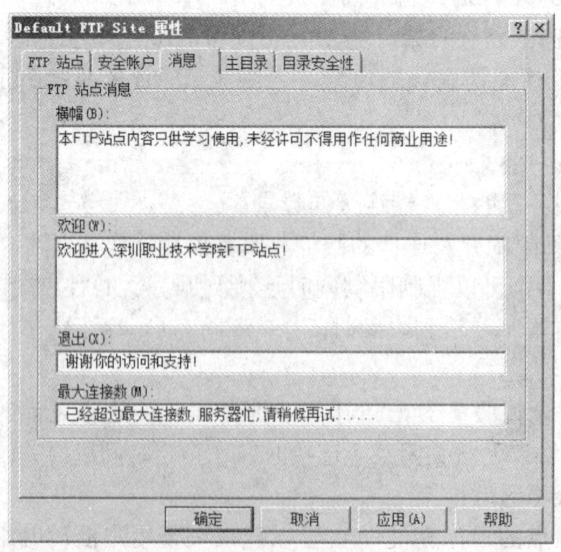

图 10-15 “消息”选项卡

（1）横幅：当用户连接 FTP 站点时，首先会看到设置在该区域的文字。当站点中含有敏感信息时，该消息非常有用。默认情况下，这些消息是空的。

（2）欢迎：当用户登录到 FTP 站点时，会看到此消息。

（3）退出：当用户注销时，会看到此消息。

（4）最大连接数：如果 FTP 站点有连接数目的限制，而且目前连接的数目已经达到此数目时，当再有用户连接到此 FTP 站点时，会看到此消息。

设置上面的消息后，用户访问时显示的信息如图 10-16 所示。

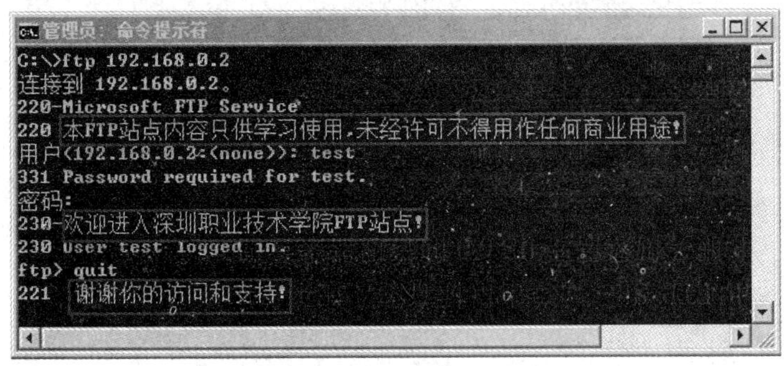

图 10-16　访问 FTP 显示的消息

10.3.4　安全账户

根据安全要求，可以对请求访问 FTP 站点的用户进行验证。FTP 身份验证方法有两种：匿名 FTP 身份验证和基本 FTP 身份验证。

1．匿名 FTP 身份验证

可以配置 FTP 服务器以允许对 FTP 资源进行匿名访问。如果为资源选择了匿名 FTP 身份验证，则接受对该资源的所有请求，并且不提示用户输入用户名或密码。这是可能的，因为 IIS 将自动创建名为“IUSR_computername”的 Windows 用户账户，其中“computername”是正在运行 IIS 的服务器的名称。这和基于 Web 的匿名身份验证非常相似。如果启用了匿名 FTP 身份验证，则 IIS 始终先使用该验证方法，即使已经启用了基本 FTP 身份验证，也是如此。

2．基本 FTP 身份验证

要使用基本 FTP 身份验证与 FTP 服务器建立 FTP 连接，用户必须使用与有效 Windows 用户账户对应的用户名和密码进行登录。如果 FTP 服务器不能证实用户的身份，服务器就会返回一条错误消息。基本 FTP 身份验证只提供很低的安全性能，因为用户以不加密的形式在网络上传输用户名和密码。

在图 10-10 中，选择“安全账户”选项卡，如图 10-17 所示，如果选取了“允许匿名连接”复选框，则所有的用户都必须利用匿名账户来登录 FTP 站点，不可以利用正式的用户账户和密码。反过来说，如果取消选取“允许匿名连接”复选框，则所有的用户都必须输入正式的用户账户和密码，不可以利用匿名登录。

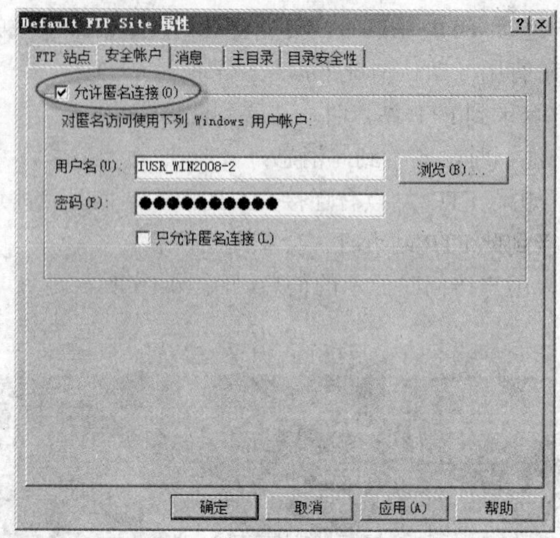

图 10-17 “安全账户”选项卡

10.3.5 目录安全性

通过将计算机或计算机组的 IP 地址指定为授权访问或拒绝访问，可以控制对 FTP 资源的访问。在图 10-10 中，选择“目录安全性”选项卡，如图 10-18 所示。

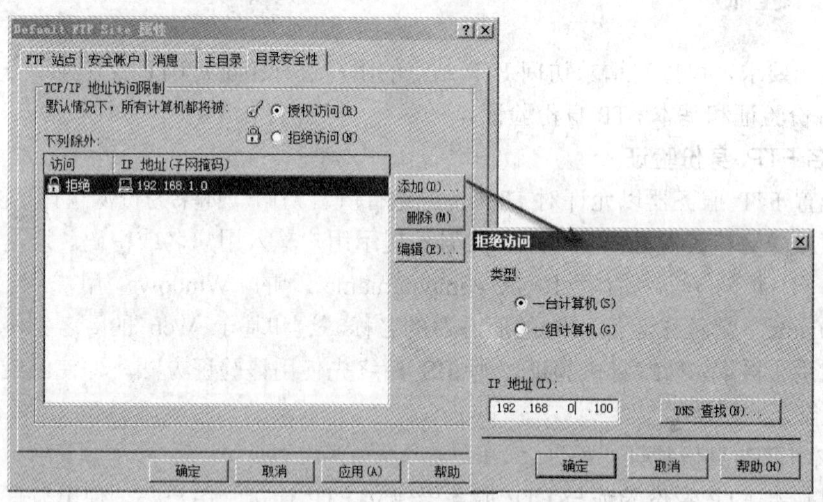

图 10-18 “目录安全性”选项卡

（1）授权访问：可将访问权限授予所有计算机。要添加拒绝访问的计算机、计算机组或域，单击“添加”按钮，然后在“拒绝访问”窗口中键入所需的信息。被拒绝访问的计算机将出现在“下列除外”列表框中。

（2）拒绝访问：可以拒绝所有计算机的访问权限。要添加允许访问的计算机、计算机组或域，单击“添加”按钮，然后在“授权访问”对话框中键入所需的信息。授权访问的计算机出现在“下列除外”列表框中。

（3）添加：可以定义要授权访问或拒绝访问的计算机或计算机组。

（4）删除：可以从除外列表中删除当前所选的项目。

（5）编辑：可以修改除外列表中当前所选项目的特定属性。

10.4 创建新 FTP 站点

根据本书第 1 章规划：设置一个目录为只读目录，用以发放公共的资料；设置另一个目录为读写目录，供员工自由上载文件供他人使用。此外为增加方便性，可以为每个员工设置一个仅个人可以访问的目录，供员工把私有的资料放在网络上。这就需要采用隔离用户的 FTP 站点。

FTP 用户隔离为 Internet 服务提供商（ISP）和应用服务提供商提供了解决方案，使他们可以为客户提供上载文件和 Web 内容的个人 FTP 目录。FTP 用户隔离通过将用户限制在自己的目录中，来防止用户查看或覆盖其他用户的 Web 内容。因为顶层目录就是用户自己的主目录，用户无法浏览目录树的上一层。在特定的站点内，用户能创建、修改或删除文件和文件夹。FTP 用户隔离是站点属性，而不是服务器属性。可以为每个 FTP 站点启动或关闭该属性。

在创建 FTP 站点时，IIS 6.0 支持以下三种模式：

（1）不隔离用户：该模式不启用 FTP 用户隔离。由于在登录到 FTP 站点的不同用户间的隔离尚未实施，该模式最适合于只提供共享内容下载功能的站点或不需要在用户间进行数据访问保护的站点。

（2）隔离用户：该模式在用户访问与其用户名匹配的主目录前，根据本机或域账户验证用户。所有用户的主目录都在单一 FTP 主目录下，每个用户均被安放和限制在自己的主目录中，不允许用户浏览自己主目录外的内容。如果用户需要访问特定的共享文件夹，可以再建立一个虚拟根目录。该模式不使用 Active Directory 目录服务进行验证。

（3）用 Active Directory 隔离用户：该模式根据相应的 Active Directory 容器验证用户凭据，而不是搜索整个 Active Directory，那样做需要大量的处理时间。将为每个客户指定特定的 FTP 服务器实例，以确保数据完整性及隔离性。当用户对象在 Active Directory 容器内时，可以将 FTPRoot 和 FTPDir 属性提取出来，为用户主目录提供完整路径。如果 FTP 服务能成功地访问该路径，则用户被放在代表 FTP 根位置的该主目录中。用户只能看见自己的 FTP 根位置，因此受限制而无法向上浏览目录树。如果 FTPRoot 或 FTPDir 属性不存在，或它们无法共同构成有效、可访问的路径，用户将无法访问。该模式需要运行 Active Directory 服务器。如果 FTP 服务器已经加入域，而且域用户数据需要相互隔离，则需要选择该模式。

10.4.1 创建隔离用户的 FTP 站点

当设置 FTP 服务器使用隔离用户时，所有的用户主目录都在 FTP 站点目录中的二级目录结构下。FTP 站点目录可以在本地计算机上，也可以在网络共享上。创建隔离用户的 FTP 站点目录时，请遵循以下惯例：

（1）如果允许匿名访问，在 FTP 站点主目录下创建“LocalUser”和“LocalUser\Public”子目录。

（2）如果本地计算机用户使用他们各自的账户用户名登录（而不是作为匿名用户），在FTP 站点主目录下为每个允许连接到该 FTP 站点的用户创建“LocalUser”子目录以及一个单独的“LocalUser\UserName”目录。

（3）如果不同域的用户使用显式“Domain\UserName”凭据登录，在该 FTP 站点根目录下为每个域都创建一个子目录（使用域名）。在每个域目录下，为每个用户创建一个目录。例如，要支持用户“szpt\user1”访问，创建“szpt”和“szpt\user1”目录。

假设 FTP 站点主目录在“c:\ftp”目录，要让用户 test1 和 test2 登录 FTP 站点，则应该在主目录下为用户创建子文件夹“c:\ftp\localuser\test1”和“c:\ftp\localuser\test2”，而且文件夹名必须与用户名相同。同时创建“c:\ftp\localuser\public”，允许匿名访问。当然也要添加 test1 和 test2 用户。以上的准备工作完成后，开始创建隔离用户的 FTP 站点，步骤如下：

步骤 1：单击“开始”→“管理工具”→“Internet 信息服务（IIS）6.0 管理器”→“FTP 站点”，右击“新建”→“FTP 站点”，如图 10-19 所示。出现“FTP 站点创建向导”，单击“下一步”按钮。

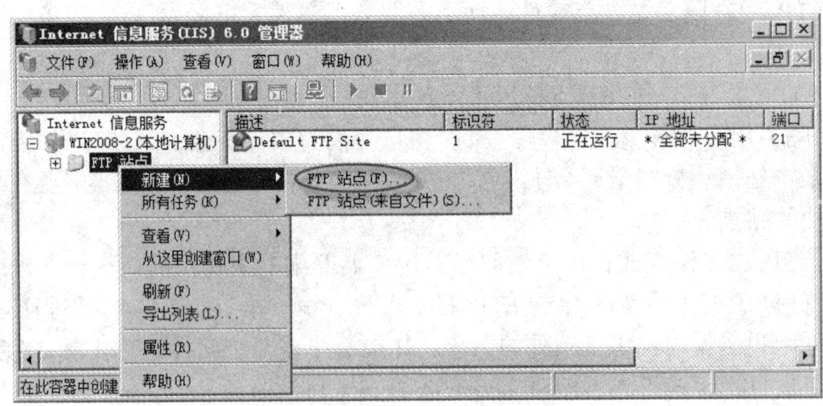

图 10-19 新建 FTP 站点

步骤 2：如图 10-20 所示，在“FTP 站点描述”窗口，在“描述”文本框中输入 FTP 站点的描述信息，单击“下一步”按钮。

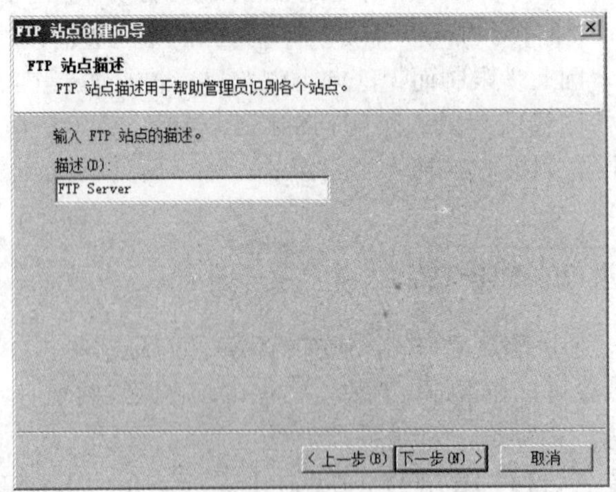

图 10-20 “FTP 站点描述”窗口

步骤 3：如图 10-21 所示，在“IP 地址和端口设置”窗口，在“输入此 FTP 站点使用的 IP 地址”下拉列表框中选择主机的 IP 地址，在“输入此 FTP 站点的 TCP 端口”文本框中输入使用的 TCP 端口，单击“下一步”按钮。

步骤 4：如图 10-22 所示，在“FTP 用户隔离”窗口，选择“隔离用户”单选按钮，单击“下一步”按钮。

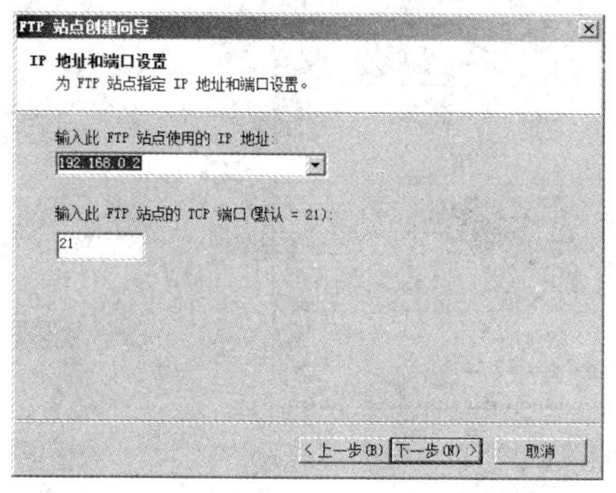

图 10-21 “IP 地址和端口设置”窗口

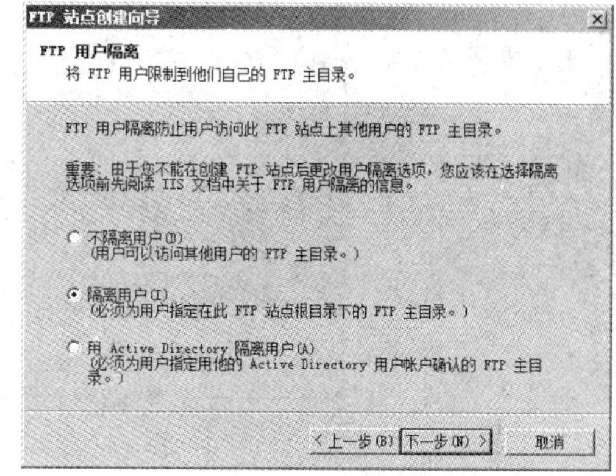

图 10-22 “FTP 用户隔离”窗口

步骤 5：如图 10-23 所示，在“FTP 站点主目录”窗口，在“路径”文本框中输入或者单击“浏览”按钮，选择“C:\ftp”目录，单击“下一步”按钮。

【提示】为了便于访问权限和磁盘配额的限制，强烈建议将 FTP 站点的主目录创建在 NTFS 系统分区上。同时确保用户对目录的操作权限。关于 NTFS 权限和磁盘配额请参见前面的章节。

步骤 6：如图 10-24 所示，在“FTP 站点访问权限”窗口，在“允许下列权限”复选框中选择相应的权限，单击“下一步”按钮。

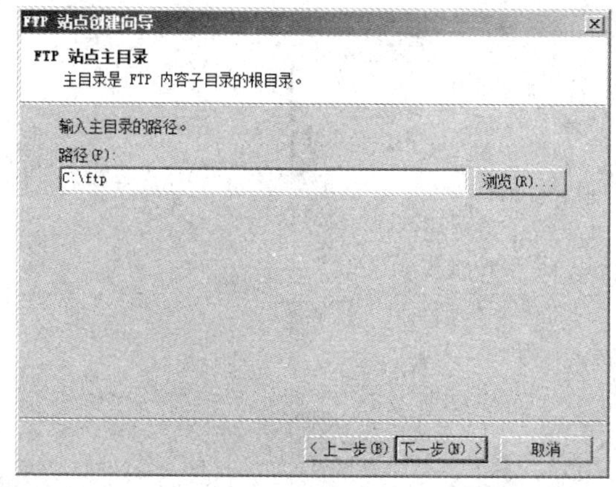

图 10-23 “FTP 站点主目录”窗口

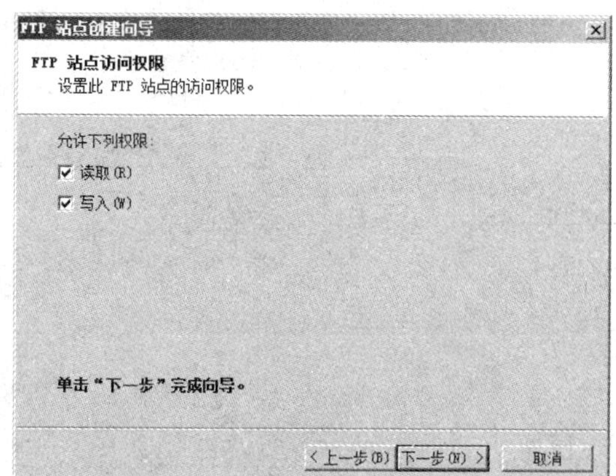

图 10-24 “FTP 站点访问权限”窗口

步骤 7：进入“完成”窗口，单击“完成”按钮，完成 FTP 站点的建立。

步骤 8：测试。在浏览器中分别输入“ftp://test1@192.168.0.2”、“ftp://test2@192.168.0.2”和“ftp://192.168.0.2”，即分别以用户 test1、test2 和匿名登录 FTP 站点，连接成功的结果如图 10-25 所示。

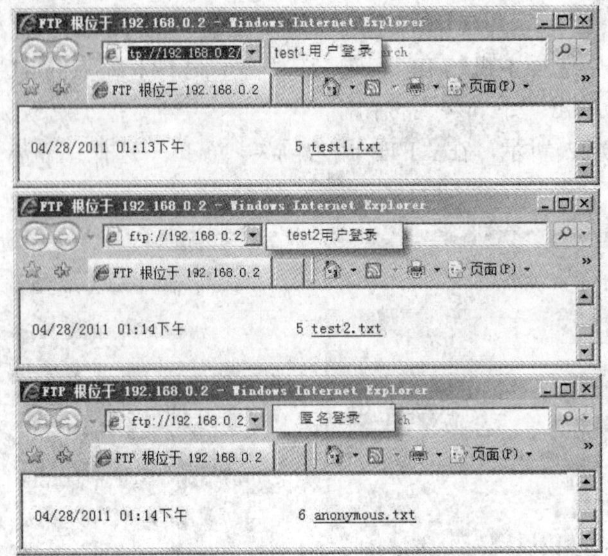

图 10-25 FTP 测试连接成功

10.4.2 利用不同端口号创建多个 FTP 站点

默认情况下，FTP 服务使用 TCP 的 21 号端口，可以使用不同的端口号来创建多个 FTP 站点。本例中创建两个 FTP 站点，对应的 TCP 端口号分别是 8001 和 8002。创建不隔离用户的 FTP 站点，首先需要创建 FTP 站点的主目录，其他的安装方法与 10.4.1 节中的“创建隔离用户的 FTP 站点”相类似，只有两点不同。

步骤 1：在图 10-21 的“输入此 FTP 站点的 TCP 端口”文本框中分别输入 8001 或者 8002，如图 10-26 所示。

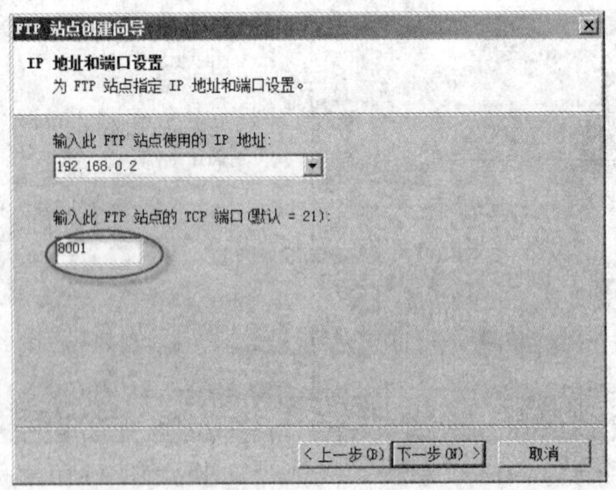

图 10-26 “IP 地址和端口设置”窗口

步骤 2：在图 10-22 中选择“不隔离用户”，如图 10-27 所示。

步骤 3：测试。在浏览器中分别输入“ftp://192.168.0.2:8001”和“ftp://192.168.0.2:8002”即可访问不同的 FTP 站点。

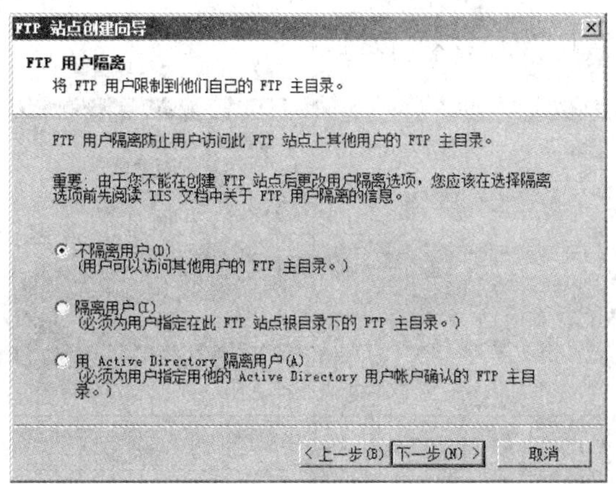

图 10-27　“FTP 用户隔离”窗口

10.5　创建虚拟目录

虚拟目录的基本概念已经在 9.2.2 节中做了介绍，这里不再赘述，本节以“Default FTP Site”站点为例，讲述 FTP 站点建立虚拟目录的步骤：

步骤 1：单击“开始”→“管理工具”→“Internet 信息服务（IIS）6.0 管理器”→“FTP 站点”→“Default FTP Site”，单击鼠标右键，在出现的菜单中选择“新建”→“虚拟目录”选项，如图 10-28 所示，进入“虚拟目录创建向导”窗口，单击“下一步”按钮。

步骤 2：在如图 10-29 所示的“虚拟目录别名”窗口中，在“别名”文本框中输入别名，单击“下一步”按钮。

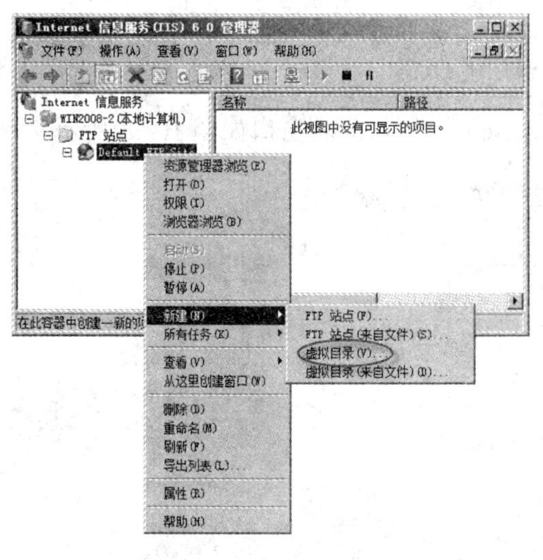

图 10-28　新建虚拟目录

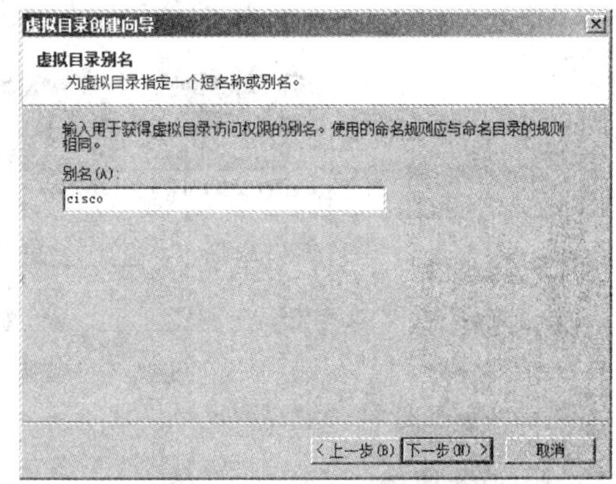

图 10-29　“虚拟目录别名”窗口

步骤 3：在如图 10-30 所示的“FTP 站点内容目录”窗口中，单击“浏览”按钮，选择虚拟目录的路径，单击“下一步”按钮。

步骤 4：在如图 10-31 所示的“虚拟目录访问权限”窗口中，在“允许下列权限”复选框中选择相应的权限，单击“下一步”按钮。

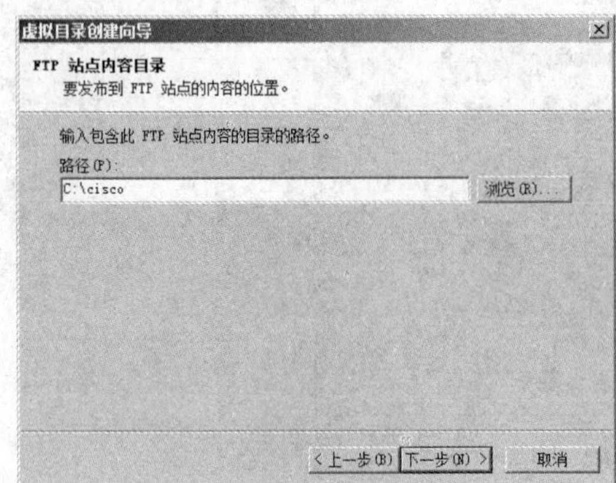

图 10-30 “FTP 站点内容目录”窗口

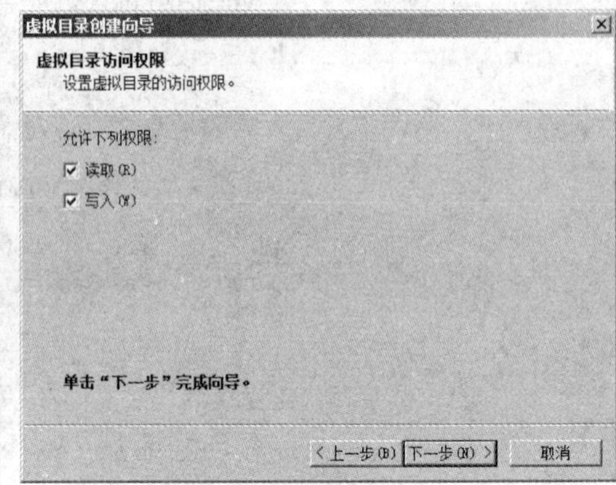

图 10-31 “虚拟目录访问权限”窗口

步骤 5：在完成虚拟目录创建向导窗口中，单击“完成”按钮，完成虚拟目录的创建，创建结果如图 10-32 所示。

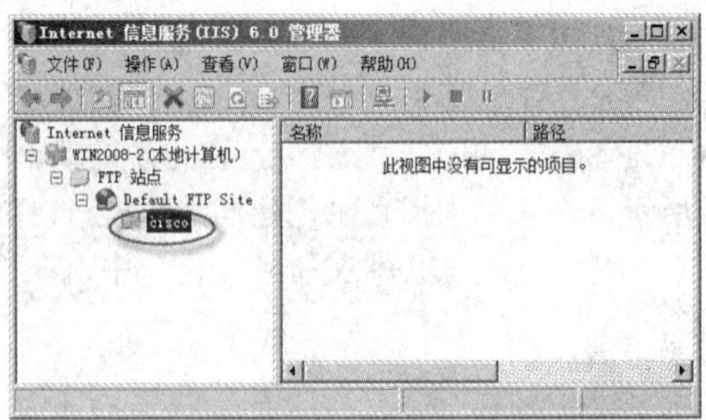

图 10-32 虚拟目录创建成功窗口

步骤 6：在浏览器中输入“ftp://192.168.0.2/cisco”，访问成功窗口如图 10-33 所示。

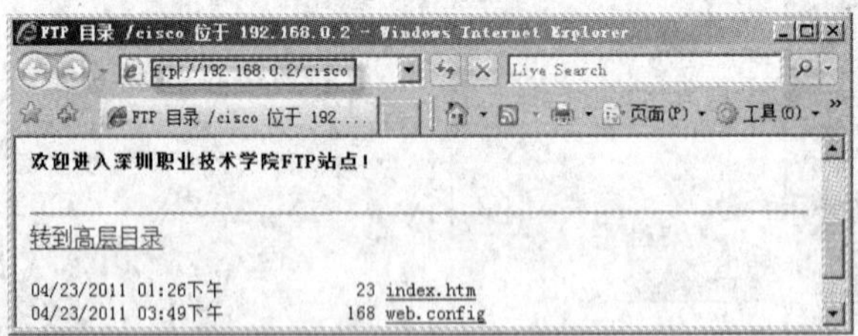

图 10-33 虚拟目录访问成功窗口

本章小结

在众多的网络应用中，FTP（File Transfer Protocol）有着非常重要的地位。在 Internet 中一个十分重要的资源就是软件资源。而各种各样的软件资源大多数都是放在 FTP 服务器中的。本章首先讲述了 FTP 的工作过程和基本原理，然后讲述了 FTP 服务的安装启动和测试，接着又讲述了如何修改和设置 FTP 站点的属性，最后重点讲述了创建 FTP 站点的三种模式：不隔离用户、隔离用户和用 Active Directory 隔离用户以及虚拟目录的创建。

一、理论习题

1．默认情况下，FTP 服务使用的是________端口。
2．命令行 FTP 中一次下载多个文件用________命令。
3．在 FTP 操作过程中，“530”表示________。
4．为了便于访问权限和磁盘配额的限制，强烈建议将 FTP 站点的主目录创建在________系统分区上。
5．FTP 站点连接区域中，默认的连接超时是________。
6．在 Windows Server 2008 中，FTP 服务仍然需要________的管理器来管理。

二、上机练习项目

项目 1：为某企业配置 FTP 服务器，要求如下。
（1）在 IIS 7.0 中添加“IIS6 管理兼容性”和“FTP 服务发布”角色服务。
（2）配置 DNS，域名为 sz.net，新建主机 ftp1 和 ftp2。
（3）不用隔离用户新建 FTP 站点 ftp1.sz.net。
（4）在 ftp1.sz.net 下创建虚拟目录 cisco。
（5）用隔离用户新建 FTP 站点 ftp2.sz.net。
（6）修改网站的属性，包括目录安全性、配置各种消息。

第 11 章　终端服务

系统管理员并不经常守在服务器跟前，因此能够实现远程管理是管理员迫切的需求。早在几十年前的 UNIX 系统中，系统就提供了远程登录的功能：Telnet，使用 Telnet 可以实现远程管理。Windows 也提供了该功能，然而 Telnet 的字符界面发挥不了 Windows 强大的图形界面功能，终于微软提供了图形界面的远程登录功能，这就是远程桌面。在客户机上安装简单的"远程桌面"程序后，管理员就可以在客户机上使用鼠标完成对服务器的管理。远程桌面主要是用于管理，如果在服务器上安装终端服务，则允许很多用户远程运行服务器上的程序，客户端就是一个典型的"瘦客户机"了。

1. 介绍什么是远程桌面
2. 在服务器上启用远程桌面功能，在客户端使用客户端软件连接到服务器
3. 在服务器上安装终端服务
4. 配置和管理终端服务
5. 发布桌面应用程序
6. 在客户端通过 Web 方式访问终端服务和应用程序

11.1　远程桌面

11.1.1　为什么需要远程桌面

1．为什么需要远程桌面

服务器通常放在机房内，机房内电磁辐射大、噪音大、空间小，不是管理员的久留之地。通常管理员除了安装服务器硬件、初次安装操作系统或者数据库等软件、巡检时才会到机房，他们是在自己的办公桌上配置服务器。这就需要用到远程桌面，使得管理员能够远程管理服务器。

2．远程桌面简介

Windows Server 2008 中提供了一个图形界面的远程桌面功能，图 11-1 是远程桌面原理示意图。管理员通过网络连接到服务器上，使用 Windows 的操作界面远程控制服务器，就像管理员站在服务器的跟前一样。管理员在自己的计算机（称为客户端）移动鼠标、单击鼠标、键盘输入等，通过专门的协议 RDP（Remote Desktop Protocol，远程桌面协议）将这些指令传到服务器上，服务器执行后又通过 RDP 协议将结果传回到客户端。客户端仅仅是从键盘、鼠标等接收管理员的指令，或者显示服务器执行后的结果，它仅仅是一个输入/输出设备而已，真正负责运算的是服务器上的 CPU，我们可以把客户端看成是服务器上的键盘线、鼠标线和显示器线的延长而已。RDP 协议使用传输层的 TCP 3389 端口。

图 11-1　远程桌面原理示意图

11.1.2　在服务器上允许远程桌面连接

在 Windows Server 2008 中，已经内置了远程桌面连接功能，但是只允许不超过 2 个用户连接到服务器。在服务器上允许远程桌面连接的步骤如下：在桌面上右击“计算机”图标，选择“属性”菜单项，打开“系统属性”窗口，单击左上角的“高级系统设置”链接。在“远程”选项卡中，选择合适的选项即可，如图 11-2 所示。

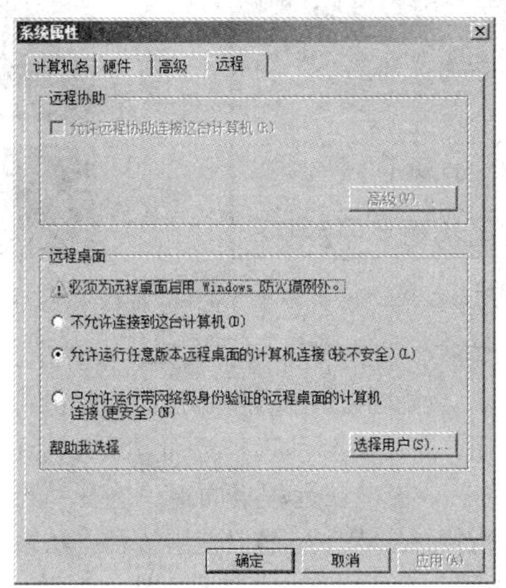

图 11-2　“远程”选项卡

（1）选择“不允许连接到这台计算机”：阻止任何人使用远程桌面。

（2）选择“允许运行任意版本远程桌面的计算机连接”：允许使用任意版本的远程桌面的人连接到你的计算机。如果不知道其他人正在使用的远程桌面连接的版本，这是一个很好的选择。

（3）选择“只允许运行带网络级身份验证的远程桌面的计算机连接”：允许使用带网络级身份验证（NLA）的远程桌面的人连接到你的计算机。如果知道将要连接到计算机的人在其计算机上运行 Windows Vista/7，这是最安全的选择。

默认时只有 Administrator 可以进行远程连接，可以在图 11-2 中，单击“选择用户”按钮，把其他用户加入。此外，如果设置 Windows 防火墙，应该把“远程桌面”设为例外，见本书后面的章节。

11.1.3 在客户端上远程连接到服务器

1．安装远程桌面客户端程序

客户端要连接到服务器需要安装远程桌面客户端程序（Terminal Services Client），默认时 Windows 操作系统已经安装了远程桌面客户端程序。建议版本为 6.0 以上，客户端程序可以到微软的下载中心免费下载。

2．远程桌面的使用

（1）基本使用。在客户端上，单击“开始”→“所有程序”→“附件”→“远程桌面连接”，可以打开“远程桌面连接”窗口，如图 11-3 所示，输入服务器的计算机名、IP 地址或 DNS 名均可，单击“连接”按钮；如图 11-4 所示，输入服务器上的用户名和密码，单击“→”按钮。登录成功后，使用 Ctrl+Alt+Pause 组合键可以在全屏和窗口之间进行切换。

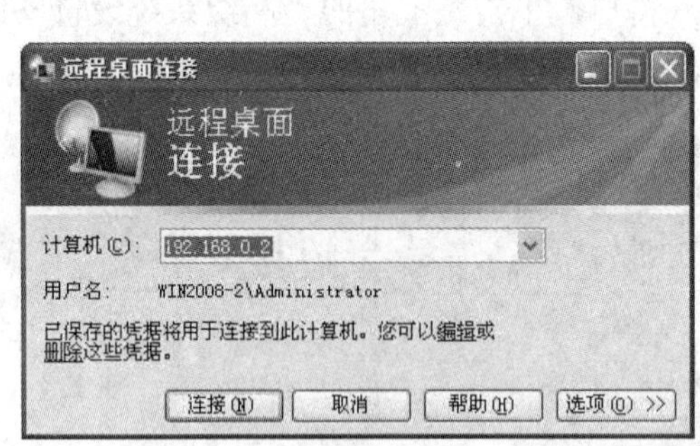

图 11-3 “远程桌面连接”窗口

图 11-4 用户名和密码

用户要结束与服务器的连接，有两种不同的选择。一种是“断开”，直接关闭“远程桌面”窗口即可，这种方法并不会结束用户在服务器已经启动的程序，程序仍然会继续运行，而且桌面环境也会被保留，用户下次重新从远程桌面登录时，还是继续上一次登录时的程序和环境。另一种方式是“注销”，用户在远程桌面窗口选择“开始”→“注销”即可，这种方式会结束用户在服务器上所执行的程序，建议使用该种方法来断开连接。

（2）远程桌面的高级设置。在图 11-3 中单击“选项”按钮，可以进一步配置远程桌面连接的选项。

- 常规设置

如图 11-5 所示，在“登录设置”选项区中，可以设置连接的计算机、用户名，单击“另存为”按钮可以把当前的设置进行保存（.rdp 文件），以后直接双击保存的文件即可进行远程连接，而无需每次输入计算机名、用户。如果选中“允许我保存凭据”，只要成功登录一次，用户名和密码（成为凭据）会被保存。

保存为.rdp 文件后，可以右击该文件，选择“编辑”菜单项，对该文件进行编辑。

- 显示设置

如图 11-6 所示，可以调整远程桌面的分辨率、颜色。默认是已经选中“全屏显示时显示连接栏”，则远程桌面连接时，在窗口上端有一黄色小条，表示是远程连接，用于区分远程桌面和本地桌面。

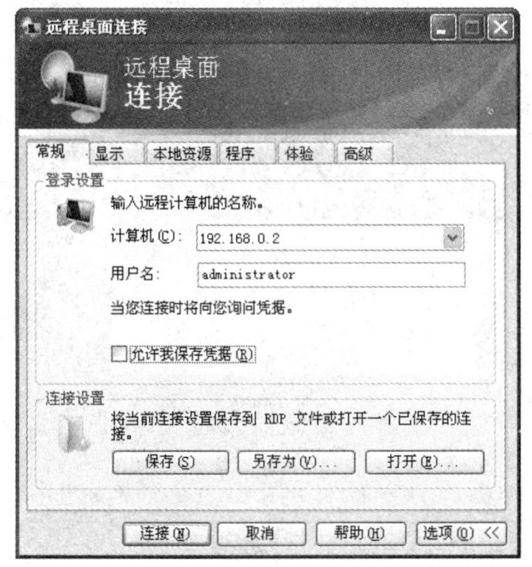

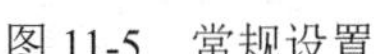

图 11-5　常规设置

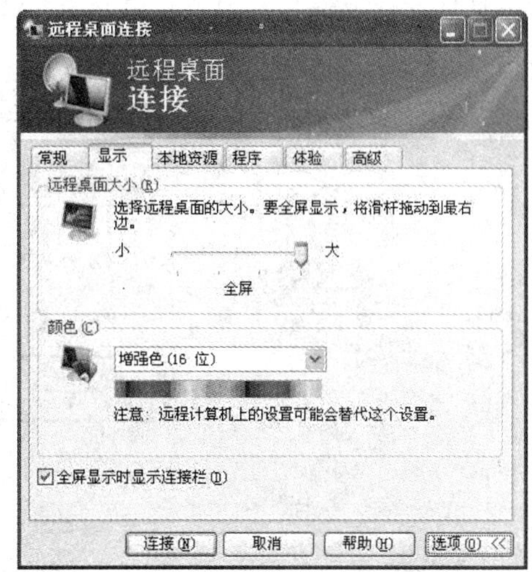

图 11-6　显示设置

- 本地资源设置

如图 11-7 所示，可以设置在远程桌面中如何使用本地计算机的资源。在“远程计算机声音”选项区的下拉列表中，选择“带到这台计算机”时，则如果在远程桌面中播放声音时，声音会送到本地计算机。选择“不要播放”则声音不能在服务器上播放，也不在远程计算机上播放。选择“留在远程计算机”时，则声音在终端服务器上播放。

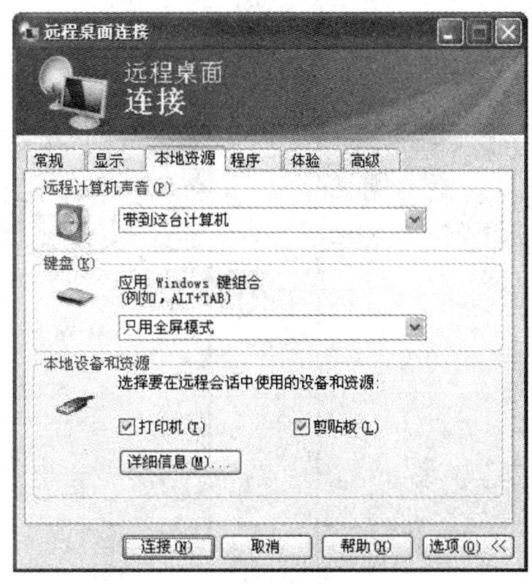

图 11-7　本地资源设置

在“键盘”选项区的下拉列表中可以控制用户按 Windows 组合键时，例如 Alt+Tab 组合键，是用来操作本地计算机还是远程计算机，或者只有在全屏显示时才用来操作远程计算机。

在“本地设备和资源”选项区中，单击“详细信息”按钮，可以控制磁盘驱动器、打印机或者串行口是否可以在远程桌面中使用。如图 11-8 所示，本地计算机上的硬盘出现在远程桌面的窗口中了。因此可以在远程桌面窗口中同时访问远程计算机和本地计算机上的文件，实现远程计算机和本地计算机间的文件复制等，特别是可以在远程桌面中把文件打印到本地的打印机上。

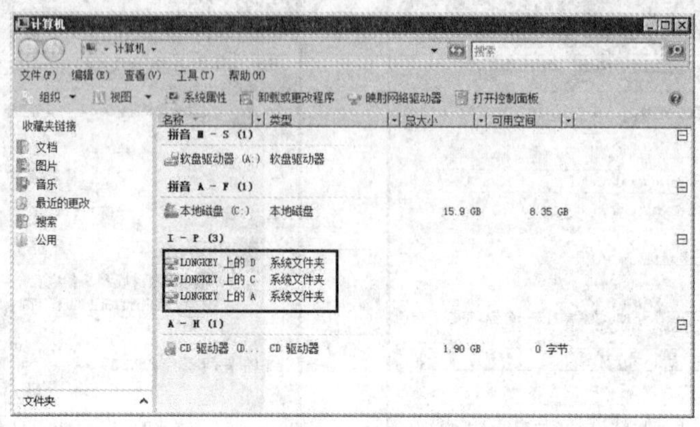

图 11-8　本地资源出现在远程桌面中

- 程序设置

如图 11-9 所示，可以设置远程桌面连接成功后会自动启动的程序，该程序是在终端服务器上执行的，登录成功后，将会看到该程序的界面，而看不到桌面；程序退出后，会自动注销远程桌面连接。如果想把某个程序通过远程桌面共享给其他人使用，而又不想使用者可以完整控制整个桌面，这个功能就很有用。

- 体验设置

如图 11-10 所示，可以根据连接线路的带宽来优化连接的性能，实际上是在使用低速连接时关闭一些不重要的功能，例如“桌面背景”、“菜单和窗口动画”等以减小通信量。

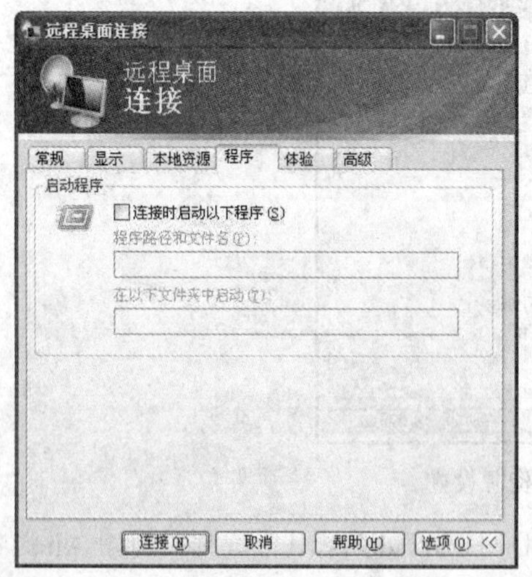

图 11-9　程序设置

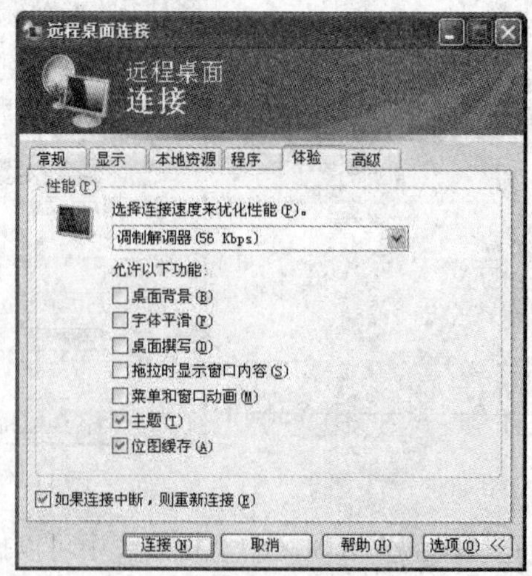

图 11-10　体验设置

- 高级设置

在远程桌面连接中，服务器身份验证将验证是否连接到正确的远程计算机或服务器。此安全措施可阻止未经授权的远程计算机拦截数据，如图 11-11 所示。存在三种可用的身份验证选项：

- 始终连接，即使身份验证失败（安全性较低）：使用此选项，即使远程桌面连接无法验证远程计算机的身份，仍然进行连接。
- 如果身份验证失败则发出警告（更安全）：使用此选项，即使远程桌面连接无法验证远程计算机的身份，也发出警告，以便选择是否要继续进行连接。
- 如果身份验证失败则不连接（最安全）：使用此选项，如果远程桌面连接无法验证远程计算机的身份，就无法进行连接。

如果选择后两种，则无法识别服务器时，会出现如图 11-12 所示的提示。服务器身份验证对服务器有一定要求，需要预先进行配置。

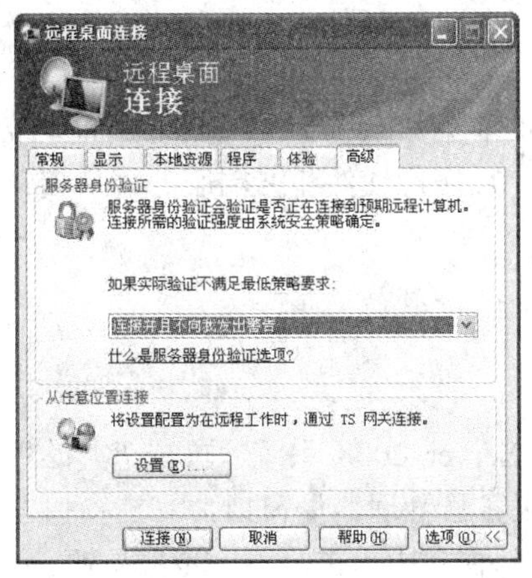

图 11-11　高级设置

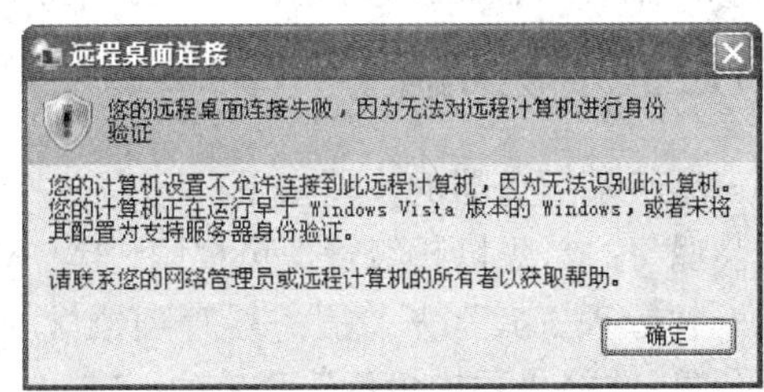

图 11-12　无法识别服务器时的提示

11.2　终端服务

11.2.1　为什么需要终端服务

远程桌面可以使得管理员远程在服务器上执行任务，可以设想如果能够让许多用户都远程连接到服务器上执行任务，那服务器上软硬件资源不是就让大家共享了？这就引出了 Windows 终端服务（Windows Terminal Services）。远程桌面最多允许两个连接，主要用于管理；而终端服务则允许多于两个以上的连接，终端服务的优点是：

1．提高服务器硬件资源的利用率

当前服务器硬件性能已经很好，CPU 的利用率通常维持在低水平状态。通过使用终端服务，企业可以提高服务器的利用率，同时延长桌面系统硬件的使用期限。因为整个系统的所有处理任务都是在服务器端完成的，桌面系统基本上就是一个“哑终端”，这意味着现有的桌面系统硬件可以选用较为低端、甚至是即将淘汰的桌面系统硬件，降低成本。

2．用户可以托管单个应用而非整个对话

Windows Server 2008 中受到用户喜欢的一项新功能是 RemoteApp。RemoteApp 允许用户对个别应用而非整个桌面系统进行虚拟化。这不但降低了对服务器的资源要求，还能够对应用进行集中管理。

3．用户可以随地访问“工作”计算机

对工作场所不在办公室的员工提供支持并非是企业面临的一个新课题。企业会发现，通常情况下，对远程办公的用户提供支持不是一件容易的事。如果员工在办公室使用一台计算机，在其他场所使用另外一台计算机，除非两台计算机配置完全相同，否则员工的工作效率会降低。部署终端服务环境，使得员工无论在办公室工作，还是在外边工作，工作效率都一样高。

4．应用维护更简便

在终端服务环境下，应用安装在终端服务器而非各台桌面系统上。因此，安装补丁软件非常容易，因为系统中只安装有一份应用拷贝，管理员无需在每台桌面系统上安装补丁软件。只安装有一份应用拷贝也大大节约了购买应用软件的费用。

5．桌面系统受到攻击的可能性降低

在终端服务环境中，应用都安装在终端服务器而非桌面系统上，降低了桌面系统受到攻击的可能性。通常情况下，桌面系统需要操作系统、反病毒软件和终端服务客户端（包含在Windows 中），其他应用则安装在服务器上。

11.2.2 安装终端服务

安装终端服务器的步骤如下：

步骤 1：首先以超级管理员权限进入 Windows Server 2008 系统，单击“开始”→“程序”→“管理工具”→“服务器管理器”，打开“服务器管理器”窗口，右击窗口左上角的“角色”，选择“添加角色”菜单项，在“开始之前”窗口中单击“下一步”按钮。

步骤 2：在如图 11-13 所示的服务器角色列表窗口，选中“终端服务”选项，单击“下一步”按钮。随后我们会看到有关终端服务的简介信息，并且知道如果要允许远程连接以进行管理，那就不需要安装终端服务器了，不过必须确保已经启用远程桌面设置。

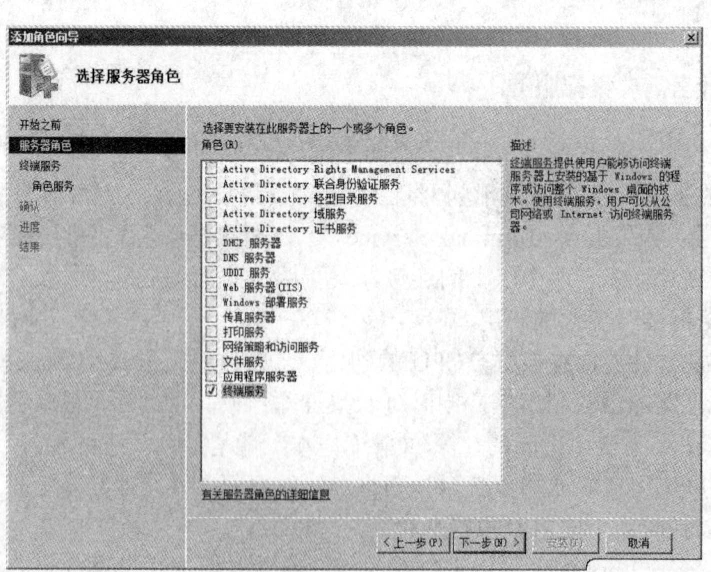

图 11-13 选择服务器角色

步骤 3：继续单击“下一步”按钮，进入如图 11-14 所示的“选择角色服务”窗口。在这里，我们需要先将“终端服务器”选项选中；倘若希望局域网客户端用户能通过 Web 方式访问终端服务器中的各种共享资源时，需要将这里的“TS Web 访问”功能选项选中；一旦选中“TS Web 访问”功能选项后，屏幕上将会自动弹出“是否添加 TS Web 访问所需的角色服务和功能”提示窗口，单击该窗口中的“添加必需的角色服务”按钮，返回“选择角色服务”窗口；同样地，要是我们希望增强终端访问的安全性时，可以选中这里的“TS 网关”功能选项，再在其后的提示窗口中单击“添加必需的角色服务”按钮，返回“选择角色服务”窗口。本书按图 11-14 所示选择角色服务。

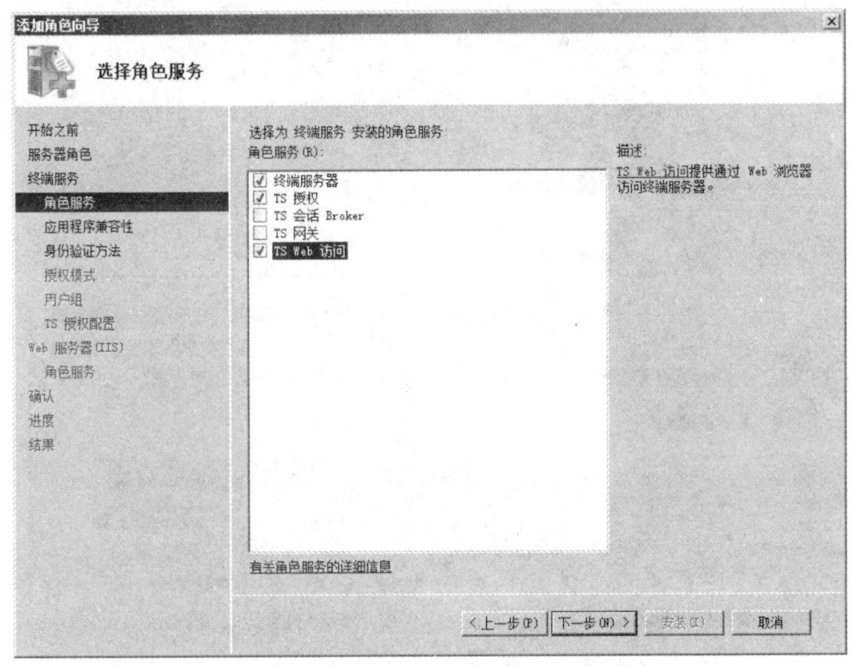

图 11-14　“选择角色服务”窗口

步骤 4：单击“下一步”按钮，系统建议在安装其他应用程序之前安装终端服务，如果其他应用程序已经安装，则建议先卸载，安装了终端服务之后再重新安装应用程序。

步骤 5：单击“下一步”按钮，弹出如图 11-15 所示的“指定终端服务器的身份验证方法”窗口。可以选中“要求使用网络级身份验证”功能选项，该功能选项能够在客户端系统访问终端服务器进行身份识别之前提供网络级别的安全验证，从而能够进一步提高终端访问的安全性。当然，要想正确地使用网络级身份验证功能，网络管理员还必须事先在终端服务器端设置好系统的属性信息，确保终端服务器系统只允许网络级身份验证的用户有权利访问局域网终端服务器。如果选中“不需要网络级身份验证”，则允许任何版本的远程桌面客户端连接到终端服务器上。

步骤 6：单击“下一步”按钮，如图 11-16 所示，指定终端服务授权模式。Windows Server 2008 系统为用户提供了两种终端服务授权模式，一种是“每设备”授权模式，另外一种是“每用户”授权模式，可以根据实际要求任意选择一种授权模式，当然也可以以后配置。

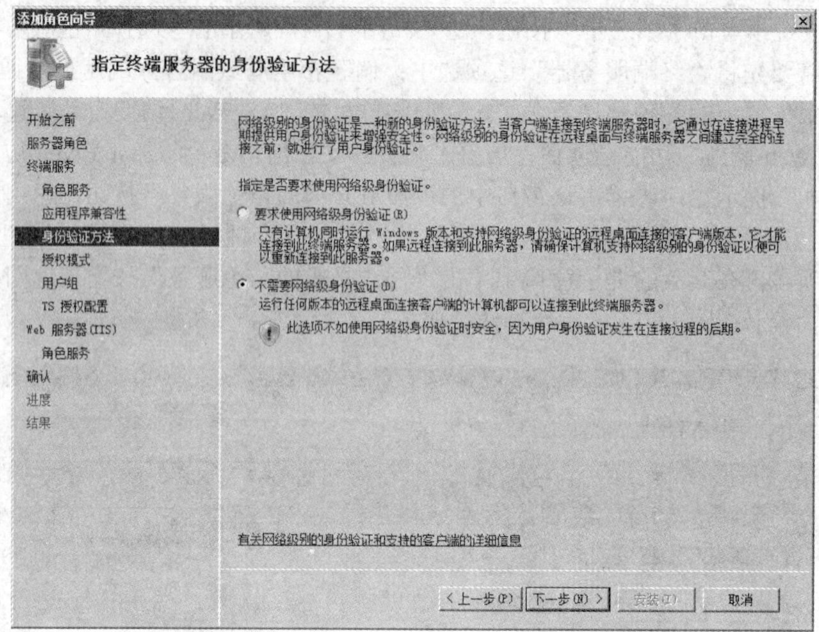

图 11-15　“指定终端服务器的身份验证方法”窗口

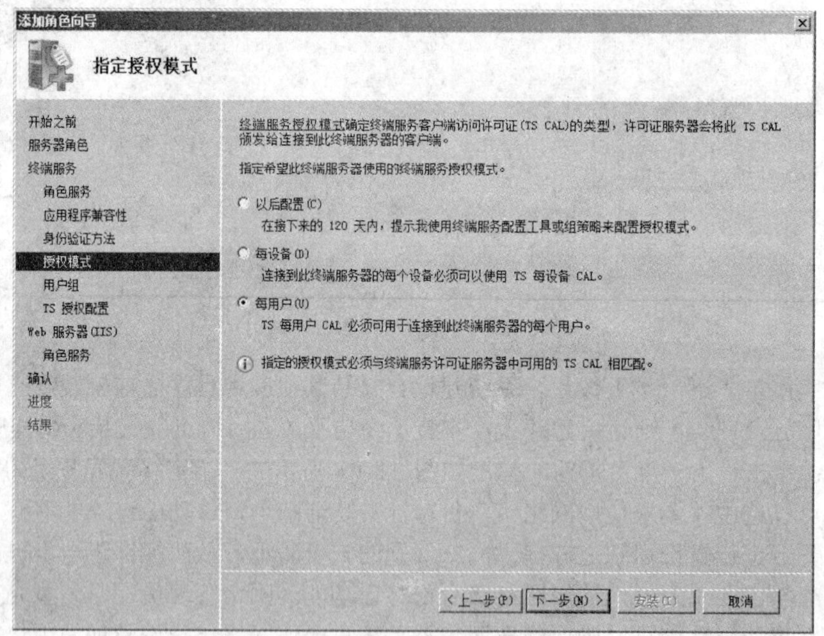

图 11-16　“指定授权模式”窗口

步骤 7：单击“下一步”按钮，如图 11-17 所示，可以在这里自行添加能够访问局域网终端服务器的用户组，如果局域网工作环境为域环境时，还需要在域控制器中添加用户组，同时设置合适的访问权限。

步骤 8：单击“下一步”按钮，如图 11-18 所示，没有安装域时，只能选择“此工作组”选项。

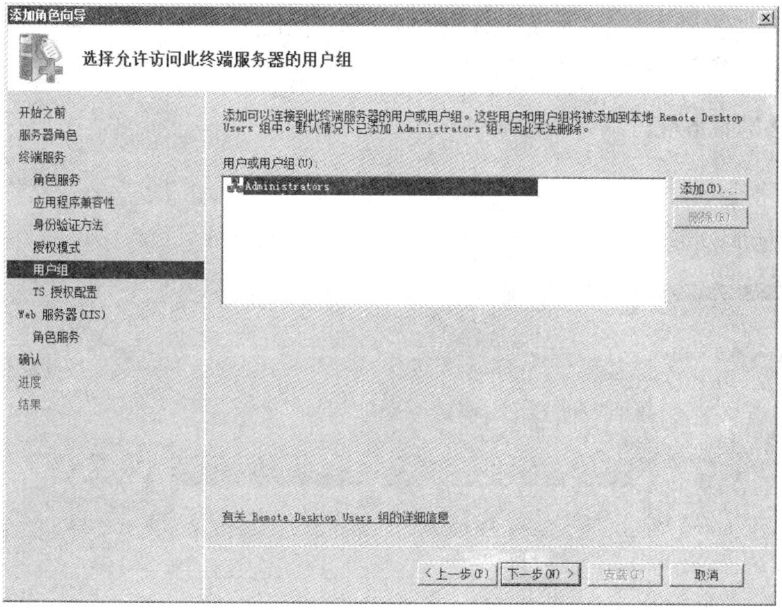

图 11-17　“选择允许访问此终端服务器的用户组”窗口

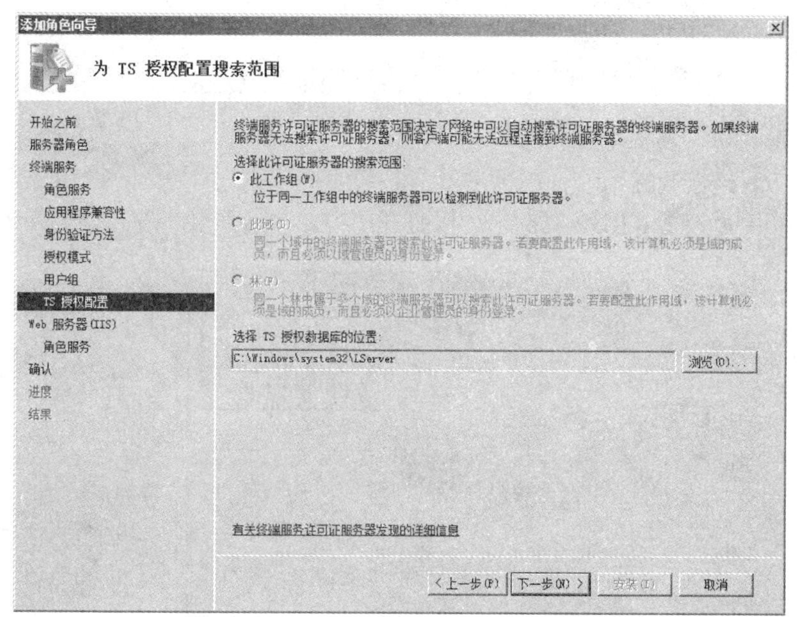

图 11-18　“为 TS 授权配置搜索范围”窗口

步骤 9：单击“下一步”按钮，如果没有安装 IIS，则系统会同时安装 IIS，根据提示安装 Web 服务器功能组件，最后单击“安装”按钮，等到安装操作结束后需要重新启动两次服务器系统，才能使上述终端服务器正式生效。

11.2.3　客户端连接到终端服务器

客户端连接到终端服务器，有两种方式：

（1）使用客户端程序，见前面的 11.1.3 节，不再赘述。

（2）使用浏览器，见后面的 11.4 节。

11.2.4 终端服务配置

在终端服务器上，单击“开始”→“管理工具”→“终端服务”→“终端服务配置”，可以打开“终端服务配置”窗口，如图 11-19 所示。

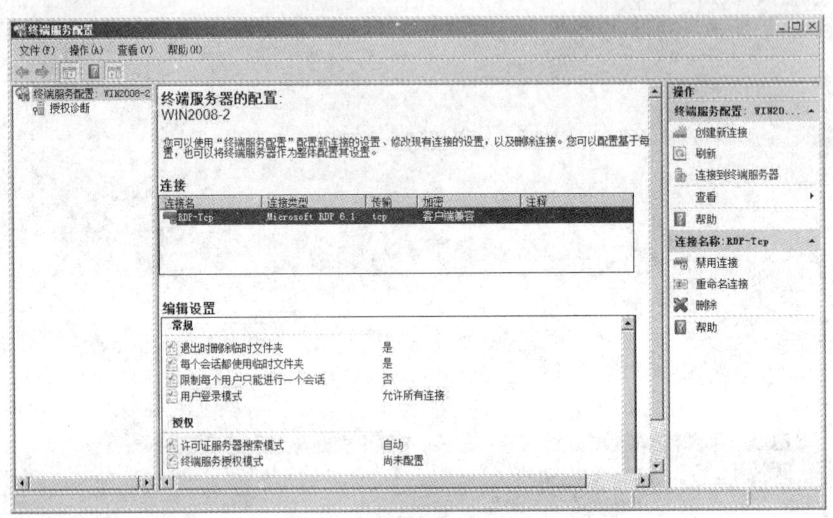

图 11-19 “终端服务配置”窗口

1. RDP-Tcp 连接属性

在图 11-19 中，双击“RDP-Tcp”，可以打开“RDP-Tcp 属性”窗口，如图 11-20 所示。

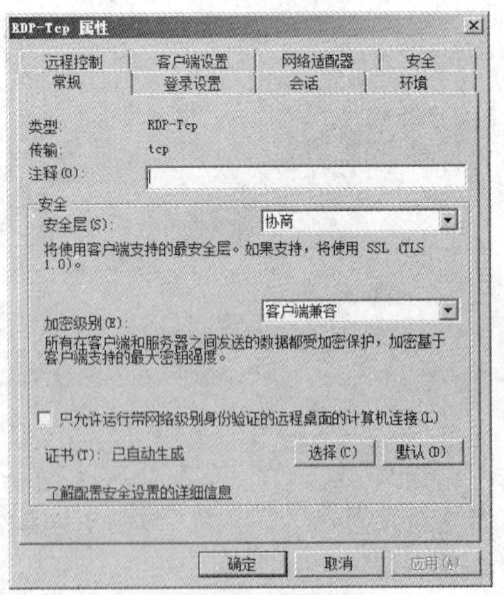

图 11-20 常规设置

（1）常规设置。如图 11-20 所示，在“常规”选项卡中可以配置客户端和终端服务器之间的通信安全。安全涉及到两个问题：身份认证和通信的加密。

在客户端连接到终端服务器时，可以通过在连接过程的早期提供用户身份验证来提高终端服务器的安全性，这种早期用户身份验证方法称为网络级身份验证。SSL（TLS 1.0）不仅在 RDP 连接期间保护客户端与终端服务器之间的通信，也用于网络级身份验证，它需要使用证书对终端服务器进行身份验证。表 11-1 是不同安全层的区别。在图 11-20 中，单击“选择”按钮可以选择已安装在终端服务器上的证书，单击“默认”按钮可以使用默认的自签名证书。若要使用网络级身份验证，需要满足下列所有要求：

- 在客户端计算机上，需要至少使用 Remote Desktop Connection 6.0，并启用相应功能，见图 11-11。
- 在客户端计算机上，需要使用支持凭据安全支持提供程序（CredSSP）协议的操作系统（例如 Windows Vista）。
- 在终端服务器上，需要使用 Windows Server 2008。

表 11-1　安全层

安全层	说明
SSL（TLS 1.0）	SSL（TLS 1.0）将用于服务器身份验证以及对服务器与客户端之间传输的所有数据进行加密
协商（这是默认设置）	将使用客户端支持的最安全的安全层。如果支持 SSL（TLS 1.0），则使用 SSL（TLS 1.0）。如果客户端不支持 SSL（TLS 1.0），则使用 RDP 安全层
RDP 安全层	服务器与客户端之间的通信将使用本机 RDP 加密。如果选择 RDP 安全层，则无法使用网络级身份验证

对于终端服务连接，数据加密可以通过在客户端与服务器之间的通信链路上进行加密来保护数据。加密级别共有四个：低、客户端兼容、高、符合 FIPS 标准，加密级别的含义如表 11-2 所示。

表 11-2　RDP-Tcp 加密级别

加密级别	含义
低	使用 56 位加密算法对从客户端到服务器的数据进行加密，但从服务器发向客户端的数据不加密
客户端兼容	以客户端支持的最大密钥强度加密客户端和服务器端之间的通信，如果客户端软件新旧混合，请选择此级别
高	使用 128 位加密算法对从客户端到服务器的数据进行加密，如果客户端不支持加密，此加密算法会导致无法连接
符合 FIPS 标准	使用 Microsoft 加密模块，用 FIPS 加密算法加密客户端和服务器之间的通信

（2）登录设置。如图 11-21 所示，可以设置用户远程登录时是否都必须自行提供用户名、密码等。若选取“始终使用以下登录信息”，则使用固定用户名进行登录。该设置会覆盖 11.1.3 节中介绍的远程桌面程序选项的设置。

（3）会话设置。如图 11-22 所示，可以设置活动的、断开的以及空闲的会话在服务器上保留的时间。当会话达到限制或者连接被中断时，可以选择将用户从会话中断开连接或结束会话。会话结束后会话会永久地从服务器中删除，而任何运行的应用程序都会强行退出，这可能会导致数据丢失。当已断开的会话达到会话限制时，此会话将结束，并永久地从服务器上删除。也可以允许会话不确定地继续执行。该设置会覆盖 11.1.3 节中介绍的远程桌面程序选项的设置。

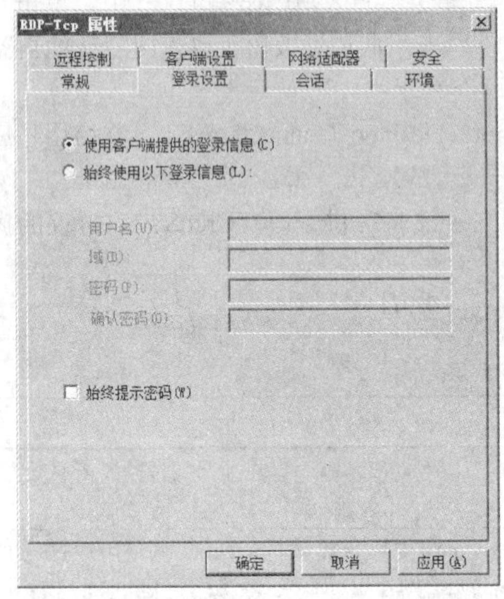

图 11-21 登录设置

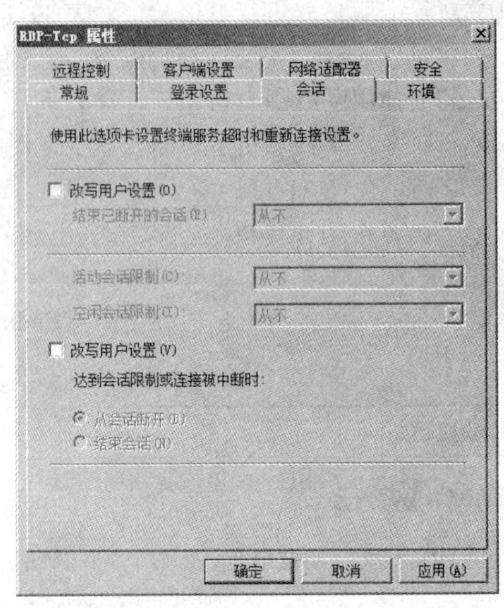

图 11-22 会话设置

（4）环境设置。如图 11-23 所示，用于设置客户机登录后启动的应用程序，该程序是在终端服务器上执行的，该设置会覆盖 11.1.3 节中介绍的远程桌面程序选项的设置。

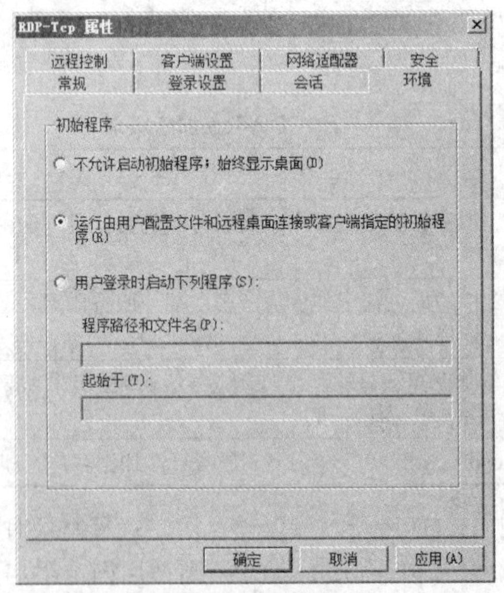

图 11-23 环境设置

（5）远程控制。如图 11-24 所示，远程控制是从一个会话远程控制另一个会话。选择“使用具有默认用户设置的远程控制”时，能否被远程控制由“本地用户和组”或“Active Directory 用户和计算机”中用户的属性决定；选择“使用具有下列设置的远程控制”时，则由要被远程控制的用户回答（要选中“需要用户权限”复选框）控制方是否可以查看会话或者参与会话的交互。

（6）客户端设置。如图 11-25 所示，在“禁用下列项目”选项区中可以禁止远程计算机上的驱动器、COM 端口等在远程桌面中的使用。该设置会覆盖 11.1.3 节中介绍的远程桌面程序选项的设置。

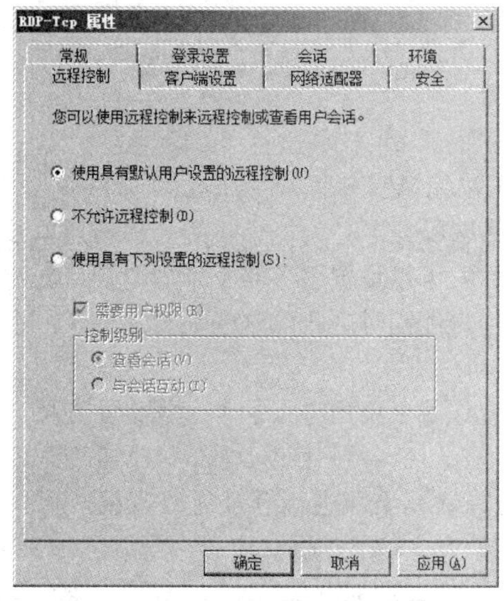

图 11-24　远程控制设置

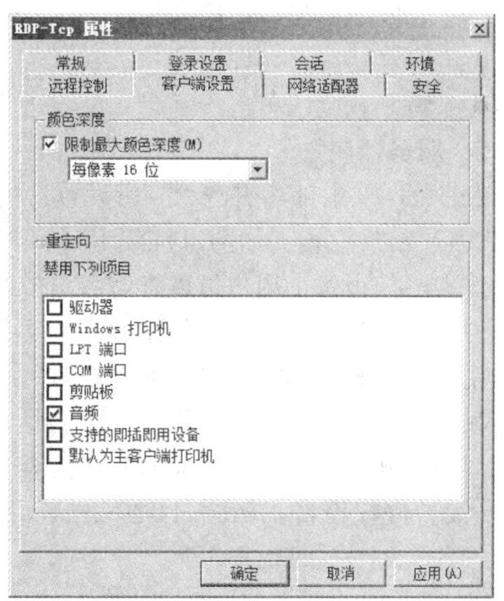

图 11-25　客户端设置

（7）网络适配器设置。如图 11-26 所示，可以设置终端服务器上的哪个网络适配器可以接受远程控制以及可以同时连接的最大会话数。

（8）安全设置。如图 11-27 所示，用于设置登录的用户和组如何访问终端服务器，权限含义如下：

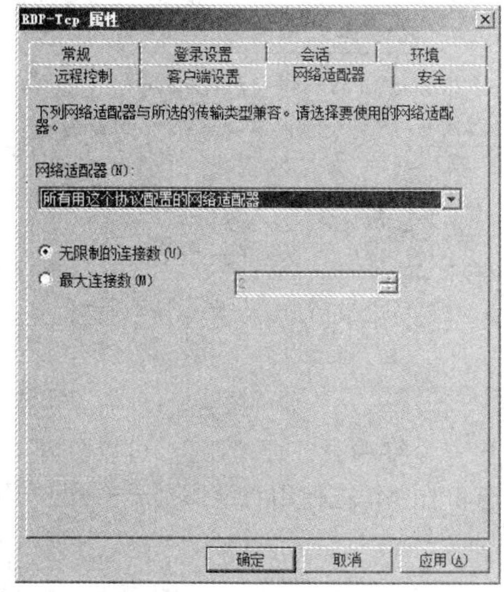

图 11-26　网络适配器设置

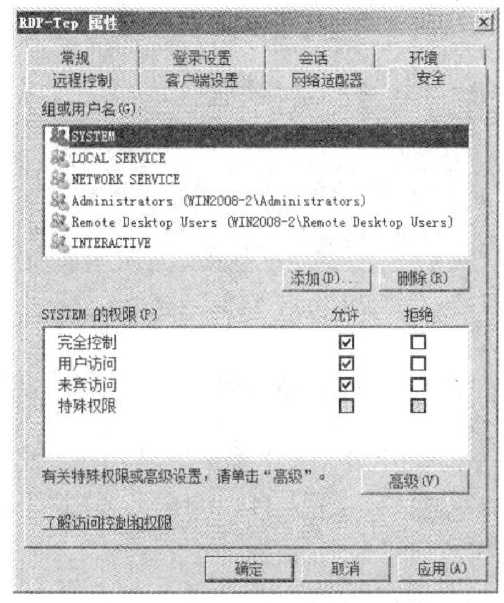

图 11-27　安全设置

- 完全控制：允许用户查询有关会话的信息、修改连接参数、复位（结束）会话、远程控制另一用户的会话、登录到服务器上的会话、从会话中注销用户、向另一个用户会话发送消息、连接到其他会话、断开会话、使用虚拟通道，它提供了从服务器程序访问客户端设备的能力。
- 用户访问：允许用户登录到服务器上的会话、查询有关会话的信息、向其他用户会话发送消息、连接到其他会话。
- 来宾访问：允许用户登录到服务器上的会话。
- 特别权限：单击“高级”按钮进一步配置。

2．服务器属性

在图 11-19 中部，右击“编辑设置”区域，可以编辑服务器属性。

（1）常规设置。如图 11-28 所示，默认时终端服务器会为每个新的会话创建单独的临时文件夹，使得每个用户可以存储各自的临时文件，可以设置服务器不为每个会话创建单独的文件夹，而让所有的会话使用共同的文件夹。用户注销时会删除这些临时文件夹，也可以设置用户注销时不删除这些文件夹。

如果设置每个用户只能进行一个会话，将只允许每个用户进行一个远程桌面连接，如果相同用户打开另一个连接，前面的连接会被中断。

（2）授权设置。如图 11-29 所示，用户通过远程桌面进行登录需要授权，可以选择“每设备”还是“每用户”。

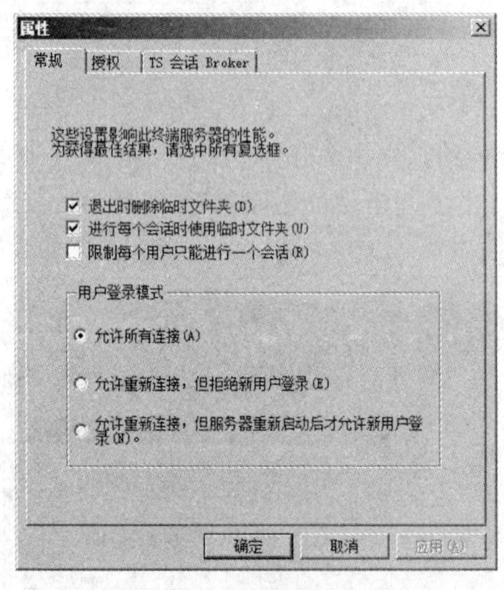

图 11-28 “常规”选项卡

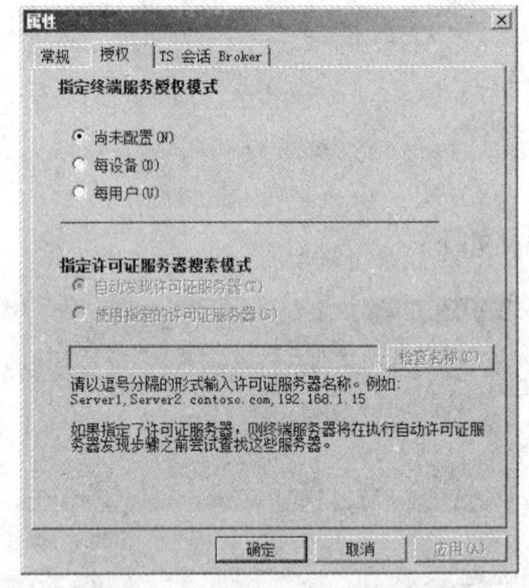

图 11-29 “授权”选项卡

11.2.5 终端服务管理

单击“开始”→“管理工具”→“终端服务”→“终端服务管理器”，可以打开“终端服务器”窗口，如图 11-30 所示。在这里可以管理和监视正在使用终端服务器的用户、会话和连接。

1．“用户”选项卡

在图 11-30 所示窗口中的左边选中计算机名，则窗口右边出现“用户”选项卡，在列表中列出了当前连接到服务器的用户，每列中包含了用户名、会话、ID、状态、登录时间和空闲时间等信息。其中“会话”这一列为“RDP-Tcp”的说明用户是通过终端服务远程登录的；“会话”这一列为“Console”的说明用户是在服务器的控制台（即服务器这台计算机）登录的。用鼠标右击某一用户可以断开、复位、注销、远程控制会话或者向用户发送消息。

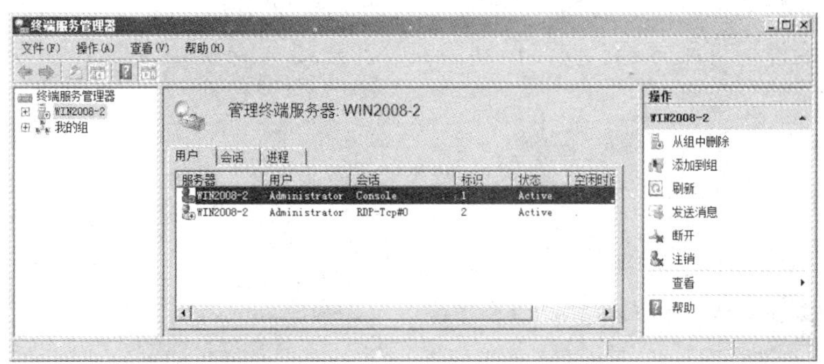

图 11-30 “终端服务管理器”窗口

2.“会话”选项卡

如图 11-31 所示，在“会话”选项卡，可以查看连接到终端服务器的会话信息。

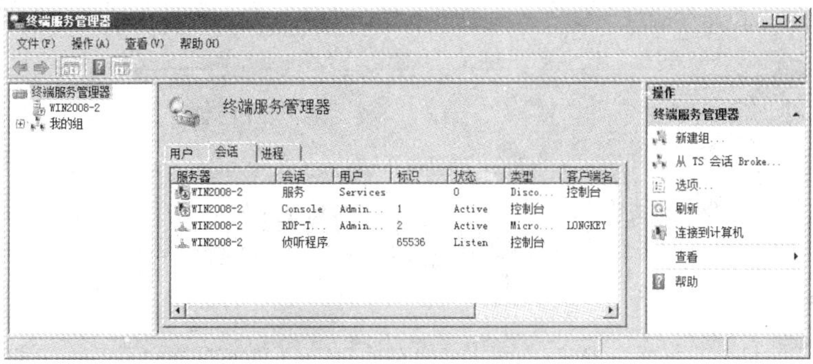

图 11-31 会话信息

3.“进程”选项卡

如图 11-32 所示，在“进程”选项卡，可以查看当前服务器和用户运行的进程信息，包括进程的所有者、从何处启动的、ID 号、程序名等。

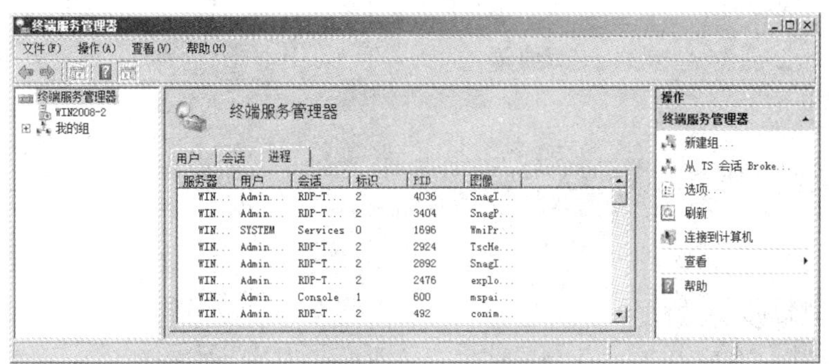

图 11-32 进程信息

11.2.6 许可证服务器

远程客户在登录到终端服务器时必须收到由终端服务器许可证服务器颁发的有效许可，否则在客户首次登录的 120 天后，终端服务器会停止它们的连接请求，因此要在网络中安装许可证服务器并激活许可证服务器。当然，是需要付费购买许可的。

首先要安装许可证服务器。安装终端服务时，在图 11-14 中应该选中“TS 授权”角色服务。

激活许可证服务器的步骤如下：

步骤 1：单击“开始”→“管理工具”→“终端服务”→“TS 授权管理器”，打开“TS 授权管理器”窗口，如图 11-33 所示。

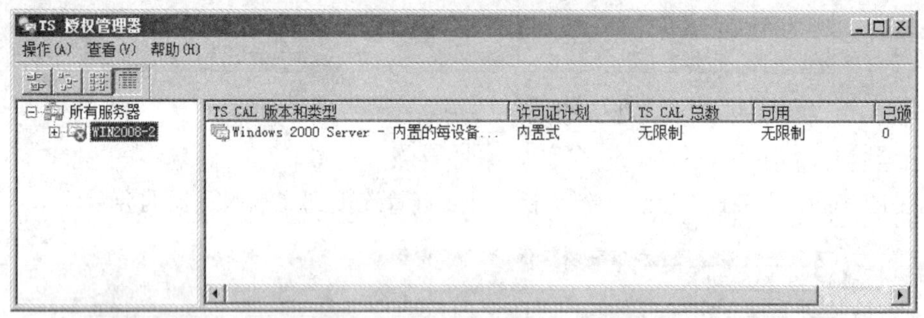

图 11-33 “TS 授权管理器”窗口

步骤 2：右击服务器，选择“激活服务器”菜单项；在欢迎窗口单击“下一步”按钮；如图 11-34 所示，选择激活方法，可通过三种方法进行激活：自动激活、Web 浏览器、电话。以下通过 Web 浏览器为例说明，在图 11-34 中，选择连接方法为“Web 浏览器”，单击“下一步”按钮。

步骤 3：如图 11-35 所示，记下产品 ID。单击链接连接到 https://activate.microsoft.com/。

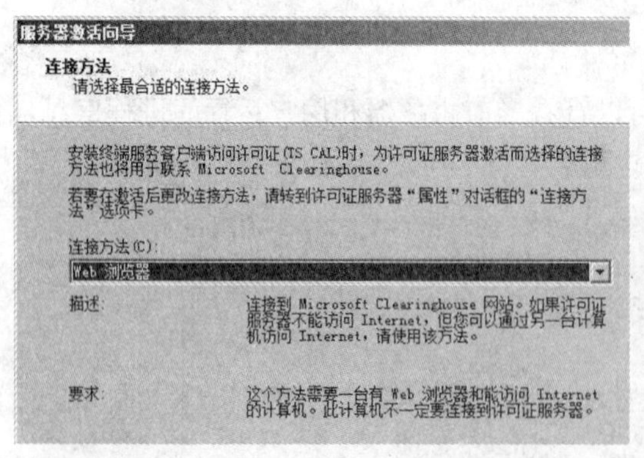

图 11-34 选择激活许可证服务器方法

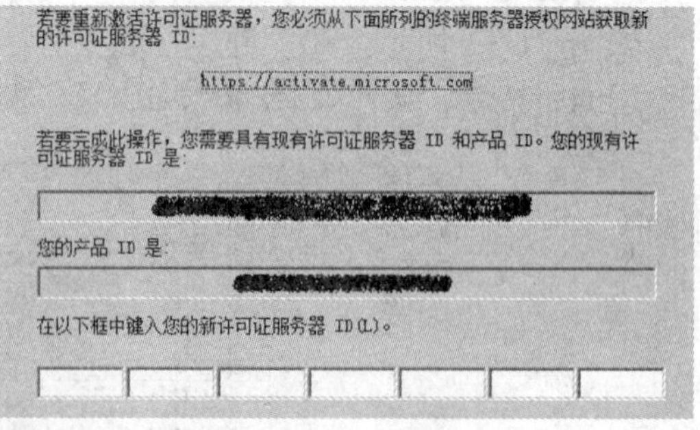

图 11-35 产品 ID

步骤 4：如图 11-36 所示，单击“启用许可证服务器”，单击“下一步”按钮。

步骤 5：如图 11-37 所示，在相应的框中键入产品 ID（见图 11-35）、名称、公司，以及国家或地区信息，然后单击“下一步”按钮。在确认页面中，单击“下一步”按钮。

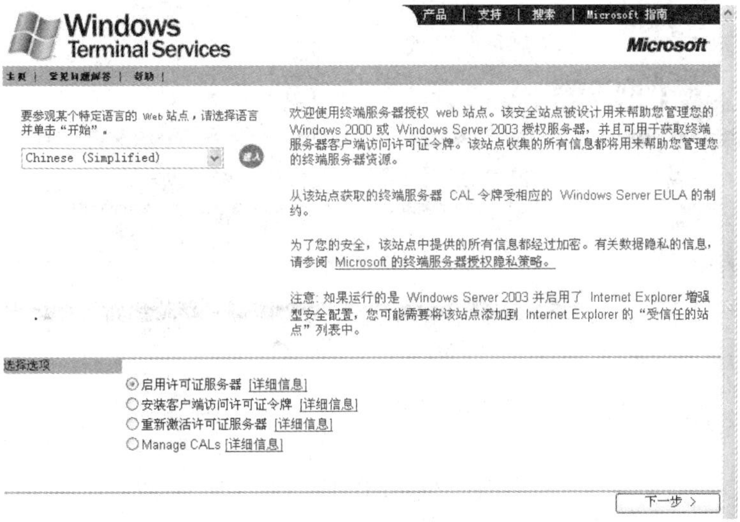

图 11-36　https://activate.microsoft.com/页面

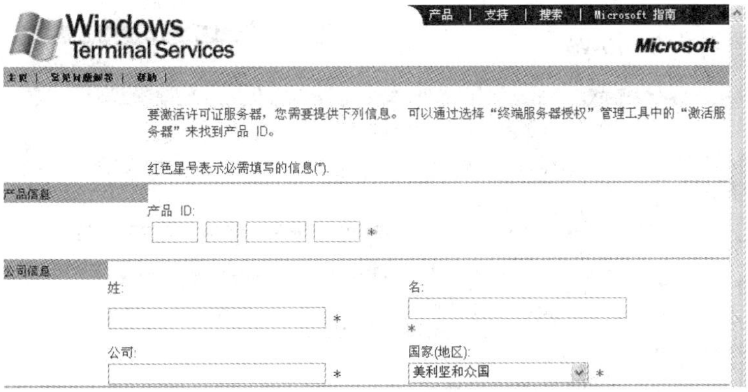

图 11-37　输入产品信息、公司信息

步骤 6：如图 11-38 所示，你会收到许可证服务器 ID，记下许可证服务器的 ID。单击“是”按钮。

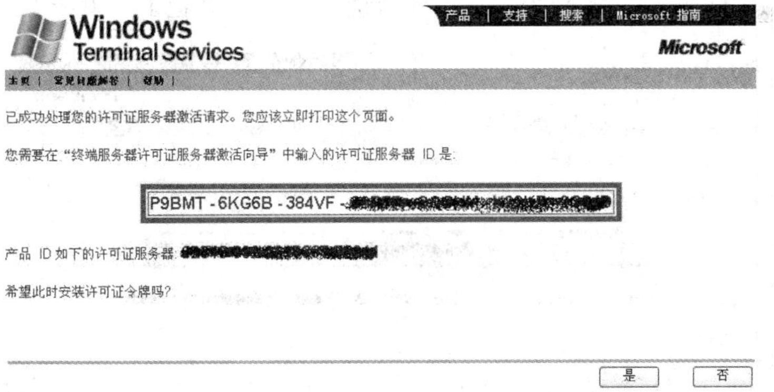

图 11-38　许可证服务器 ID

步骤 7：如图 11-39 所示，在“许可证程序”中选择“Enterprise agreement”，单击“下

一步”按钮。

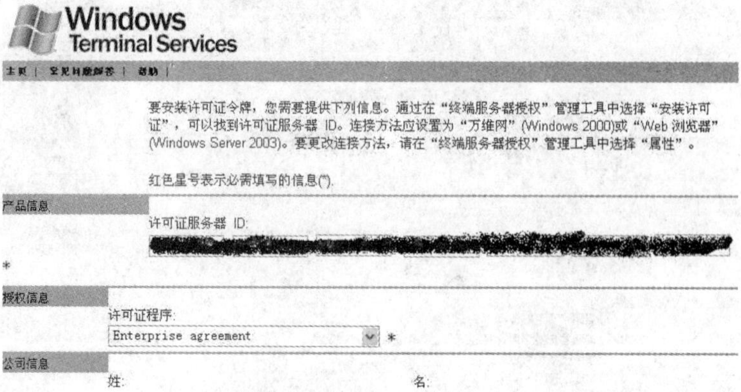

Windows Terminal Services

主页 | 常见问题解答 | 帮助 |

要安装许可证令牌，您需要提供下列信息。通过在“终端服务器授权”管理工具中选择“安装许可证”，可以找到许可证服务器 ID。连接方法应设置为“万维网”(Windows 2000)或“Web 浏览器”(Windows Server 2003)。要更改连接方法，请在“终端服务器授权”管理工具中选择“属性”。

红色星号表示必需填写的信息(*).

产品信息

许可证服务器 ID:

授权信息

许可证程序:

Enterprise agreement

公司信息

姓: 名:

图 11-39 选择许可证程序

步骤 8：如图 11-40 所示，选择购买到的许可类型、数量和协议号码，单击“下一步”按钮。协议号码可以找微软公司或者代理购买。在下一个页面，单击“下一步”按钮。

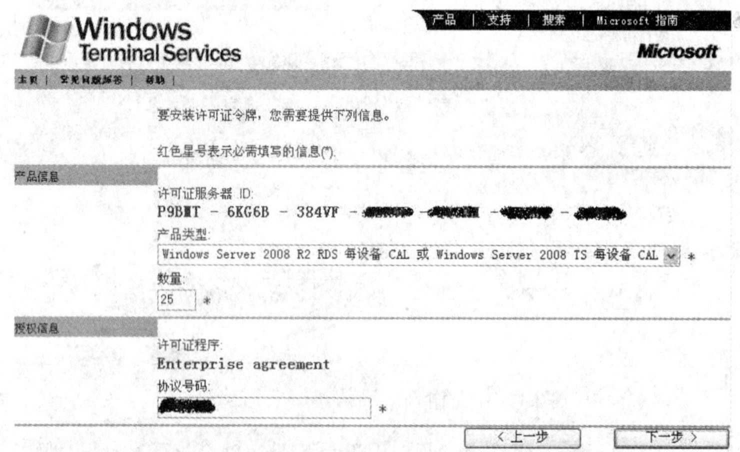

图 11-40 输入协议号码

步骤 9：如图 11-41 所示，获得了许可证密钥包 ID，务必记下。单击“结束”按钮。

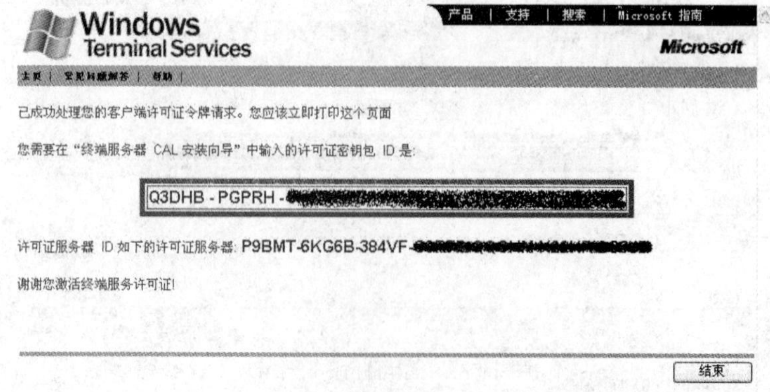

图 11-41 获得许可证密钥包 ID

步骤 10：如图 11-35 所示，输入图 11-38 中获得的许可证服务器 ID。单击“下一步”按钮，激活许可证服务器。

步骤 11：如图 11-42 所示，选择“安装许可证”菜单项进行许可证的安装。如图 11-43 所示，输入图 11-41 中的许可证密钥包 ID。单击“下一步”按钮。再单击“完成”按钮。

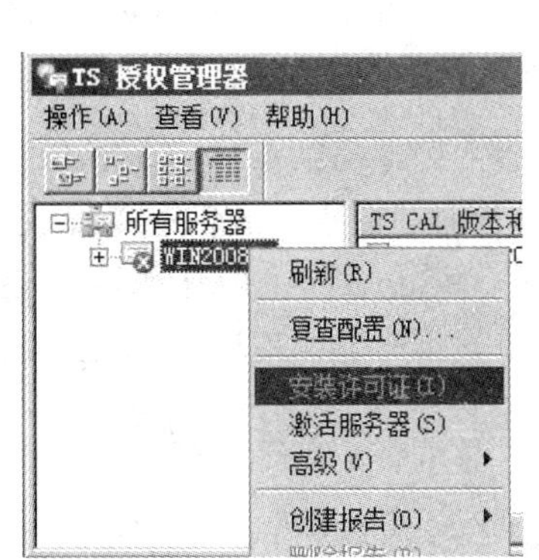

图 11-42　安装许可证

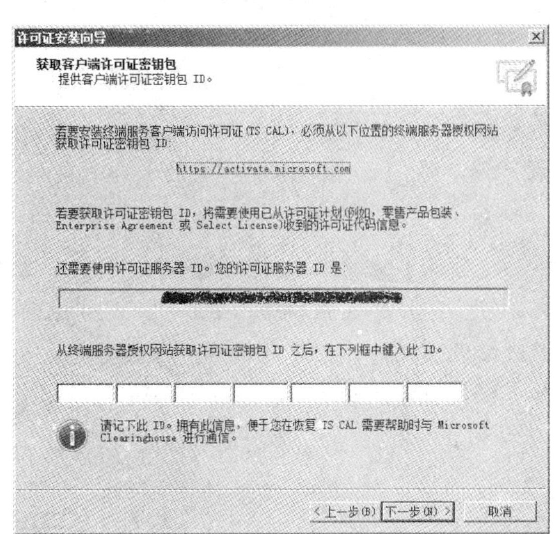

图 11-43　输入许可证密钥包

步骤 12：如图 11-44 所示，是已经安装了的许可证。如果没有激活许可证服务器或者没有安装许可证，客户端仍可以连接到终端服务器，这是因为许可证服务器会为每个客户分配一个临时的许可证。这个临时许可证的有效期只有 120 天。

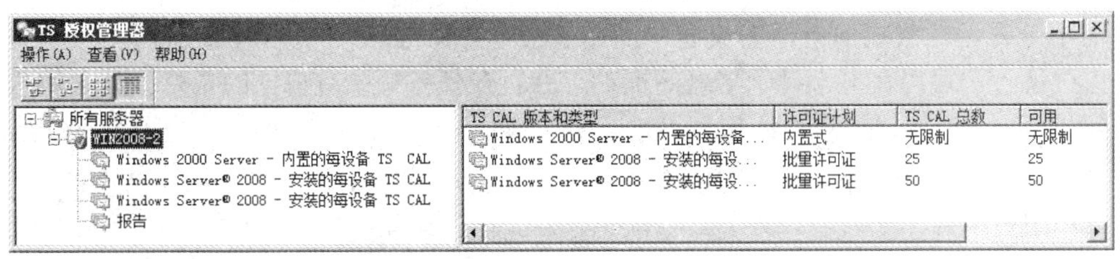

图 11-44　安装了的许可证

11.3　TS Web 访问

在客户端除了使用客户端软件（Terminal Services Client）连接终端服务器，也可以使用 Web 方式连接终端服务器。在服务器端需要安装“TS Web 访问”角色服务（见图 11-14）。

客户端使用 Web 方式连接终端服务器步骤如下：

步骤 1：在浏览器中输入 http://服务器名或者 IP 地址/ts，输入用户名和密码。

步骤 2：如图 11-45 所示，单击上方的“远程桌面”链接，在“连接到”文本框中输入服务器名称或者 IP 地址；单击“选项”按钮可以设置连接选项；单击“连接”按钮即可连接到服务器。

图 11-45 TS Web 访问

【说明】客户端的计算机需要安装 TS Web 访问插件（终端服务 ActiveX 客户端）才能在浏览器连接终端服务器，这给 TS Web 访问功能大打折扣。安装 Terminal Services Client 会同时安装该插件，但笔者认为：既然要通过安装 Terminal Services Client 来安装插件，还不如直接使用 Terminal Services Client 连接服务器，何必多此一举？不过 ActiveX 控件可用于二次开发。

11.4 RemoteApp 程序

11.4.1 什么是 TS RemoteApp

TS RemoteApp 使程序可以通过终端服务进行远程访问，就好像运行在最终用户的本地计算机上一样。这些程序称为 RemoteApp 程序。RemoteApp 程序与客户端的桌面集成在一起，而不是在远程终端服务器的桌面中向用户显示。RemoteApp 程序在自己的可调整大小的窗口中运行，可以在多个显示器之间拖动，并且在任务栏中有自己的条目。如果用户在同一台终端服务器上运行多个 RemoteApp 程序，RemoteApp 程序将共享同一个终端服务会话。用户可以通过多种方式访问 RemoteApp 程序。在本地计算机上打开 RemoteApp 程序之后，用户可以与正在终端服务器上运行的该程序进行交互，就好像它们在本地运行一样。

在许多情况下，TS RemoteApp 可以降低复杂程度并减少管理开销，包括：

（1）只需在服务器上安装一份应用程序，减少购买软件的成本。

（2）只需在服务器上升级应用程序，无需一台一台计算机地升级程序。

（3）没有为用户分配完整的计算机环境，例如“公用办公桌”，减少了客户破坏服务器的可能。

11.4.2 发布应用程序

发布应用程序的步骤如下：

步骤 1：单击“开始”→“管理工具”→“终端服务”→“TS RemoteApp 管理器”菜单项，打开“TS RemoteApp 管理器”窗口，如图 11-46 所示。

步骤 2：在图 11-46 下方的“RemoteApp 程序”区空白处右击鼠标，选择“添加 RemoteApp 程序”菜单项。再单击“下一步”按钮。

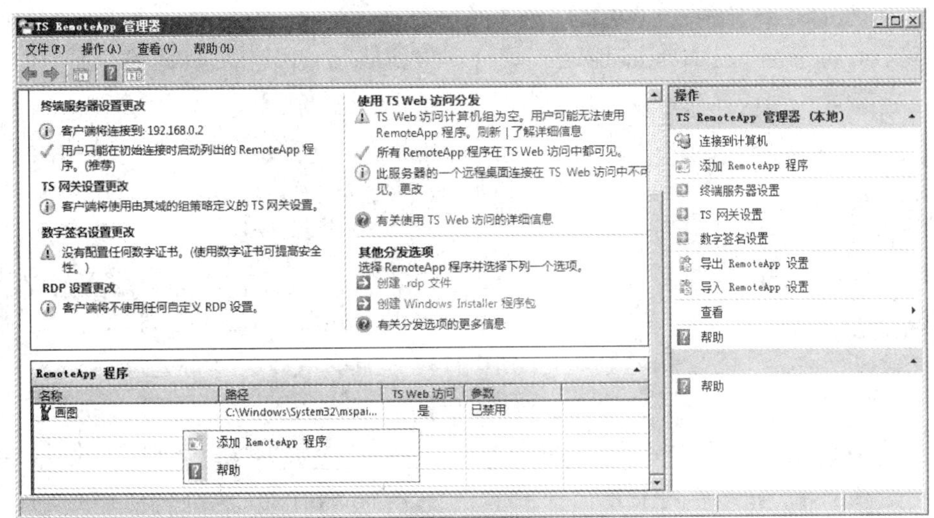

图 11-46　TS RemoteApp 管理器

步骤 3：如图 11-47 所示，选择要添加到 RemoteApp 程序列表的程序，单击“下一步”按钮。再单击“完成”按钮。

步骤 4：在图 11-48 下方的“RemoteApp 程序”区右击某一 RemoteApp 程序，选择“创建.rdp 文件”菜单。再单击“下一步”按钮。

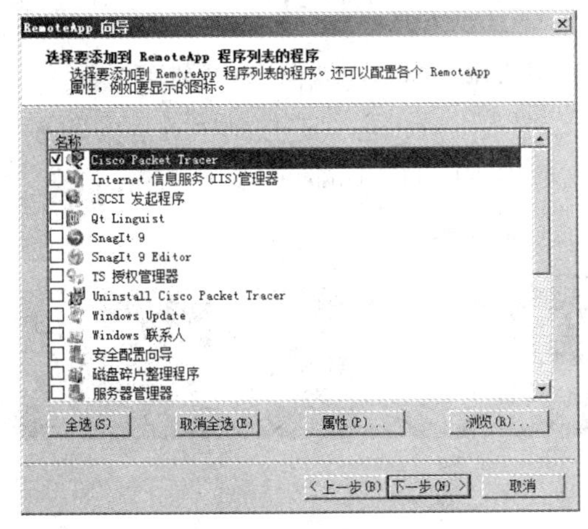

图 11-47　选择程序

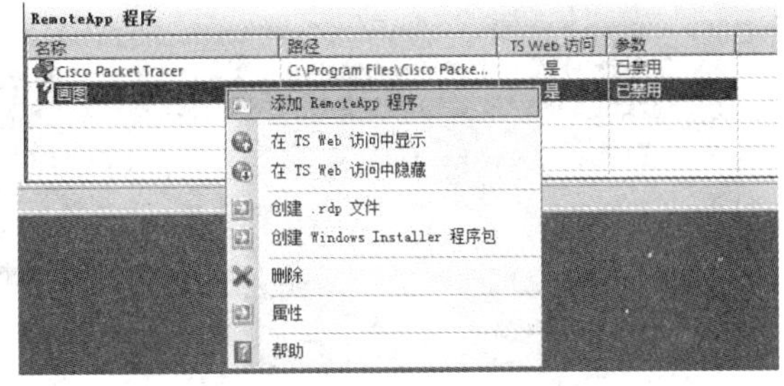

图 11-48　创建.rdp 文件

步骤 5：如图 11-49 所示，可以设置 rdp 文件的保存位置、TS 网关设置、证书设置，通常保持默认值即可。单击“下一步”按钮，再单击“完成”按钮。

步骤 6：也可以创建 Windows Installer 程序包，则用户使用该程序包安装后，使用快捷方式就能访问应用程序。在图 11-48 下方的“RemoteApp 程序”区右击某一 RemoteApp 程序，选择“创建 Windows Installer 程序包”菜单项，再两次单击“下一步”按钮。如图 11-50 所示，在“快捷方式图标”区，可以选择安装程序后是否在桌面或者“开始”菜单创建快捷方式；在“接管客户端扩展”区，可以选择是否将应用程序和相应的文件进行关联，例如打开“.doc 文件”。

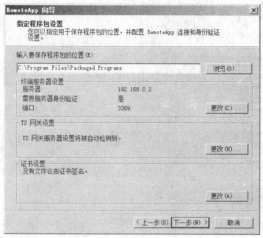

图 11-49　指定程序包设置

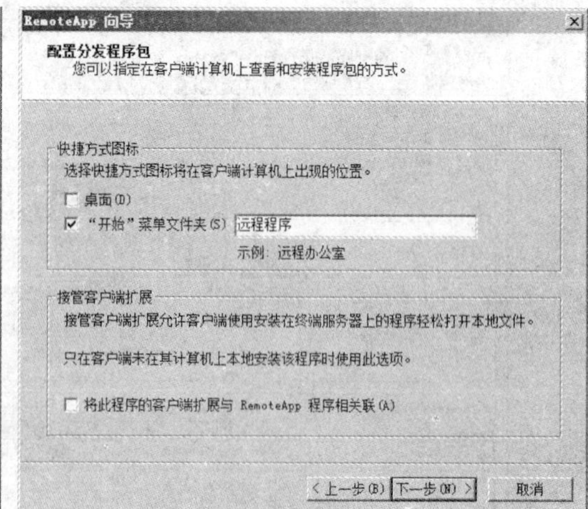

图 11-50　配置分发程序包

11.4.3　访问应用程序

有三种方式可以访问应用程序：

1．rdp 文件

把在上一节创建的 rdp 文件发送给客户，在客户端运行该文件，输入用户名和密码即可，如图 11-51 所示。

2．Web 访问方式

使用 rdp 方式，需要为每个应用程序都创建一个文件，并发送给用户。使用 Web 访问方式，则只需在列表中选择即可。如图 11-52 所示，先用 Web 方式连接到服务器（见前面的 11.3 节），单击“RemoteApp 程序”链接，再单击应用程序的图标即可。

图 11-51　输入凭据

图 11-52　Web 访问方式访问应用程序

3．Windows Installer 程序包

把在上一节创建的程序包发送给客户，客户进行安装。再双击安装程序自动生成的快捷方式即可。该方式的最大优点是可以把某种类型的文件和应用程序进行关联。

本章小结

网络管理员常常需要对服务器进行远程管理，Windows Server 2008 提供了远程桌面功

能，简单地在服务器上启用该功能即可，而在客户端需要安装远程桌面客户端程序（Terminal Services Client），客户端和服务器之间使用 RDP 协议进行通信。终端服务虽然和远程桌面很类似，但服务的出发点不同。终端服务允许多于 2 个以上用户连接到服务器上，运行所需的程序，实现“瘦客户机”的模式。Windows Server 2008 还提供一个新的功能 RemoteApp，该功能能够把安装在服务器上的应用程序发布出去，在客户端上远程运行，就像是在本地运行一样方便。本章详细介绍了终端服务器的安装、配置和管理，还详细介绍了 RemoteApp 程序的发布过程以及客户端如何通过不同形式访问 RemoteApp 程序。

习题十一

一、理论习题

1．为什么需要远程桌面？
2．Windows Server 2008 远程桌面最多允许________个连接。
3．默认时，________用户可以通过远程桌面连接到服务器。
4．远程桌面连接时，断开和注销有什么差别？
5．如何设置使得用户在远程桌面中可以看到本地的磁盘？
6．为什么需要终端服务？
7．如果没有许可证服务器，则远程用户在首次登录后________天，将无法登录。
8．安装许可证服务器，则安装终端服务时应该选中________角色服务。
9．要使客户端通过 Web 方式访问终端服务器，则安装终端服务时应该选中________角色服务。
10．什么是 TS RemoteApp？有什么好处？

二、上机练习项目

1．项目 1：在一台已经安装 Windows Server 2008 的服务器上启用远程桌面功能，允许管理员远程网管。在客户端进行测试。

2．项目 2：安装终端服务器并加以设置，设置内容为：通信加密等级为客户端兼容、用户要输入用户名和密码、每会话单独一个临时文件夹、每用户一个会话。在另一台计算机（Windows XP/Vista/7 等均可）安装远程桌面程序，测试和终端服务器的连接。

3．项目 3：在项目 2 的基础上，把服务器上的 Office 2007 添加到 RemoteApp 中，使用户以多种方式访问：通过 Web 访问、rdp 文件、Windows Installer 程序生成的快捷方式。

第 12 章　远程访问、NAT 技术

虽然在企业内部建立局域网可以实现企业内的通信，然而企业内的局域网如果没有连接到 Internet 上，可以说局域网存在的意义就会大打折扣。因此需要在局域网和 Internet 的边界上架设接入到 Internet 的设备，这需要 NAT 服务器。还有另外一种需求，员工在出差期间或者在家时经常需要处理公司的业务，他们需要能够连接到企业内部的网络，这时远程访问就是一个很好的解决方案。为了保证远程访问通信的安全，采用 VPN 技术是常见的方法。

1. 了解远程访问技术、VPN 技术的基本原理，选择合适的 VPN 类型
2. VPN 服务器的架设
3. VPN 客户连接到 VPN 服务器
4. 了解 NAT 基本技术原理、NAT 类型，选择合适的 NAT 类型
5. 架设 NAT 服务器

12.1　VPN 服务器架设

12.1.1　网络拓扑及需求

本章网络拓扑如图 12-1 所示。之前的章节已经在企业内部架设了 DNS、Web、FTP 等服务器，为企业内的员工提供服务，然而员工可能在出差期间或者在家时访问企业内部的服务器、各应用系统、网站，这就需要用到远程访问技术。本小节将在 WIN2008-3 上配置远程访问，使得 VPN 客户端能够通过 Internet 拨入到企业的网络。

12.1.2　VPN 简介

1．两种类型的远程访问技术

远程访问技术可以将远程工作人员或流动工作人员连接到企业内部的网络上，就像这些远程用户是在企业内部的网络上一样进行工作，远程用户可以使用局域网内的所有服务（包括文件共享和打印机共享、Web 服务器访问和消息传递），大多数应用程序不必进行修改即可使用。Windows Server 2008 提供两种不同类型的远程访问连接：

（1）拨号远程访问：如图 12-2 所示，远程访问客户端使用电信提供商的服务（例如模

拟电话和 ISDN）与远程访问服务器上的物理端口建立非永久的拨号连接。拨号网络的最佳示例是：拨号网络客户端拨打远程访问服务器的一个端口的电话号码。基于模拟电话或 ISDN 的拨号网络是拨号网络客户端与拨号网络服务器之间的直接物理连接。这种方式因为速率较低、费用较高（MODEM 的费用和通信费用）、安全性差，现在基本上不被采用。

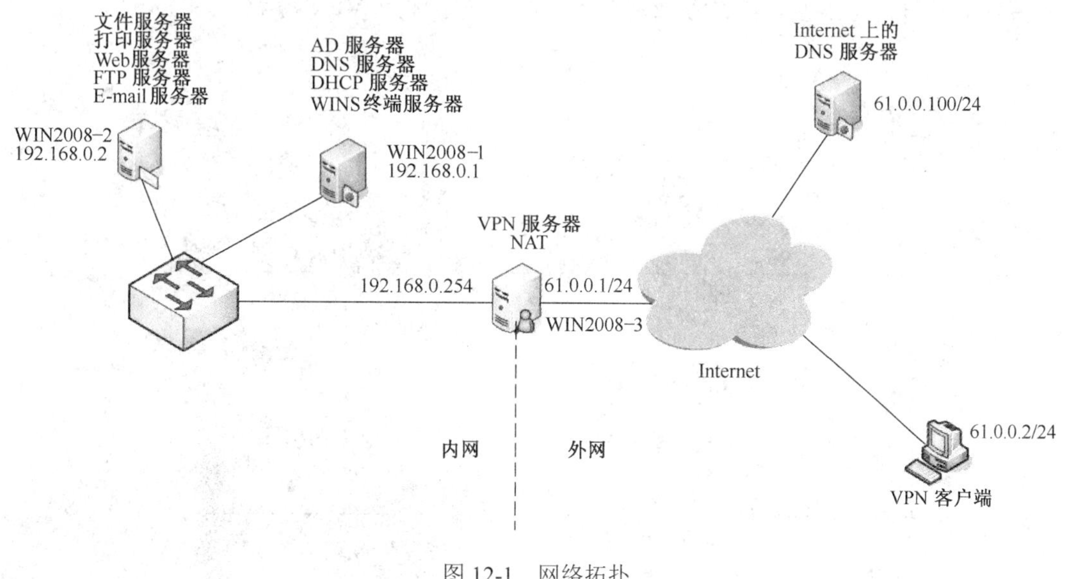

图 12-1　网络拓扑

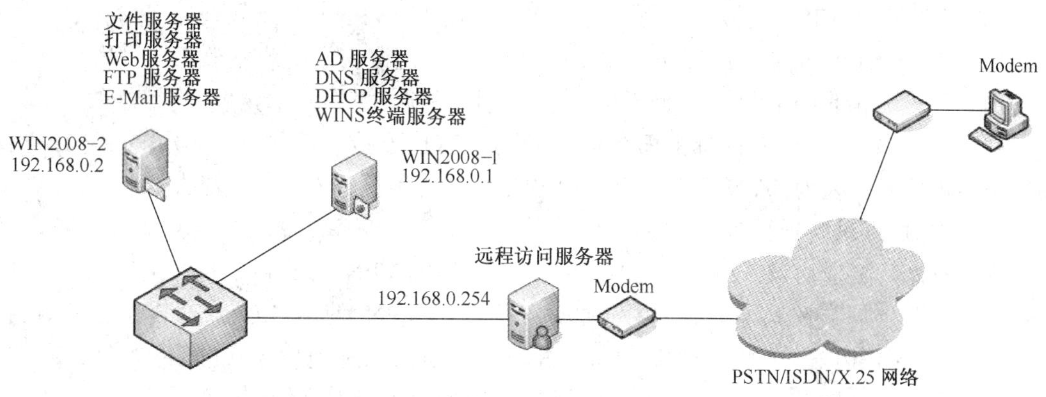

图 12-2　拨号远程访问

（2）虚拟专用网络（VPN）：VPN 可以跨公用网络（例如 Internet）创建安全的点对点连接。VPN 客户端使用基于 TCP/IP 的特殊协议（称为隧道协议）对 VPN 服务器上的虚拟端口进行虚拟呼叫。虚拟专用网络的最佳示例是：VPN 客户端与连接到 Internet 的远程访问服务器建立 VPN 连接。远程访问服务器应答虚拟呼叫，对呼叫者进行身份验证，并在 VPN 客户端与公司网络之间传输数据。与拨号远程访问相反，VPN 始终是通过公用网络（例如 Internet）在 VPN 客户端与 VPN 服务器之间建立的逻辑间接连接。为了确保隐私安全，必须对通过该连接发送的数据进行加密。VPN 使用时无附加费用、安全性好、速率较大（取决于 Internet 的速率），因此经常作为远程访问的技术手段。本书将重点讨论这种技术手段。

2．VPN 技术

为了模拟点对点链路，VPN 使用隧道协议来封装数据。其基本思路是把一个数据包封装在另一个数据包中，就像把写有地址的一封信装在另一封信中一样。外部数据包的包头提供路由信息，使数据可以通过公用网络到达其终结点。为了保证数据在公网上的传输安全，对所发送的数据进行加密。封装并加密专用数据的链路称为 VPN 连接。图 12-3 是 VPN 的原理图。

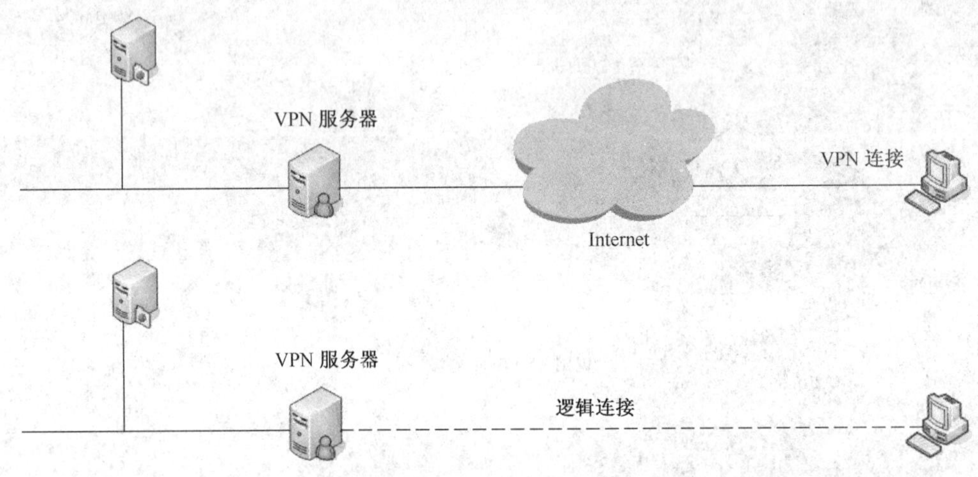

图 12-3　VPN 的逻辑连接

有两种类型的 VPN 连接：远程访问 VPN、站点间 VPN。基于我们的需求和本书篇幅的限制，仅讨论远程访问 VPN。远程访问 VPN 连接使得在家中或路上工作的用户可以使用公用网络（例如 Internet）来访问专用网络上的服务器。从用户的角度来看，VPN 是计算机（VPN 客户端）与企业内部的服务器之间的点对点连接。公用网络确切的基础结构和 VPN 是不相关的，因为 VPN 是以逻辑形式出现，仿佛数据通过专用链路发送一样。

3．VPN 的两种隧道协议

VPN 有两种隧道协议：PPTP、L2TP/IPSec。所谓的 VPN 隧道协议是指：将来自一种协议类型的数据包封装在其他协议的数据报内。例如，VPN 使用 PPTP 封装通过公用网络（例如 Internet）传输的 IP 数据包。可以配置基于点对点隧道协议（PPTP）、第二层隧道协议（L2TP）的 VPN 解决方案。PPTP、L2TP 对原来为点对点协议（PPP）指定的功能十分依赖。PPP 原来是用于通过拨号连接或专用的点对点连接发送数据的。对于 IP，PPP 将 IP 数据包封装在 PPP 帧内，然后通过点对点链路传输封装的 PPP 数据包。PPP 原来定义为在拨号客户端与网络访问服务器之间使用的协议。

PPTP 封装：PPTP 将 PPP 帧封装在 IP 数据报中，以便通过网络传输。PPTP 使用 TCP 连接进行隧道管理，使用修订版的通用路由封装（GRE）封装隧道数据的 PPP 帧。封装的 PPP 帧的有效负载可以加密、压缩或加密并压缩。图 12-4 是包含 IP 数据报的 PPTP 数据包的结构。

可使用 MS-CHAP v2 或 EAP-TLS 身份验证进程生成的加密密钥，通过 Microsoft 点对点加密（MPPE）对 PPP 帧进行加密。虚拟专用网络客户端只有使用 MS-CHAP v2 或

EAP-TLS 身份验证协议才能对 PPP 帧的有效负载进行加密。PPTP 利用基础 PPP 加密并封装以前加密的 PPP 帧。

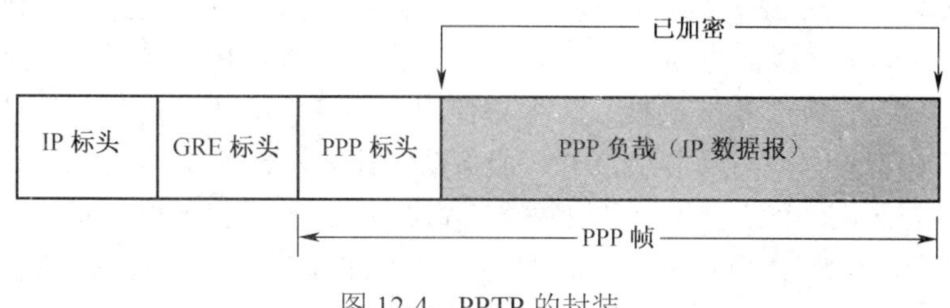

图 12-4　PPTP 的封装

L2TP 封装：与 PPTP 不同，Microsoft 实现的 L2TP 不使用 MPPE 对 PPP 数据报进行加密。L2TP 依靠 Internet 协议安全（IPSec）传输模式来提供加密服务。L2TP 和 IPSec 的组合称为 L2TP/IPSec。VPN 客户端和 VPN 服务器必须均支持 L2TP 和 IPSec。L2TP 的客户端支持内置在 Windows Vista 和 Windows XP 远程访问客户端中，L2TP 的 VPN 服务器支持内置在 Windows Server 2008 和 Windows Server 2003 系列的成员中。L2TP/IPSec 数据包的封装分为两层：第一层的 L2TP 封装，PPP 帧（IP 数据报）使用 L2TP 标头和 UDP 标头封装，如图 12-5 所示。

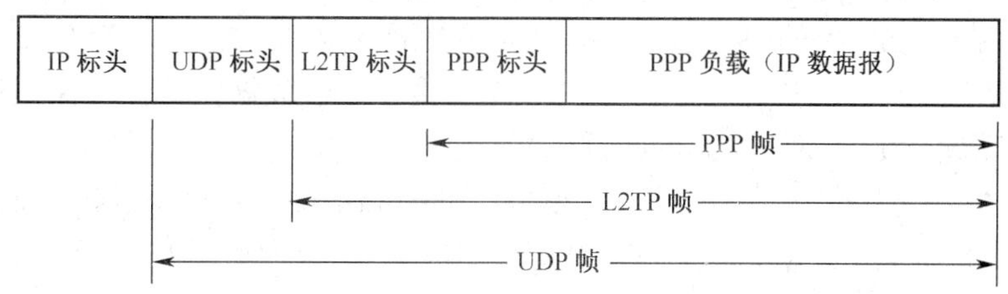

图 12-5　包含 IP 数据报的 L2TP 数据包的结构

第二层的 IPSec 封装使用 IPSec 封装安全有效负载（ESP）标头和尾端、提供消息完整性和身份验证的 IPSec 身份验证尾端以及最终的 IP 标头来封装生成的 L2TP 消息。IP 标头中是与 VPN 客户端和 VPN 服务器对应的源 IP 地址和目标 IP 地址，如图 12-6 所示。

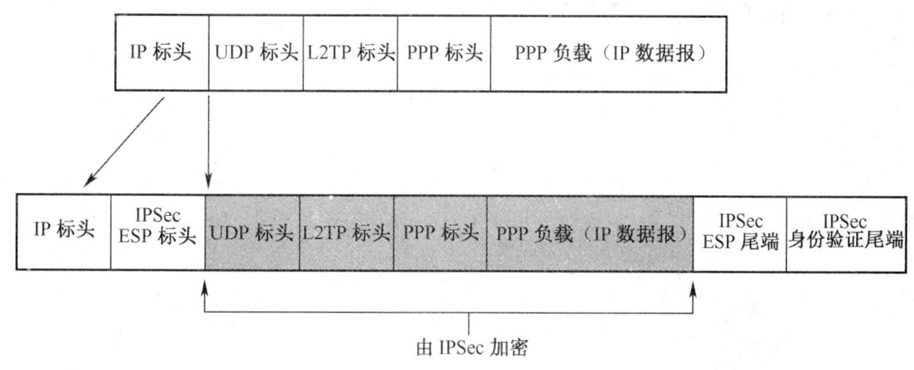

图 12-6　使用 IPSec ESP 对 L2TP 通信进行加密

L2TP 使用 Internet 密钥交换（IKE）协商进程生成的加密密钥，通过数据加密标准

（DES）或三重 DES（3DES）对 L2TP 消息进行加密。

VPN 连接的身份验证采用三种不同的形式：

（1）使用 PPP 身份验证的用户级身份验证：为了建立 VPN 连接，VPN 服务器使用点对点协议（PPP）用户级身份验证方法对正在尝试连接的 VPN 客户端进行身份验证，并验证 VPN 客户端是否拥有相应的授权。如果使用相互身份验证，VPN 客户端也将对 VPN 服务器进行身份验证，以应对伪装成 VPN 服务器的计算机。

（2）使用 Internet 密钥交换（IKE）的计算机级身份验证：为了建立 Internet 协议安全（IPSec）关联，VPN 客户端和 VPN 服务器使用 IKE 协议交换计算机证书或预共享密钥。在任何一种情况下，VPN 客户端和 VPN 服务器均将在计算机级别进行相互身份验证。强烈建议使用计算机证书身份验证，因为这种身份验证方法要强大得多。只对 L2TP/IPSec 连接执行计算机级身份验证。

（3）数据源身份验证和数据完整性：为了验证通过 VPN 连接发送的数据是否源自连接的另一端并且在传输中未被修改，数据中包含基于加密密钥（只有发送方和接收方知道）的加密校验和。数据源身份验证和数据完整性只可用于 L2TP/IPSec 连接。

在 PPTP、L2TP/IPSec 远程访问 VPN 解决方案之间进行选择时，请考虑下列事项：

（1）PPTP 可以用于各种 Microsoft 客户端（包括 Windows 2000 Server、Windows XP、Windows Vista 和 Windows Server 2008）。与 L2TP/IPSec 不同，PPTP 不要求使用公钥结构（PKI）。基于 PPTP 的 VPN 连接使用加密来提供数据保密性（没有加密密钥无法解释捕获的数据包）。但是，基于 PPTP 的 VPN 连接不提供数据完整性（保证数据在传输中未更改）或数据源身份验证（保证数据由经过授权的用户发送）。

（2）L2TP 只能用于运行 Windows 2000、Windows XP 或 Windows Vista 的客户端计算机。L2TP 支持将电子证书或预共享密钥作为 IPSec 的身份验证方法。计算机证书身份验证是建议的身份验证方法，要求使用 PKI 来向 VPN 服务器计算机和所有 VPN 客户端计算机颁发计算机证书。L2TP/IPSec VPN 连接使用 IPSec 来提供数据保密性、数据完整性和数据身份验证。

从上面分析可以看出：采用 PPTP 和 L2TP/IPSec 均可以满足我们的需求。从安全性来说，采用电子证书的 L2TP/IPSec 安全性最高，然而需要电子证书服务器的支持，本书作为入门书籍，将介绍 PPTP 和采用预共享密钥的 L2TP/IPSec。

12.1.3 VPN 服务器配置

1. 网络配置

在图 12-1 中，VPN 服务器（WIN2008-3）有 2 个网络接口，一个是接到企业内部，另一个是接到 Internet 的接口。我们这里用 61.0.0.1/24 网络来模拟 Internet，VPN 客户端直接接到 Internet 上。按照以下列表配置计算机的 IP 地址：

（1）VPN 客户端。

IP 地址：61.0.0.2/255.255.255.0

网关：无

DNS：61.0.0.100

（2）VPN 服务器的内部网络（本地连接）。

IP 地址：192.168.0.254/255.255.255.0

网关：无

DNS：192.168.0.1

WINS：192.168.0.1

（3）VPN 服务器的外部网络（本地连接 2）。

IP 地址：61.0.0.1/255.255.255.0

网关：无

DNS：无

（4）WIN2008-1 服务器。

IP 地址：192.168.0.1/255.255.255.0

网关：192.168.0.254

DNS：192.168.0.1

WINS：192.168.0.1

（5）WIN2008-2 服务器。

IP 地址：192.168.0.2/255.255.255.0

网关：192.168.0.254

DNS：192.168.0.1

测试从 VPN 服务器到 VPN 客户端之间的连通性（用 ping 命令），测试前先关闭 VPN 客户端的防火墙。

2．安装 VPN 服务

如下步骤，安装 VPN 服务：

步骤 1：单击“开始”→“管理工具”→“服务器管理器”，打开如图 12-7 所示的窗口。

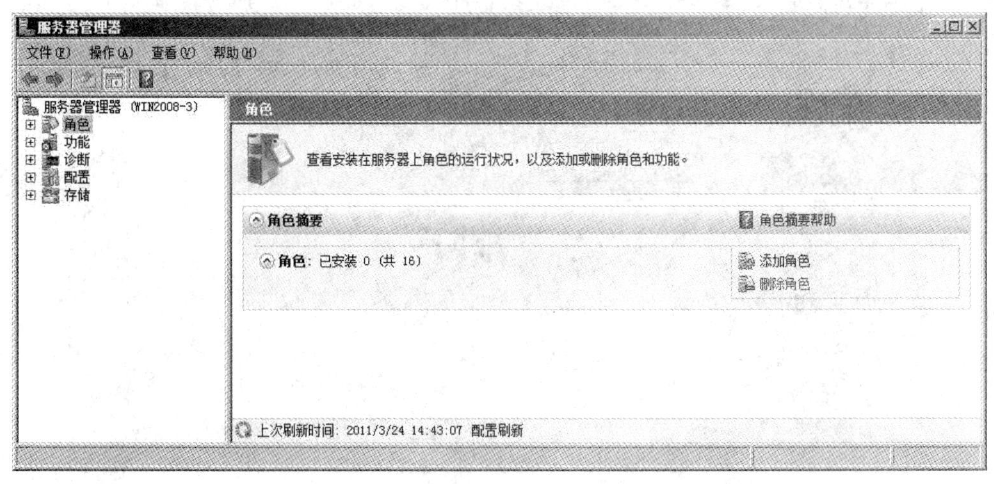

图 12-7 “服务器管理器”窗口

步骤 2：在图 12-7 中，右击左侧目录树中的“角色”选项，选择“添加角色”菜单项，打开如图 12-8 所示的窗口。选中“网络策略和访问服务”选项，单击“下一步”按钮。

步骤 3：在如图 12-9 所示的窗口中，单击“下一步”按钮。

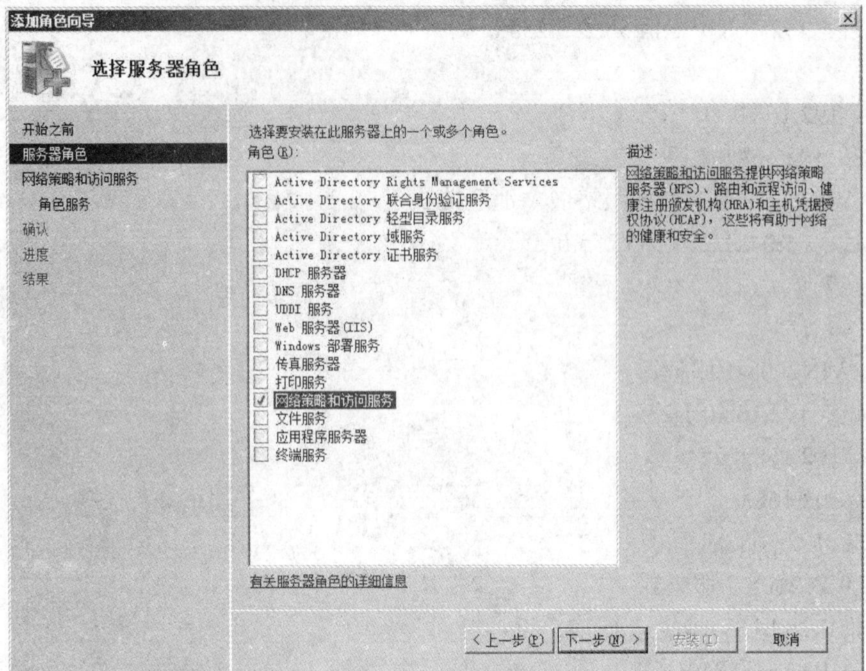

图 12-8 “选择服务器角色”窗口

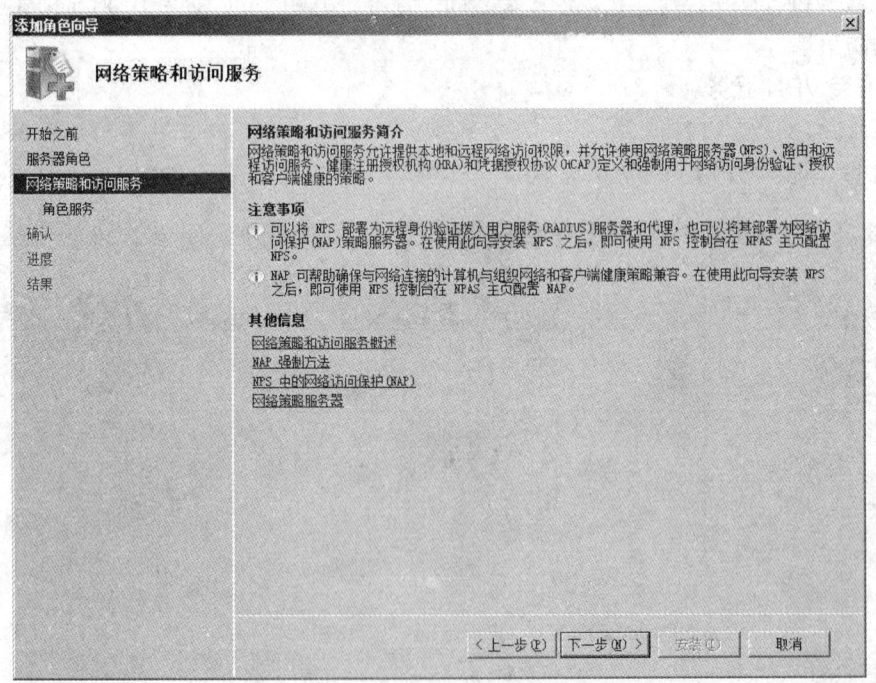

图 12-9 “网络策略和访问服务”窗口

步骤 4：在如图 12-10 所示的窗口中，选择“路由和远程访问服务”选项，单击“下一步”按钮。

步骤 5：在如图 12-11 所示的窗口中，单击“安装”按钮，开始安装。

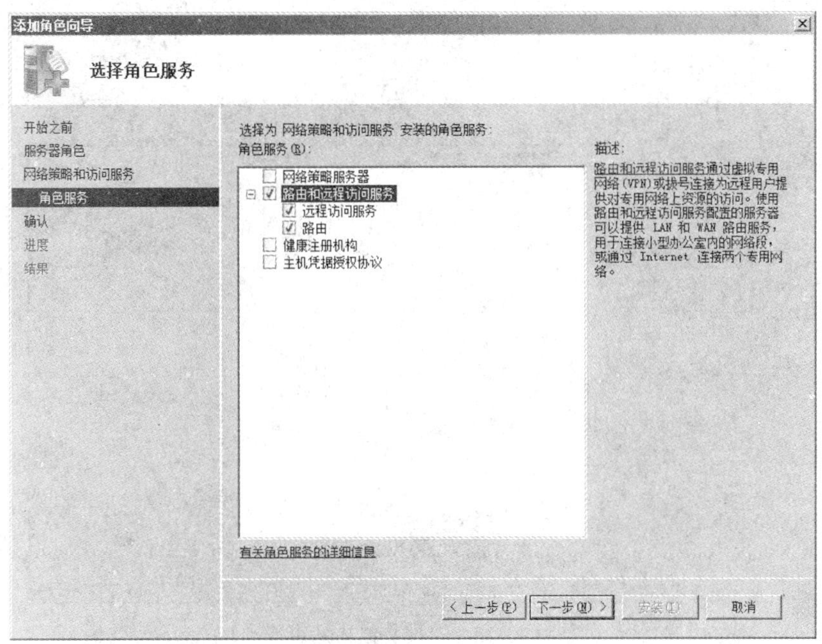

图 12-10　“选择角色服务”窗口

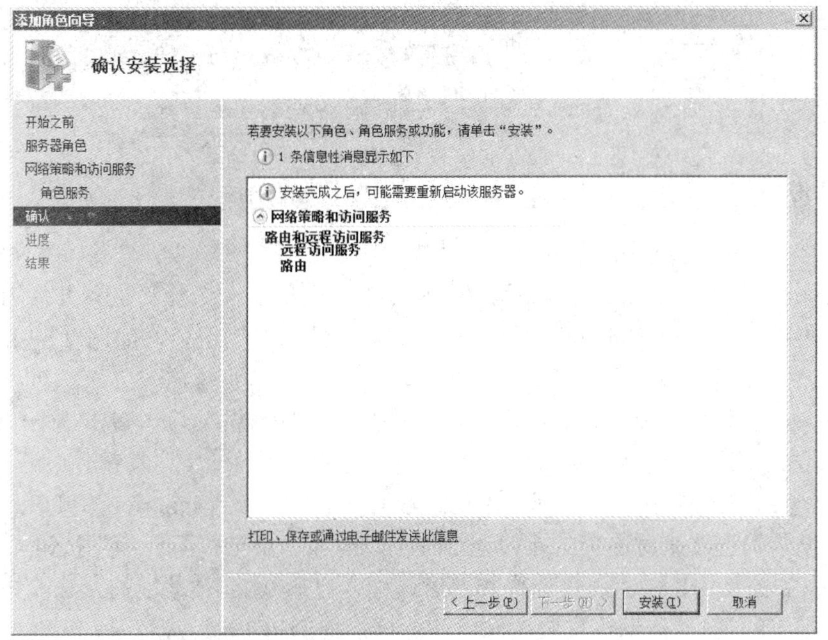

图 12-11　“确认安装选择”窗口

步骤 6：在如图 12-12 所示的窗口中，单击“关闭”按钮，完成安装。

3．启用“路由和远程访问服务”

步骤如下：

步骤 1：单击“开始”→“管理工具”→“路由和远程访问服务”，打开“路由和远程访问”窗口，如图 12-13 所示。

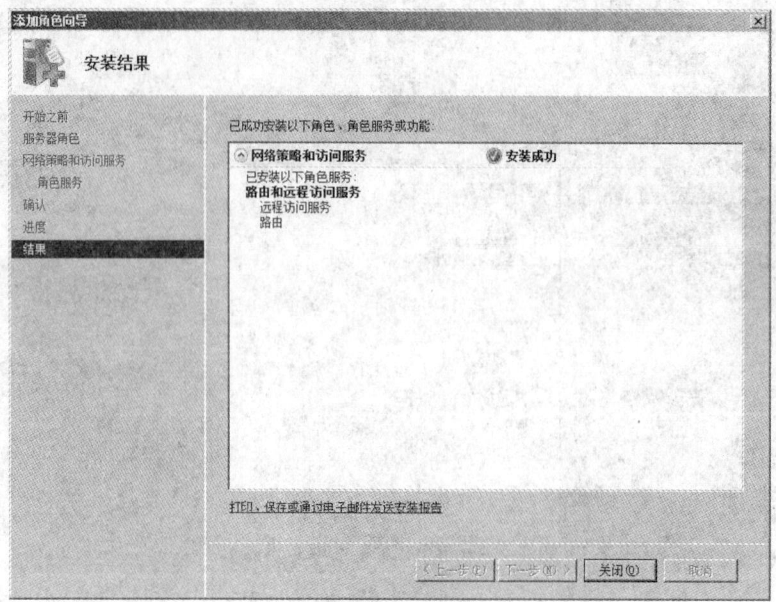

图 12-12 “安装结果”窗口

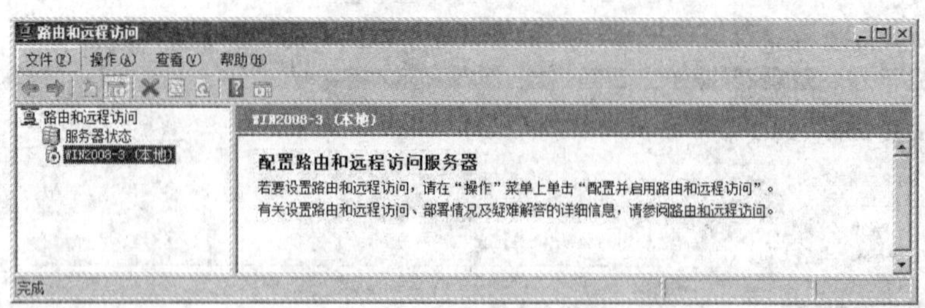

图 12-13 “路由和远程访问”窗口

步骤 2：在图 12-13 中，右击左侧目录树中的计算机名，选择“配置并启用路由和远程访问服务”菜单项，打开“路由和远程访问服务器安装向导”窗口，如图 12-14 所示，单击“下一步”按钮。

步骤 3：如图 12-15 所示，选择“远程访问（拨号或 VPN）”选项，单击“下一步”按钮。

步骤 4：如图 12-16 所示，选择“VPN”选项，单击“下一步”按钮。

步骤 5：如图 12-17 所示，选择“本地连接 2”作为连接到 Internet 的接口，去掉“通过设置静态数据包筛选器来对选择的接口进行保护”选项，单击“下一步”按钮。

步骤 6：如图 12-18 所示，可选择如何对远程客户端分配 IP 地址的方法。如果选择“自动”选项，则 VPN 服务器将从安装在同一计算机上的 DHCP 服务器获得 IP 地址后再分配给客户端。我们这里选择“来自一个指定的地址范围”，则 VPN 服务器将从设定的地址池取出地址为客户端分配地址，单击“下一步”按钮。

步骤 7：如图 12-19 所示，单击“新建”按钮，打开如图 12-20 所示的窗口，输入 IP 地址，这里的 IP 地址应该是私有 IP 地址，并且不得和企业内部的地址段 192.168.0.0/255.255.255.0 在同一网段，单击“确定”按钮后，回到如图 12-19 所示的窗口，单击“下一步”按钮。

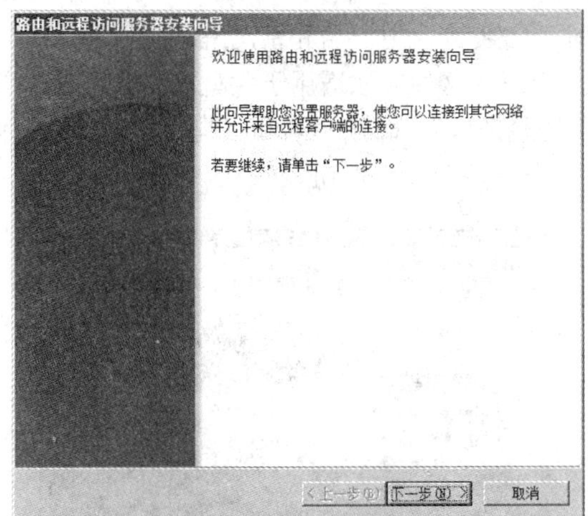

图 12-14　“路由和远程访问服务器安装向导”窗口

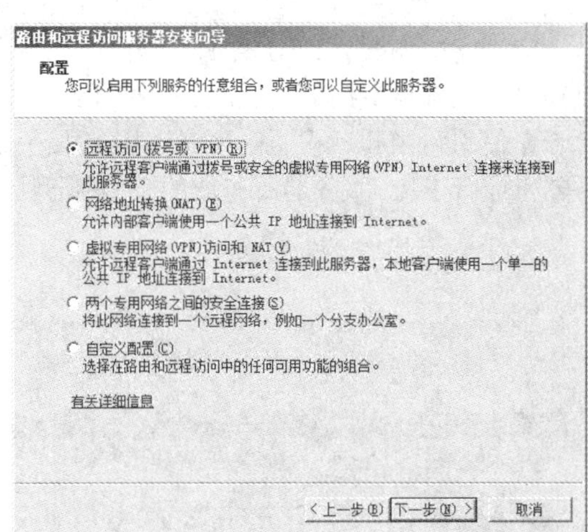

图 12-15　选择“远程访问（拨号或 VPN）”选项

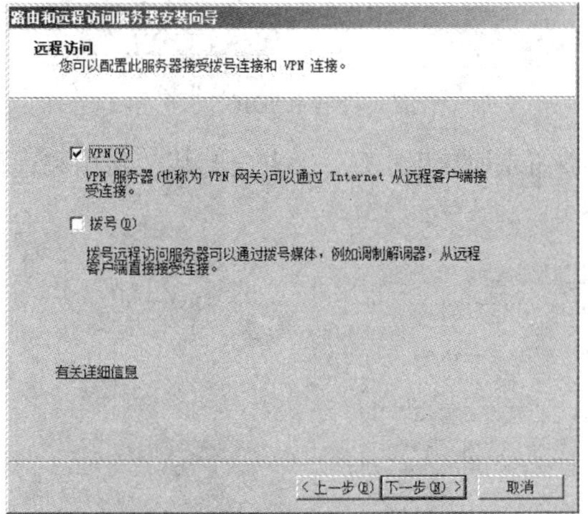

图 12-16　选择“VPN”选项

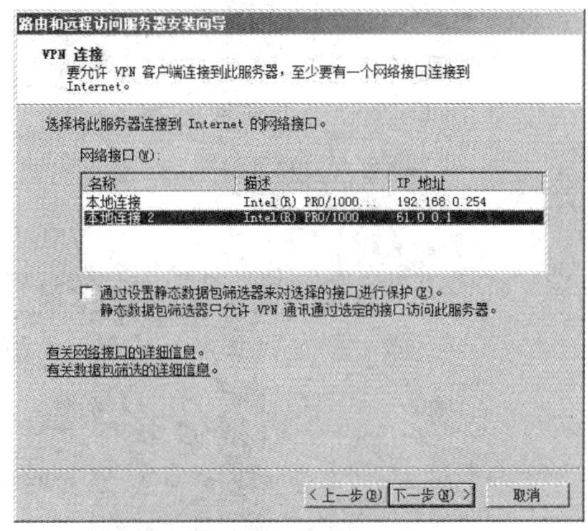

图 12-17　选择“本地连接 2”选项

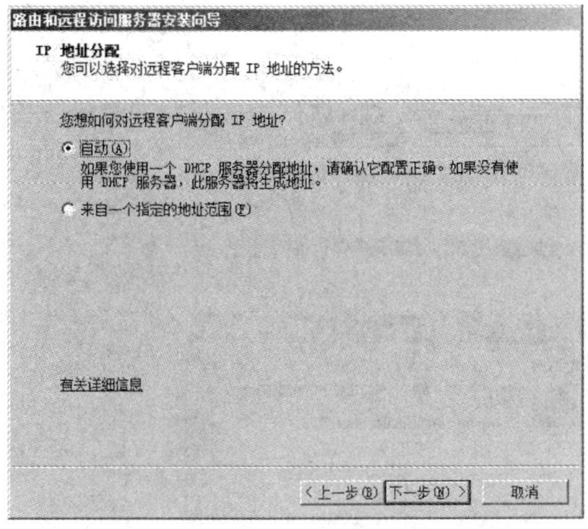

图 12-18　选择客户 IP 地址分配方法

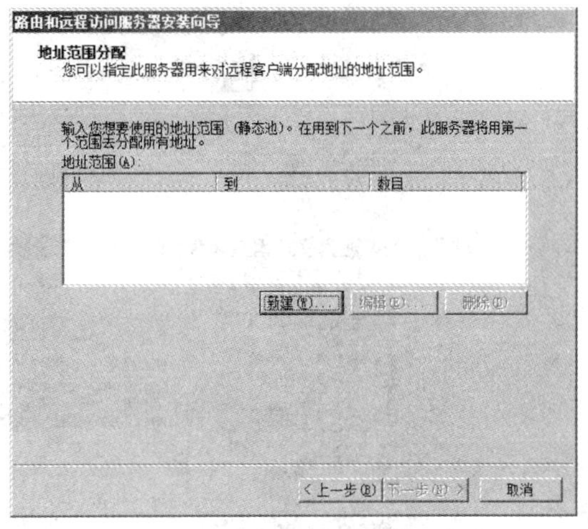

图 12-19　“地址范围分配”窗口

步骤 8：如图 12-21 所示，远程用户拨入时，需要输入用户名和密码进行身份验证，可以在网络上架设专门的验证服务 RADIUS 来进行验证，这种方法适用于大型网络。我们选择“否，使用路由和远程访问来对连接请求进行身份验证”，这时用户名和密码存放于 VPN 服务器上或者 VPN 服务器所在域的域控制器上。单击“下一步”按钮。

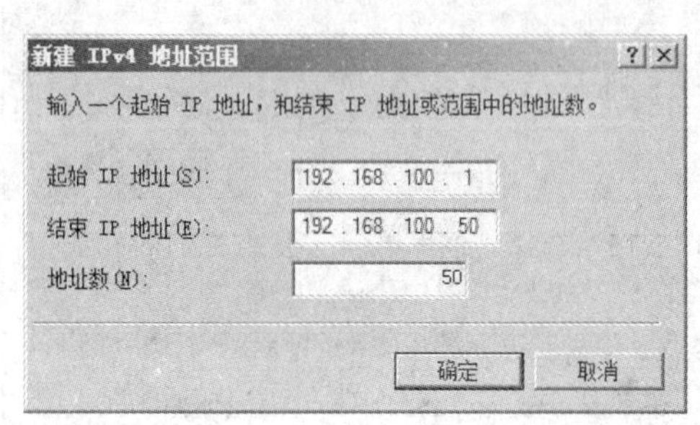

图 12-20 输入 IP 地址范围

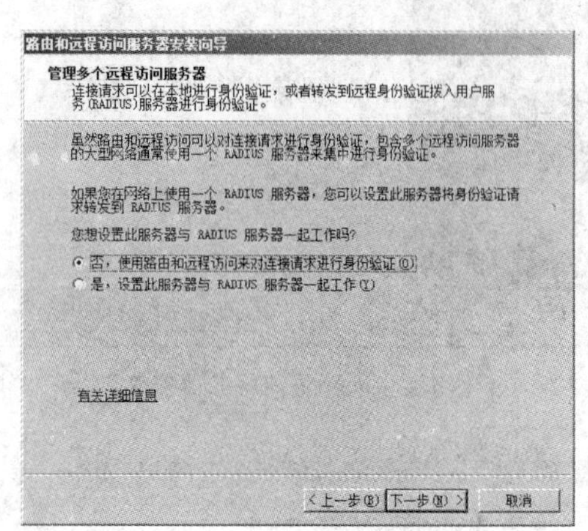

图 12-21 设置是否与 RADIUS 服务器一起工作

步骤 9：如图 12-22 所示，单击“完成”按钮完成启用工作。系统会启用“路由和远程访问”服务，如图 12-23 所示。

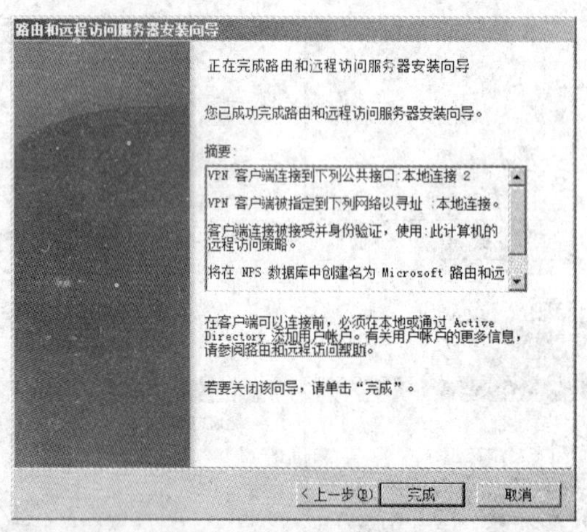

图 12-22 完成“路由和远程访问服务器”安装

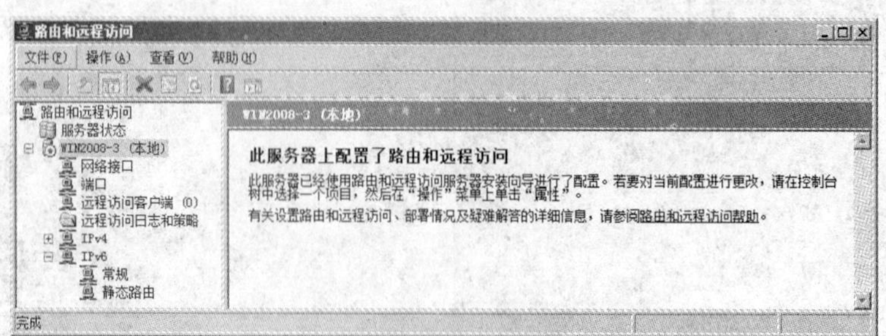

图 12-23 启用了路由和远程访问服务

步骤 10：如图 12-24 所示，在 VPN 服务器上，创建用户“user1”，并打开用户的属性窗口，选择“拨入”选项卡，选择“允许访问”选项，单击“确定”按钮保存。注意：不能要求 user1 用户下次登录时必须修改密码。

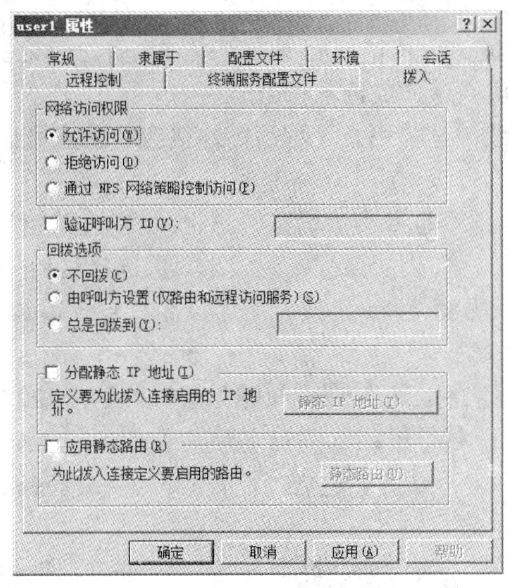

图 12-24　运行用户拨入

4．配置路由和远程访问服务

步骤如下：

步骤 1：如图 12-23 所示，右击左侧目录树的计算机名“WIN2008-3（本地）”，选择“属性”菜单项，打开如图 12-25 所示的窗口，可以看到该计算机启用 IPv4 路由功能和 IPv4 远程访问服务。由于我们不需要 IPv6 路由功能和 IPv6 远程访问服务，如图 12-25 所示，可以把 IPv6 相关功能关闭。

步骤 2：如图 12-26 所示，选择“安全”选项卡，可选择身份验证提供程序等选项。

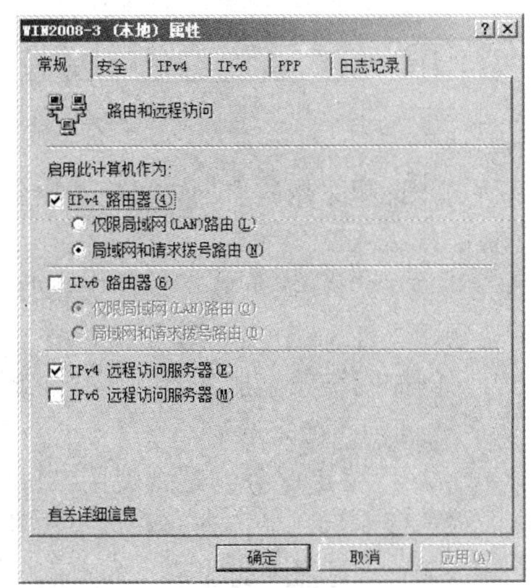

图 12-25　属性窗口

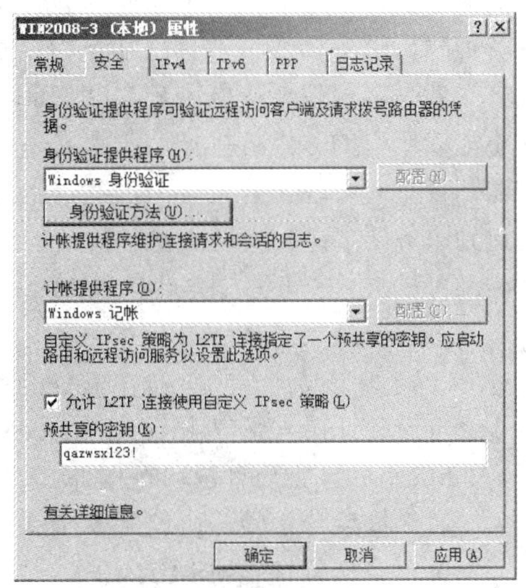

图 12-26　“安全”选项卡

“身份验证提供程序”选项：选择远程访问身份验证或请求拨号身份验证的身份验证提供程序。有以下选择：

- Windows 身份验证：服务器使用本地账户数据库或域账户数据库来对远程访问连接或请求拨号连接的凭据进行身份验证。本书选择此项。
- RADIUS 身份验证：远程访问服务器使用远程身份验证拨入用户服务（RADIUS）服务器来对远程访问连接或请求拨号连接的凭据进行身份验证。

“记账提供程序”选项：选择用于远程访问连接或请求拨号连接的记账提供程序。有以下选择：

- Windows 记账：服务器将连接记账信息记录在日志文件中，这些日志文件在“远程访问日志记录”文件夹的属性中配置。我们选择这种方式。
- RADIUS 记账：服务器将连接记账信息发送给远程身份验证拨入用户服务（RADIUS）服务器。

“允许 L2TP 连接使用自定义 IPSec 策略”选项：指定 L2TP 连接是否可以使用自定义 IPSec 策略。如果选中此复选框，必须指定预共享密钥，供使用此自定义 IPSec 策略的所有连接使用，VPN 客户端计算机上也必须配置相同的共享密钥。需要重启路由和远程访问服务，预共享密码才能生效。

使用预共享密码有一个问题：必须向所有的用户公布共享密码，由于密码不是向单一用户发布，因此预共享密码有安全问题。如果不选择此项，则 L2TP 的 VPN 客户端和 VPN 服务器要使用 CA 证书来进行通信，由于不同用户的证书是不同的，安全性能够得到保证。但本书基于简化问题的原因和篇幅的限制，我们选择了预共享密码。

在图 12-26 中，单击“身份验证方法”按钮，打开“身份验证方法”窗口，如图 12-27 所示。可以选择不同的验证方法，我们这里保持默认值即可。简单地说，所谓的验证方法是：客户端要连接到服务器时，服务器要识别客户端是否合法，最简单的方式就是客户端要提供用户名和密码，然而客户端不能以明码的方式直接把用户名和密码发送到服务器，否则对于现在的黑客来说就等于是没有密码，因此要采用安全的方法把用户名和密码发送到服务器端进行验证，整个验证的过程就是验证方法。

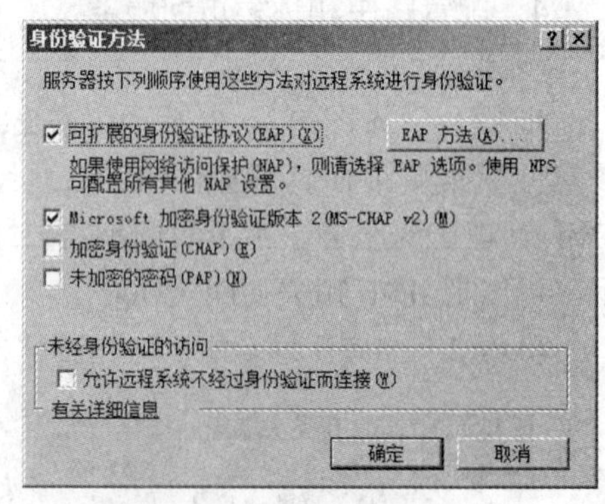

图 12-27 “身份验证方法”窗口

- 可扩展的身份验证协议（EAP）：单击“EAP 方法”按钮可以查看已安装的 EAP 方法。默认是 PEAP，PEAP 使用传输层安全性（TLS）在身份验证 PEAP 客户端（例如无线计算机）与 PEAP 身份验证器（例如网络策略服务器（NPS）或远程身份验证拨入用户服务（RADIUS）服务器）之间创建加密通道。
- Microsoft 加密身份验证版本 2（MS-CHAP v2）：指定服务器是否使用 Microsoft 质询握手身份验证协议版本 2（MS-CHAP v2）版对远程访问连接和请求拨号连接进行身份验证。MS-CHAP v2 提供相互身份验证和更强大的加密，加密的点对点（PPP）连接或点对点隧道协议（PPTP）连接要求使用 MS-CHAP v2。

- 加密身份验证（CHAP）：指定服务器是否使用 Message Digest 5（MD-5）质询握手身份验证协议（CHAP）对远程访问连接和请求拨号连接进行身份验证。基于安全原因，不建议选择此项。
- 未加密的密码（PAP）：指定服务器是否使用密码身份验证协议（PAP）对远程访问连接和请求拨号连接进行身份验证。在 PAP 身份验证期间，密码以纯文本形式（而不是加密形式）发送。只有必须支持 PAP 远程访问客户端时，才应使用此身份验证协议。基于安全原因，不建议选择此项。
- 允许远程系统不经过身份验证而连接：指定服务器是否允许不经过身份验证的连接。不经过身份验证的连接不要求提供用户名和密码。基于安全原因，不建议选择此项。

步骤 3：如图 12-28 所示，选择“IPv4”选项卡，在窗口下方的“适配器”下拉列表中选择“本地连接”。VPN 客户端拨入时，VPN 服务器会为客户端分配 IP 地址，然而我们还需要为客户端分配 DNS、WINS 等地址，客户端才能用域名或者计算机访问企业内部的服务器。此下拉列表使得 VPN 服务会把自己的“本地连接”网卡上的 DNS、WINS 设置分配给用户（即：DNS 和 WINS 均为 192.168.0.1）。

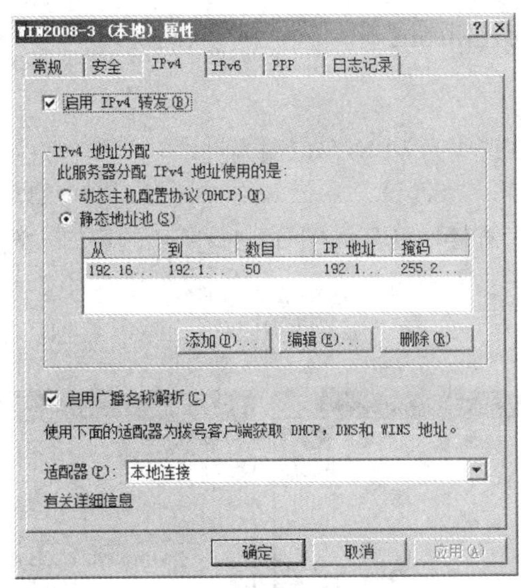

图 12-28 “IPv4”选项卡

步骤 4：如图 12-23 所示，右击左侧目录树中的“端口”选项，选择“属性”菜单项，打开如图 12-29 所示的窗口，可以对各端口进行配置。选择要配置的端口，单击“配置”按钮，打开如图 12-30 所示的窗口。

- 远程访问连接（仅入站）：指定此设备的端口是否允许入站远程访问连接。
- 请求拨号路由选择连接（入站和出站）：指定此设备的端口是否允许入站或出站请求拨号连接。
- 请求拨号路由连接（仅出站）：指定此设备的端口是否只允许出站请求拨号连接。
- 此设备的电话号码：我们这里不使用此项。
- 最多端口数：此设备的最多端口数，即最多可以有多少用户可以同时拨入，可以单击箭头按钮来选择新设置。只能在支持可变端口数的设备上配置此选项。

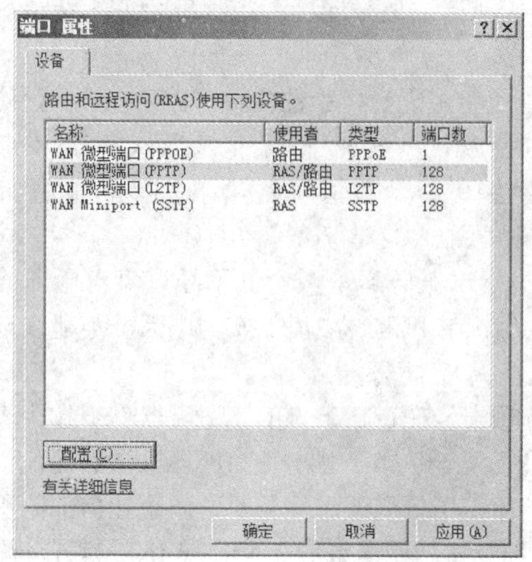

图 12-29 “端口 属性”窗口

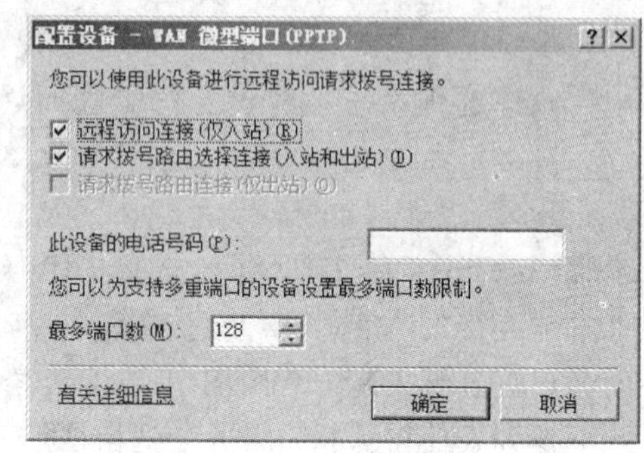

图 12-30 端口配置

12.1.4 VPN 客户端配置和测试

1. PPTP 客户端

以 Windows XP 操作系统作为 VPN 客户端为例，其他操作系统类似。步骤如下：

步骤 1：单击“开始”→“设置”→“网络连接”，打开“网络连接”窗口，单击左上方的“创建一个新的连接”链接，打开如图 12-31 所示的窗口。选择“连接到我的工作场所的网络”选项，单击“下一步”按钮。

步骤 2：如图 12-32 所示，选择“虚拟专用网络连接”选项，单击“下一步”按钮。

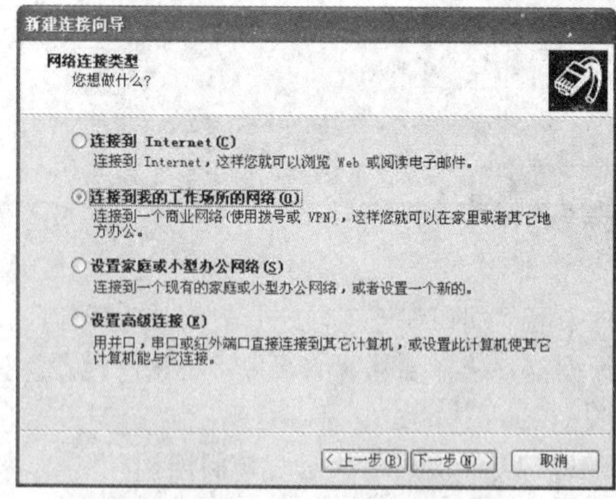

图 12-31 “网络连接类型”窗口

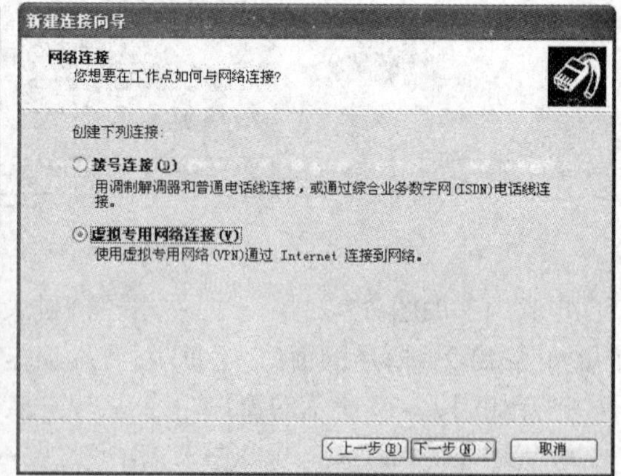

图 12-32 选择“虚拟专用网络连接”选项

步骤 3：如图 12-33 所示，输入公司名，公司名仅仅是一个名称而已，不会影响通信，单击“下一步”按钮。

步骤 4：如图 12-34 所示，输入 VPN 服务器的 IP 或者主机名，根据图 12-1，网络拓扑中

VPN 服务器的 IP 为 61.0.0.1，单击“下一步”按钮。在下一个窗口中，单击“完成”按钮。

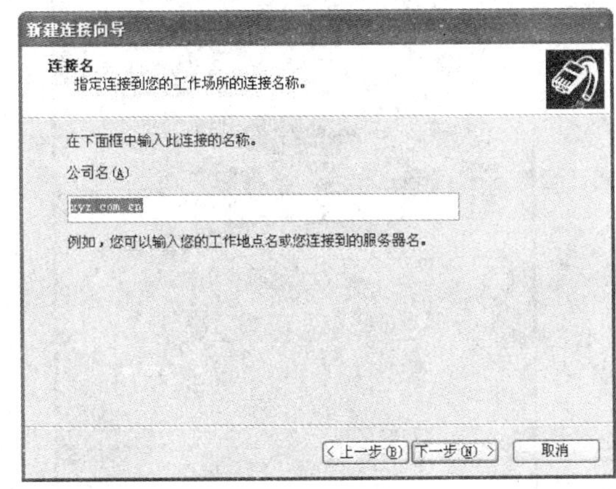

图 12-33　输入公司名

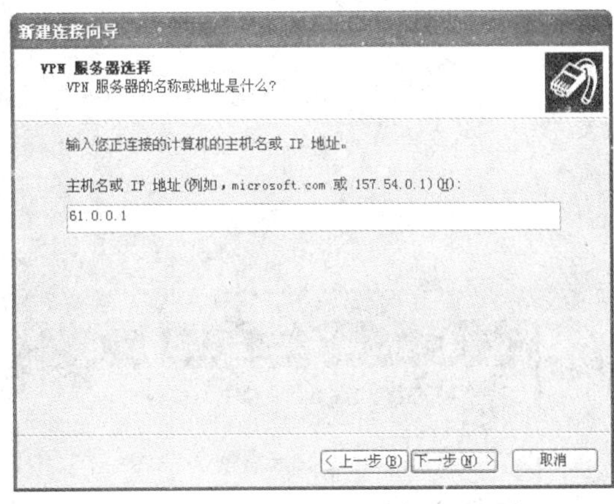

图 12-34　输入 VPN 服务器的 IP 或者主机名

【说明】在实际应用中，通常是使用域名，因此需要在 Internet 的 DNS 服务器上添加主机记录，主机记录的 IP 指向 61.0.0.1。

步骤 5：如图 12-35 所示，在“网络连接”窗口中，双击刚创建的连接“xyz.com.cn”，打开如图 12-36 所示的窗口，输入用户名 user1 和密码。单击“连接”按钮开始连接，如图 12-37 所示。

图 12-35　“网络连接”窗口

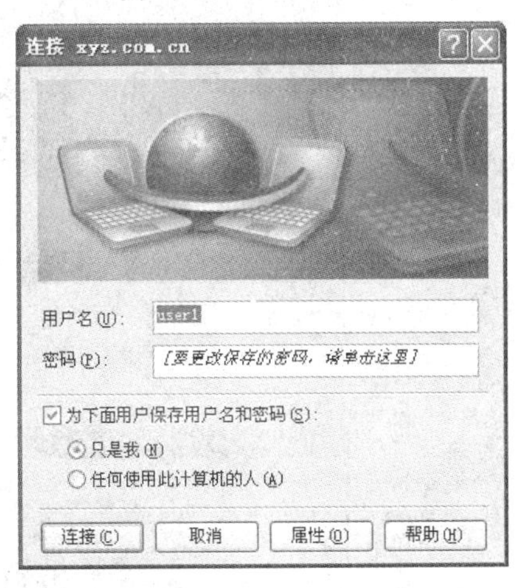

图 12-36　输入用户名和密码

步骤 6：如图 12-35 所示，在“网络连接”窗口中，右击刚创建的连接“xyz.com.cn”，选择“状态”菜单，打开如图 12-38 所示的窗口，选择“详细信息”选项卡。可以看到 VPN 连接的信息，例如：隧道协议为 PPTP，身份验证为 MS CHAP V2，加密算法为 MPPE 128 等。

步骤 7：如图 12-39 所示，在命令提示行窗口中执行“ipconfig /all”命令，可以看到 VPN 连接的 IP 地址、DNS、WINS 等信息，特别要注意的是：DNS、WINS 的 IP 地址应该和 VPN 服务器的“本地连接”网卡上的 DNS、WINS 设置一致。

步骤 8：如图 12-40 所示，测试从客户端能否 ping 企业内部的服务器 192.168.0.1 和 192.168.0.2，或者是否能够访问 Web 服务器（http://192.168.0.1）。

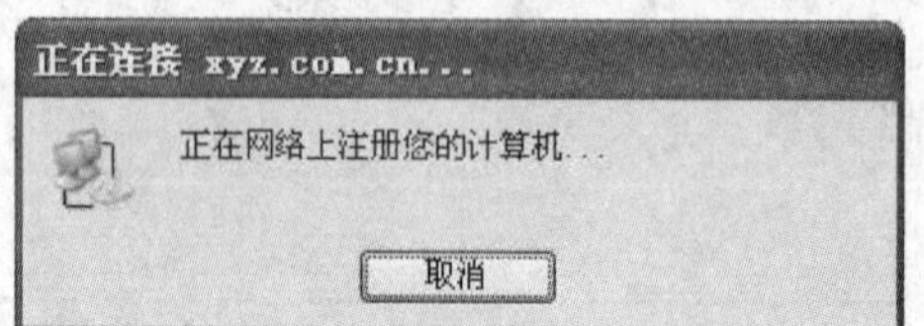

图 12-37 正在连接

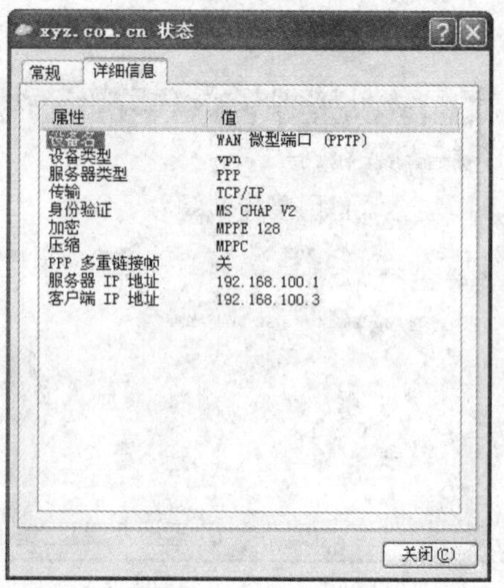

图 12-38 "详细信息"选项卡

```
C:\WINDOWS\system32\cmd.exe
        Physical Address. . . . . . . . . : 00-0C-29-94-16-49
        Dhcp Enabled. . . . . . . . . . . : No
        IP Address. . . . . . . . . . . . : 61.0.0.2
        Subnet Mask . . . . . . . . . . . : 255.255.255.0
        Default Gateway . . . . . . . . . :
        DNS Servers . . . . . . . . . . . : 61.0.0.100

PPP adapter xyz.com.cn:

        Connection-specific DNS Suffix  . :
        Description . . . . . . . . . . . : WAN (PPP/SLIP) Interface
        Physical Address. . . . . . . . . : 00-53-45-00-00-00
        Dhcp Enabled. . . . . . . . . . . : No
        IP Address. . . . . . . . . . . . : 192.168.100.2
        Subnet Mask . . . . . . . . . . . : 255.255.255.255
        Default Gateway . . . . . . . . . : 192.168.100.2
        DNS Servers . . . . . . . . . . . : 192.168.0.1
        Primary WINS Server . . . . . . . : 192.168.0.1

C:\>
```

图 12-39 "ipconfig /all"命令结果

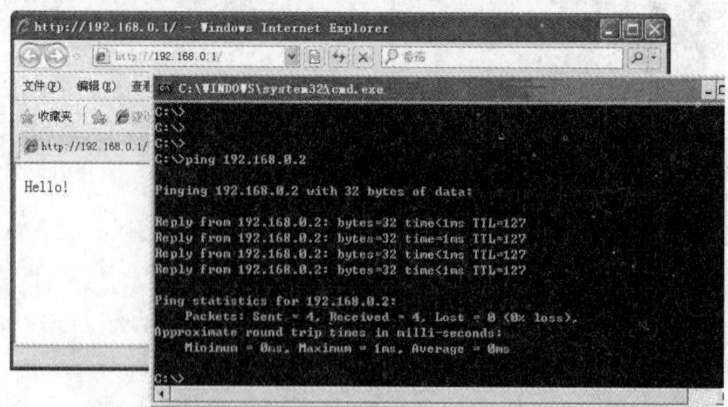

图 12-40 测试 VPN 连接

【提示】注意确认 192.168.0.1 和 192.168.0.2 的防火墙是否允许相关的访问，例如允许 ping 或者访问 Web。

2. L2TP 客户端

从安全性来说 L2TP 应该比 PPTP 要安全，建议采用 L2TP 进行连接。然而默认时 VPN 客户端优先采用 PPTP 进行连接，如果要强制使用 L2TP，可以在客户端采用以下步骤：

步骤 1：如图 12-35 所示，右击新创建的连接“xyz.com.cn”，选择“属性”菜单项，打开如图 12-41 所示的窗口。选择“网络”选项卡，在“VPN 类型”下拉列表中选择“L2TP IPSec VPN”。

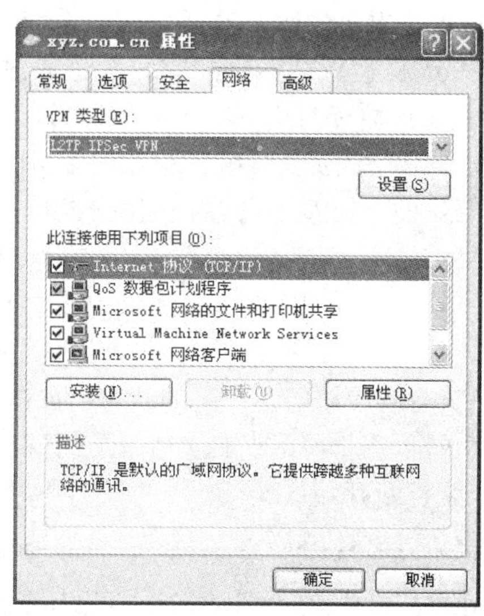

图 12-41　“网络”选项卡

步骤 2：如图 12-42 所示，选择“安全”选项卡，单击“IPSec 设置”按钮，打开如图 12-43 所示的窗口，选中“使用预共享的密钥作身份验证”，并在“密钥”文本框中输入预共享密码。该密码应和图 12-26 中的设置一样。

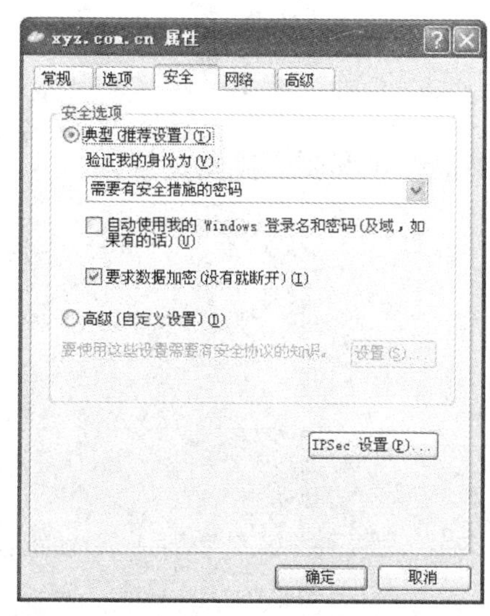

图 12-42　“安全”选项卡

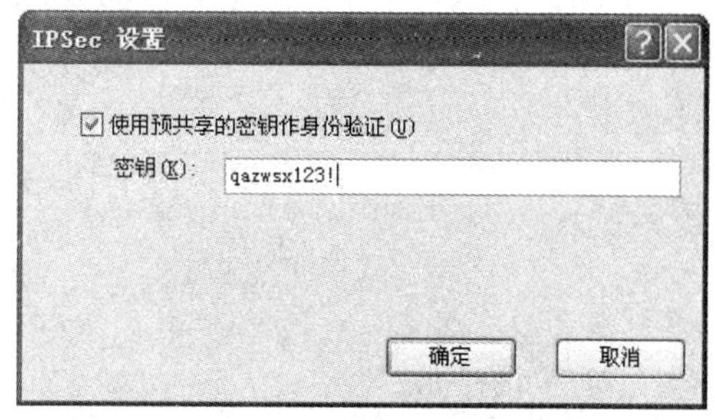

图 12-43　“IPSec 设置”窗口

【提示】使用 L2TP，必须启动 IPSec 服务（默认时是启动的），单击“开始”→“管理工具”→“服务”，打开“服务”窗口，找到“IPSec Service”服务，可启动该服务。

【提示】也可以在 VPN 服务器上强制 VPN 客户端使用 L2TP，可以在图 12-29 中，选择 L2TP 进行配置，在图 12-30 中，去掉“远程访问连接”选项。

3．VPN 客户端的 DNS 问题

正常情况下，图 12-1 中的 VPN 客户端是连接到 Internet 的，它的 DNS 应该指向当地 ISP 的 DNS 服务器（图 12-1 中为 61.0.0.100），然而这样会有一个问题：VPN 连接拨通后，客户端应该还是用域名来访问企业内部的服务器或者应用系统，而只有用企业内部的 DNS（192.168.0.1）才能解析这些域名。因此要给客户端分配企业内部的 DNS 服务器地址，结果如图 12-39 所示。这时 VPN 客户端有两个 DNS 服务器地址，Internet 上的 DNS 负责解析 Internet 主机的域名；而企业内部的 DNS 负责解析企业内主机的域名，得到的是企业内部主机的私有 IP 地址。要保证以上效果，VPN 服务器按照图 12-28（窗口最下方的“适配器”下拉列表）进行设置是至关重要的。

12.1.5 管理远程访问客户端

在 VPN 服务器上，可以查看远程访问客户端的状态。如图 12-44 所示，右击窗口右侧的某一连接，选择“状态”菜单项，打开如图 12-45 所示的窗口，可以看到 VPN 客户端的状态，单击“断开”按钮可以强行断开端口连接。

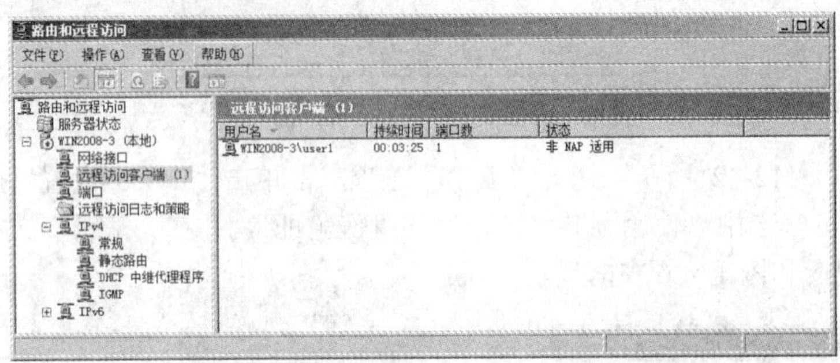

图 12-44 “路由和远程访问”窗口

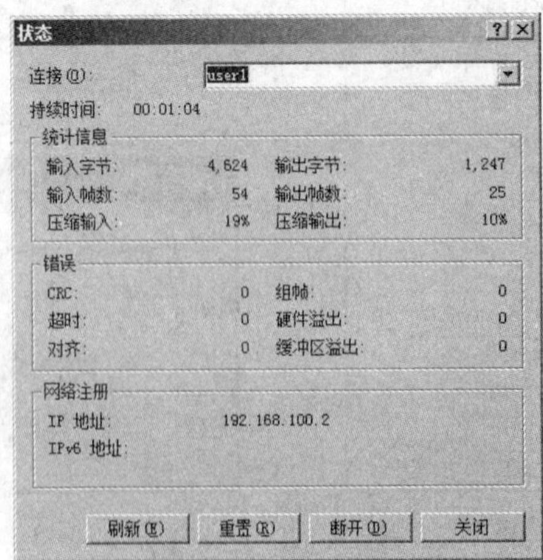

图 12-45 “状态”窗口

12.2 NAT 服务器架设

12.2.1 为什么需要 NAT

随着 Internet 的飞速发展，越来越多的用户加入到互联网中。计算机间要通信就要 IP 地址，但问题是：IP 地址即将耗尽。直到目前，IPv4 所提供的 40 亿个地址已经基本用尽。而对于 IP 地址的耗尽问题，IPv6 应该是最终的解决手段，但是由于现有网络都是使用 IPv4，要升级设备需要大量的资金，而且改造整个网络也是一项浩大而且需要很长时间的工程。就需要一种过渡的解决手段，来暂时地解决 IP 地址耗尽的问题。NAT（网络地址转换）就是这样一种过渡的解决方案。

当前中小企业为了节约资金，只能申请一两个 Internet 上的 IP 地址，通过这一两个 IP 地址上网（包括企业内的员工使用 Internet 及构架自己的 WWW 站点等并向外发布）。如果企业有一个 50 台计算机的网络，要实现每一台计算机都上网，可以采用什么办法？用代理是一个办法，但代理服务器只能代理一部分服务，而且计算机要做配置。更好的方法是使用 NAT，每台计算机无需做配置就能接入 Internet 了，同时还能让网外的计算机直接访问内部网的特定计算机。

12.2.2 NAT 的基本原理

使用 NAT 时，在内部专用网络中使用的是私有地址（无需申请公网 IP），这个地址不能对外公布。私有 IP 地址通常有：10.0.0.0～10.255.255.255，172.16.0.0～172.31.255.255，192.168.0.0～192.168.255.255。外部合法地址是指合法的 IP 地址，它是由网络服务提供商分配的地址，是 Internet 用户访问内部专网上的计算机时使用的地址。NAT 的主要作用是节约地址空间，在任一时刻如果内部网络中的节点与外界建立连接，那么内部地址被转化成全局地址，可以减少对合法地址的需求。同时，还可以使多个内部节点共享一个外部地址，使用端口进行区分，这样就能更有效地节约合法地址。NAT 地址转换有三种主要类型：静态转换（Static Translation）、动态转换（Dynamic Translation）、地址复用，即端口地址转换（Port Address Translation）。

静态转换是最简单的一种转换方式，它在 NAT 表中为每一个需要转换的内部地址创建了固定的转换条目，映射了唯一的全局地址。如图 12-46 所示，管理员事先在路由器上建立内部地址与外部地址的一一对应关系。每当内部节点与外界通信时，IP 数据包的源 IP 地址（内部地址）就会转化为对应的外部地址。如果内部网络有 E-mail 服务器或 Web 服务器等可以为外部用户提供服务时，这些服务器的 IP 地址可以采用静态地址转换，以便外部用户可以使用这些服务。然而静态转换并不能节约合法 IP 地址。

动态转换则有更大的灵活性，它将一组外部地址定义成 NAT 池（NAT Pool），内部主机如要与外界进行通信，路由器从 NAT 池中选择一个未使用的外部地址对 IP 数据包的源 IP 地址（内部地址）进行转化。每个转换条目在连接建立时动态建立，而在连接终止时会被回收，这样大大减少了所需的外部地址。值得注意的是，当 NAT 池中的全局地址被全部占用以后，以后的地址转换申请会被拒绝，这样会造成网络连通性的问题。动态转换只有在内部主机并不同时上网时才能节约合法的 IP 地址。这种方式并不常用。

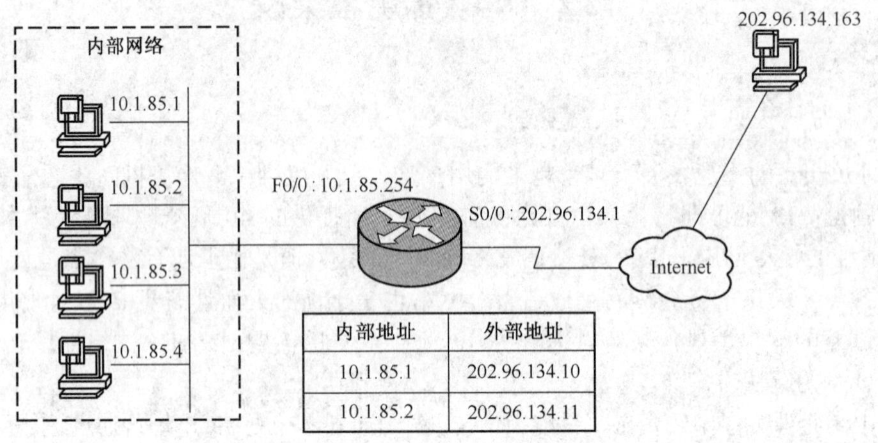

内部地址	外部地址
10.1.85.1	202.96.134.10
10.1.85.2	202.96.134.11

图 12-46　静态转换

端口地址转换（PAT）是动态转换的一种变形，在静态转换和动态转换中 NAT 只转换 IP 地址，并不转换端口号，端口地址转换还转换端口号，如图 12-47 所示。它可以使得多个内部主机同时共享一个外部 IP 地址。PAT 使用源和目的的 TCP/UDP 的端口号来区分 NAT 表中的转换条目及内部地址。比如说，内部节点 10.1.85.3 和 10.1.85.4 都用源端口 2000 向外发送数据。PAT 路由器把这两个内部地址都转换成外部地址 202.96.134.20，而使用不同的源端口号：3001 和 3002。当接收方收到 IP 地址为 202.96.134.20、源端口号为 3001 后进行处理，返回目的端口为 3001 的数据包到 PAT 路由器，PAT 路由器把数据中的目的地址和端口转换为 10.1.85.3:2000 发到 10.1.85.3 主机；同样如果 PAT 路由器接收到源端口号为 3002 的数据，数据中的目的地址和端口被转换为 10.1.85.4:2000 发到 10.1.85.4。很明显端口地址转换才能真正大幅度节约合法 IP 地址。

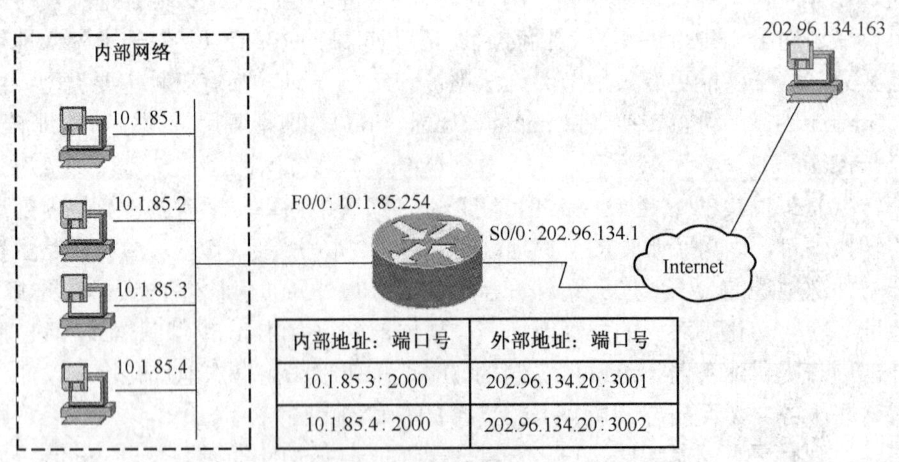

内部地址：端口号	外部地址：端口号
10.1.85.3 : 2000	202.96.134.20 : 3001
10.1.85.4 : 2000	202.96.134.20 : 3002

图 12-47　端口地址转换

还有一种 NAT 类型是静态转换和端口转换的结合体，微软称之为端口重定向。在路由器上管理员事先建立内部地址的端口与外部地址的端口转换条目，例如：10.1.85.1:80 ←→202.96.134.10:80、10.1.85.2:110 ←→202.96.134.10:110、10.1.85.2:25 ←→202.96.134.10:25。

与端口转换的区别在于这些转换条目不是动态产生的，这种技术也可以使得外部用户能够访问内部网络的计算机。

在实际应用中，经常把静态转换和端口地址转换结合使用，前者保证 Internet 上的计算机能够访问内部的计算机，后者则保证内部的计算机能够访问 Internet。

12.2.3 NAT 服务器的架设

仍然以图 12-1 所示的拓扑为例，本小节的任务是使内网的计算机能够访问 Internet；同时外网的计算机要访问 WIN2008-2 上的 Web 和 E-Mail 服务，服务器上的其他服务并不对 Internet 上的用户开放。

内网的计算机要访问 Internet，需要配置动态端口转换（PAT）；而外网的计算机要访问 WIN2008-2 上的 Web 和 E-Mail 服务，需要端口重定向。

1．配置动态端口转换（PAT）

步骤如下：

步骤 1：如图 12-44 所示，右击窗口左侧的“IPv4”下的“常规”项，选择“新增路由协议”菜单项，打开如图 12-48 所示的窗口，选择“NAT”项，单击“确定”按钮。

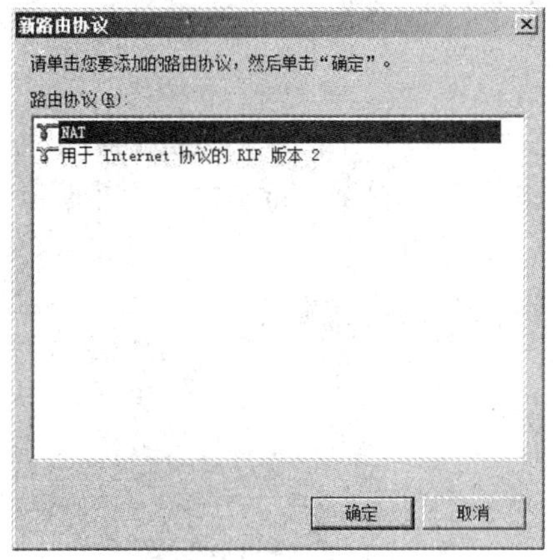

图 12-48 “新路由协议”窗口

步骤 2：如图 12-49 所示，右击窗口左侧的“IPv4”下的“NAT”项，选择“新增接口”菜单项，打开如图 12-50 所示的窗口。

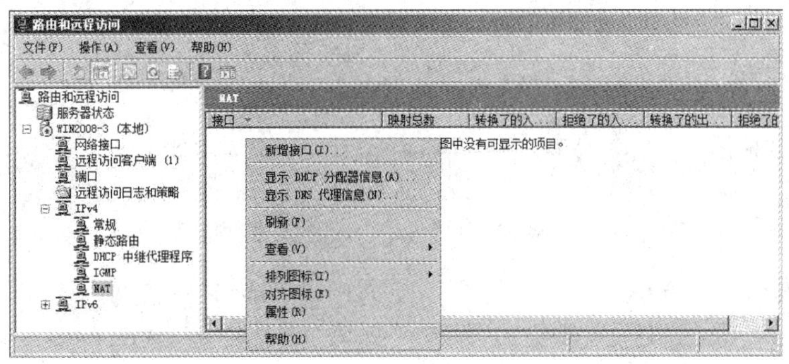

图 12-49 “路由和远程访问”窗口

步骤 3：如图 12-50 所示，选择 NAT 协议在哪些接口上运行，先选择“本地连接”，单击“确定”按钮。

步骤 4：如图 12-51 所示，根据图 12-1 的规划，该接口是内部网络的接口，因此选择“专用接口连接到专用网络”选项，单击“确定”按钮。

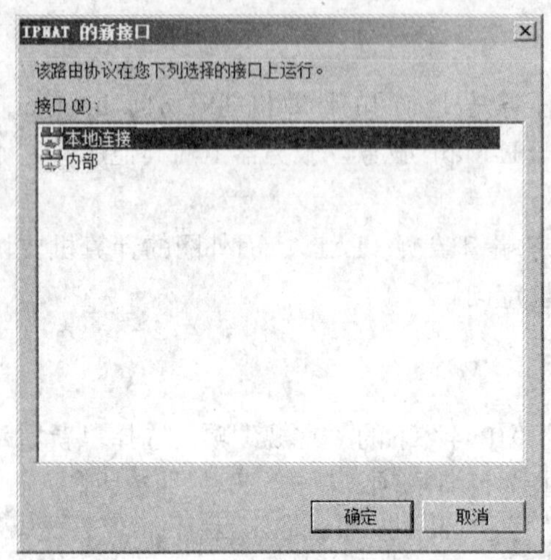

图 12-50 “IPNAT 的新接口”窗口

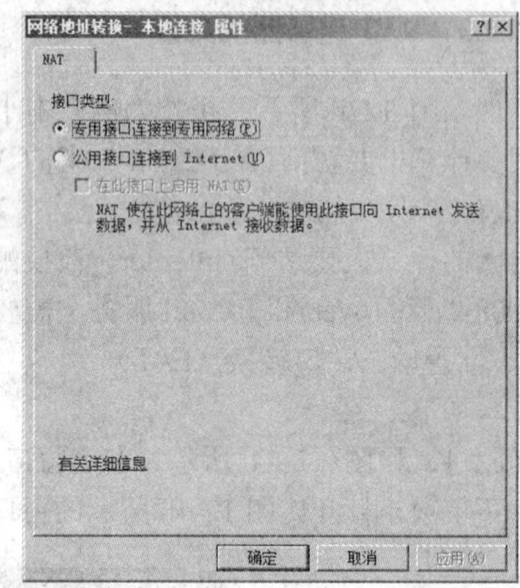

图 12-51 “网络地址转换－ 本地连接 属性”窗口

步骤 5：回到步骤 3，把“本地连接 2”接口也添加进来，但该接口是公网接口，如图 12-52 所示，应该选择“公用接口连接到 Internet”。同时也需要选择“在此接口上启用 NAT”选项，否则不在该接口上进行 TCP/UDP 的端口转换。

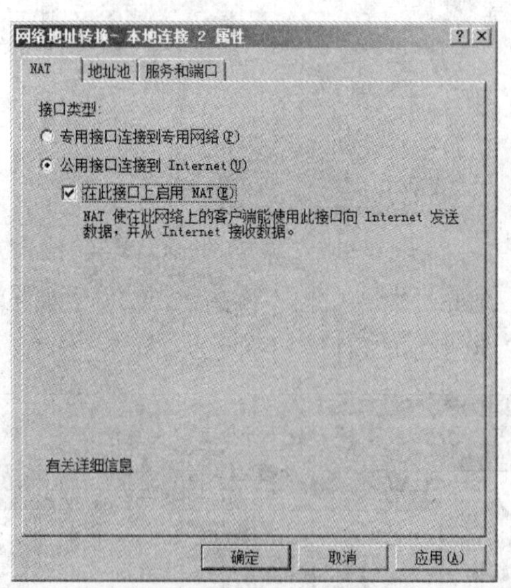

图 12-52 “网络地址转换－ 本地连接 2 属性”窗口

以上步骤完成后，WIN2008-3 服务器就能执行 PAT 功能，内网的计算机应该能够访问外网（Internet），采用以下步骤进行测试：在图 12-1 中的 WIN2008-1 计算机上 ping 61.0.0.2。结果如图 12-53 所示。

```
C:\Users\Administrator>ping 61.0.0.2

正在 Ping 61.0.0.2 具有 32 字节的数据:
来自 61.0.0.2 的回复: 字节=32 时间=1ms TTL=128
来自 61.0.0.2 的回复: 字节=32 时间<1ms TTL=128
来自 61.0.0.2 的回复: 字节=32 时间<1ms TTL=128
来自 61.0.0.2 的回复: 字节=32 时间<1ms TTL=128

61.0.0.2 的 Ping 统计信息:
    数据包: 已发送 = 4，已接收 = 4，丢失 = 0 (0% 丢失)，
往返行程的估计时间(以毫秒为单位):
    最短 = 0ms，最长 = 1ms，平均 = 0ms

C:\Users\Administrator>
```

图 12-53 测试内网访问外网

2．配置端口重定向

端口重定向使得外网的计算机能够访问内网。步骤如下：

步骤 1：在图 12-54 中，右击连接到 Internet 的接口“本地连接 2”，选择“属性”菜单项，打开“本地连接 2 属性”窗口，如图 12-55 所示。选择“服务和端口”选项卡，单击“Web 服务器（HTTP）”选项，打开如图 12-56 所示的“编辑服务”窗口。

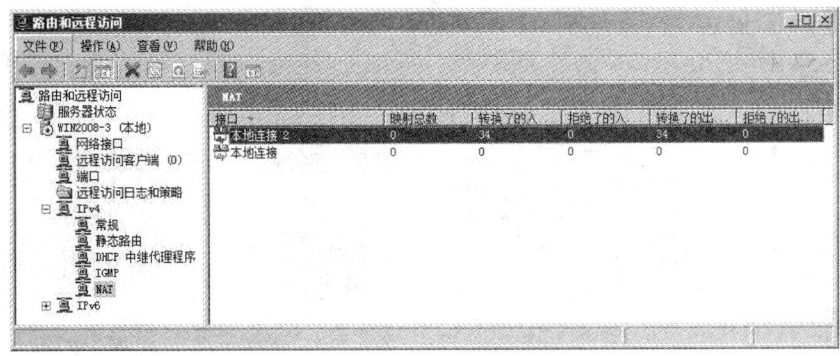

图 12-54 “路由和远程访问”窗口

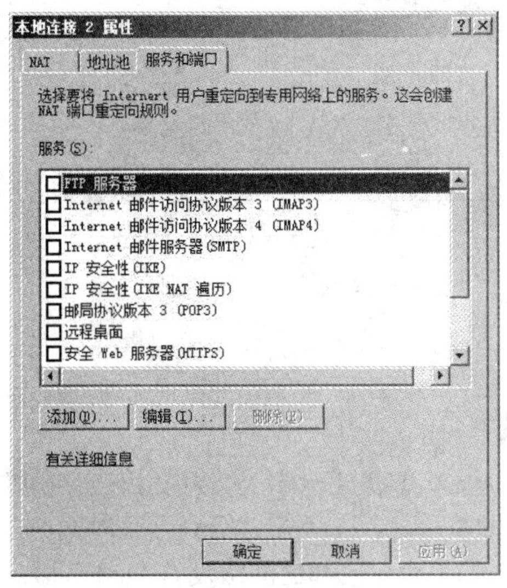

图 12-55 “本地连接 2 属性”窗口

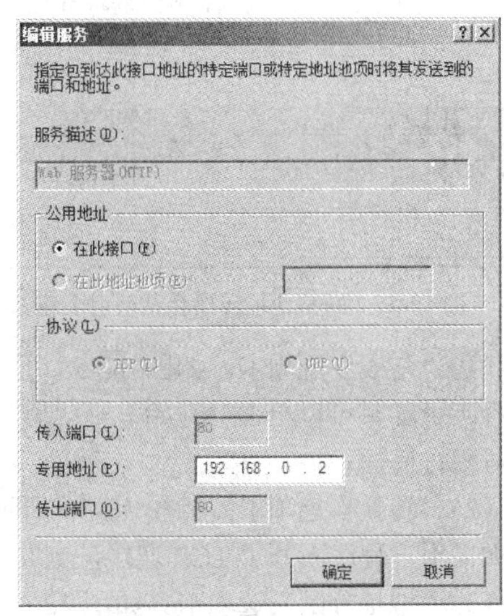

图 12-56 “编辑服务”窗口

【提示】如果要选择的服务不在列表中，可以单击图 12-55 中的“添加”按钮。

步骤 2：如图 12-56 所示，输入企业内部 Web 服务器的 IP 地址：192.168.0.2，单击“确定”按钮。这样就建立了一个静态端口映射：61.0.0.1:80 ←→192.168.0.2:80。按照同样方法，在图 12-55 中把“邮局协议版本 3（POP3）”、“Internet 邮件服务器（SMTP）”也重定向到 192.168.0.2 服务器上。

步骤 3：在图 12-1 中的 61.0.0.2 计算机上使用链接 http://61.0.0.1，测试能否访问图中的 Web 服务器。

步骤 4：根据第 1 章图 1-1 的规划，重复以上步骤，把 IMAP4、POP3、HTTPS、远程桌面都重定向到 192.168.0.20。

12.2.4 NAT 管理

1. 显示映射

在图 12-54 中，右击公网接口“本地连接 2”，选择“显示映射”菜单项，可以看到当前的 NAT 映射，如图 12-57 所示。

2. NAT 属性

在图 12-54 中，右击窗口左侧目录树中的“NAT”，选择“属性”菜单项，打开如图 12-58 所示的窗口。

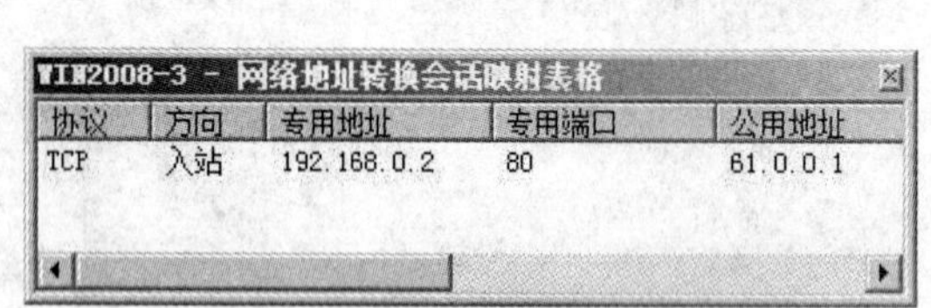

图 12-57 网络地址转换会话映射表格

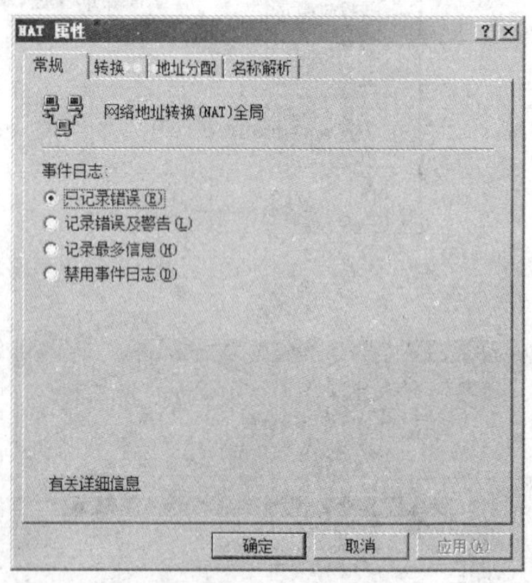

图 12-58 “NAT 属性”窗口

（1）“常规”选项卡。如图 12-58 所示，在“常规”选项卡中可以指明事件日志记录什么内容，管理员可以单击“开始”→“管理工具”→“事件查看器”查看日志，便于排除故障或者进行监控。

（2）“转换”选项卡。如图 12-59 所示，可以设置 TCP 和 UDP 映射最长的存在时间。当然如果用户程序断开了 TCP 连接，则映射会立即被删除，并不需要等到最长时间。

（3）“地址分配”选项卡。如图 12-60 所示，如果企业内部的网络没有 DHCP 服务器存在，可以在这里设置一个 IP 地址范围，为计算机分配 IP 地址。选中“使用 DHCP 分配器自动分配 IP 地址”，并填入 IP 地址段即可。在图 12-1 中已经有 DHCP 服务器存在，不要选中“使用 DHCP 分配器自动分配 IP 地址”。

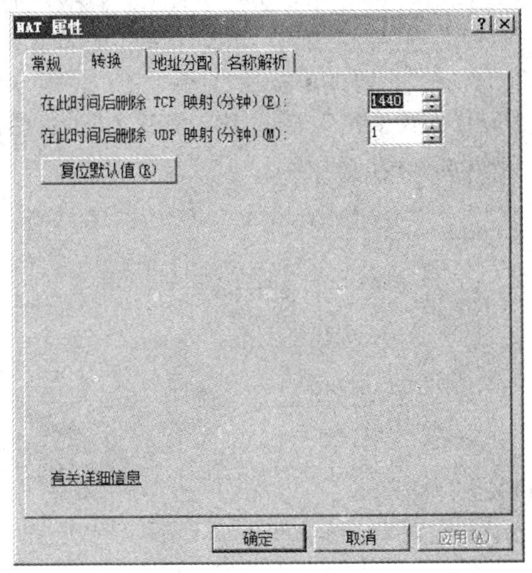

图 12-59 “转换”选项卡

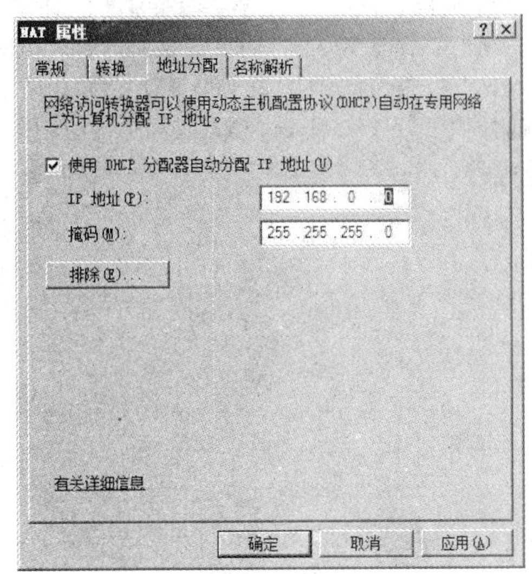

图 12-60 “地址分配”选项卡

本章解决企业常常会提出的两个需求：远程访问和企业网络接入 Internet。远程访问是出差员工或在家办公非常迫切的需求，使用 VPN 技术很容易满足需求。VPN 是在公网（Internet）上，用隧道协议虚拟出的一个逻辑连接，它使得用户在宾馆或者在家可以像在办公室一样使用网络。为了 VPN 的安全，VPN 采取了加密和身份认证，Windows Server 2008 支持 L2TP、PPTP 等 VPN 类型，本章详细介绍了服务器端和客户端配置 L2TP、PPTP VPN 的方法。NAT 则是解决企业接入 Internet 的问题，由于 IP 地址的紧缺，企业内网使用的是私有地址，NAT 技术把内部的 IP 地址转换成公网的 IP 地址后才把数据包发出，对于从公网回来的数据包则做反向转换后再发往内部的计算机。NAT 有几种形式：静态转换、动态转换、端口转换以及端口重定向。本章介绍了端口转换和端口重定向的配置方法。

一、理论习题

1. 和拨号远程访问比较，VPN 有________、________、________三个特点。
2. Windows Server 2008 中 VPN 有________、________两个隧道协议。
3. Windows Server 2008 中的远程接入，有哪些身份验证方式？按安全性高低进行排序。
4. 为什么需要 NAT？NAT 有________、________、________三种类型。
5. 哪三个段的 IP 是私有地址？
6. 简述端口地址转换的工作原理。

二、上机练习项目

1．项目 1：网络中的各服务器和客户 IP 地址如图 12-61 所示，网络中有 2 台 Windows Server 2008：VPN/NAT Server、Web Server。其中 VPN/NAT Server 的网卡 2 上的 IP 为公网 IP，用来模拟 Internet。在 VPN/NAT Server 上配置 NAT 服务，使得外网上的计算机（Client2）能够用 http://211.162.65.1 这一 URL 来访问内网中的 Web Server，同时使得内部的计算机（Client1）能够访问外部网络。测试 Client1 能否用 Client2 的公网 IP 和 Client2 进行通信；测试 Client2 能否访问 http://211.162.65.1。

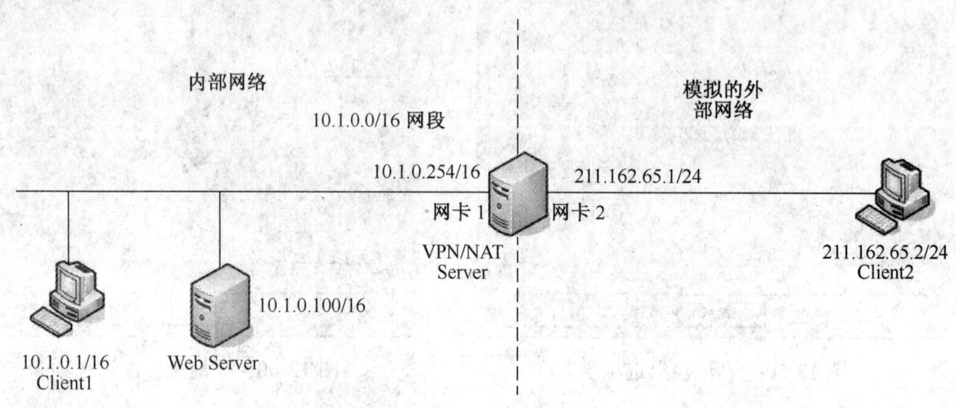

图 12-61　上机练习项目用图

2．项目 2：在项目 1 的基础上进行。在 VPN/NAT Server 上配置 VPN 服务，并创建一个新的用户用于远程登录。在 Client2 上配置 VPN 连接，测试能否通过 VPN 连接到内网中的 Web 服务器和 Client1（访问内网的计算机时是使用内网的 IP 地址）。要求只能采用 L2TP，使用预共享密码。

第 13 章　活动目录

从 Windows NT Server 起，活动目录（Active Directory，AD）就已经是 Windows Server 中的核心服务了。在大型企业中有着很多的服务器在提供资源，同时也有着数量很大的用户，如何让这些用户能够方便地访问资源而同时能够有效、合理地管理这些用户是一件很重要的事情，活动目录就是针对这个目的而设计的。活动目录的引入至少有两个优点：首先是能够在全企业范围内统一管理组和用户；其次是用户一次登录就能访问域中的资源。在大型企业中设计和部署活动目录不是一件简单的事，本书作为入门级教材，只针对我们的任务（第 1 章的图 1-1 所示拓扑），介绍活动目录的安装和配置。

1. 了解域和活动目录的相关知识，为企业设计活动目录的结构
2. 在服务器上安装活动目录，把服务器提升为域控制器；把成员服务器、用户计算机加入到域中
3. 活动目录引入后，各服务器需要根据域的特点重新进行配置，例如：用户和组需要在域中进行创建、文件夹的安全和共享权限需要分配给域用户等

13.1　域与活动目录简介

13.1.1　为什么需要域

要说明活动目录，就得先介绍域。域、活动目录是 Windows NT Server 开始引入的，域的概念是如此难，以致连微软都解释不清，本章不试图对域的概念做严格的定义。关于域的定义，经常的一种说法是“域是一个安全的边界”，可是我们很难从这句话体会域的含义。在大型企业中，域是十分必要的，然而我们也不试图罗列需要域的全部理由，只要有一个很重要的理由就够了。

企业里的资源通常集中存放在服务器上，如果仅仅只有一台服务器，问题就很简单，在服务器上为每一员工建立一个用户即可，员工只需要登录到该服务器上就可以使用服务器上的资源。然而如果资源分布在多台服务器上呢？如图 13-1 所示，那就需要在每台服务器分别为每一员工建立一个用户（共 M×N 个），员工则需要在每台服务器上（共 M 台）登录。是否可以解决员工多次登录到不同的服务器以及在不同服务器上为同一员工多次创建用户的问题呢？答案就是域（Domain）。

如图 13-2 所示，服务器和员工的计算机都在同一个域中，员工在域中只要拥有一个用户，员工用该用户登录后取得一个身份。有了该身份便可以在域中漫游，访问域中任一服务器上的资源。不需要在每一存放资源的服务器上为每一员工创建用户，而只需要把资源的访问权限分配给员工在域中的用户即可。至此，域存在的理由已经足够了，有了域，员工只需要在域中拥有一个域用户，因此管理员只需为员工创建一个域用户；员工只需要在域中登录一次就可以访问域中的资源了，实现了单一登录。

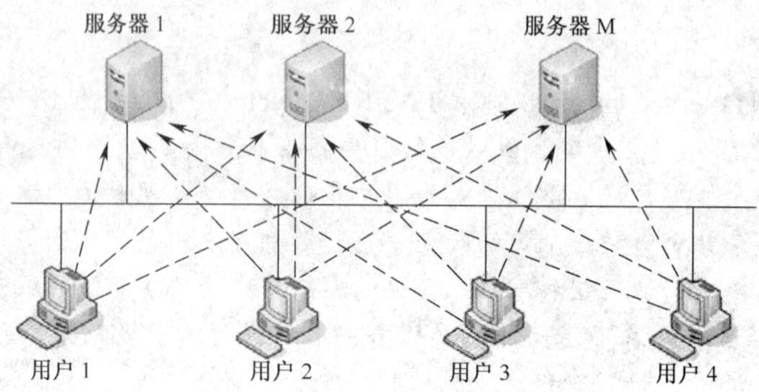

图 13-1　资源分布在多台服务器上

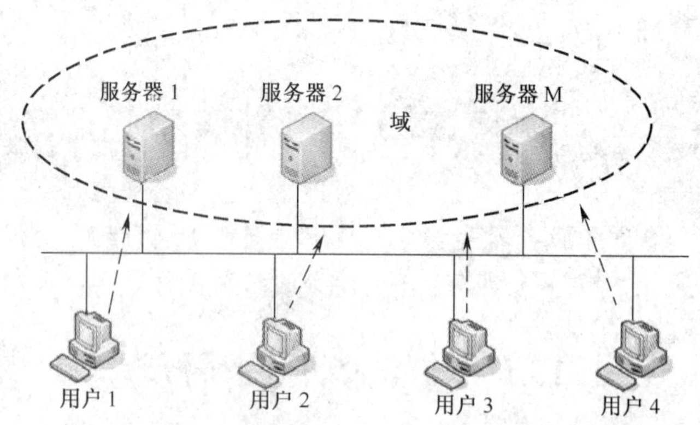

图 13-2　域的模式

然而域的概念出现又产生了新的问题，域中的用户信息（例如：用户名、密码、电话号码等）应该是存放在哪里呢？是在图 13-2 中的哪台服务器？这些用户信息是存放在域中的域控制器（Domain Controller，DC）上，图 13-2 中，可以在服务器中选定一台或者几台服务器作为域控制器。有多台域控制器时，各个域控制器是平等的，每个域控制器上都有所在域的全部用户的信息，域控制器之间需要同步这些信息。而其他不是域控制器的服务器仅仅是提供资源。

【说明】在 Windows Server 2008 中，只创建域是不行的，还需要创建域树和域林，鉴于本书是入门教材，我们这里的域林只有一个域树，域树中只有一个域。域林和域树不在此介绍。

13.1.2　什么是活动目录

说到目录没有人不知道，每本书都有一个目录，计算机里的文件也是以目录的形式来组织的。目录的用处是什么？目录不过是一种组织信息的形式，之所以这样存放信息是因为这样组织信息便于查找。我们的电话本、地址本也是一种目录，微软的活动目录也是一种存放信息的方式而已，那么活动目录存放的究竟是什么信息呢？

我们在 13.1.1 节中介绍域时，提到域控制器上存放有域中所有用户、组、计算机等信息（实际上域控制器存放的信息还不止这些），域控制器把这些信息存放在活动目录中。活动目录实际上就是一个特殊的数据库，不过该数据库和以往大家接触到的 SQL Server、Access 有很大的差别。一台域中的服务器如果安装了活动目录，它就成为了域控制器；反之，域控制器就是安装了活动目录的服务器。

13.1.3 活动目录和 DNS 的关系

在 TCP/IP 网络中，DNS（Domain Name System）是用来解决计算机名字和 IP 地址的映射关系的，Windows Server 2008 的活动目录和 DNS 是紧密不可分的，活动目录使用 DNS 服务器来登记域控制器的 IP、各种资源的定位等，在一个域林中至少要有一个 DNS 服务器存在，所以安装活动目录时需要同时安装 DNS。此外，Windows Server 2008 中域的命名也是采用 DNS 的格式来命名的。

13.1.4 活动目录中的组织单元

1．对象

在 Windows Server 2008 中的活动目录存放有各种对象的信息，这些对象有用户、计算机、打印机、组等。每个对象都有自己的属性以及属性值。对象实际上就是属性的集合，例如一个名为“John Chen”的用户是一个对象类的具体实例，该对象类有姓、名、电话号码、地址等属性。对于 John Chen 用户来说，姓的属性值为 Chen，名的属性值为 John。

2．组织单元（Organization Unit，OU）

组织单元用来组织对象：用户、打印机、服务器、组、应用程序等，组织单元把这些对象按逻辑进行分组，便于管理、查找、授权和访问。组织单元是类型为容器的对象，所谓的容器是可以包含其他对象的对象。值得注意的是组织单元是在某个域下的，因此组织单元不能包含有域，如图 13-3 所示是一个名为“技术部”的组织单元，其中包含了一个用户对象和 3 个组织单元。组织单元有许多划分方法，例如可以根据公司的行政部门划分，划分成“业务部”、“财务部”、“技术部”等；也可以根据地理位置进行划分，例如“中山路”、“北京路”或者“广州”、“深圳”等。有了组织单元，就能够很清晰地、有条理地管理各种对象。

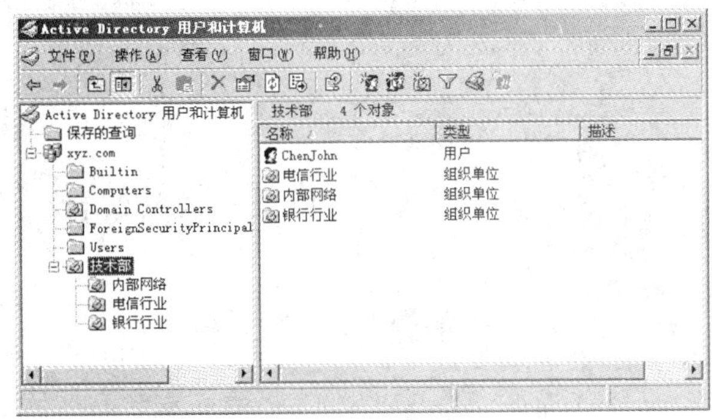

图 13-3 组织单元

13.1.5 活动目录设计

1．域名与控制器的安装位置

如图 1-1 所示，由于我们这里的企业是中小企业，为简单起见，在网络中只安装一个域控制器，活动目录安装在图 1-1 中的 WIN2008-1 上，在本章之前的章节中 WIN2008-1 服务器上已经安装了 DNS，所以活动目录将使用该 DNS。域的名字应该和 DNS 域名一样，为 xyz.com.cn。图 1-1 中的 WIN2008-2、WIN2008-3、个人 PC、笔记本电脑则作为域中的计算机加入到域中。

2．组织单元的设计

我们这里根据公司的行政架构来设计 OU，因此将创建“研发部”、“销售部”、“售后服务部”、“财务部”、“行政部”、“企业领导”六个组织单元，各部门的用户、组、计算机、打印机等均放到对应的组织单元上。

13.2 安装活动目录

本小节将根据 13.1.5 节中的设计，在 WIN2008-1 服务器上安装活动目录，域名为 xyz.com.cn，并把 WIN2008-2、WIN2008-3 以及个人 PC、笔记本电脑加入到域中。

13.2.1 创建域 xyz.com.cn

根据我们的设计，图 1-1 中 WIN2008-1 服务器将安装活动目录，该服务器已经安装了 Windows Server 2008 以及 DNS，因此把它从独立服务器升级为域控制器即可。步骤如下：

步骤 1：首先确认“本地连接”属性 TCP/IP 设置中首选 DNS 指向了自己（为 192.168.0.1）。

步骤 2：单击“开始”→“管理工具”→“服务器管理”，打开“服务器管理”窗口，添加角色。如图 13-4 所示，选择“Active Directory 域服务”，单击“下一步”按钮。

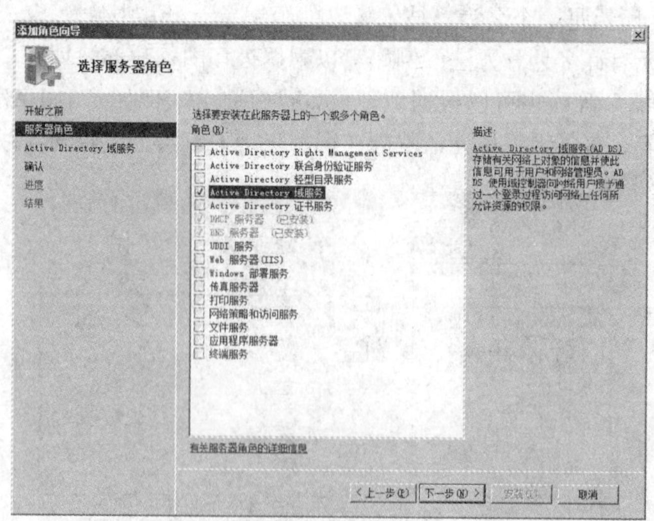

图 13-4 选择服务器角色

步骤 3：如图 13-5 所示，单击“下一步”按钮。

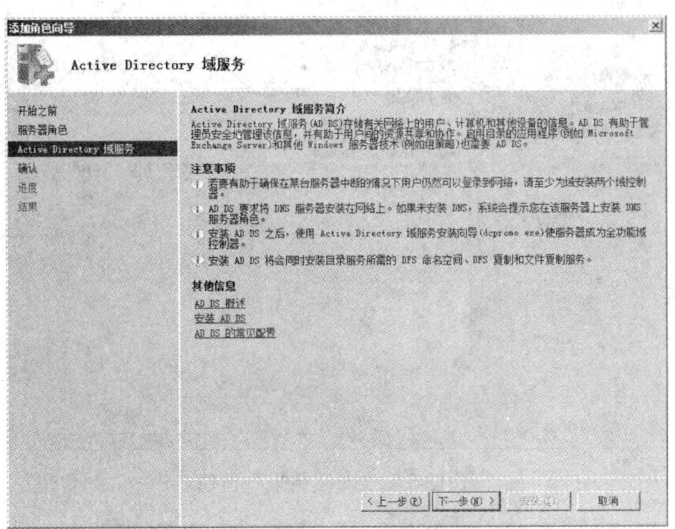

图 13-5 “Active Directory 域服务”窗口

步骤 4：如图 13-6 所示，单击“安装”按钮，开始安装，需要几分钟时间。

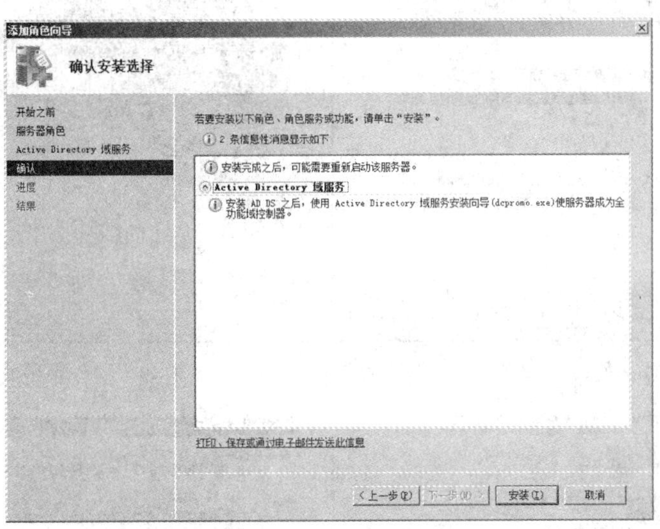

图 13-6 “确认选择安装”窗口

步骤 5：如图 13-7 所示，域服务已经安装完毕，单击“关闭”按钮。

步骤 6：单击“开始”→“运行”，在文本框中输入“dcpromo”命令，按回车，启动“Active Directory 域服务安装向导”，如图 13-8 所示，单击“下一步”按钮。

步骤 7：如图 13-9 所示，安装向导对操作系统兼容性进行提示，单击“下一步”按钮。

步骤 8：如图 13-10 所示，由于该服务器是域林中的第一台域控制器，所以要选择“在新林中新建域”项；单击“下一步”按钮。

步骤 9：如图 13-11 所示，输入新域的 DNS 全名，根据我们的要求，应为 xyz.com.cn，单击“下一步”按钮。

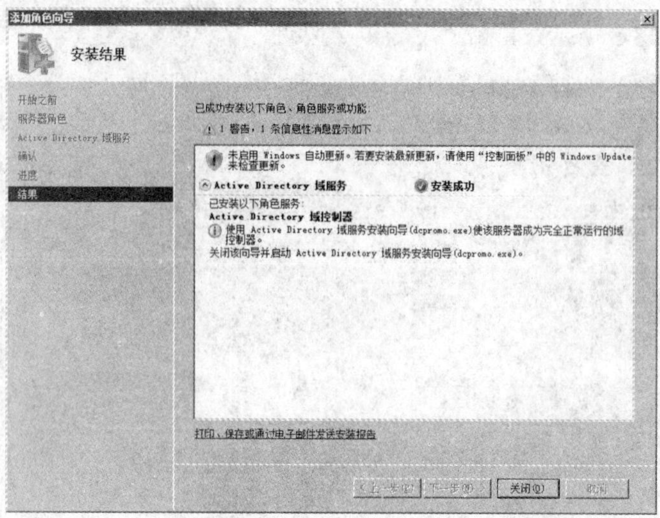

图 13-7 “安装结果”窗口

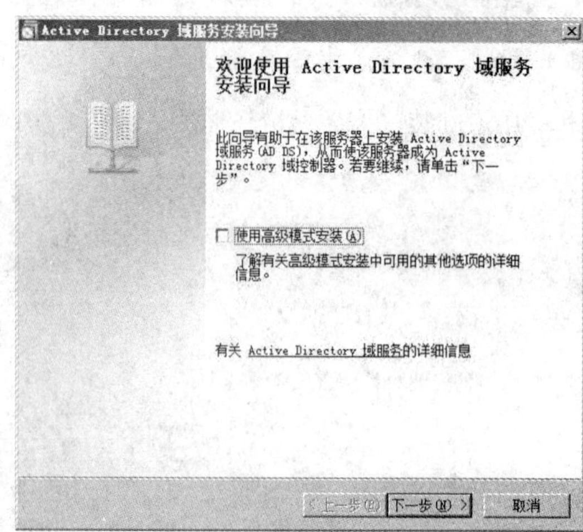

图 13-8 “Active Directory 域服务安装向导”窗口

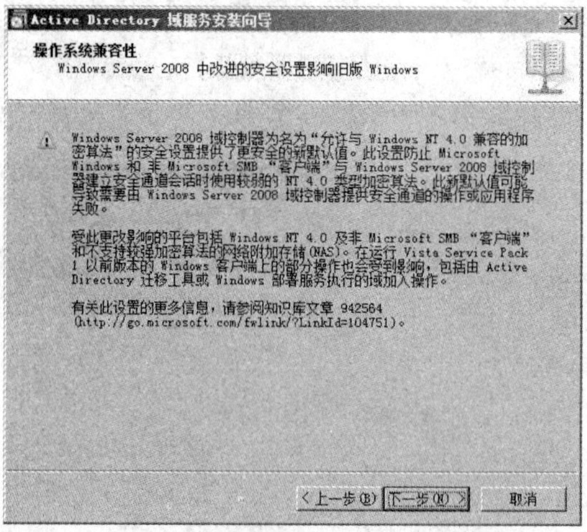

图 13-9 操作系统兼容性提示

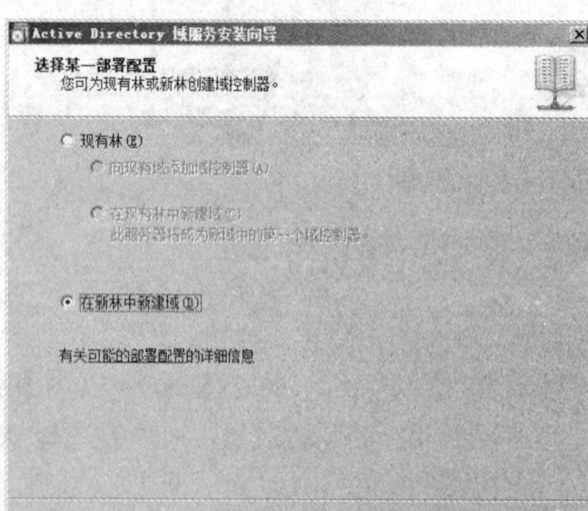

图 13-10 选择“在新林中新建域”

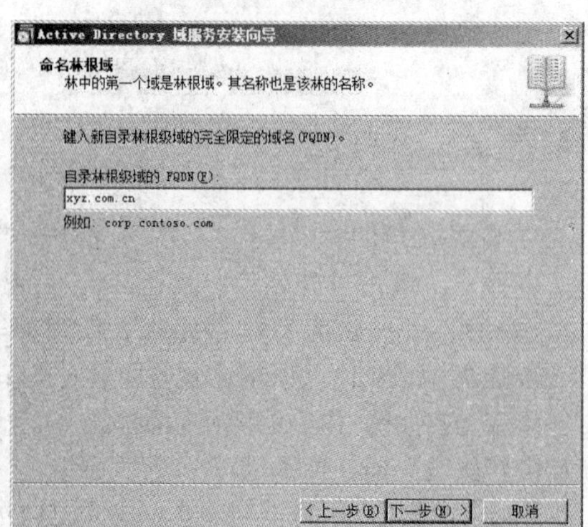

图 13-11 “命名林根域”窗口

步骤 10：如图 13-12 所示，选择林功能级别。如果网络有 Windows 2000 Server 或者 Windows Server 2003 要加入域中，选择林功能级别，我们这里选择“Windows Server 2003”，保持对一些 Windows Server 2003 服务器的兼容，单击“下一步”按钮。

步骤 11：如图 13-13 所示，选择域功能级别。同样，我们选择“Windows Server 2003”，保持对一些 Windows Server 2003 服务器的兼容，单击“下一步”按钮。

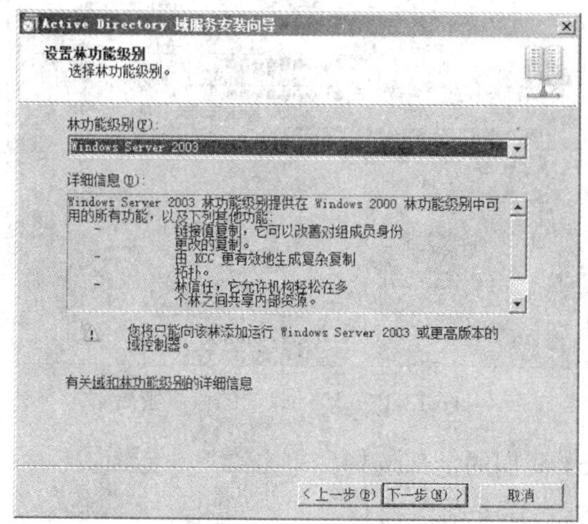

图 13-12 “设置林功能级别”窗口

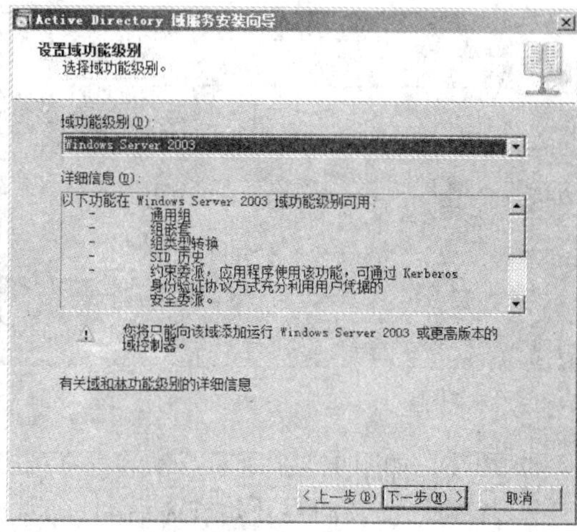

图 13-13 “设置域功能级别”窗口

步骤 12：如图 13-14 所示，选择其他域控制器选项，如果该服务器上没有安装 DNS，把“DNS 服务器”选上。单击“下一步”按钮。

步骤 13：如图 13-15 所示，因为无法找到有权威的父区域，进行警告，单击“是”按钮。

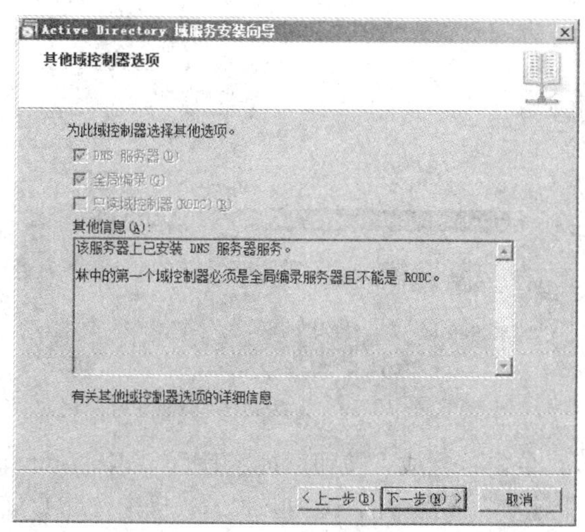

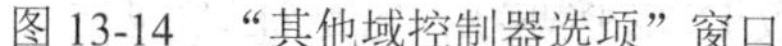

图 13-14 “其他域控制器选项”窗口

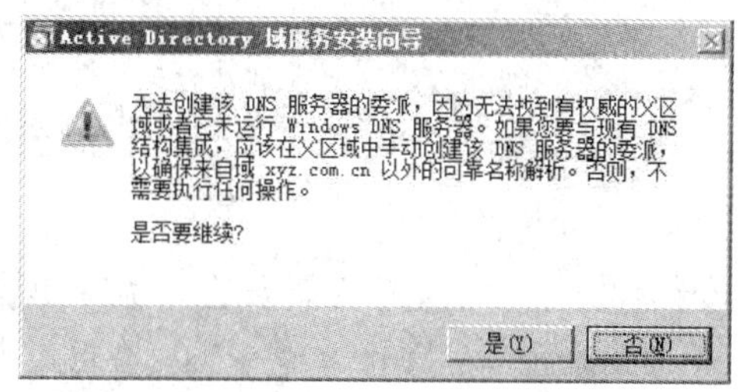

图 13-15 警告窗口

步骤 14：如图 13-16 所示，可以改变活动目录数据库以及日志存放的路径。如果有多个硬盘，建议数据库和日志分别放在不同的硬盘上以提高安全性和性能。设定好目录后，单击“下一步”按钮。

步骤 15：如图 13-17 所示，输入活动目录的恢复密码。注意看窗口上的提示，该密码并不是域管理员的密码。单击“下一步”按钮。

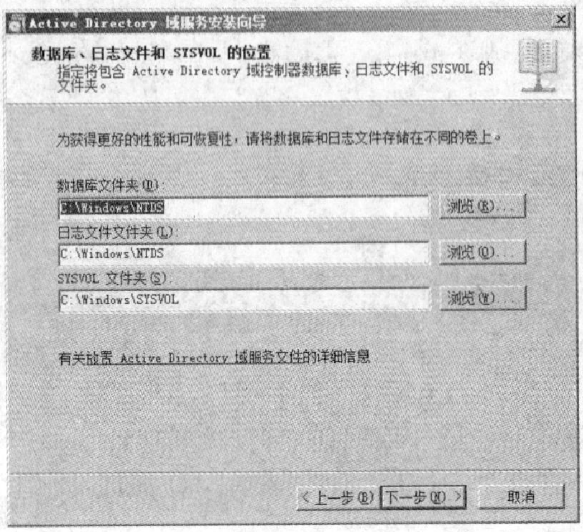

图 13-16 指定 SYSVOL 的位置

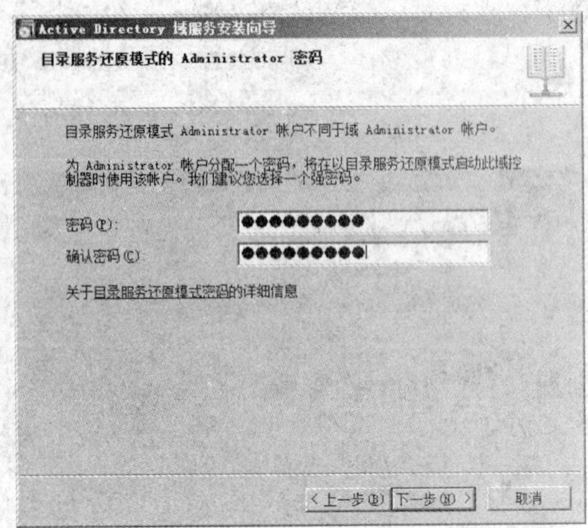

图 13-17 活动目录的恢复密码

步骤 16：如图 13-18 所示，安装程序列出了我们的全部选择。单击“下一步”按钮。

步骤 17：安装向导开始安装活动目录，通常需要花费较长时间。如果系统原来没有安装 DNS，安装向导会同时安装 DNS。由于 WIN2008-1 已经有 DNS 存在，并且已经有名为 xyz.com.cn 的 DNS 域存在，会出现如图 13-19 所示的窗口，单击“确定”按钮即可。

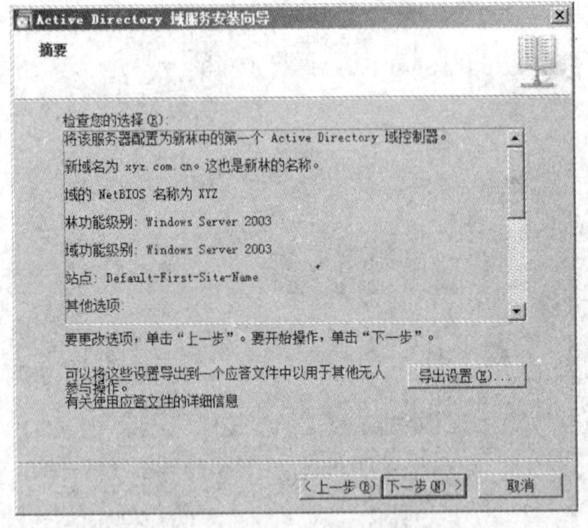

图 13-18 “摘要”窗口

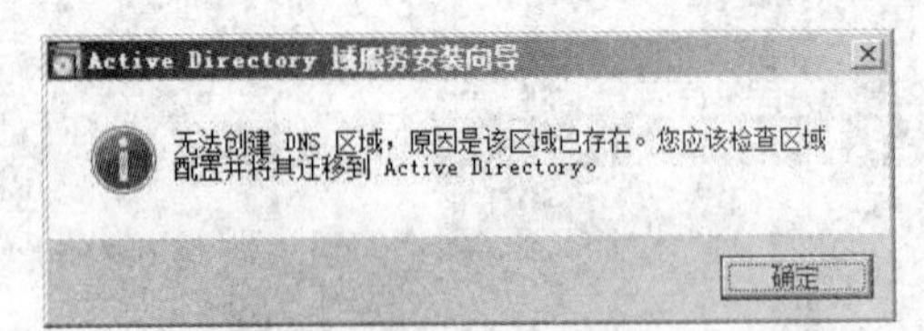

图 13-19 无法创建 DNS 区域

步骤 18：安装完毕后，如图 13-20 所示，单击“完成”按钮，提示是否立即启动计算机。不要立即重新启动计算机，而是检查“本地连接”属性中的 TCP/IP 设置，确定首选 DNS 是否指向了自己。此外，打开 DNS 的管理窗口，更改 DNS 区域 xyz.com.cn 的属性，如图 13-21 所示，把“动态更新”改为“非安全”，允许活动目录动态往 DNS 域中更新记录。

步骤 19：重新启动计算机，由于活动目录的存在，启动时间会变长。启动后，用管理员用户登录，单击“开始”→“管理工具”→“Active Directory 用户和计算机”，打开

"Active Directory 用户和计算机"窗口，确认活动目录是否已经正常，如图 13-22 所示。打开 DNS 的管理窗口，可以看到 xyz.com.cn 域中多了很多子域和记录，如图 13-23 所示。

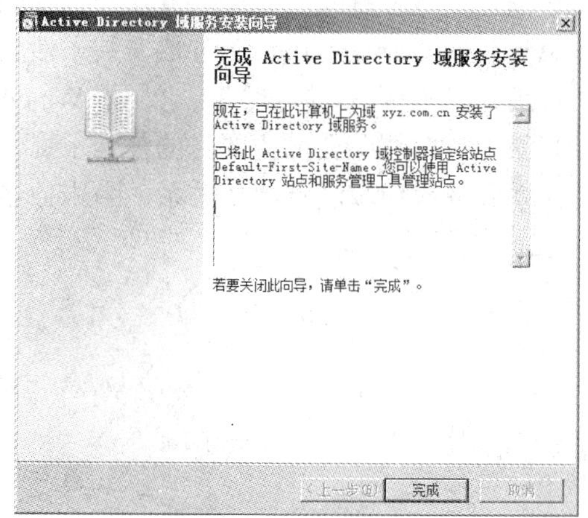

图 13-20　完成了安装

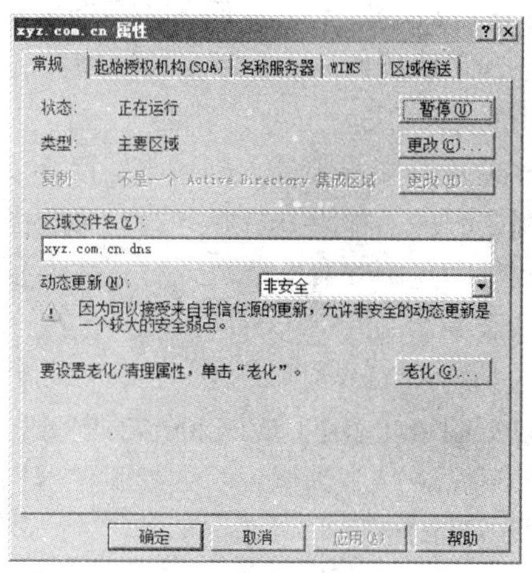

图 13-21　DNS 域属性窗口

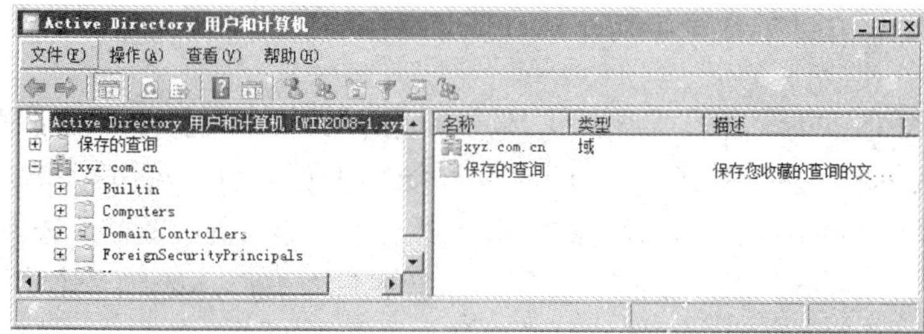

图 13-22　Active Directory 用户和计算机

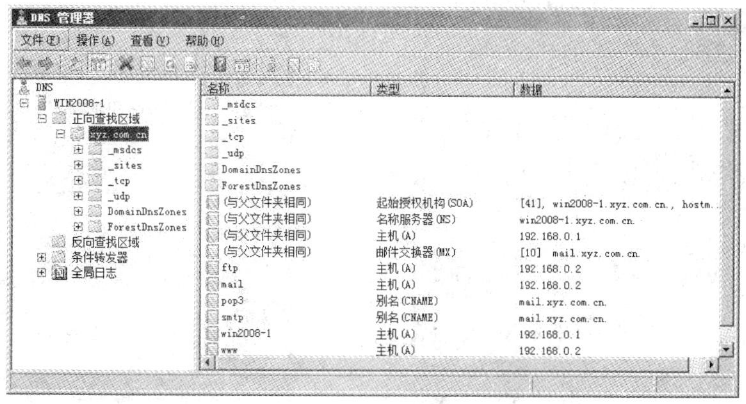

图 13-23　DNS 区域的变化

【提示】在域控制器上登录时，只能以域中的用户登录。虽然用户名仍为 Administrator，但是该 Administrator 是域用户。在没有安装域控制器之前的 Administrator 是该计算机上的本地用户 Administrator。本地用户的信息是存放在本地计算机上的安全数据库中，域用户的信息是存放在域控制器的活动目录中。

13.2.2 把服务器（或计算机）加入到域中

Windows Server 2008 服务器在域中可以有三种角色：域控制器、成员服务器和独立服务器。在这之前我们已经介绍了域控制器，当一个 Windows Server 2008 服务器安装了活动目录，服务器就成为了域控制器，域控制器可以对用户的登录等进行验证；然而 Windows Server 2008 可以仅仅加入到域中，而不安装活动目录，这时服务器的主要目的是为了提供网络资源，服务器称为成员服务器。而严格说来，独立服务器和域没有什么关系，当服务器不加入到域中也不安装活动目录时就称为独立服务器。服务器的这三个角色可以发生改变，如图 13-24 所示。

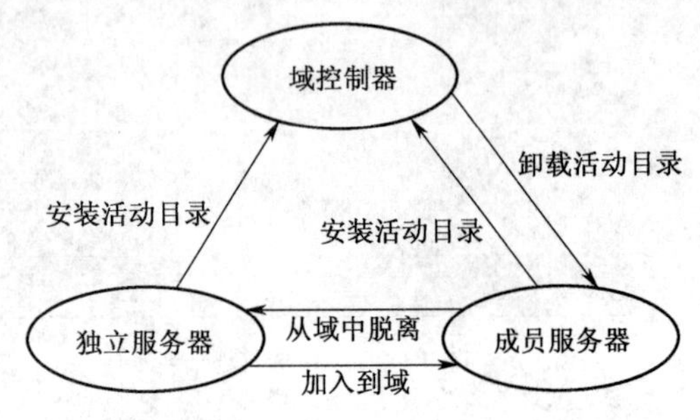

图 13-24 服务器角色的变化

以把图 1-1 中的 WIN2008-2 服务器加入到 xyz.com.cn 域中为例说明独立服务器提升为成员服务器的步骤：

步骤 1：首先在 WIN2008-2 服务器上，确认“本地连接”属性的 TCP/IP 设置的首选 DNS 指向了 xyz.com.cn 域的 DNS 服务器，即 192.168.0.1。

步骤 2：在 WIN2008-1 上，关闭防火墙，保证从 WIN2008-2 可以 ping 通 WIN2008-1。关闭防火墙会带来安全性的问题，在后面的章节会专门介绍怎样设置防火墙。

步骤 3：在 WIN2008-2 服务器上，右击桌面上的“计算机”图标，选择“属性”，在窗口右侧，单击“高级系统设置”链接，打开“系统属性”窗口，选择“计算机名”选项卡，如图 13-25 所示；单击“更改”按钮，打开“计算机名/域更改”窗口，如图 13-26 所示。

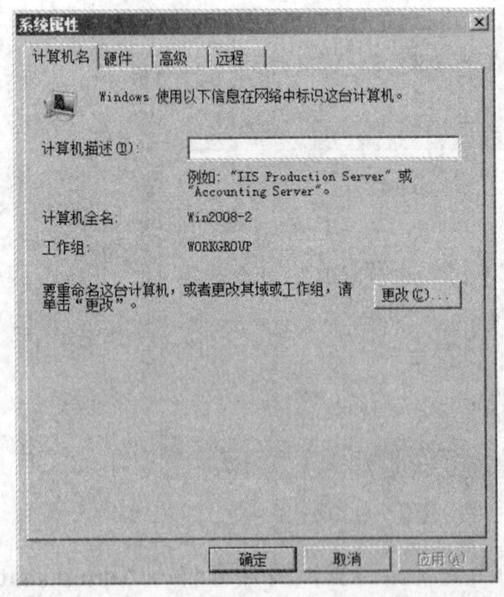

图 13-25 系统属性

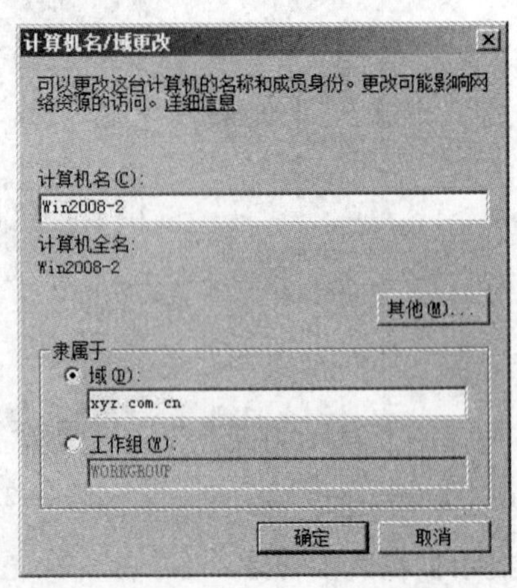

图 13-26 计算机名称更改

步骤 4：在图 13-26 中，在“隶属于”选项区中，选择“域”，并输入要加入的域的名字 xyz.com.cn，单击“确定”按钮。如图 13-27 所示，输入要加入的域的管理员用户名和密码，确定后重新启动计算机即可。

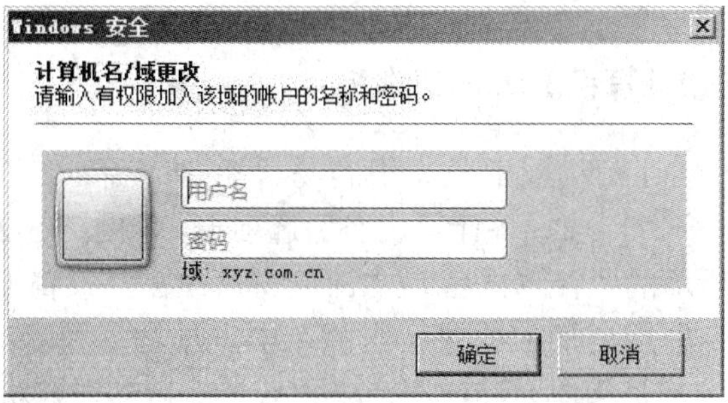

图 13-27　输入管理员用户名和密码

步骤 5：其他计算机（如图 1-1 中的 PC 和笔记本电脑）要加入到域中的步骤和 WIN2008-2 加入到域中的步骤是一样的。

步骤 6：在域控制器上应该可以看到加入域中的计算机。在 WIN2008-1 上，单击“开始”→“管理工具”→“Active Directory 用户和计算机”，可以打开“Active Directory 用户和计算机”窗口，如图 13-28 所示。

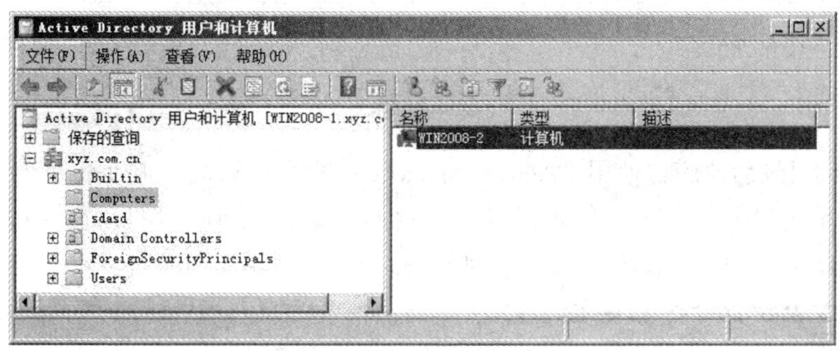

图 13-28　检查服务器是否已经加入到域

步骤 7：在成员服务器上，可以登录到域中，也可以登录到本地，登录到域时需要在用户名前加域名。如图 13-29 所示，如果输入的用户名是“XYZ\administrator”说明是以域用户（XYZ 是 xyz.com.cn 域的 NetBIOS 名）进行登录；如果输入的用户名是“WIN2008-2\administrator”说明是以本地用户进行登录。

图 13-29　在成员服务器上进行登录

步骤 8：以同样的方法把图 1-1 中的 WIN2008-3 服务器、个人 PC、笔记本电脑加入到 xyz.com.cn 域中。

13.2.3 把服务器（或计算机）从域中脱离

成员服务器（或计算机）从域中脱离很容易，单击“开始”→“控制面板”→“系统”，打开“系统属性”窗口，选择“计算机名”选项卡，如图 13-25 所示；单击“更改”按钮，打开如图 13-26 所示的“计算机名/域更改”窗口；在“隶属于”选项区中，选择“工作组”，并输入从域中脱离后要加入的工作组的名字，单击“确定”按钮；如图 13-27 所示，输入要脱离的域的管理员用户名和密码，确定后重新启动计算机即可，该服务器就成为独立服务器。

13.3 安装活动目录后的变化

安装域控制器，并把服务器或者计算机加入到域后，资源的授权和资源的访问会有很大的变化。最明显的就是资源的访问权限可以分配给域中的用户；而用户可以以域用户的身份来访问域中的资源。本小节将对各服务器上的服务进行重新配置，以适应活动目录；并根据 13.1.5 节的设计创建组织单元。

13.3.1 使用“Active Directory 用户和计算机”管理工具

安装了活动目录后，应该使用“Active Directory 用户和计算机”工具来管理用户和组等。

步骤 1：单击“开始”→“管理工具”→“Active Directory 用户和计算机”，可以打开“Active Directory 用户和计算机”窗口，如图 13-30 所示。

图 13-30 “Active Directory 用户和计算机”窗口

步骤 2：在如图 13-30 所示窗口的左边，选择“Computers”，可以显示当前已经加入到域中的计算机，即成员服务器和用户的计算机。默认时刚加入到域中的计算机会被放在这里，可以把它们移动到我们自己创建的组织单元中。

步骤 3：在如图 13-30 所示窗口的左边，选择“Domain Controllers”，可以显示当前域中的域控制器。

步骤 4：在如图 13-30 所示窗口的左边，选择“Builtin”，可以显示域中内建的用户和组。这些用户和组是不能被删除的。

步骤 5：在如图 13-30 所示窗口的左边，选择“Users”，可以显示域中除系统内建之外的用户和组。建议不要在此创建用户和组。

步骤 6：组织单元的创建。组织单元可以用来逻辑地组织用户、组、计算机等，反映了企业行政管理的实际框架；在如图 13-30 所示窗口左边的域树中选中 xyz.com.cn，右击鼠标，选择“新建”→“组织单元”菜单项；如图 13-31 所示，在“新建对象 – 组织单位”窗口中，输入组织单元名称，单击“确定”按钮。根据 13.1.5 节的规划，创建“研发部”、“销售部”、“售后服务部”、“财务部”、“行政部”、“企业领导”六个组织单元，结果如图 13-32 所示。

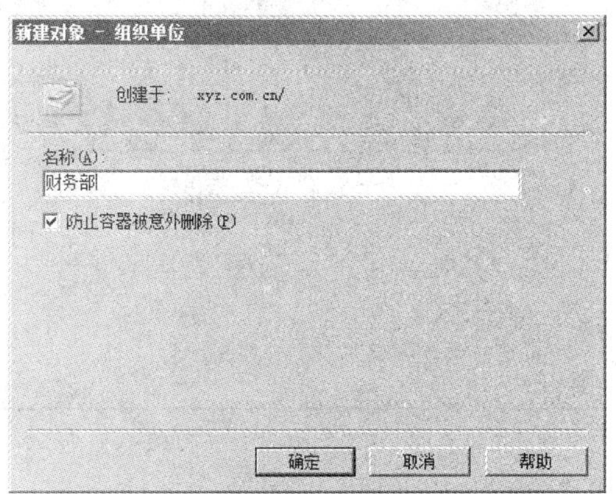

图 13-31 “新建对象 – 组织单位”窗口

图 13-32 创建组织单元结果

步骤 7：应该把加入到域中的计算机移动到步骤 6 新创建的组织单元，方法如下：在图 13-30 中，单击窗口左边的“Computers”，找到计算机，把它拖动到新创建的组织单元即可。如果出现如图 13-33 所示的警告，单击“是”按钮。

步骤 8：在图 13-32 中，选择合适的组织单元，右击鼠标，选择“新建”→“用户”菜单项，打开如图 13-34 所示的窗口，输入用户登录名以及姓名等信息，单击“下一步”按钮。

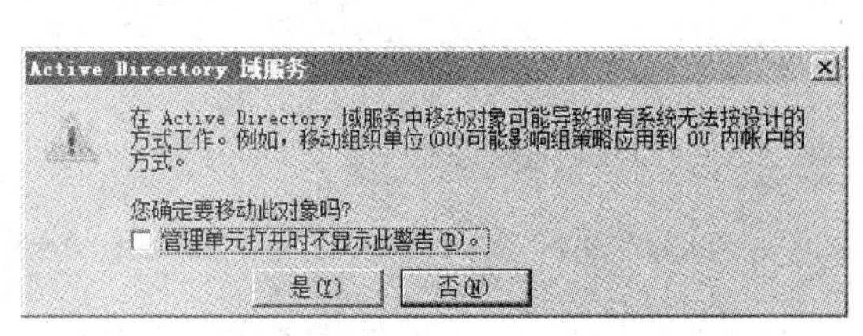

图 13-33 确定移动计算机

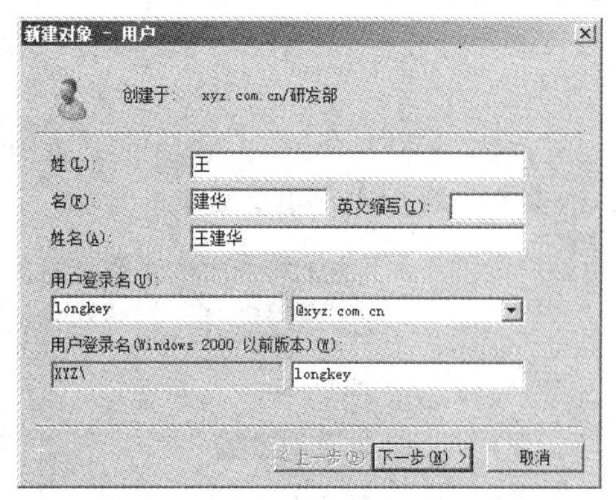

图 13-34 “新建对象 – 用户”窗口

步骤 9：如图 13-35 所示，输入密码以及用户选项，单击“下一步”按钮，完成用户的创建。

步骤 10：在图 13-32 中，选择合适的组织单元，右击鼠标，选择“新建”→“组”菜单项，打开如图 13-36 所示的窗口，输入组、组作用域以及组类型信息，单击“确定”按钮。

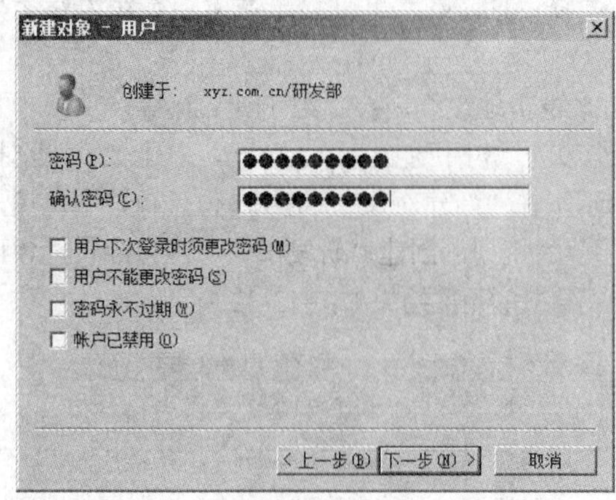

图 13-35 “新建对象 – 用户”窗口

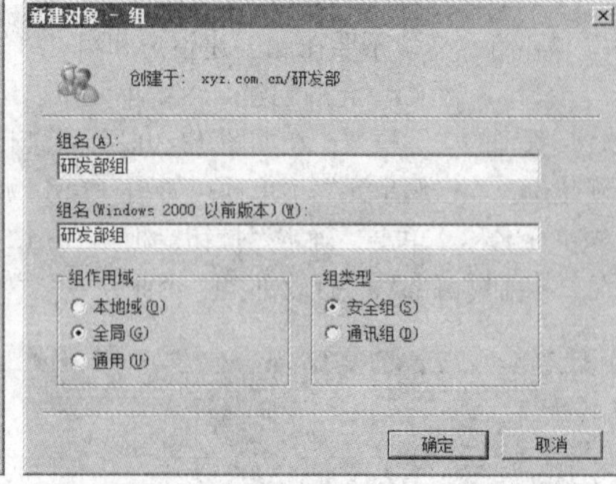

图 13-36 “新建对象 – 组”窗口

有三个组作用域：本地域、全局和通用。由于我们只有一个域，作用域选择对我们的影响不大，选择“本地域”即可。表 13-1 是不同作用域的区别。

表 13-1 组作用域的区别

全局组	成员只来自本地域的用户 成员可以访问同一域林中的任何域中的资源
本地域组	成员可来自同一域林中的任何域的用户、组 成员只能访问本地域的资源
通用组	成员可来自同一域林中的任何域 成员可以访问同一域林中的任何域的资源

有两种组类型：通讯组和安全组。可以使用通讯组来创建电子邮件分发列表，而使用安全组来分配共享资源的权限。通讯组只能用于电子邮件应用程序（如 Microsoft Exchange Server 2007）向用户集合发送电子邮件。通讯组没有启用安全功能，这意味着它们不能列在随机访问控制列表（DACL）中。如果需要用于控制共享资源访问权限的组，则创建安全组。我们这里选择安全组，因为我们想为组分配权限。

步骤 11：采用本书第 2 章中的步骤，把用户加入到组中。图 13-37 是以上步骤的结果。

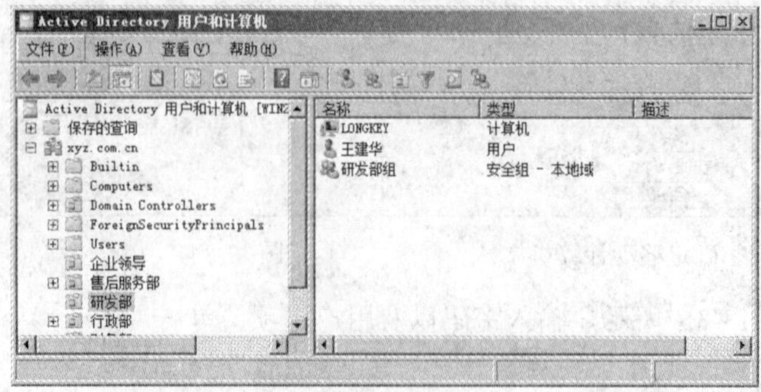

图 13-37 在组织单元下添加计算机、用户、组

13.3.2 文件和文件夹安全及共享权限的变化

1．域控制器上的文件和文件夹安全及共享权限

域控制器上只有域用户或者域组，因此域控制器上的文件和文件夹安全权限、共享权限必须分配给域用户或者域组。以图 1-1 中 WIN2008-1 上的 TEST-Dir1 目录的安全权限为例，如下：

步骤 1：在 WIN2008-1 上打开 TEST-Dir1 目录的属性窗口，如图 13-38 所示，选择“安全”选项卡。单击“编辑”按钮。

步骤 2：如图 13-39 所示，单击“添加”按钮。

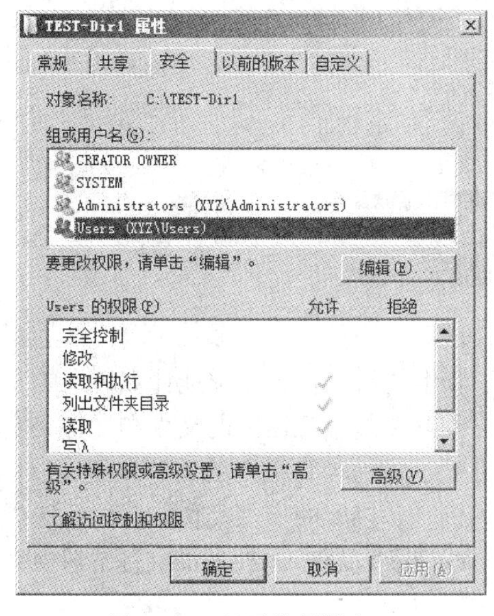

图 13-38　目录的属性窗口

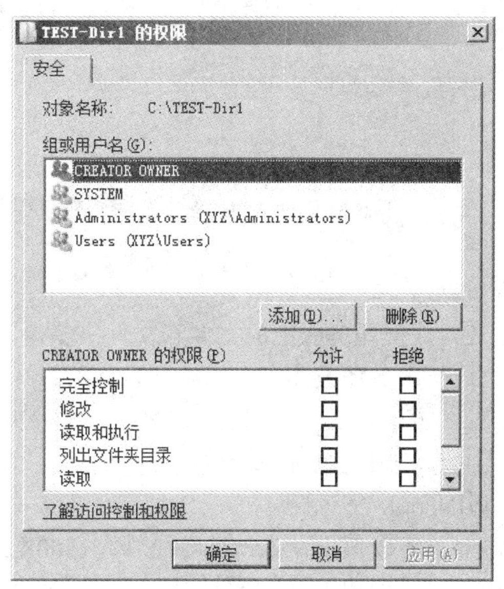

图 13-39　目录的权限窗口

步骤 3：如图 13-40 所示，单击“查找范围”按钮。可以看到，只能在域的目录树中指定范围了，这意味着只能把目录的访问权限分配给域中的用户或者组。

步骤 4：如图 13-41 所示，选择合适的位置，单击“确定”按钮。

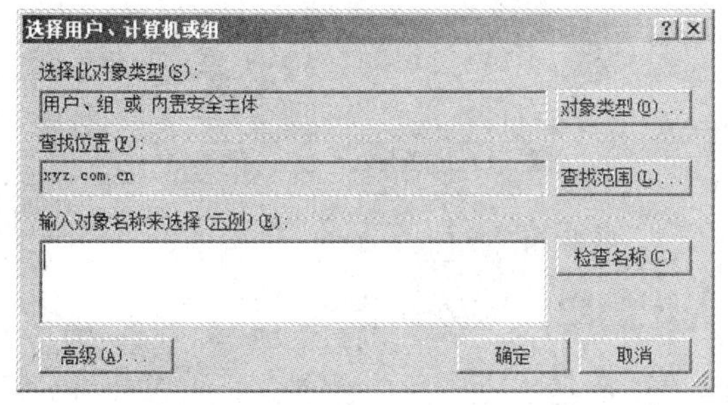

图 13-40　“选择用户、计算机或组”窗口

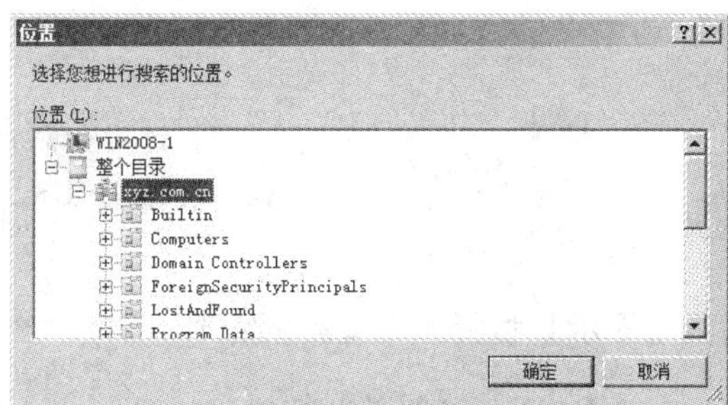

图 13-41　“位置”窗口

步骤 5：回到图 13-40，单击“高级”按钮扩展窗口，再单击“立即查找”按钮，如图 13-42 所示，选中用户，一一单击“确定”按钮，就完成了对域用户或者组安全权限的分配。

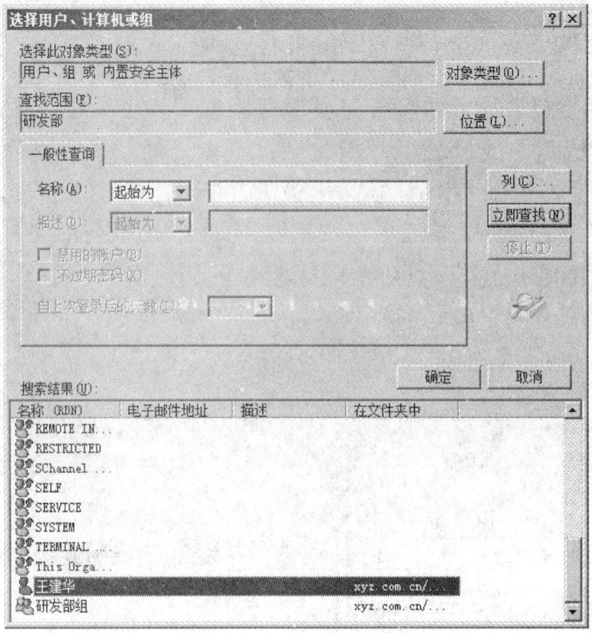

图 13-42　选择用户

2．成员服务器上的文件和文件夹安全及共享权限

成员服务器上还存在本地用户和组，本地用户和组的信息存放在本地计算机上的安全数据库（\Windows\system32\config\sam 文件夹）里。因此成员服务器上的文件和文件夹安全权限、共享权限可以分配给域用户或者组，也可以分配给本地计算机上的用户和组。以图 1-1 中 WIN2008-2 上的 TEST-Dir2 目录的安全权限为例。和以上的步骤类似，然而在选择查找范围时，不仅可以在本地计算机 WIN2008-2 上查找，也可以在 xyz.com.cn 目录树中查找用户或者组，如图 13-43 所示。

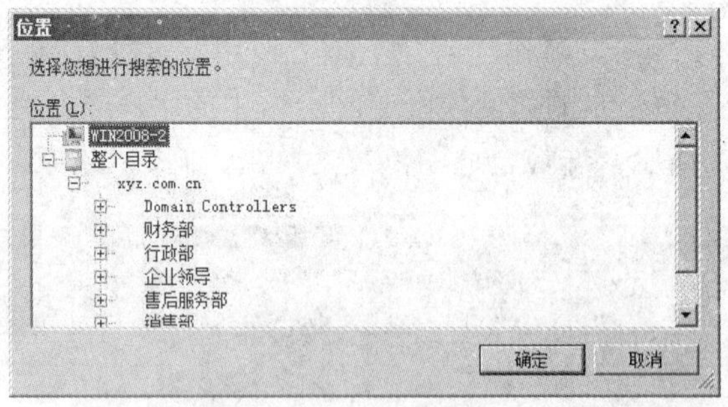

图 13-43　“位置”窗口

【提示】打印机的安全和共享权限与文件夹是类似的。不在此赘述。

13.3.3　DHCP 服务器的变化

安装活动目录后，域中的 DHCP 需要先进行授权才能工作。单击“开始”→“管理工具”→“DHCP”，打开 DHCP 服务器管理窗口，如图 13-44 所示，右击计算机，选择“授权”菜单项即可。

图 13-44　对 DHCP 服务器进行授权

13.3.4　远程拨号的变化

WIN2008-3 加入到域后，则远程拨号时可以用 WIN2008-3 服务上的用户名拨号，也可使用域的用户名拨号。如果使用域的用户名拨号，应指明域名 XYZ（XYZ 是 xyz.com.cn 的 NetBIOS 名），如图 13-45 所示。

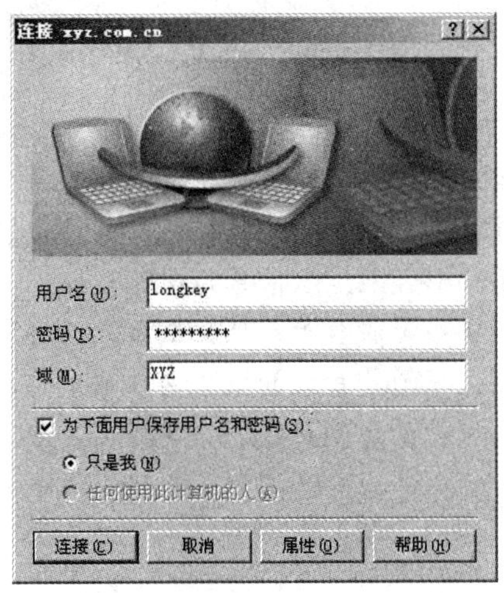

图 13-45　使用域的用户进行拨号

【提示】使用域的用户进行拨号前，应该在域用户的属性中，允许远程拨入。

13.3.5　Web、FTP 服务的变化

1．Web 服务的变化

安装活动目录后，如果在 Web 服务器上设置身份验证，则应该使用域中的用户进行登录，如图 13-46 所示。

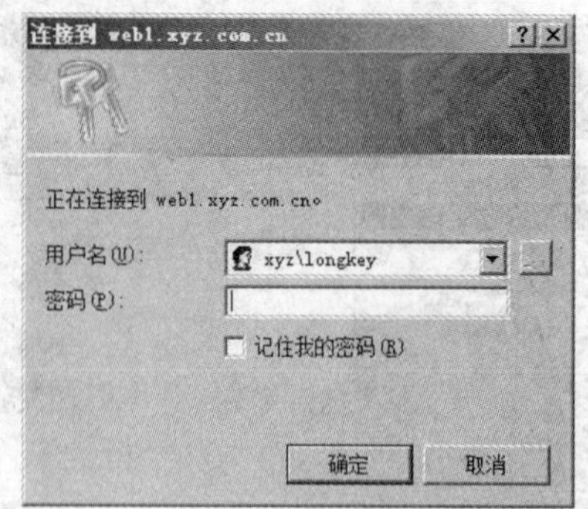

图 13-46　使用域用户登录网站

2．FTP 服务的变化

安装活动目录后，如果在 FTP 服务器上设置身份验证，则应该使用域中的用户进行登录。此外，如果创建的是隔离用户的 FTP，需要注意以下几点：

（1）各隔离用户的根目录应是“Domain\UserName”，而不是“LocalUser\UserName”，详细参见 10.4.1 节的描述。

（2）在为隔离用户分配 NTFS 权限和磁盘配额时，应该分配给域用户，而不是本地用户。

13.3.6　终端服务的变化

安装活动目录后，最好把需要进行远程连接的用户加入到“Remote Desktop Users”组中。

在大型企业中常常有多台服务器存在，为了避免用户在每一台服务器上一一登录，可以采用域的模式。域中的各种信息，包括用户、组的信息等存放在域控制器上的活动目录中，活动目录实际上是一个以目录的形式来组织信息的特殊数据库。Windows Server 2008 服务器可以有三种角色：独立服务器、成员服务器、域控制器，服务器可以从一种角色转变到另一角色，所谓的域控制器就是安装了活动目录的服务器。安装域控制器，并把服务器或者计算机加入到域后，资源的授权和资源的访问会有很大的变化。最明显的就是资源的访问权限可以分配给域中的用户；而用户可以以域用户的身份来访问域中的资源。

一、理论习题

1．为什么需要域？
2．活动目录存放在________。
3．活动目录里存放了什么信息？
4．为什么在域中需要 DNS 服务器？
5．组的三个作用域是________、________、________。
6．组的两种类型是________、________。

7. Windows Server 2008 服务器的三种角色是________、________、________。
8. 组织单元是什么？它有什么作用？
9. 服务器加入域后成为成员服务器，文件或文件夹的安全权限有什么变化？

二、上机练习项目

项目 1：该项目需要多人共同完成，如图 13-47 所示，安装 2 台独立服务器 Server1、Server2；把 Server1 提升为域树 xyz.com 的域控制器；把 Server2 和 Client 加入到 xyz.com 域中。在域中创建用户 user-test，在 Client 上测试能否用 user-test 用户登录到域。在 Server2 上创建一个目录，并把目录共享出来，设置 user-test 对该目录有读写权限，在 Client 计算机上测试能否以 user-test 用户的身份使用该共享。

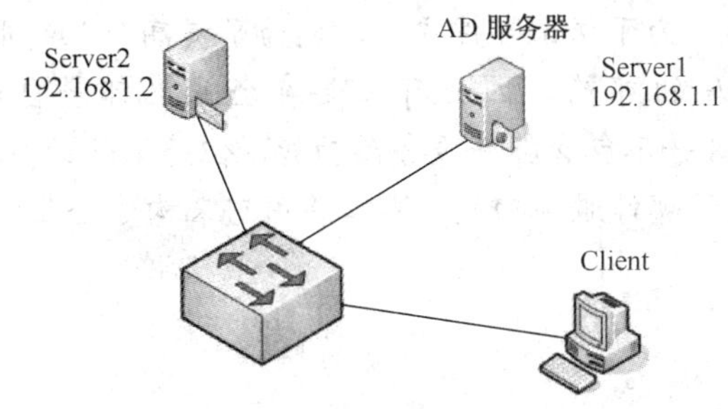

图 13-47　上机练习项目用图

第 14 章　电子邮件服务

电子邮件是现代办公必不可少的手段，虽然现在的许多门户网站提供了大容量的免费或者收费邮箱，为了保证邮件安全，也为了提高企业的形象，企业员工需要拥有以企业域名结尾的邮箱，因此有必要在企业里部署自己的邮件服务器。Windows Server 2008 并不包含邮件服务器功能，但是微软的 Exchange Server 作为统一通信平台，包含了邮件服务功能。本章将用它来构建企业的邮件服务器。

1. 了解电子邮件基本知识
2. 熟悉电子邮件的相关协议和电子邮件在 Internet 上的转发过程
3. 安装 Exchange Server 2007 SP3
4. 配置 Exchange Server 2007 SP3，满足客户以不同方式使用邮箱的需要
5. 为用户创建邮箱，设置邮箱容量
6. 配置客户端使用邮件服务器，并测试邮件服务器是否正常

14.1　电子邮件简介

14.1.1　电子邮件及其结构

1. 什么是电子邮件

电子邮件（Electronic Mail，简称 E-Mail）是一种用电子手段提供信息交换的通信方式，是 Internet 应用最广的服务。通过电子邮件系统，用户可以快速地与世界上任何一个角落的网络用户联系，这些电子邮件可以是文字、图像、声音等各种方式。电子邮件综合了计算机通信和邮政信件的特点，它传送信息的速度很快，又能像信件一样使收信者收到文字记录。

2. 电子邮件结构

像所有的普通邮件一样，电子邮件也主要是由两部分构成，即收件人的姓名和地址、信件的正文。在电子邮件中，地址信息和主题称为信头（Header），而邮件的内容称为正文（Body），如图 14-1 所示。

信头是由几行文字组成的。一般说来，信头包含下列几行内容（具体情况可能随有关邮件程序不同而有所不同）：收件人（To），即收信人的 E-Mail 地址；抄送（Cc），即抄送者的

E-Mail 地址；主题（Subject），邮件的主题。一般地说，只需在“收件人”这一行填写收件人完整的 E-Mail 地址即可，“主题”这一行可填可不填，不过，一个有礼貌的用户总是会填这一行的，有了这个主题行，收件人便会一目了然地知道这封信的主要内容。

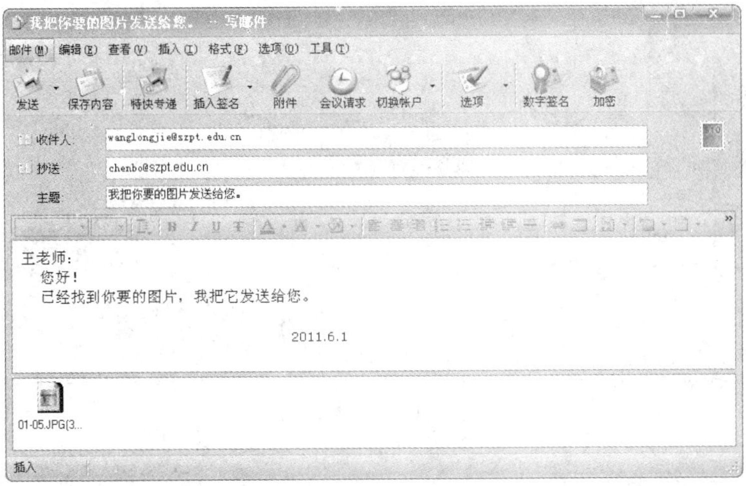

图 14-1　典型的电子邮件

E-Mail 的正文就是一些文字，根据要求，尽量使用普遍的非装饰性字符，以保证无论收件人使用何种计算机和软件都可以正常地阅读电子邮件的内容。E-Mail 签名的位置是在信的末尾。它与普通信件中的签名一样简单。尽管签名是一个可选可不选的项，但是在使用它时是要担负一定责任的。

另外，程序、图形及其他一些计算机二进制文件，也可以作为电子邮件的附件一起发送。早些时候 E-Mail 系统只支持文本方式，因此在发送电子邮件时，其中附属的二进制文件先得转换为文本文件的形式，收件人在收到并使用它们时，要再转换成二进制形式。目前一种称为 MIME（Multipurpose Internet Mail Extensions）的功能已在 E-Mail 软件中获得广泛的应用，其中包括 Microsoft 的 Internet Mail。MIME 不仅能使电子邮件加入附件，而且也真正实现了在电子邮件中附带图形、音频、视频等文件，若收件人使用 MIME 兼容的 E-Mail 软件，那么，这些附带的图形文件、音频和视频文件会自动解码、格式化和演播。

14.1.2　使用电子邮件的两种形式

使用电子邮件一般分为 Web 方式和客户端软件两种方式。所谓 Web 方式，是指用户使用浏览器访问电子邮件系统网页，在浏览器上输入用户名和密码，进入用户的电子邮箱处理用户的电子邮件，如图 14-2 所示。除了浏览器，用户无须安装其他软件即可使用电子邮件功能。使用这种方式，用户的邮件保存在服务器上，用户在任何计算机上均可以看到自己的邮件。然而随着时间推移，邮件增多，用户需要删除邮件。

所谓客户端方式，是指用户在计算机上安装电子邮件客户端软件，例如：Outlook Express、Foxmail 等，在客户端软件设置好用户邮箱的信息（例如：用户名、密码），客户端软件通过电子邮件协议和邮件服务器通信，从而完成收发邮件的功能，如图 14-3 所示。采用这种方式，客户端软件把邮件从服务器上接收下来后保存在本地计算机上，用户也可以选择是否同时从邮件服务器上删除邮件；同样发送出的邮件通常也在本地计算机上保存一个副本。这样用户不用担心邮箱的容量，同时可以随时查询过时的邮件；而且客户端软件的功能通常较为强大，例如支持全文检索等。

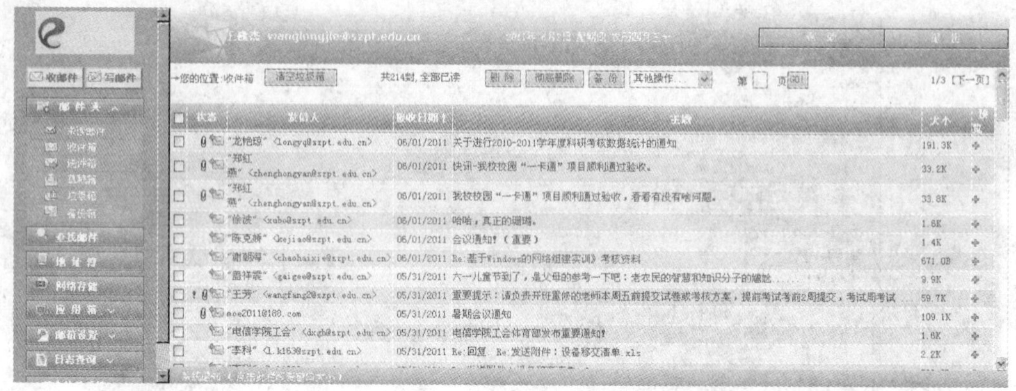

图 14-2　以 Web 方式使用电子邮箱

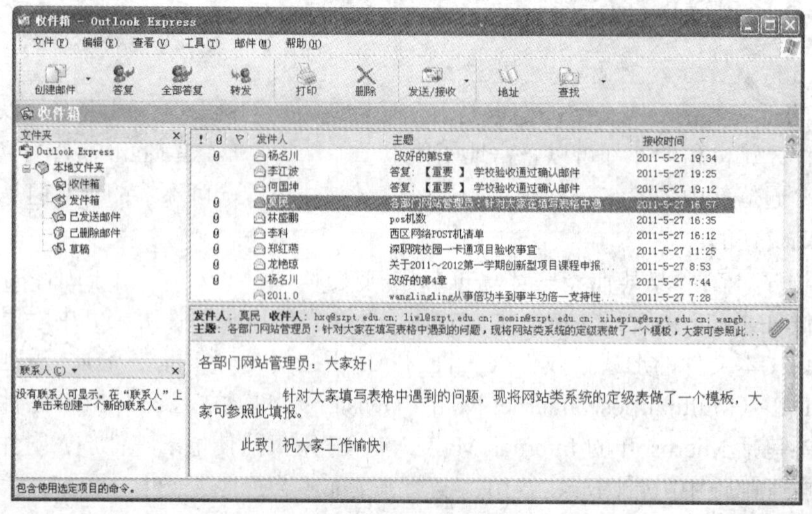

图 14-3　以客户端方式使用电子邮箱

14.1.3　电子邮件相关协议或标准

1．SMTP

SMTP（Simple Mail Transfer Protocol，简单邮件传输协议），用于接收用户的邮件请求，并与远端邮件服务器建立 SMTP 连接，从而实现发送邮件的功能。SMTP 的一个重要特点是它能够在传送中接力传送邮件，即邮件可以通过网络上不同的主机接力式传送。它工作在两种情况下：一是电子邮件从客户端传输到服务器；二是从某一个服务器传输到另一个服务器。SMTP 是请求/响应协议，它监听 TCP 的 25 号端口。

2．POP3

POP 的全称是 Post Office Protocol，即邮局协议，用于接收电子邮件，它使用 TCP 的 110 端口。现在常用的是第 3 版，所以简称为 POP3。POP3 采用 Client/Server 工作模式，当客户端接收邮件时，客户端的软件（例如 Outlook Express 或 Foxmail）将与 POP3 服务器建立 TCP 连接，此后要经过 POP3 协议的 3 种工作过程。首先是认证过程，验证客户端提供的用户名和密码；然后是用户收取自己的邮件或删除邮件，完成操作后客户端便发出退出命令；最后进入更新状态，将做删除标记的邮件从服务器端删除。

3．Web Mail

Web Mail 并不是一种协议，它只不过是服务器上专门针对邮件程序安装了 Web 支持插件，让客户端通过浏览器即可查收、阅读和发送邮件。由于是通过浏览器来执行上述操作的，所以使用起来更方便。大多数的邮箱不仅可以以客户端的方式使用，还可以以 Web 方式使用。

4．IMAP4

IMAP 全称是 Internet Mail Access Protocol，即交互式邮件存取协议，它是跟 POP3 类似的邮件访问标准协议之一。不同的是，开启了 IMAP 后，在电子邮件客户端收取的邮件仍然保留在服务器上，同时在客户端上的操作都会反馈到服务器上，如：删除邮件，标记已读等，服务器上的邮件也会做相应的动作。所以无论从浏览器登录邮箱或者客户端软件登录邮箱，看到的邮件以及状态都是一致的。IMAP 像 POP3 那样提供了方便的邮件下载服务，让用户能进行离线阅读。IMAP 提供的摘要浏览功能可以在阅读完所有的邮件到达时间、主题、发件人、大小等信息后才做出是否下载的决定。虽然 IMAP4 比 POP3 优越，然而当前使用它的人却不多。

5．MIME 多用途的网际邮件扩展

现在，人们可以通过邮件发送各种各样的信息：照片、小说、技术文档、应用程序等。而早期面向文本消息传送的邮件格式已经远远不能应付这些复杂的格式了，所以新的邮件格式标准协议 MIME（Multipurpose Internet Mail Extensions，多用途 Internet 邮件扩展）就应运而生。MIME 的格式灵活，允许邮件中包含任意类型的文件，比如文本、图像、声音、视频及其他应用程序的特定数据。Internet 上的 SMTP 传输机制是以 7 位二进制编码的 ASCII 码为基础的，适合传送文本邮件。而声音、图像、中文等使用 8 位二进制编码的电子邮件需要进行 ASCII 转换（编码）才能够在 Internet 上正确传输。MIME 增强了在 RFC 822 中定义的电子邮件报文的能力，允许传输二进制数据。MIME 编码技术用于将数据从 8 位都使用的格式转换成数据使用 7 位的 ASCII 码格式。

14.1.4　电子邮件的传递过程

以 chenbo@sina.com 向 zhanghen@sohu.com 发送邮件为例讲解电子邮件的传输过程和相关术语，如图 14-4 所示。

（1）chenbo@sina.com 的邮件客户端程序（例如 Outlook Express）与新浪的 SMTP 服务器建立网络连接，并以 chenbo 的用户名和密码进行登录后，使用 SMTP 协议把邮件发送给新浪的 SMTP 服务器。Outlook Express 称为 MUA（Mail User Agent，邮件用户代理）。

（2）新浪的 SMTP 服务器收到 chenbo@sina.com 提交的电子邮件后，首先根据收件人的地址后缀判断接收者的邮件地址是否属于该 SMTP 服务器的管辖范围，如果是的话就直接把邮件存储到收件人的邮箱中，否则新浪的 SMTP 服务器向 DNS 服务器查询收件人的邮件地址后缀（sohu.com）所表示的域的 MX 记录（邮件交换器记录）。新浪的服务器称为 MTA

（Mail Transfer Agent，邮件传送代理），它负责邮件在 Internet 上的传输。

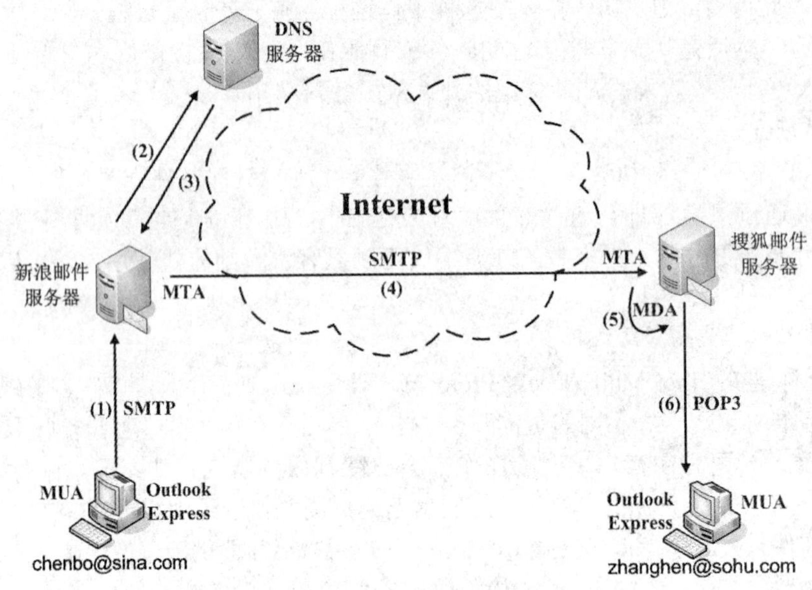

图 14-4　电子邮件的传递过程

（3）DNS 服务器返回 sohu.com 的 MX 记录，新浪的 SMTP 服务器得到搜狐的 SMTP 服务器的 IP 地址。

（4）新浪的 SMTP 服务器与搜狐的 SMTP 服务器建立连接，并采用 SMTP 协议把邮件发送给搜狐的 SMTP 服务器。搜狐的服务器也是 MTA。

（5）搜狐的 SMTP 服务器收到新浪的 SMTP 服务器发来的电子邮件后，根据收件人的地址判断该邮件是否属于该 SMTP 服务器的管辖范围，如果是的话就直接把邮件存储到收件人的邮箱中。这时搜狐的 SMTP 服务器是 MDA（Mail Delivery Agent，邮件投递代理），MDA 主要的功能就是将 MTA 接收的信件依照信件的流向将该信件放置到本机用户的邮件文件中（收件箱），或者再经由 MTA 将信件送到下个 MTA。MDA 很像单位的收发室，负责把从邮递员收到的信分发到各信箱中。

（6）拥有 zhanghen@sohu.com 邮箱的用户通过邮件客户端程序（例如 Outlook Express）与搜狐的 POP3 服务器建立连接，并以 zhanghen 的用户名和密码进行登录后，就可以通过 POP3 协议把邮件收到他的计算机上。Outlook Express 同样称为 MUA（Mail User Agent，邮件用户代理）。这样电子邮件就从发送者到了接收者的计算机上了。Zhanghen 也可以使用 IMAP4 协议接收邮件，过程和 POP3 类似。

zhanghen@sohu.com 用户向 chenbo@sina.com 用户回邮件的过程与上述的过程类似。

14.2　Exchange Server 2007 SP3 安装

14.2.1　Exchange Server 2007 简介

Microsoft Exchange Server 2007 是一个全面的 Intranet 协作应用服务器，适合有各种协作

需求的用户使用。Exchange Server 2007 协作应用的出发点是业界领先的消息交换基础，它提供了业界最强的扩展性、可靠性和安全性以及最高的处理性能。Exchange Server 提供了包括从电子邮件、会议安排、团体日程管理、任务管理、文档管理、实时会议和工作流等丰富的协作应用，而所有应用都可以通过 Internet 浏览器来访问。Exchange Server 2007 也是一个设计完备的邮件服务器产品，提供了通常所需要的全部邮件服务功能。除了常规的 SMTP/POP 协议服务之外，它还支持 IMAP4、LDAP 和 NNTP 协议。Exchange Server 2007 服务器有两种版本：标准版包括 Active Server、网络新闻服务和一系列与其他邮件系统的接口；企业版除了包括标准版的功能外，还包括与 IBM OfficeVision、X.400、VM 和 SNADS 通信的电子邮件网关。Exchange Server 2007 支持基于 Web 浏览器的邮件访问。

本书以 Exchange Server 2007 SP3 为例来说明安装和配置过程。Exchange Server 2007 有 64 位和 32 位版本，32 位版本仅供测试和教学使用，实际生产需要使用 64 位版本。出于教学目的，为了便于教学环境的构建，本书选用的是 32 位版本的 Windows Server 2008，只能安装 32 位版本的 Exchange Server 2007。从操作上来说，32 位版本和 64 位版本是一样的。

【说明】Exchange Server 2007 SP3 功能强大，如果仅仅把它作为邮件服务器是大材小用了，国内也有许多功能较专一的电子邮件软件，本书出于保持一致性、全部采用微软软件的考虑，还是选用 Exchange Server 作为邮件服务器软件。当前最新的 Exchange Server 版本是 Exchange Server 2010 SP1，该版本是 64 位，无法在 32 位的 Windows Server 2008 中安装，这是本书没有选用 Exchange Server 2010 SP1 的原因。

14.2.2 安装环境

1．硬件环境需求

（1）CPU：生产环境必须是 64 位，Exchange Server 2007 仅在测试和教学环境中使用 32 位。

（2）内存：最低为 512MB，推荐使用 2GB 以上内存。

（3）磁盘空间：安装盘上至少 1GB 空间，系统盘上需要 200MB 以上空间。

2．软件环境需求

（1）Exchange Server 2007 只能在加入域中的服务上安装。

（2）服务器需安装.Net Framework 2.0 或者 3.0。

（3）服务器需安装 PowerShell。

（4）服务器需安装 MMC 3.0。

（5）服务器需安装 IIS 7.0。

（6）邮件客户端可以是 Office Outlook 2000/2003/2007、Outlook Express、其他标准的 POP3/SMTP/IMAP 邮件客户端软件（如 Foxmail）。

3．网络环境

根据第 1 章 1.1.2 节的图 1-1 规划，在 Win2008-2 服务器上安装 Exchange Server，在另一客户端上进行测试。网络环境如下：

（1）域控制器 win2008-1。

域名：xyz.com.cn

计算机名：win2008-1.xyz.com.cn

IP：192.168.0.1

子网掩码：255.255.255.0

DNS：192.168.0.1

WINS：192.168.0.1

（2）服务器 win2008-2。

域名：xyz.com.cn

计算机名：win2008-2.xyz.com.cn

IP：192.168.0.2

子网掩码：255.255.255.0

DNS：192.168.0.1

WINS：192.168.0.1

（3）客户端环境。

安装有 Windows XP 操作系统、Office Outlook 2007、Foxmail 邮件客户端软件。

IP：192.168.0.50

子网掩码：255.255.255.0

DNS：192.168.0.1

WINS：192.168.0.1

14.2.3 安装前的相关安装

1．DNS 配置

如图 14-5 所示，在 DNS 服务器（win2008-1 上）的 xyz.com.cn 域中添加主机记录、别名以及邮件交换器记录。

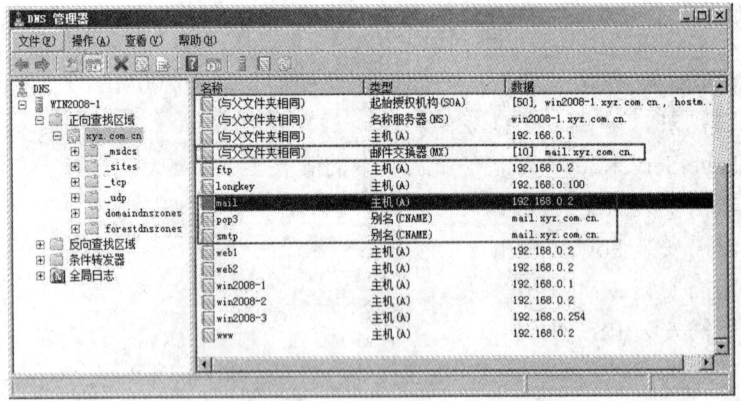

图 14-5 xyz.com.cn DNS 域的配置

2．添加相关功能

如图 14-6 所示，在 win2008-2 服务器上添加相关功能。有：

（1）.NET Framework 3.0 功能。

（2）Windows PowerShell。

（3）Windows 进程激活服务。

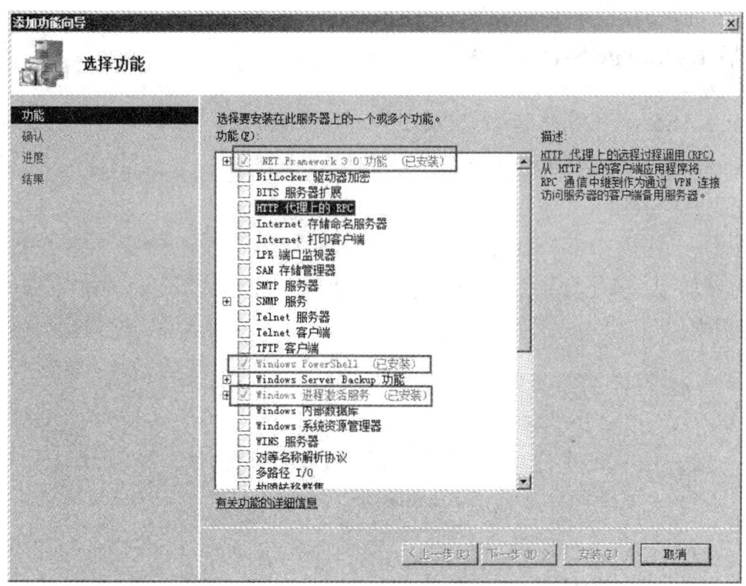

图 14-6　添加相关功能

3．添加相关角色

如图 14-7 所示，在 win2008-2 服务器上添加 Web 服务器角色，并按照图 14-7 中矩形框所示来选择 Web 服务器的角色服务。

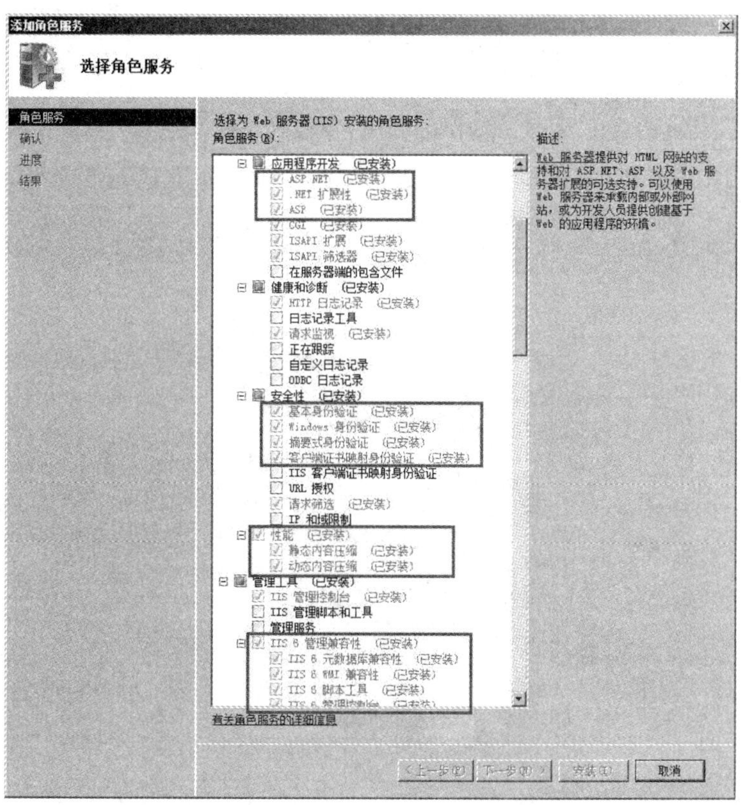

图 14-7　添加相关角色

14.2.4 安装 Exchange Server 2007 SP3

安装 Exchange Server 2007 需要以域用户身份在服务上登录，为保证该域用户有足够的权限安装软件，需要先把域用户加入到本地管理员组中，具体步骤见前面的章节。安装 Exchange Server 2007 SP3 的步骤如下：

步骤 1：执行安装盘中的 setup.exe 程序开始安装，打开如图 14-8 所示的安装向导界面，只有图中的步骤 1～4 已经完成才能开始安装 Exchange Server 2007。单击图 14-8 中的“步骤 5”链接开始安装。

图 14-8 安装向导

步骤 2：如图 14-9 所示，是 Exchange Server 简介。单击“下一步”按钮。

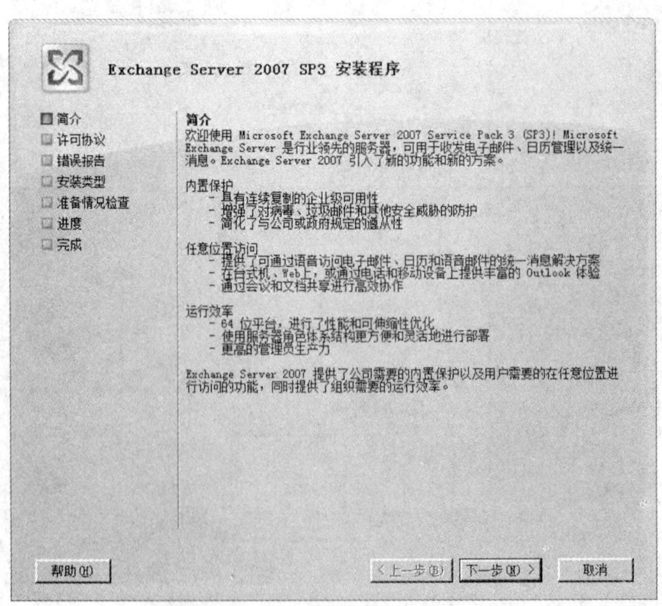

图 14-9 Exchange Server 简介

步骤 3：如图 14-10 所示，选择“我接受许可协议中的条款”选项。单击“下一步”按钮。

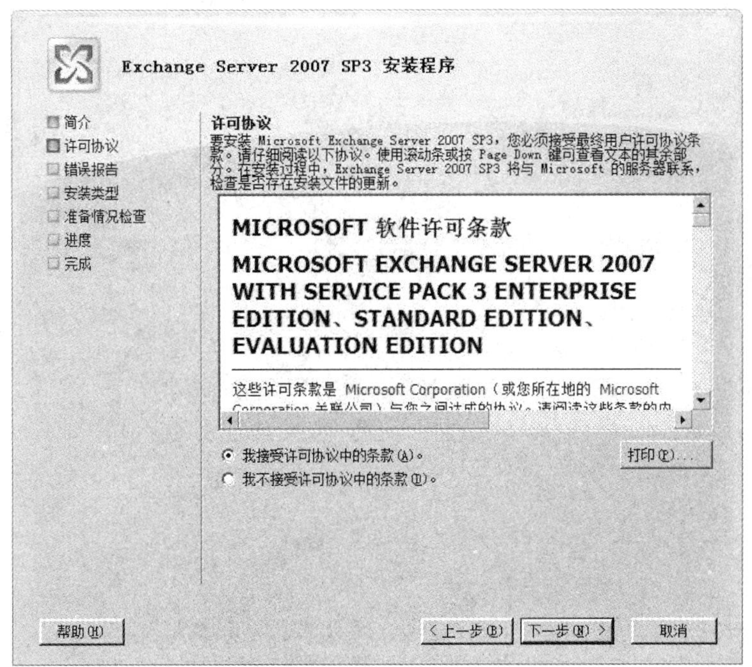

图 14-10　许可协议

步骤 4：如图 14-11 所示，选择是否启用错误报告。我们这里选择“否”，单击“下一步”按钮。

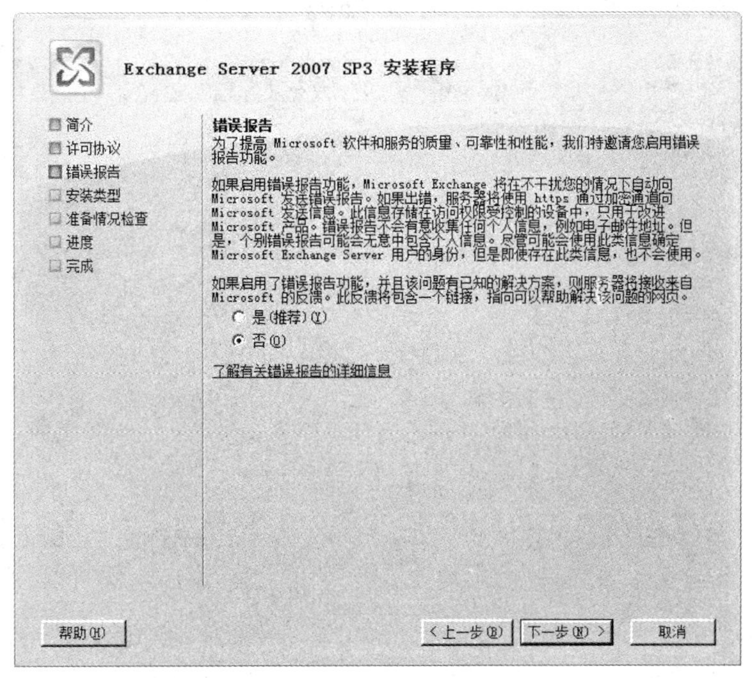

图 14-11　选择是否启用错误报告

步骤 5：如图 14-12 所示，选择安装类型。我们这里选择“Exchange Server 典型安装”，单击“下一步”按钮。

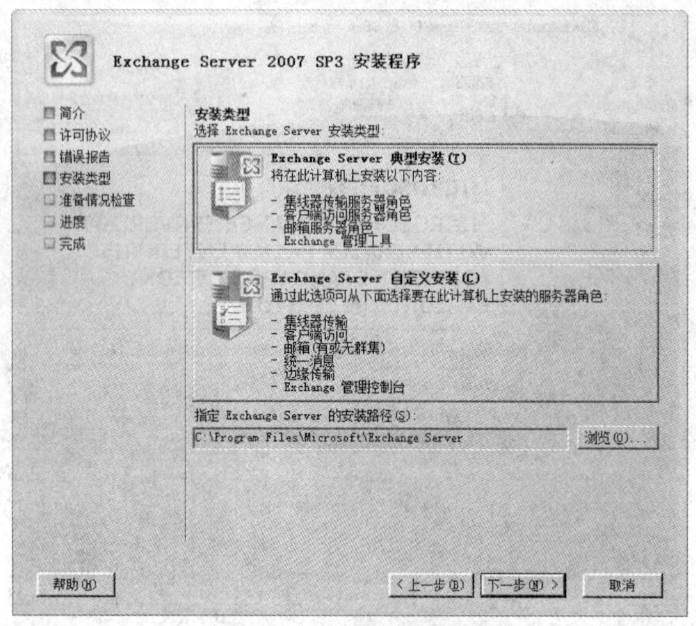

图 14-12　选择安装类型

步骤 6：如图 14-13 所示，输入便于理解的组织名称。单击“下一步”按钮。

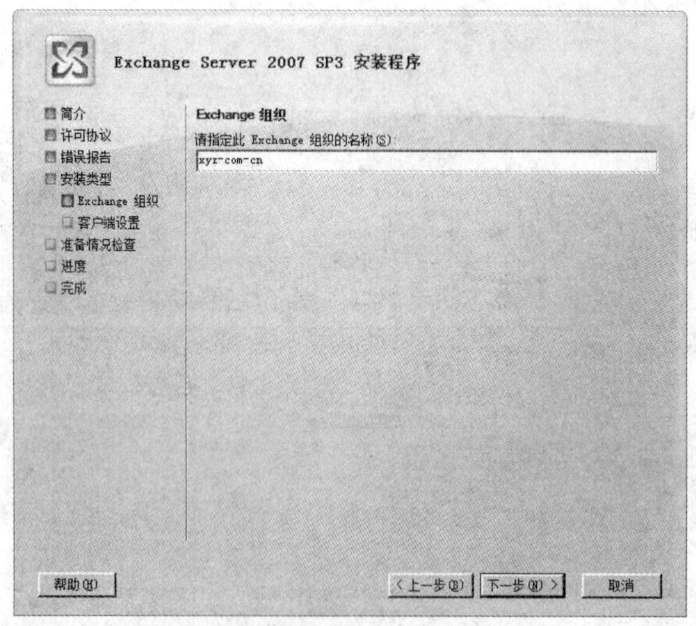

图 14-13　输入组织的名称

步骤 7：如图 14-14 所示，选择是否支持早于 Outlook 2003 的客户端，建议选择“是”。单击“下一步”按钮。

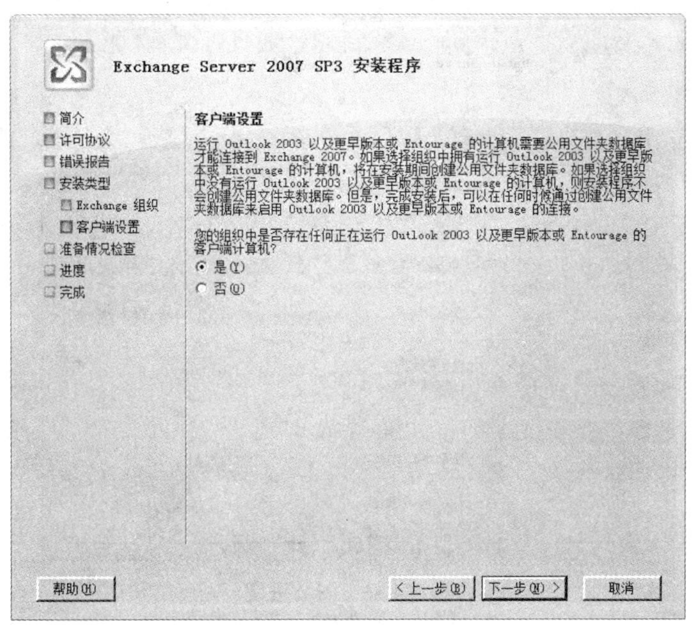

图 14-14　选择是否支持早期版本的客户端

步骤 8：如图 14-15 所示，安装程序会先进行准备情况检查，需要稍长一点的时间。如果有未完成的准备，需要根据提示添加相应的功能和角色。因为我们安装的是 32 位版本，安装程序会提示不能用于生产环境，但不妨碍继续安装。单击“安装”按钮开始安装。

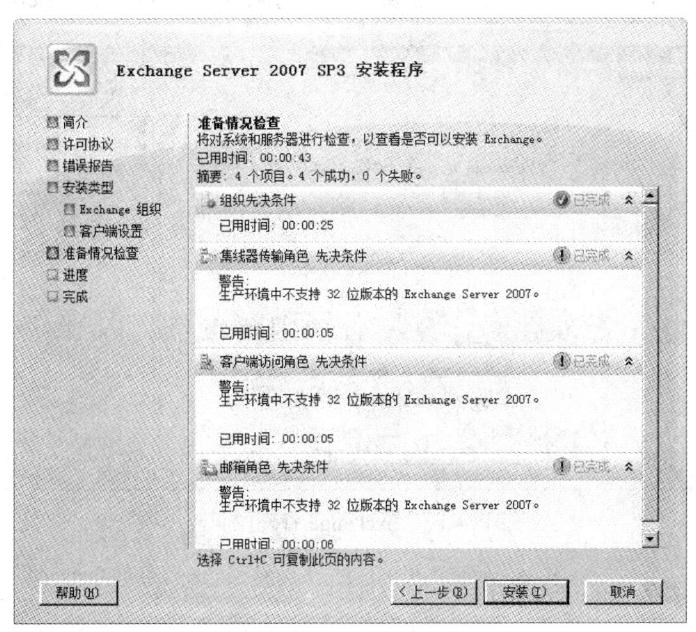

图 14-15　准备情况检查

步骤 9：整个安装过程需要稍长时间，取决于服务器的配置，如图 14-16 所示是安装的进度。安装完毕后单击“完成”按钮，重新启动计算机。

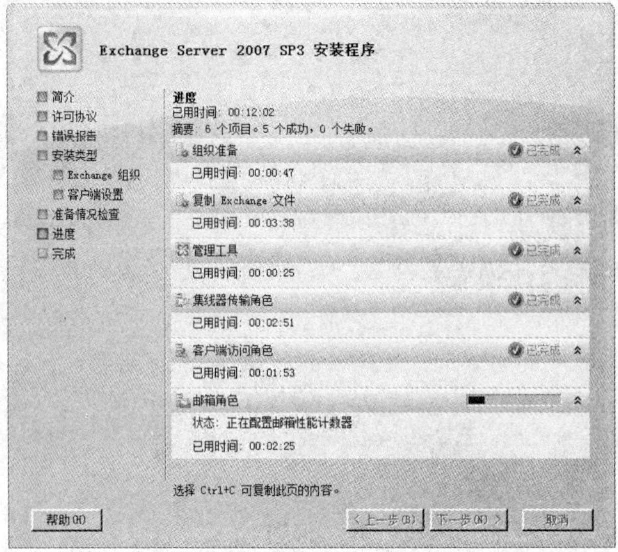

图 14-16 安装进度

14.3 配置 Exchange Server 2007

安装完 Exchange Server 2007 后，单击“开始”→“Exchange 管理控制台”可以打开控制台窗口，如图 14-17 所示。图中的“完成部署”选项卡中，列出了完成部署的各项任务。

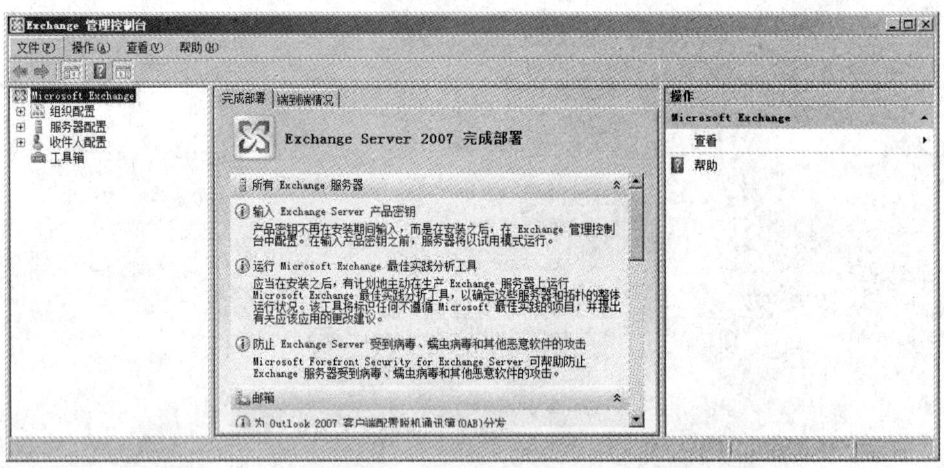

图 14-17 Exchange 管理控制台

14.3.1 输入服务器的产品密钥

步骤如下：

步骤 1：单击如图 14-17 所示窗口左边的“服务器配置”。

步骤 2：选择需要产品密钥的服务器。

步骤 3：在“操作”窗格中，单击“输入产品密钥”。

步骤 4：完成“产品密钥”向导。

【说明】32 位的 Exchange Server 2007 是用于测试的，不需要输入服务器的产品密钥。

14.3.2 配置脱机通讯簿（OAB）

为了使客户端能够使用 Web 方式登录邮箱，需要配置脱机通讯簿（OAB）。默认时，如果安装了客户端访问服务器，则将自动在其上创建一个脱机通讯簿（OAB）虚拟目录，用于 Web 分发。我们需要检查脱机通讯簿（OAB）是否安装，步骤如下：

步骤 1：单击“脱机通讯簿”选项卡，如图 14-18 所示。在中间的窗格中，选择“默认脱机通讯簿”。再在“操作”窗格中，单击“属性”。

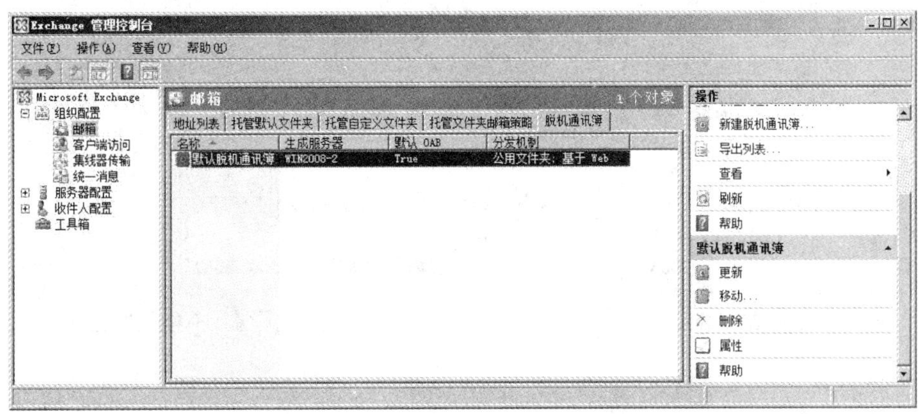

图 14-18 脱机通讯簿

步骤 2：如图 14-19 所示，单击“分发”选项卡。选中“启用基于 Web 的分发”复选框；并勾选对不同客户端的支持，考虑到网络中可能有 Outlook 98，最好全选；勾选“启用公共文件夹分发”。图中已经从 OAB（Default Web Site）虚拟目录中分发了脱机通讯簿。单击“确定”按钮即可。

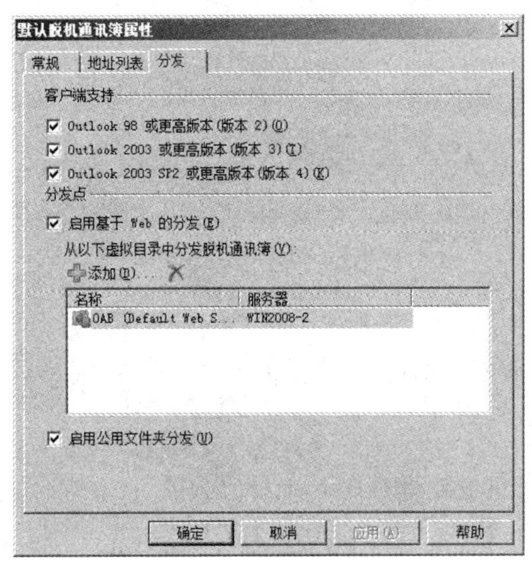

图 14-19 “分发”选项卡

14.3.3 配置脱机通讯簿（OAB）公用文件夹分发

为了使 Outlook 2003 或者更早版本的客户端能够使用 Exchange Server，需要配置脱机通讯簿（OAB）公用文件夹分发，步骤如下：

步骤 1：单击“数据库管理”选项卡，如图 14-20 所示。默认应该已经在“Second Storage Group”创建了“公用文件夹数据库”，右击它，选择“转入数据库”菜单项。如果没有创建“公用文件夹数据库”，则在“操作”窗格中，单击“新建公用文件夹数据库”，完成“新建公用文件夹数据库”向导。

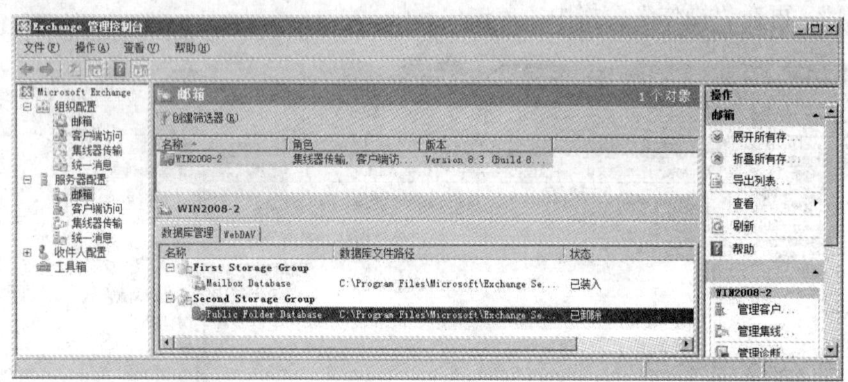

图 14-20 数据库管理

步骤 2：在图 14-20 中，选中“邮箱”，右击它，选择“属性”菜单项。如图 14-21 所示，选择“客户端设置”选项卡，单击“浏览”按钮，如图 14-21 所示配置默认公用文件夹数据库和脱机通讯簿。单击“确定”按钮。

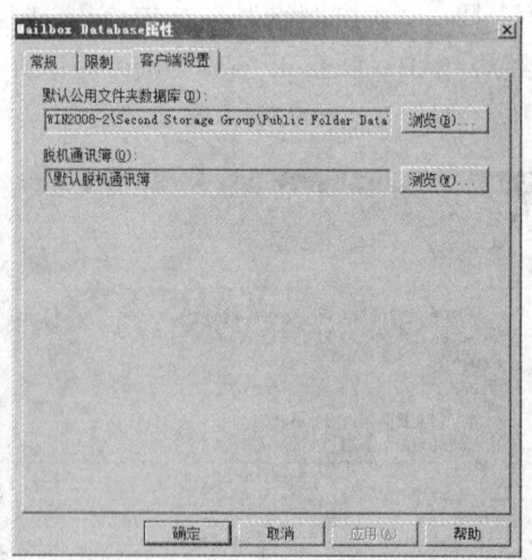

图 14-21 “客户端设置”选项卡

14.3.4 配置客户端访问服务器的 SSL 及身份验证

1. 配置 SSL

Exchange Server 2007 支持客户用浏览器使用邮箱，HTTP 是一个不安全的协议，需要使用 SSL 保证通信的安全。

安装 Exchange Server 2007 时，安装程序会在默认网站下创建许多应用程序和虚拟目录，打开 IIS 管理器，如图 14-22 所示。默认情况下，Exchange Server 2007 把 IIS 设置为：对脱机通讯簿虚拟目录之外的所有虚拟目录都要求 SSL。客户端访问虚拟目录如下所示：

图 14-22 Exchange 虚拟目录

（1）Outlook Web Access 2007 虚拟目录为：owa。

（2）Outlook Web Access 2003 虚拟目录和 WebDAV 虚拟目录分别为：Exchange 和 Public。

（3）Exchange ActiveSync 虚拟目录为：Microsoft-Server-ActiveSync。

（4）Outlook Anywhere 虚拟目录为：Rpc。

（5）自动发现虚拟目录为：Autodiscover。

（6）Exchange Web 服务虚拟目录为：EWS。

（7）统一消息虚拟目录为：UnifiedMessaging。

（8）脱机通讯簿虚拟目录为：OAB。

以“Exchange”虚拟目录为例，在图 14-22 中，双击“SSL 设置”，可以看到 SSL 配置情况，采用默认值即可，如图 14-23 所示。

启用 SSL 时需要设置 SSL 证书，Exchange Server 2007 在安装时会产生自行签署式 SSL 证书（证书名为 Microsoft Exchange）。如果不想使用自行签署式 SSL 证书，可以有以下方式获得证书：

（1）从已知的证书颁发机构（CA）购买 SSL 证书。

（2）从 Windows PKI 证书颁发机构获取 SSL 证书。

如图 14-24 所示，选中“Default Web Site”网站，在“操作”窗格中选择“绑定”；在“网站绑定”窗口中选择“https”进行编辑；在“编辑网站绑定”窗口的“SSL 证书”下拉列表中可以选择 SSL 所用的证书，我们这里使用自行签署式 SSL 证书：Microsoft Exchange。

2．配置身份验证

支持客户用浏览器使用邮箱时，应该对客户进行身份验证，即：要输入用户名和密码，以“Exchange”虚拟目录为例，根据自己的需要如图 14-25 所示配置身份验证。

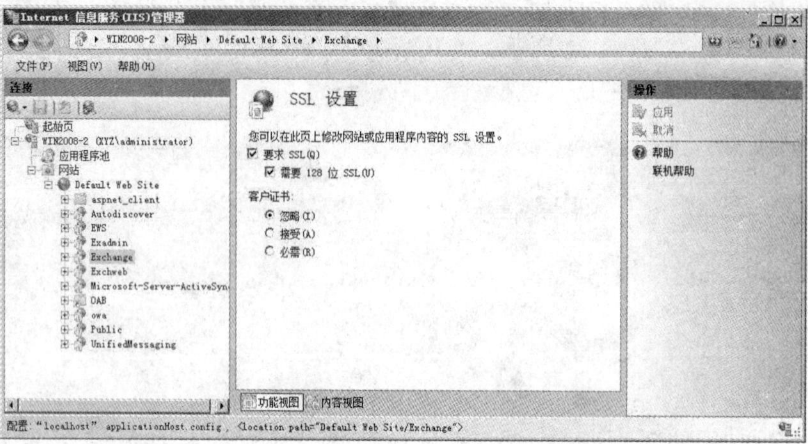

图 14-23　SSL 设置

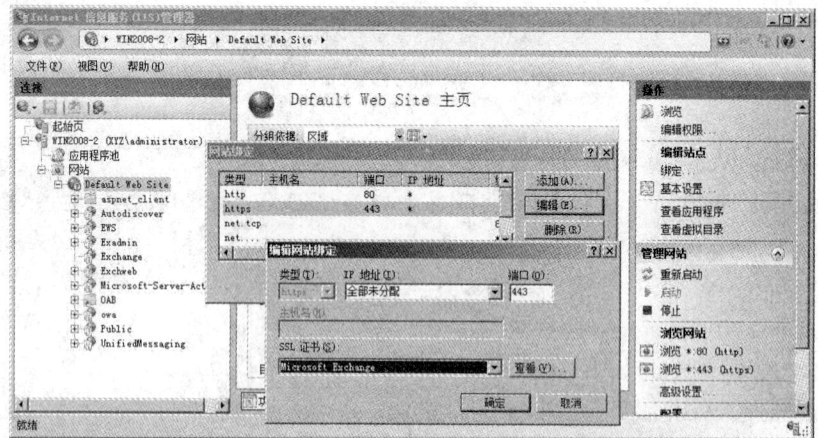

图 14-24　SSL 证书

图 14-25　配置身份验证

14.3.5 创建接受域

必须创建接受域方可接受邮件，默认时已经安装，确认步骤如下：

步骤 1：单击“接受域”选项卡，可以看到已经创建了 xyz.com.cn 的接受域，也就是该服务器可以接收“xxxx@xyz.com.cn”格式的邮件了。

步骤 2：双击图 14-26 中的接受域，如图 14-27 所示，选择处理电子邮件的方式，各选项含义见图中的解释。我们这里保持默认值即可。

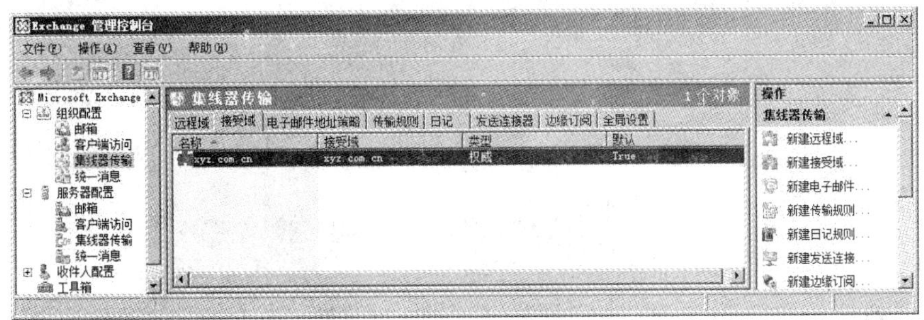

图 14-26 接受域

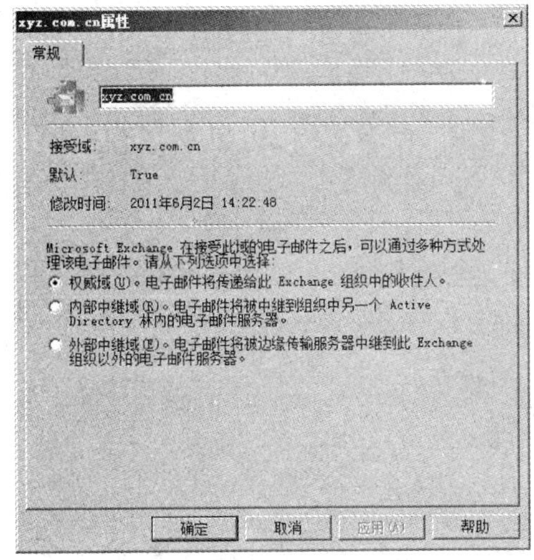

图 14-27 处理电子邮件的方式

14.3.6 创建发送连接器

必须创建发送连接器方可把邮件发到 Internet 上，否则邮件只能在 xyz.com.cn 域内收发，默认时没有安装任何发送域。

步骤 1：单击“发送连接器”选项卡，如图 14-28 所示，选择“操作”窗格中的“新建发送连接器”链接。

步骤 2：如图 14-29 所示，输入连接器名称，单击“下一步”按钮。

步骤 3：如图 14-30 所示，单击“添加”按钮，打开“SMTP 地址空间”窗口，如图进行配置，单击“确定”和“下一步”按钮。

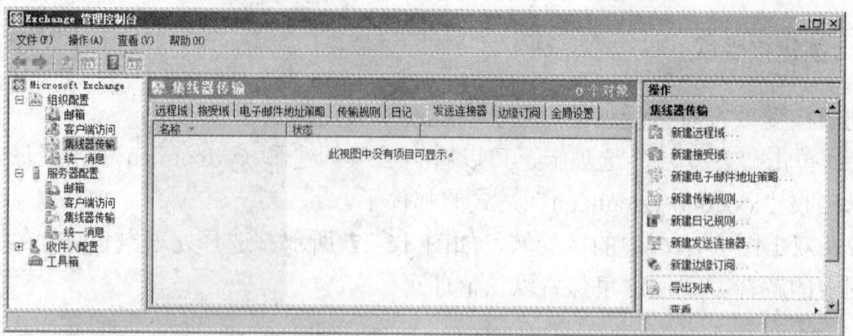

图 14-28　发送连接器

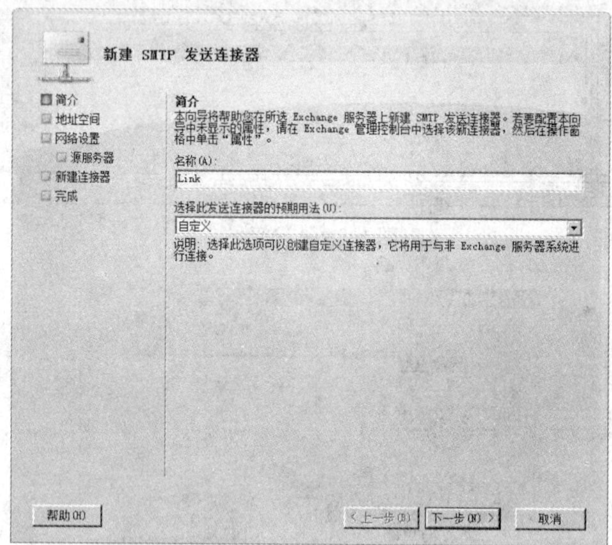

图 14-29　新建 SMTP 发送连接器

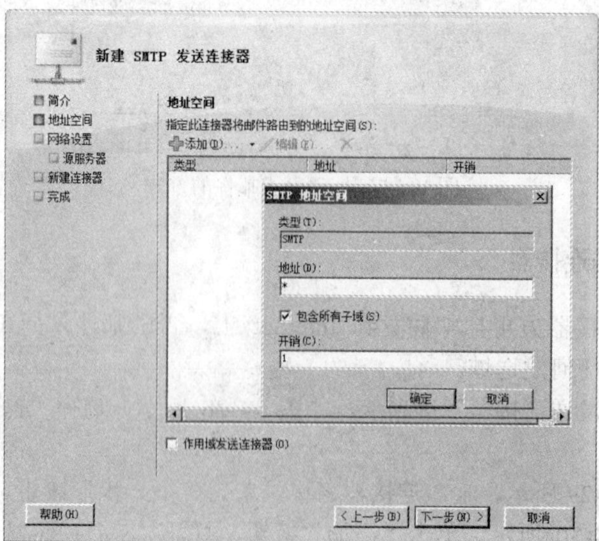

图 14-30　SMTP 地址空间

步骤 4：如图 14-31 所示，单击“下一步”按钮。

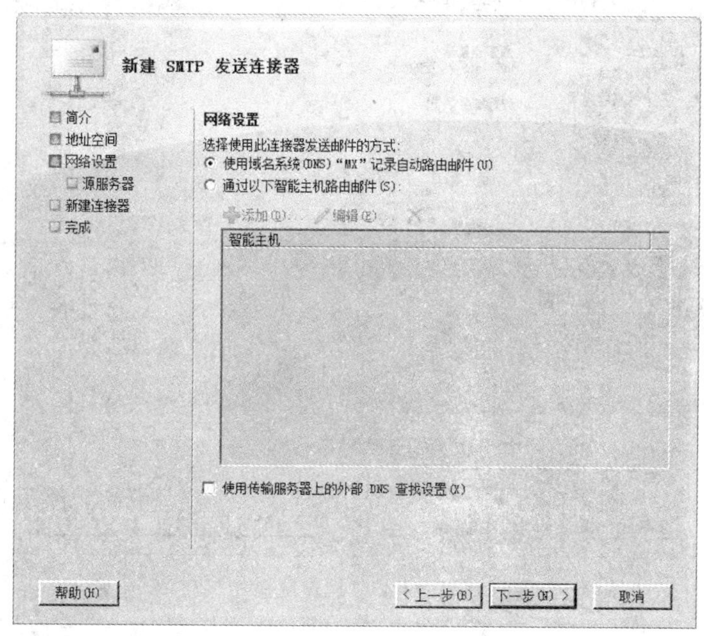

图 14-31　网络设置

步骤 5：如图 14-32 所示，该连接器已经和默认的集线器传输服务器进行关联。单击“下一步”按钮。

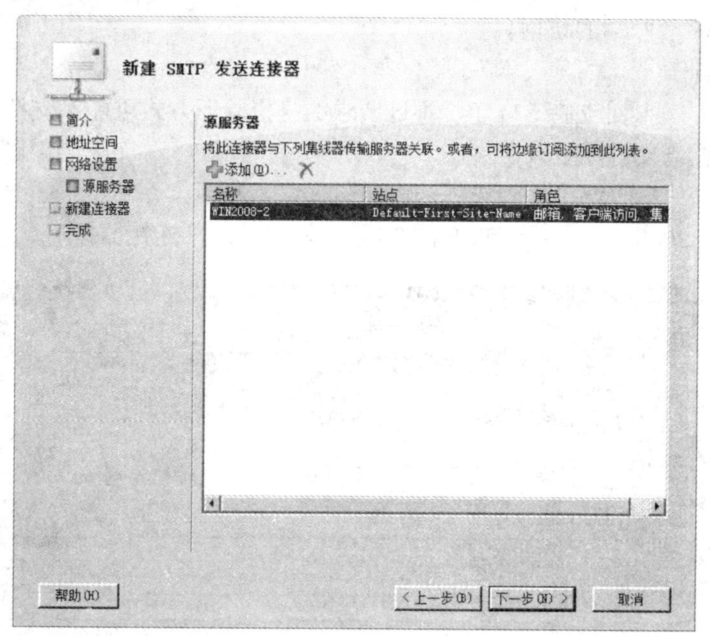

图 14-32　源服务器设置

步骤 6：如图 14-33 所示，单击“新建”按钮，创建完成后，单击“完成”按钮即可。

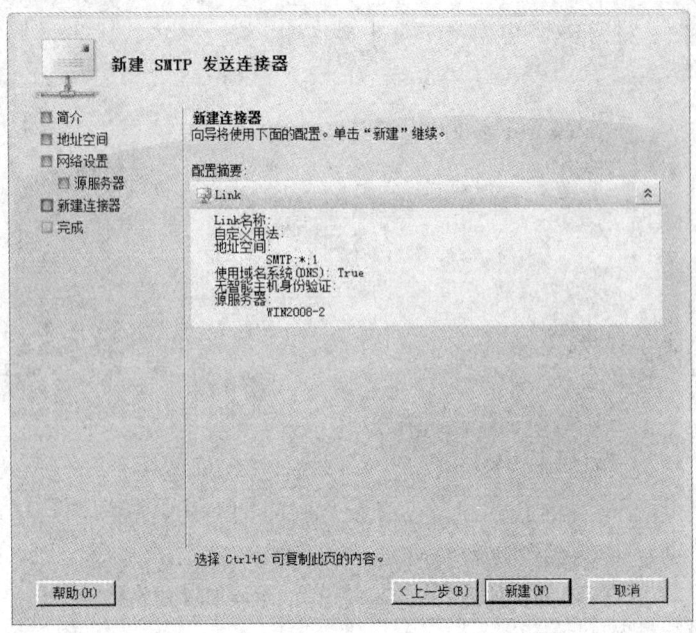

图 14-33　配置摘要

14.3.7　配置 SMTP/POP3/IMAP

虽然用户可以使用浏览器、微软 Outlook 类的客户端，但是还是有不少用户喜欢使用 SMTP/POP3/IMAP 协议的邮件客户端，因此必须配置 Exchange Server 以支持 SMTP/POP3/IMAP 客户端的访问。

1．配置 SMTP

Exchange 默认安装是支持 SMTP，不过要求的身份验证方式可能不支持常用的 SMTP 客户端，因此要根据需要进行更改。

步骤 1：单击“接收连接器”选项卡，如图 14-34 所示。系统已经创建了两个连接器，其中“Default Win2008-2”是监听 TCP 的 25 端口，修改这个连接器接口。双击该连接器。

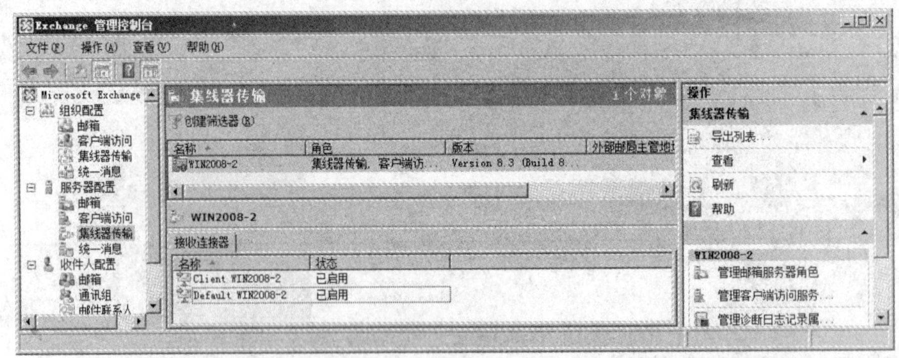

图 14-34　接收连接器

步骤 2：如图 14-35 所示，选择“网络”选项卡，可以设置通过哪个网卡接受来自什么 IP 地址的邮件，保持默认值即可，允许任何计算机来连接。

步骤 3：如图 14-36 所示，选择“身份验证”选项卡，为了支持常用的 SMTP 客户端，如图进行配置。

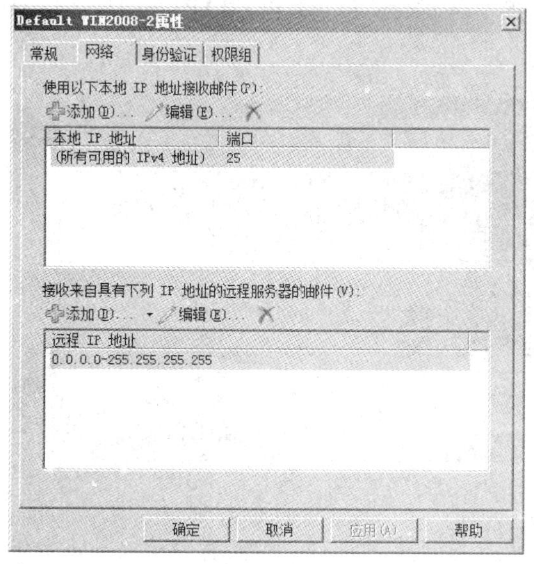

图 14-35　“网络”选项卡

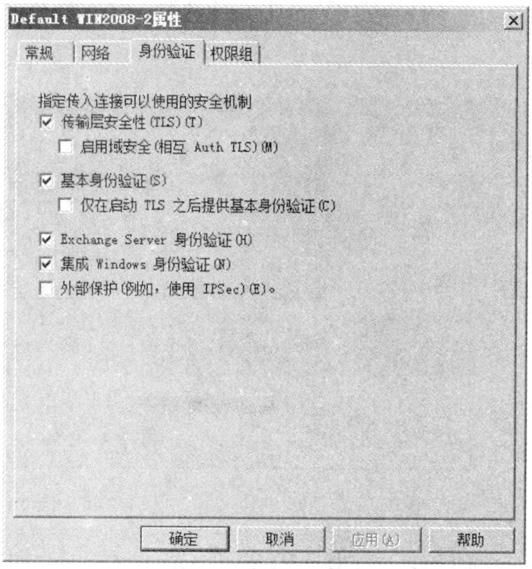

图 14-36　“身份验证”选项卡

图中各选项含义如下。

- 传输层安全性：选择此选项可为此连接器接收到的所有邮件提供传输层安全（TLS）传输。
- 基本身份验证：选择此选项可为此连接器接收到的所有邮件提供基本身份验证，用户名和密码以明文形式发送。
- Exchange Server 身份验证：选择此选项可以使用 Microsoft Exchange 身份验证机制（如 TLS 直接信任或通过 TLS 的 Kerberos）对智能主机进行身份验证。
- 集成 Windows 身份验证：选择此选项可使用集成 Microsoft Windows 身份验证，集成 Microsoft Windows 身份验证代表 NTLM、Kerberos 以及协商身份验证机制。
- 外部保护（例如，使用 IPSec）：如果通过外部方法来保护到智能主机的连接，使用此选项。

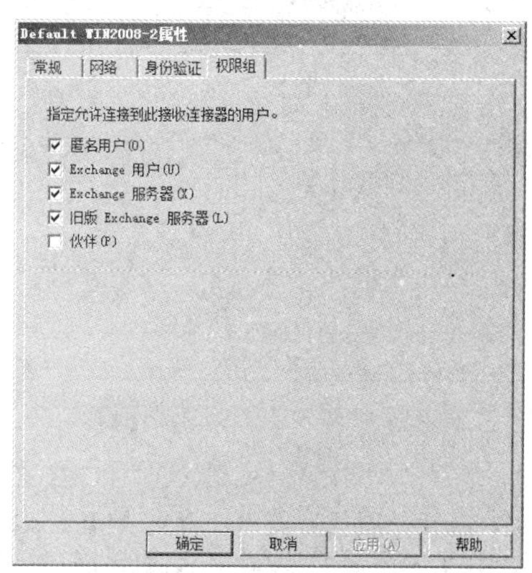

图 14-37　“权限组”选项卡

步骤 4：如图 14-37 所示，选择“权限组”选项卡，勾选允许连接到此连接的用户，如图进行配置，注意选中“匿名用户”，否则会拒绝从其他 SMTP 服务器发送过来的邮件。

2. 配置 POP3/IMAP4

Exchange 默认安装也是支持 POP3 和

IMAP4，不过要求的身份验证方式可能不支持常用的 POP3/IMAP4 客户端，因此要根据需要进行更改。以下以 POP3 为例，IMAP 的配置类似。

步骤 1：选择“客户端访问”，如图 14-38 所示，选择“POP3 和 IMAP4”选项卡。双击 POP3。

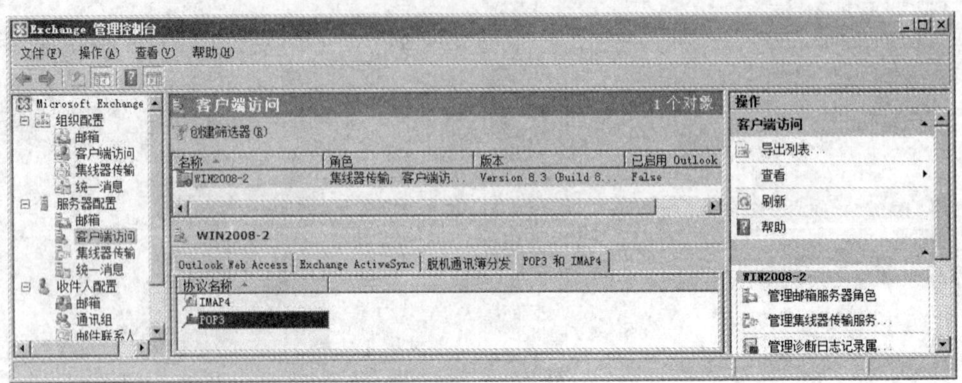

图 14-38 客户端访问

步骤 2：如图 14-39 所示，选择“身份验证”选项卡，选择“纯文本登录（基本身份认证）”。登录方法含义见图中的解释。

步骤 3：如图 14-40 所示，选择“绑定”选项卡，设置 POP3 在监听哪个端口，默认是 110 和 995（SSL），保持默认即可。

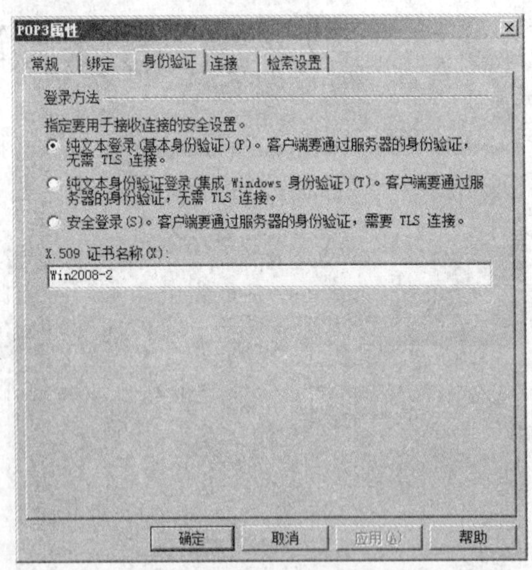

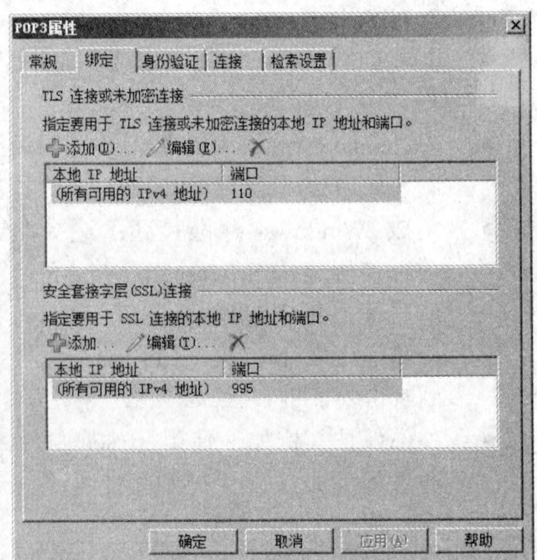

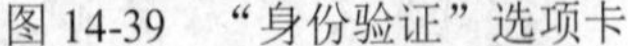

图 14-39 “身份验证”选项卡　　　　图 14-40 “绑定”选项卡

步骤 4：启动服务。默认时 POP3 是没有启动的，单击“开始”→“管理工具”→“服务”，打开“服务”窗口，找到“Microsoft Exchange POP3”，启动服务。建议把它们的启动类型改为“自动”，这样服务器启动时会自动启动服务。

14.4　用户管理及客户端使用

14.4.1　创建邮箱

可以为已经在域中存在的用户创建邮箱，也可以在创建邮箱的同时创建域用户。这里只介绍前者的步骤，如下所示：

步骤 1：选择“邮箱”，如图 14-41 所示，单击“操作”窗格中的“新建邮箱”。

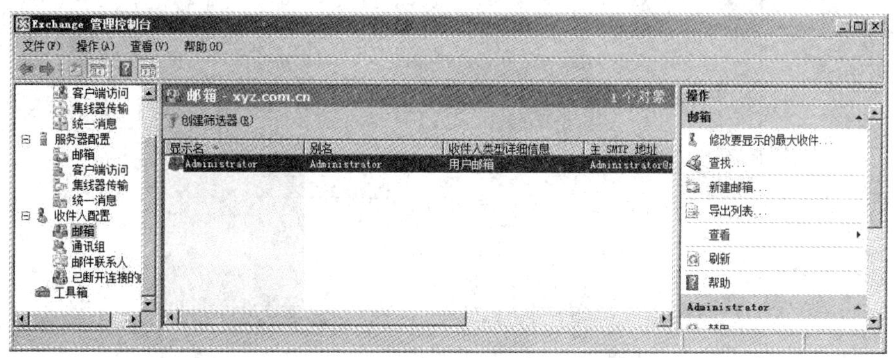

图 14-41　邮箱

步骤 2：如图 14-42 所示，选择邮箱类型。邮箱类型见图中解释，单击“下一步”按钮。

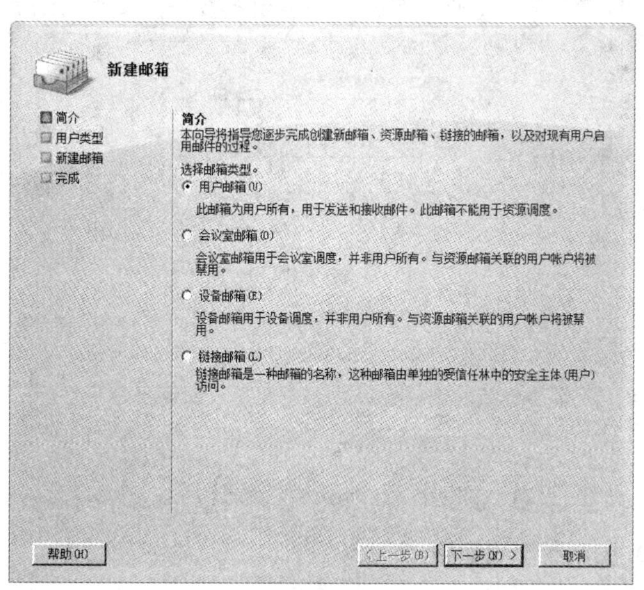

图 14-42　邮箱类型

步骤 3：如图 14-43 所示，选择“现有用户”项，单击“添加”按钮，选择要创建邮箱的用户。单击“下一步”按钮。

步骤 4：如图 14-44 所示，单击“浏览”按钮，选择用户邮箱所在的数据库。如图进行配置，单击“下一步”按钮。

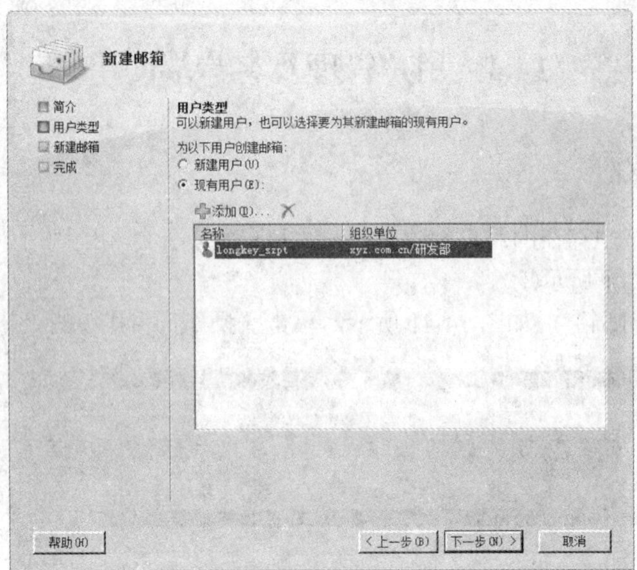

图 14-43　用户类型

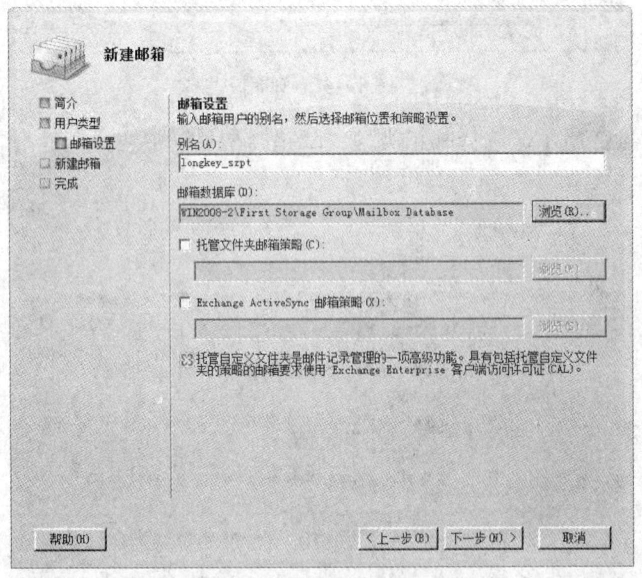

图 14-44　邮箱设置

步骤 5：单击"新建"按钮，再单击"完成"按钮即可。

14.4.2　通过 IE 浏览器使用邮箱

步骤 1：在客户端的浏览器上，使用"https://win2008-2.xyz.com.cn/exchange"链接连接到邮件服务器。由于在 14.3.3 节我们配置了 SSL，因此需要使用 https 协议；同时服务器上的 SSL 证书是颁发给 win2008-2，因此网站只能是 win2008-2.xyz.com.cn，不能用 IP 地址或其他域名替代（使用 https://www.xyz.com.cn/exchange、https://192.168.0.2/exchange 均不行），如果要使用其他域名，可以重新申请证书，在申请证书中指明服务器名称。

步骤 2：如图 14-45 所示，提示安全证书有问题，这是因为服务器的 SSL 证书是自签名的。单击“继续浏览此网站”。

【提示】为了不再提示“安全证书问题”，可以把该证书加入到受信任的根证书颁发机构中。步骤为：双击图 14-47 上方的“证书错误”按钮，然后单击“查看证书”→“安装证书”，按照向导的提示进行安装。

步骤 3：如图 14-46 所示，输入用户名和密码，用户名为 xyz\longkey_szpt，表示是以域 xyz 的用户登录。第一次登录需要设置语言和时区，设置后，单击“确定”按钮。

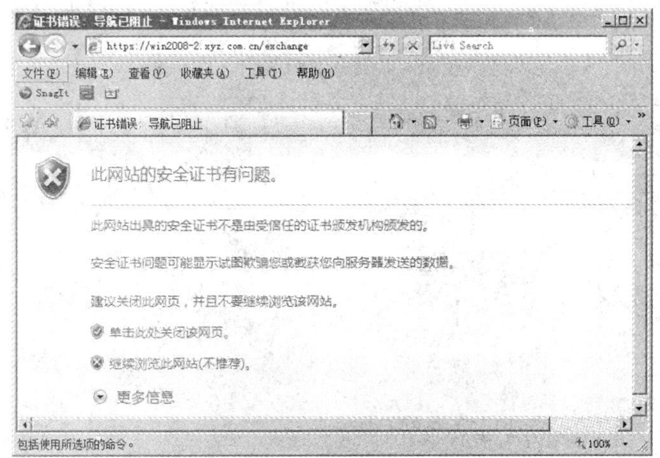

图 14-45 安全证书有问题

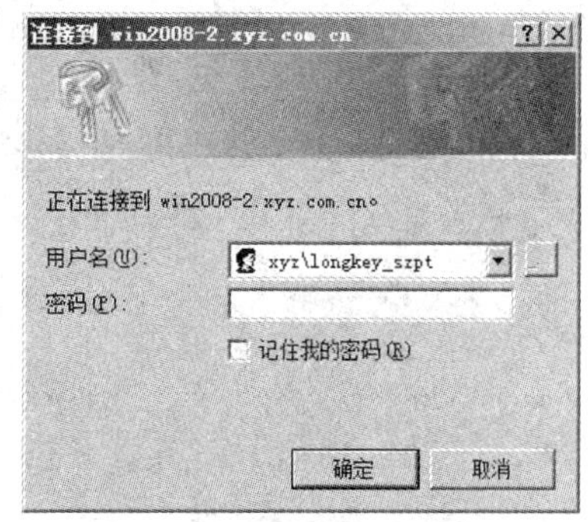

图 14-46 输入用户名和密码

步骤 4：如图 14-47 所示，是登录后的页面，用户可以很方便地发送和接收邮件。限于篇幅，不详细介绍“Office Outlook Web Access”的使用了。

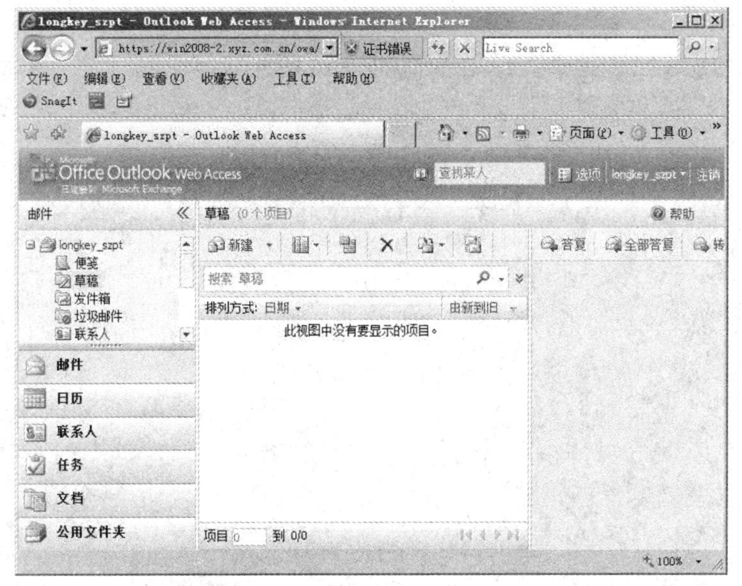

图 14-47 Office Outlook Web Access

14.4.3 通过 Microsoft Office Outlook 2007 使用邮箱

通过客户端软件使用邮箱，最大的好处是功能强大，然而需要安装客户端软件。安装好 Microsoft Office Outlook 2007 后，需要设置账户后才能连接到 Exchange Server。

步骤 1：双击“Microsoft Office Outlook 2007”图标启动程序，Outlook 会启动“添加新电子邮件账户”窗口，如图 14-48 所示，保持默认选项。单击“下一步”按钮。

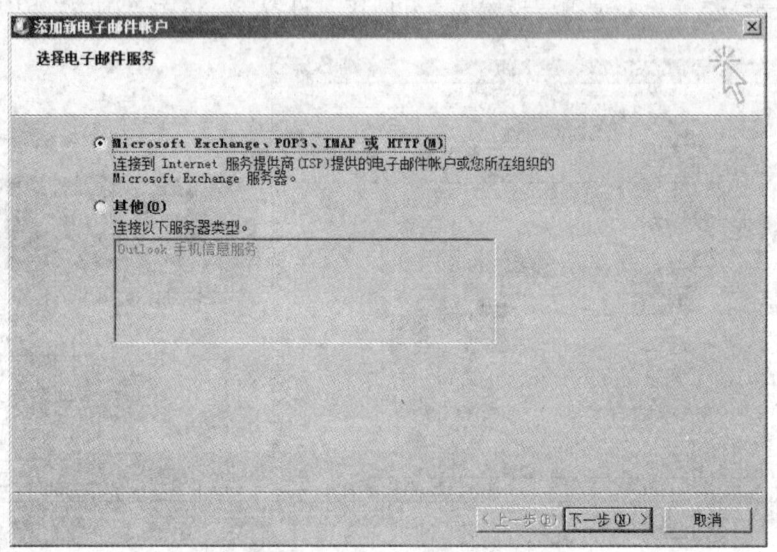

图 14-48　添加新电子邮件账户

步骤 2：如图 14-49 所示，输入 Exchange 服务器名称和用户名。单击“下一步”按钮。再单击“完成”按钮。

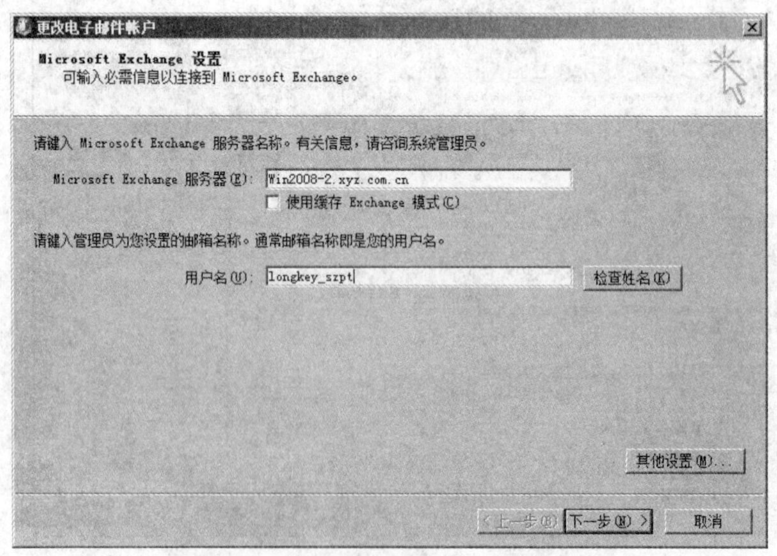

图 14-49　更改电子邮件账户

步骤 3：如图 14-50 所示，用户可以很方便地发送和接收邮件。限于篇幅，就不详细介绍 Microsoft Office Outlook 2007 的使用了。

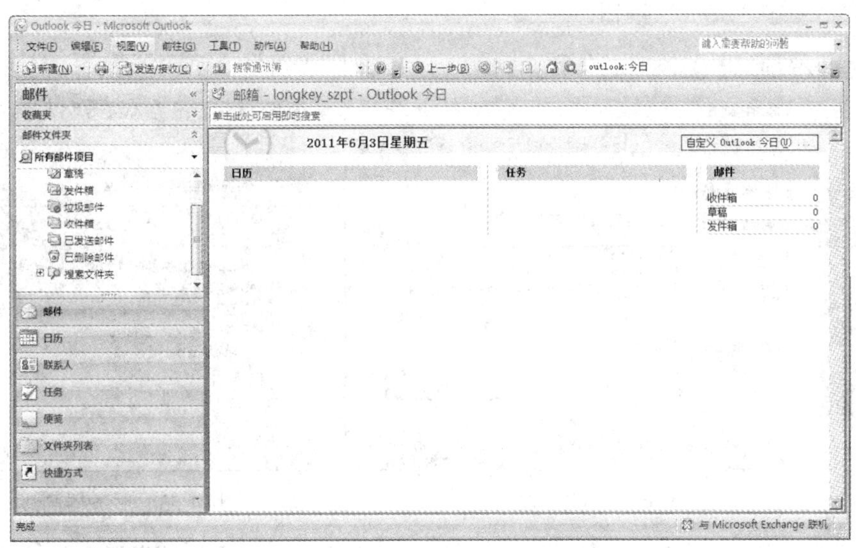

图 14-50　Microsoft Office Outlook 2007

14.4.4　通过 Foxmail 使用邮箱

Foxmail 是一个著名的国产、免费电子邮件客户端软件，有点遗憾是近年来没有太多升级。Foxmail 没有 Outlook 中太多的功能，它专注于电子邮件的收发和管理。可以到 http://www.foxmail.com.cn 下载 Foxmail 软件。

步骤 1：安装 Foxmail 后，双击"Foxmail"图标启动程序，会启动电子邮件账户设置向导，如图 14-51 所示，输入电子邮件地址。单击"下一步"按钮。

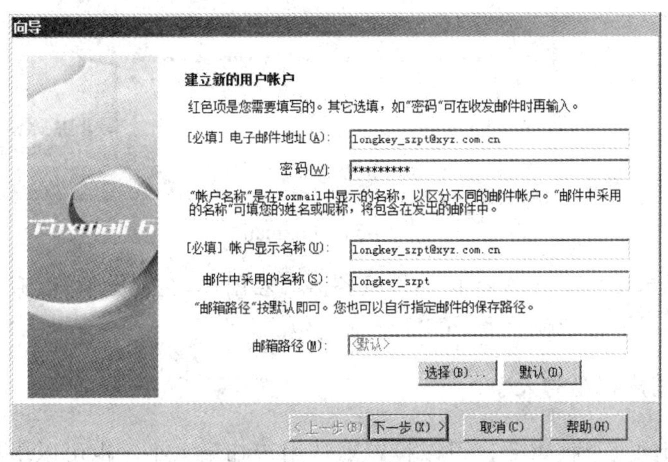

图 14-51　建立新的用户账户

步骤 2：如图 14-52 所示，输入接收邮件服务器和发送邮件服务器的地址、用户名等信息，服务器的地址应和 DNS 服务器上的设置一致（见图 14-5）。

步骤 3：单击"高级"按钮，可以进一步配置邮件服务器，这些配置应和服务器上的配置一致（见 14.3.6 节），如图 14-53 所示。单击“确定”按钮，回到图 14-52，单击“下一步”按钮。再单击“完成”按钮。

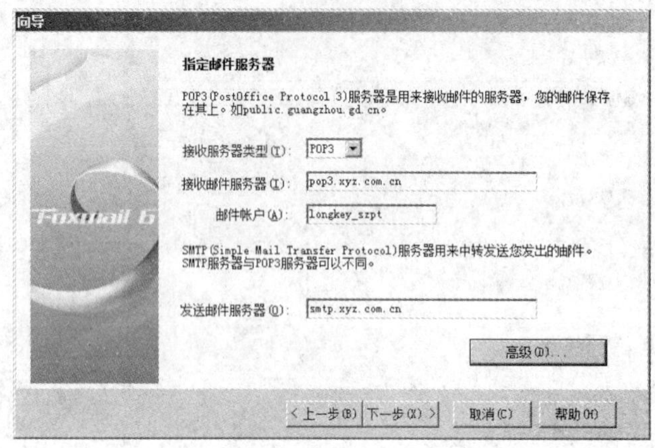

高级设置：收取服务器 端口(Q): 110；□ 使用SSL来连接服务器(F)；发送服务器 端口(R): 25；□ 使用SSL来连接服务器(U)；☑ SMTP服务器需要验证(M)；验证 ◉ 使用与接收服务器相同的信息(S) ○ 验证信息(A) 帐户(A)： 密码(E)：；确定(O) 取消(C)

图 14-52　指定邮件服务器　　　　图 14-53　服务器高级设置

步骤 4：如图 14-54 所示，是登录后的页面，用户可以很方便地发送和接收邮件。试试给自己发一封邮件。

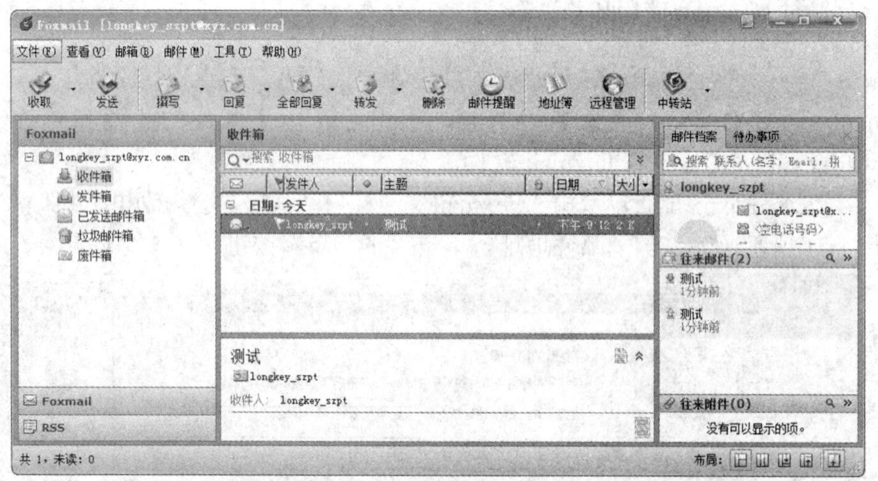

图 14-54　Foxmail

【提示】如果想使用 IMAP 连接邮件服务器，在图 14-52 的“接收服务器类型”下拉列表中选择“IMAP”，其他的配置和 POP3 配置类似。

14.4.5　设置用户邮箱的大小

设置用户邮箱的大小很重要，可以设置默认用户邮箱大小，也可以单独改变用户邮箱大小。设置默认用户邮箱大小，则新建的邮箱将使用默认邮箱大小。步骤如下：

步骤 1：如图 14-20 所示，选择“邮箱”，双击“Mailbox Database”。

步骤 2：如图 14-55 所示，选择“限制”选项卡，如图进行设置。各限制含义见图中的解释。

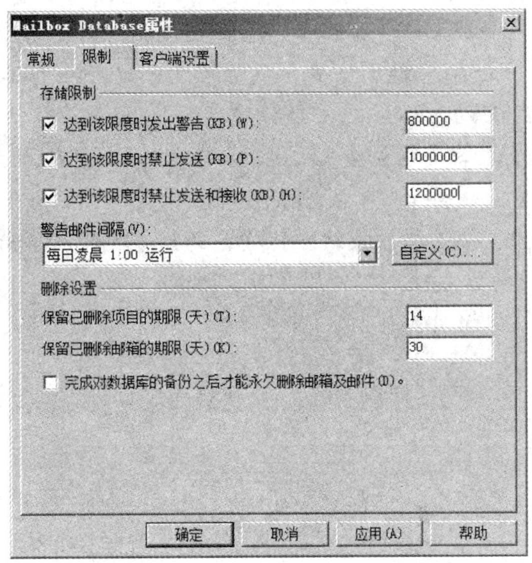

图 14-55　“Mailbox Database 属性”窗口

单独设置用户邮箱大小的步骤如下：

步骤 1：如图 14-41 所示，选择“邮箱”，双击用户邮箱，选择“邮箱设置”选项卡，如图 14-56 所示。

步骤 2：双击图 14-56 中的“存储配额”，如图 14-57 所示，设置存储配额。

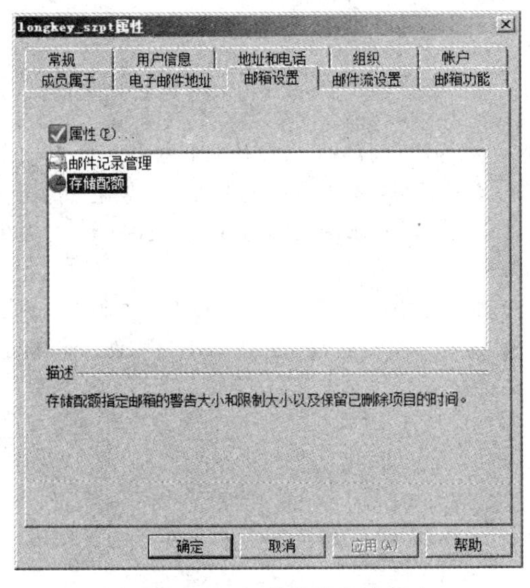

图 14-56　“邮箱设置”选项卡

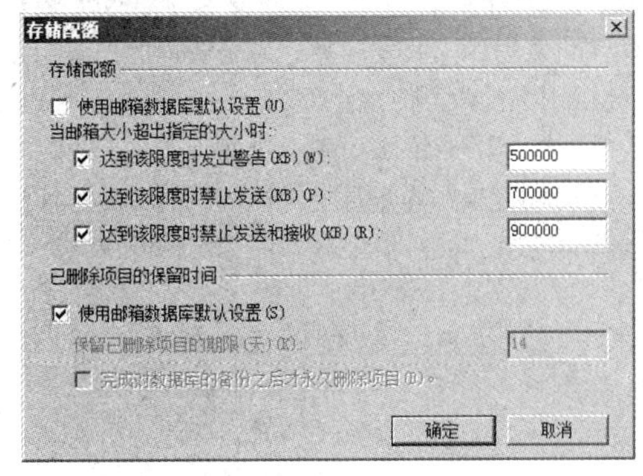

图 14-57　存储配额

本章围绕在企业内构建电子邮件服务器来进行讲述。电子邮件通过不同的协议在 Internet 上实现传输，SMTP 用以把邮件从客户端发到邮件服务器，以及把邮件从源服务器发

送到目的服务器上，POP3/IMAP4 则用于客户端把邮件从邮件服务器收到本地的计算机上，用户也可以使用 HTTP 协议通过 Web 方式收发邮件。Exchange Server 是微软重要的统一通信平台，电子邮件功能是它的核心功能之一，安装 Exchange 需要有不少条件：域、IIS、PowerShell、DNS 设置等，本章详细介绍了安装过程。配置 Exchange 也是较为复杂的工作，本章详细介绍了配置 Exchange 以实现基本邮件服务所需的步骤：脱机通讯簿、公共文件夹、使用 SSL 保证安全、接收域、集线器传输、为用户创建邮箱等。本章最后介绍了客户端的配置以实现通过不同的方式使用邮件服务器。

习题十四

一、理论习题

1．电子邮件通常由________和________组成。

2．电子邮件的信头由________、________、________、________组成。

3．电子邮件客户端软件使用________协议来发送邮件，该协议工作在 TCP 的________端口。

4．电子邮件服务器使用________协议来把邮件传输到目的邮件服务器上。

5．电子邮件客户端软件使用________和________协议来接收邮件，协议分别工作在 TCP 的________和________端口。

6．电子邮件如何从一个用户发送到另一个用户？

7．安装 Exchange Server 2007 需要预安装什么软件？

8．SSL 有何用处？

二、上机练习项目

1．项目 1：在域环境中，把一台服务器加入到域，成为成员服务器。在该服务器上安装 Exchange Server 2007 SP3 并进行配置。要求客户能够以 Web 方式、不同版本 Outlook 的客户端、微软之外的第三方邮件客户端软件来收发邮件。为企业内的已有用户创建邮箱，设置邮箱限额为 1GB（800MB 时提醒，1200MB 时只能收不能发）。

2．项目 2：配置客户端，以 Web 方式、不同版本 Outlook 的客户端、微软之外的第三方邮件客户端软件来测试项目 1 安装的邮件服务，要求：自己给自己发送邮件、和企业内的其他用户互发邮件、给 Internet 用户发送邮件。

第 15 章　组策略

组策略是域的重要应用，组策略用来在用户或计算机集合上强制设置一些配置，这在多个用户或多台计算机需要统一的工作环境时很有意义。Windows Server 2008 中的组策略较为复杂，原因在于组策略在许多地方都可以存在，用户或者计算机的最终生效的策略不是很容易确定，本章将详细介绍多个组策略共同作用时的应用顺序，以及创建组策略的具体操作步骤。组策略的另一种重要场合是在企业统一部署、管理软件。

1. 了解什么是组策略，有多个组策略时，组策略的应用顺序
2. 了解组策略的创建方法
3. 根据企业需要，创建或修改不同级别的组策略
4. 使用组策略为企业用户或者计算机制定统一的环境
5. 使用组策略统一发布、升级、修改软件

15.1　组策略介绍

15.1.1　理解组策略

首先要说明的是“组策略”中的“组”和我们以前介绍的用户组并没有什么直接关系，不要把组策略理解为是针对用户组所配置的策略。Windows 组策略是一种在用户或计算机集合上强制使用一些配置的方法，组策略定义了用户的桌面环境等多种设置。安装了活动目录后，使用组策略可以给同组的计算机或者用户强加一套统一的标准，包括菜单启动项、软件设置等，这样计算机或者用户可以有相同的菜单、相同的快捷方式等各种配置。组策略仍然允许用户在保持标准的系统配置的同时，也能定制自己的配置，例如：我们可以控制策略，只让某些计算机上的桌面有某一快捷方式。简单理解，组策略就是一套 Windows 的配置方案，例如图标、菜单的设置，这套方案可以应用到一批计算机或用户上。

15.1.2　各种组策略

一台计算机是否加入到域对策略的影响是很大的。没有加入到域中的计算机只有本地策略在起作用；而如果计算机加入到域中或者是域控制器，牵涉的组策略就复杂得多了，包括本地策略、默认域策略、默认域控制器策略，还有组织单元（OU）上的策略等，组织单元上的策略放在稍后介绍。

1．本地安全策略与本地策略

不论计算机是否加入到域中，每一台 Windows 计算机上都有本地策略，如果计算机（包括 Windows 2000/XP/Vista/7/2003/2008）没有加入到域中，那么本地策略将是唯一起作用的策略。本地策略是存储在本地计算机上的注册表中，这应该是理解本地策略的关键。

如果计算机加入到域中，那么本地策略将被其他策略覆盖而成为优先级最低的组策略。在计算机上，单击“开始”→“管理工具”→“本地安全策略”，可以管理本地安全策略，需要注意的是：本地安全策略只是本地策略的一部分，要完整查看本地策略，步骤如下（以 Windows XP 为例）：

步骤 1：在“开始”菜单的“运行”对话框中输入 mmc 命令（Microsoft Manage Console，微软管理控制台），打开控制台的主窗口，如图 15-1 所示。

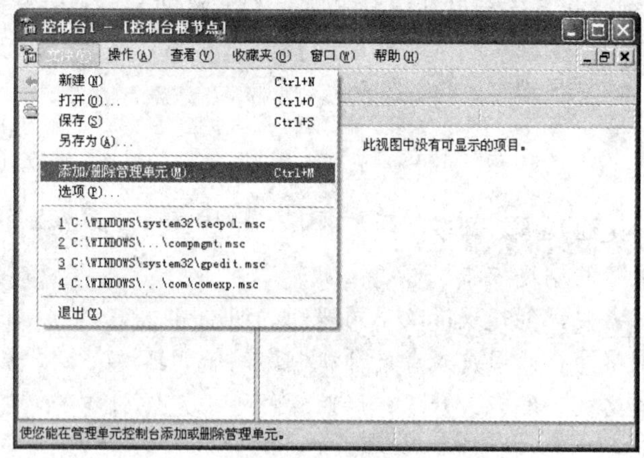

图 15-1　控制台窗口

步骤 2：在“控制台”窗口的“文件”菜单中选择“添加/删除管理单元”项，打开“添加/删除管理单元”窗口，如图 15-2 所示。

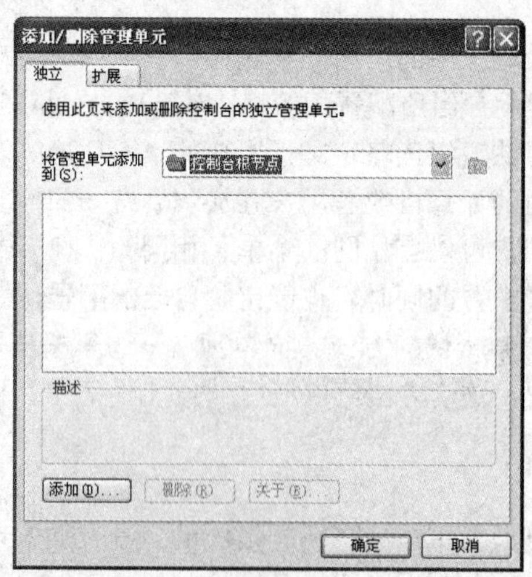

图 15-2　“添加/删除管理单元”窗口

步骤 3：单击“添加”按钮，打开“添加独立管理单元”窗口，如图 15-3 所示，选择“组策略对象编辑器”管理单元，单击“添加”按钮，打开新窗口，如图 15-4 所示。

图 15-3　添加“组策略对象编辑器”管理单元

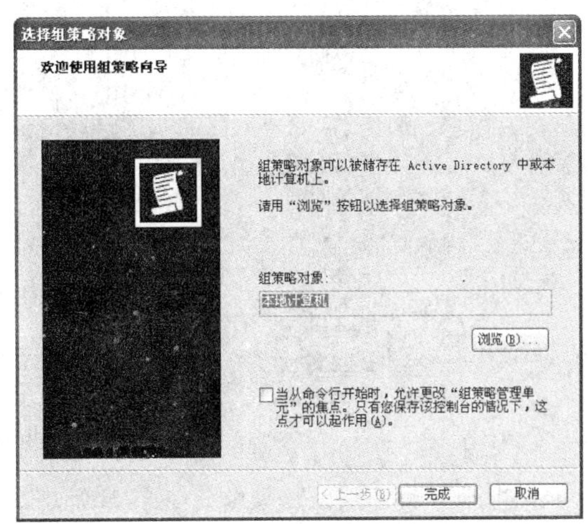

图 15-4　选择本地计算机

步骤 4：mmc 不仅可以管理本地策略，也可以管理域中其他计算机的组策略，如果想管理本地策略，直接单击“完成”按钮即可；如果想管理域中其他计算机策略，单击“浏览”按钮，选择合适的计算机组策略。单击“完成”按钮。

步骤 5：添加组策略管理单元后，则在控制台窗口中可以看到完整的“本地计算机”策略，如图 15-5 所示。“本地安全策略”可通过“本地计算机”策略→“计算机配置”→“Windows 设置”→“安全设置”查看。

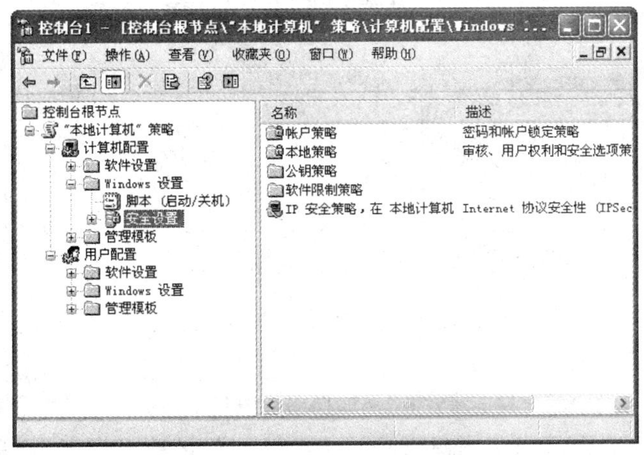

图 15-5　“本地计算机”策略

2．默认域策略

域策略会应用到整个域，域策略存储在域控制器上。在域控制器上，单击“开始”→“管理工具”→“组策略管理”，可以打开“组策略管理”窗口，如图 15-6 所示。在窗口左边，选中域，窗口右边会有“Default Domain Policy”策略，这个策略就是默认域策略，该策略是安装 Windows Server 2008 时自动创建的，作用于域中的全部计算机和用户。

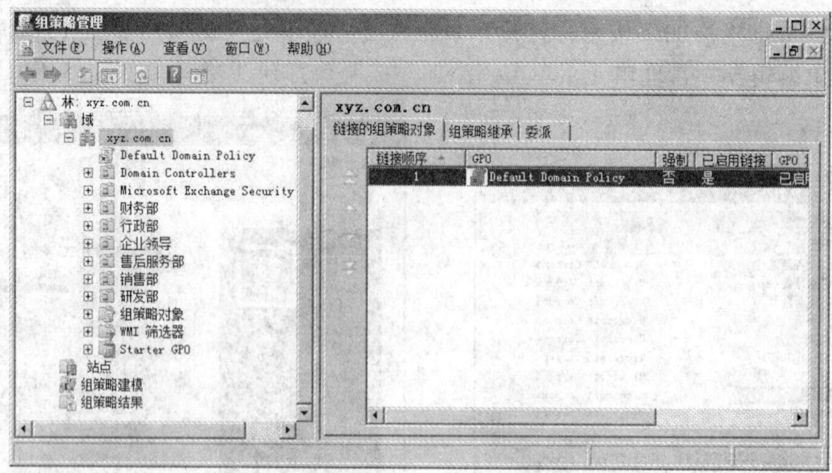

图 15-6 “Default Domain Policy”策略

【提示】除了默认域策略，还可以创建新的域策略。

3．默认域控制器策略

默认域控制器策略是应用到域中的域控制器的。如图 15-7 所示，在“组策略管理”窗口的左侧选中“Default Controllers”，窗口右边会有“Default Domain Controllers Policy”策略，这个策略就是默认的域控制器策略，是安装 Windows Server 2008 时自动创建的，仅应用到域控制器上的策略。

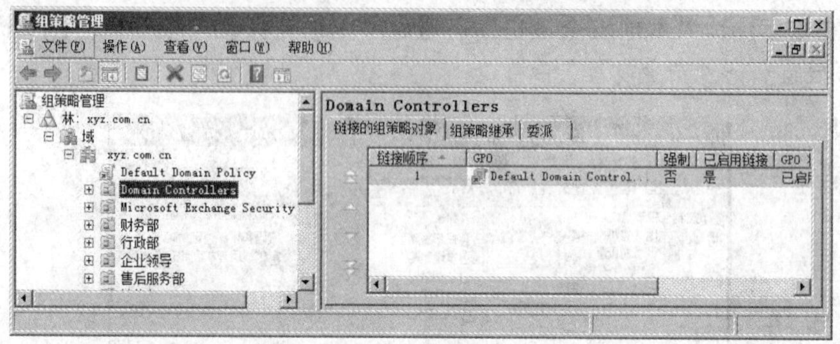

图 15-7 “Default Domain Controllers Policy”策略

【提示】除了默认的域控制器策略，还可以创建新的域控制器策略。

4．组织单元上的策略

组织单元（OU）在活动目录已经介绍过，组织单元用来在域中逻辑地组织域中的对象，从而模拟公司的组织结构。例如我们可以创建一个组织单元“行政部”，把所有属于这个部门的用户和计算机移动到这个组织单元中，这样非常明了地反映了公司的组织结构。组策略也常常在组织单元上实施，如果我们在这个组织单元上实施组策略，那么这个策略将对这个组织单元中的计算机和用户起作用。

要创建组织单元，在“Active Directory 用户和计算机”窗口中的左边，选择域名或者一个已经存在的组织单元，右击鼠标，选择菜单中的“新建”→“组织单元”，输入组织单元的名称即可。组织单元是可以嵌套的，即在组织单元下可以创建组织单元。

在组织单元上可以设置组策略，在如图 15-6 所示的“组策略管理”窗口，用鼠标右击组织单元“行政部”，选择菜单中的“在这个域中创建 GPO 并在此处链接”项，便可以新创建组策略并链接到组织单元上（具体见下面的小节）。

图 15-8 是 Active Directory 环境中的各组策略的作用范围。

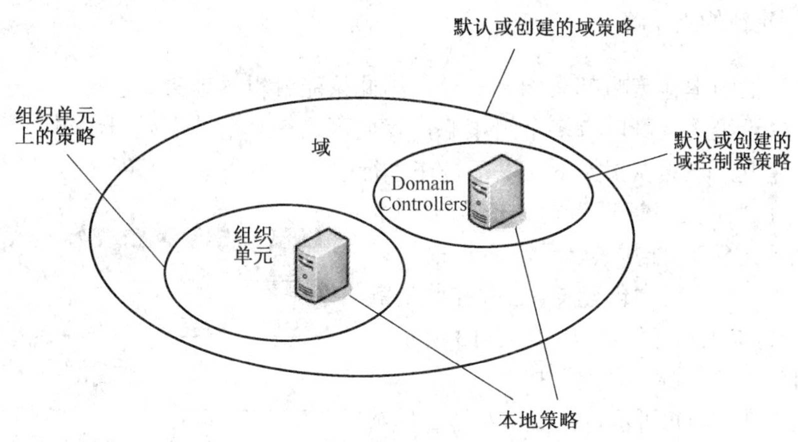

图 15-8　Active Directory 环境中的组策略

（1）默认或创建的域策略：作用于整个域中的计算机和用户。

（2）默认或创建的域控制器策略：作用于整个域中的全部域控制器。

（3）组织单元上的策略：作用于整个组织单元的计算机和用户。

（4）本地策略：本地计算机和本地用户。

15.1.3　策略的应用顺序

以上我们介绍这么多的组策略，如果不同的策略是相互矛盾的，究竟是哪个策略在起作用？应该说这么多的策略是共同作用，但是应用有一个顺序：首先是本地策略，然后是域策略，最后是组织单元或者域控制器上的策略，如果组织单元下还有组织单元，则从上级到下级应用各个组织单元上的策略。实际上这是因为组策略是可以继承的，组织单元或域控制器会继承域的组策略，下一级组织单元会继承上一级组织单元上的策略。

之所以强调顺序是因为如果发生不同组策略对同一策略项设置了不同的值，后者将替代前者，也就是说本地策略的优先级是最低的。如果在同一级别上有多个组策略，它们也是有优先级的，优先级低的将被优先级高的所覆盖。如果有需要我们可以改变这种替代关系（即：继承可以被打断），稍后才介绍如何改变。图 15-9 是组策略的应用顺序，请读者务必理解清楚，否则将无法根据需要设置组策略。

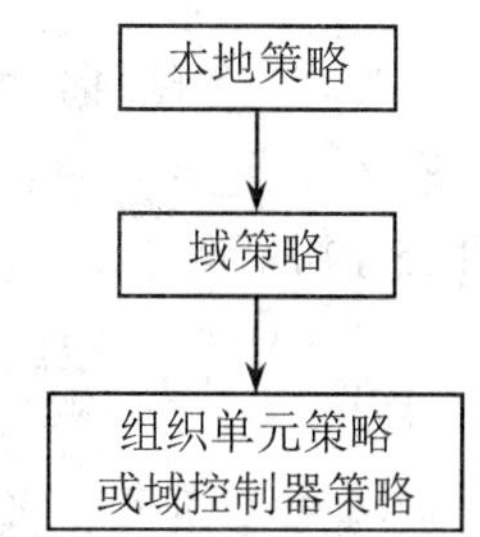

图 15-9　组策略的应用顺序

15.1.4　组策略规划

从 15.1.3 节可以看出，如果是针对所有计算机或者用户的策略，应该在域这一级的策略上设置。如果是针对各部门的策略，应该在组织单元这一级的策略上设置。

15.2 组策略的管理

15.2.1 创建新的组策略

每一计算机上的本地策略都只能有一个，因此只能编辑本地策略而不能创建本地策略；而域上或组织单元级别上可以有多个组策略，我们可以在一个域上或组织单元上同时应用多个组策略。创建组策略的步骤如下（以下是在“行政部”组织单元上创建）：

步骤 1：在“组策略管理”窗口的左边，选择域或者要创建组策略的组织单元，右击鼠标，选择菜单中的“在这个域中创建 GPO 并在此处链接”，打开“新建 GPO”窗口，如图 15-10 所示，输入组策略的名字，单击“确定”按钮。

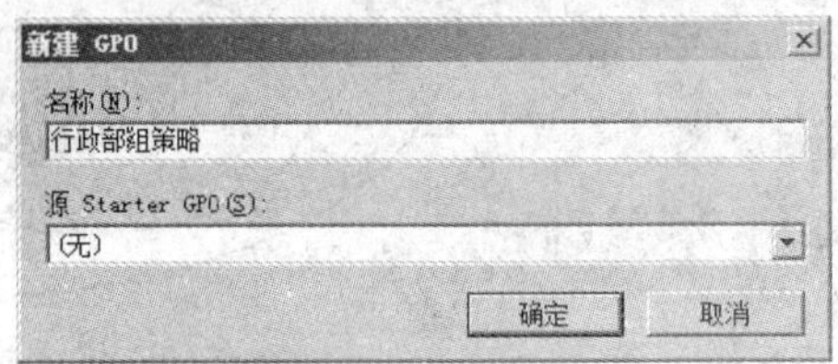

图 15-10 “新建 GPO”窗口

步骤 2：如图 15-11 所示，在窗口左边，单击“行政部”组织单元，然后在窗口右边选择“组策略继承”选项卡，可以看到作用在该组织单元上的组策略，其中一个是新创建的组策略，该策略优先级为 1，优先级最高；另一个组策略是从域继承下来的，优先级为 2，优先级较低。

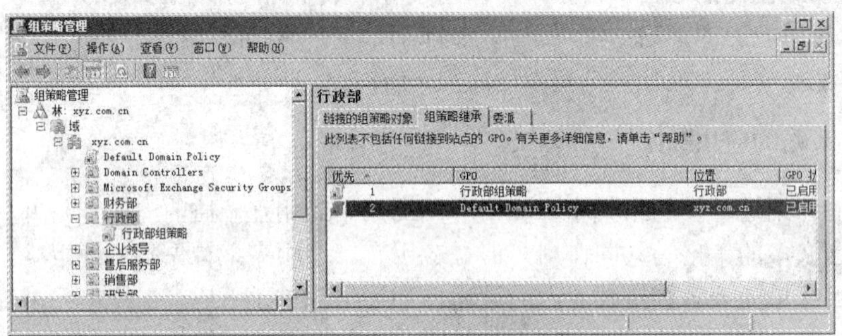

图 15-11 新创建的组策略

步骤 3：如图 15-11 所示，在窗口左边右击“行政部”组织单元下新建的组策略“行政部组策略”，选择“编辑”菜单项，打开“组策略管理编辑器”窗口，对组策略进行编辑，如图 15-12 所示。

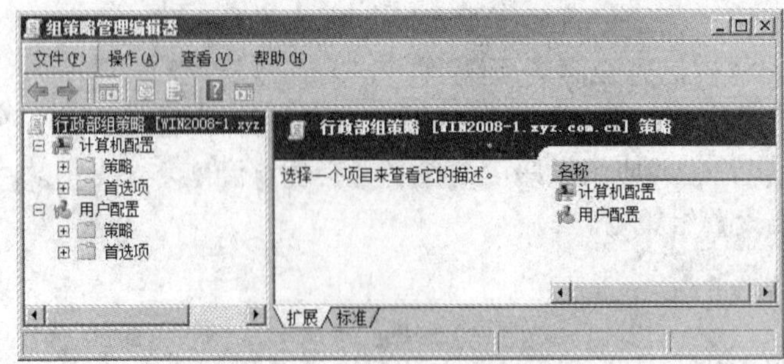

图 15-12 组策略管理编辑器

15.2.2 编辑组策略

1．组策略的属性

在组策略的编辑窗口的左边（见图 15-12），选中策略名，右击鼠标，选择菜单中的“属性”项，打开属性窗口，如图 15-13 所示。在“常规”选项卡中，是策略的创建时间等信息。在图 15-12 中我们已经看到组策略由两大部分组成：计算机配置和用户配置。顾名思义，“计算机配置”是针对计算机做的配置，而不管是哪个用户在该计算机上登录都会生效；“用户配置”是针对用户做的配置，而不管用户是在哪台计算机上登录都会生效。在“常规”选项卡中可以禁用“计算机配置”或“用户配置”。

在“链接”选项卡中，如图 15-14 所示，单击“开始查找”按钮可以查找该策略被应用在域中的何处，这对于维护组策略来说是非常重要的。

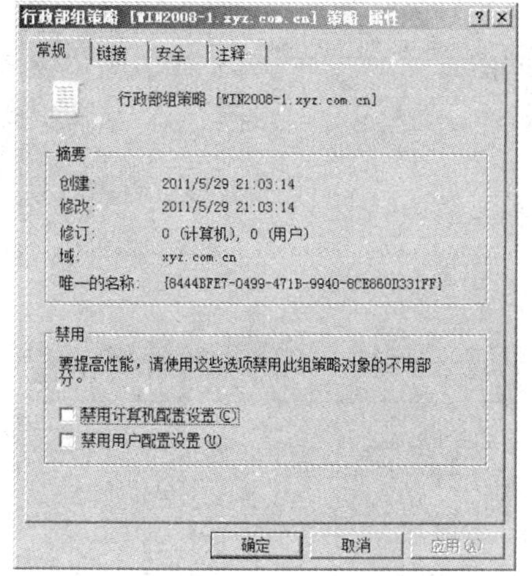

图 15-13　组策略属性——“常规”选项卡

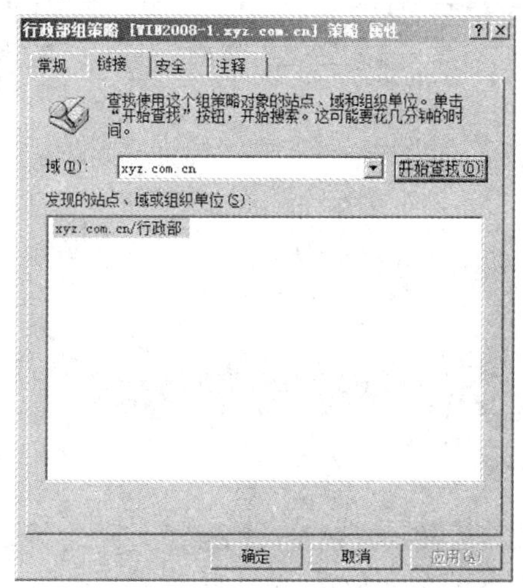

图 15-14　组策略属性——“链接”选项卡

在“安全”选项卡中，如图 15-15 所示，可以控制哪些用户对该组策略有控制权限，例如创建子对象，单击“高级”按钮可以控制对组策略的审核。

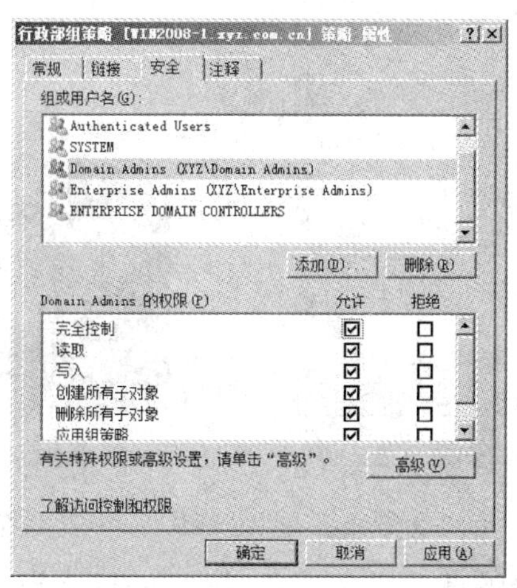

图 15-15　组策略属性——“安全”选项卡

2．设置策略项

我们以在行政部上实施“账户锁定策略”为例说明组策略的设置，该策略是防止账户的密码被暴力破解的很好措施。当用户在指定时间内（例如 2 分钟），连续 5 次输错密码，该账户将被锁定 15 分钟。

要设置策略项，先在“组策略管理编辑器”窗口中的左边展开策略，如图 15-16 所示；找到要设置的策略项，例如双击策略项“账户锁定阈值”，打开策略项的属性窗口，如图 15-17 所示，把阈值设置为 5 次登录，并把账户锁定时间设为 15 分钟，复位账户锁定计数器为 2 分钟。在“行政部”的计算机上用任一账户登录，故意输错 5 次密码，看看账户是否会被锁定，如图 15-18 所示。

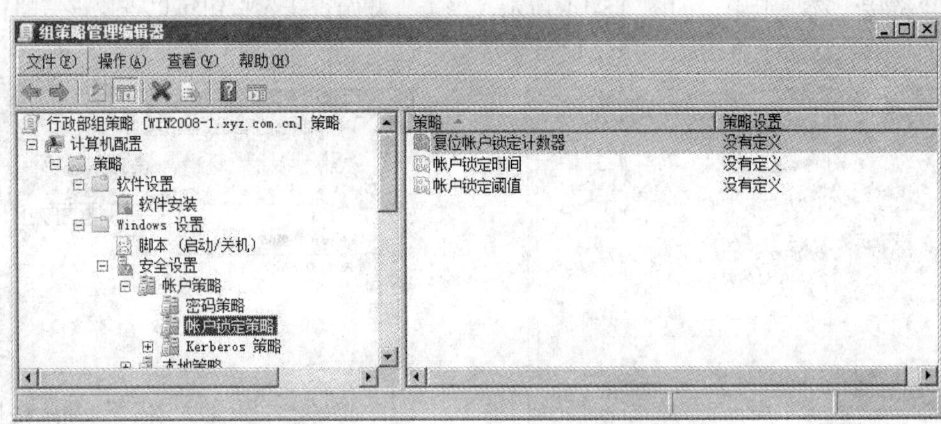

图 15-16　找到要设置的策略项

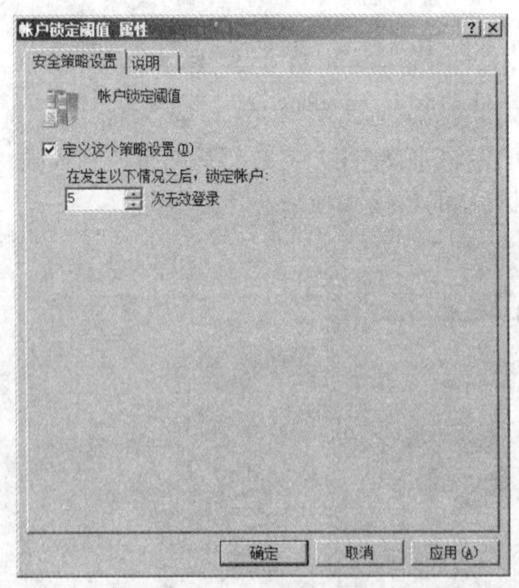

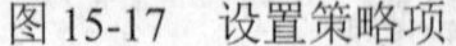
图 15-17　设置策略项

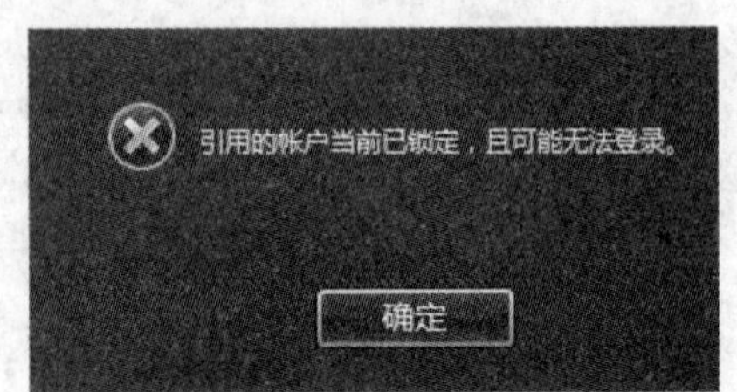

图 15-18　无法新建窗口了

组策略中典型的策略项，有“未配置”、“已启用”和“已禁用”三种可能。例如，在图 15-16 中依次展开：“计算机配置”→“策略”→“管理模板”→“网络”→“DNS 客户端”，双击右边的“DNS 服务器”，如图 15-19 所示。

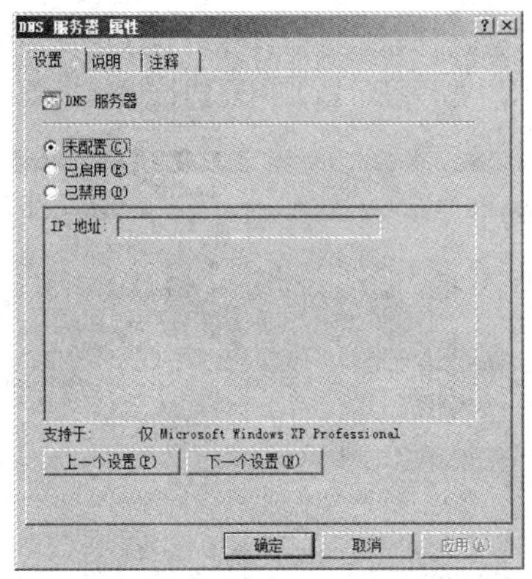

图 15-19　策略项的三种选择

3．刷新策略

在域控制器上配置了组策略后，普通的计算机 90 分钟刷新组策略，新的组策略才生效；对于域控制器，5 分钟刷新。如果为了使策略能够迅速应用到计算机和用户上，可以手工进行刷新，语法为：

gpupdate [/Target:{Computer | User}] [/Force]

- /Target:{Computer | User}：指定只有用户或计算机策略设置被刷新。按默认方式，用户和计算机策略设置被刷新。
- /Force：重新应用所有策略设置。按默认方式，只有已经改变了的策略设置被应用。

4．策略的结果集

组策略是如此复杂，以至于我们在设置组策略时可能无法准确知道最后的结果会是怎样，好在微软提供查看组策略结果集的工具，步骤如下：

步骤 1：在要查看结果集的计算机上以特定的用户登录。在 mmc 里添加“策略的结果集”管理单元，如图 15-20 所示，右击“策略的结果集”，选择“生成 RSoP 数据”菜单项。

步骤 2：如图 15-21 所示，选择“记录模式”，单击“下一步”按钮。

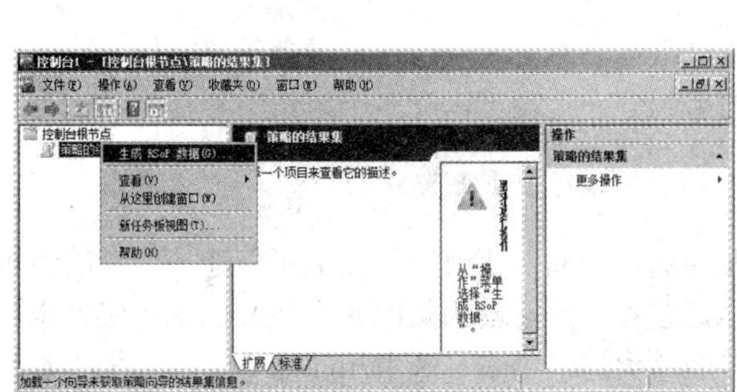

图 15-20　策略的结果集

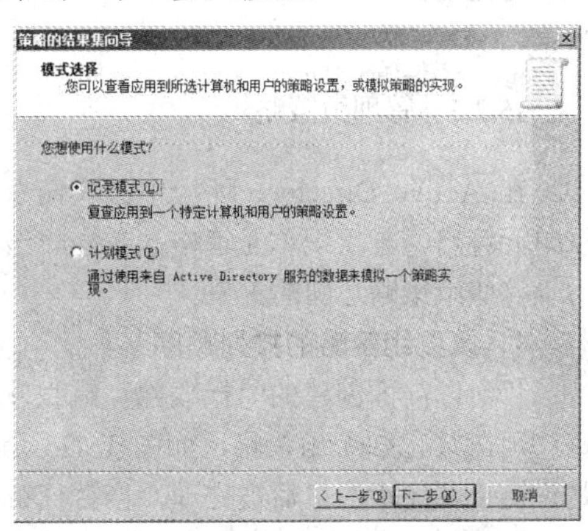

图 15-21　“模式选择”窗口

步骤 3：如图 15-22 所示，选择显示这台计算机的结果集，单击“下一步”按钮。

步骤 4：如图 15-23 所示，选择显示当前用户的结果集，单击“下一步”按钮。

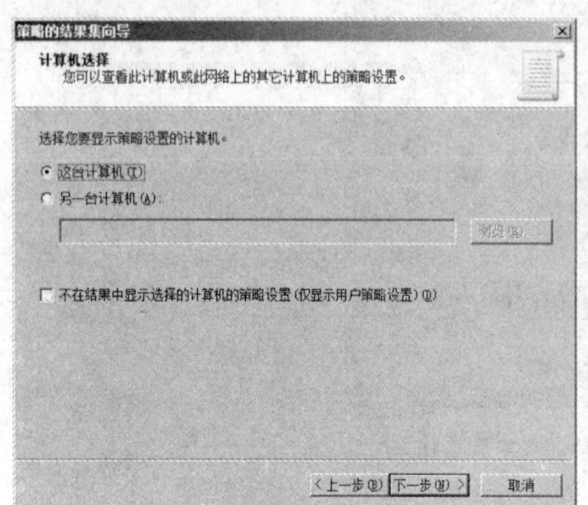

图 15-22 选择要显示哪台计算机的策略

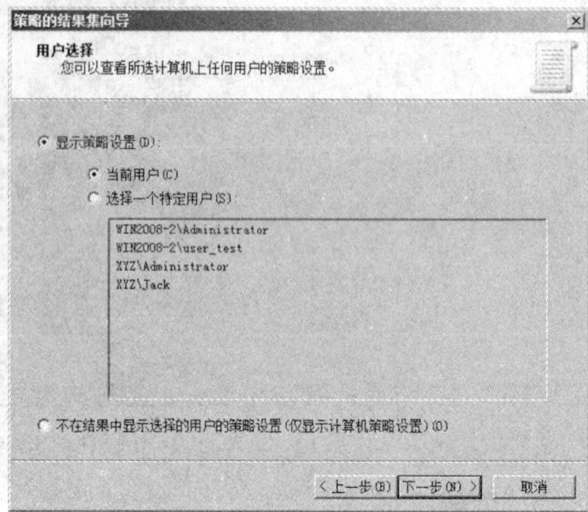

图 15-23 选择要显示哪个用户的策略

步骤 5：如图 15-24 所示，可以显示当前用户在当前计算机上生效的组策略结果。

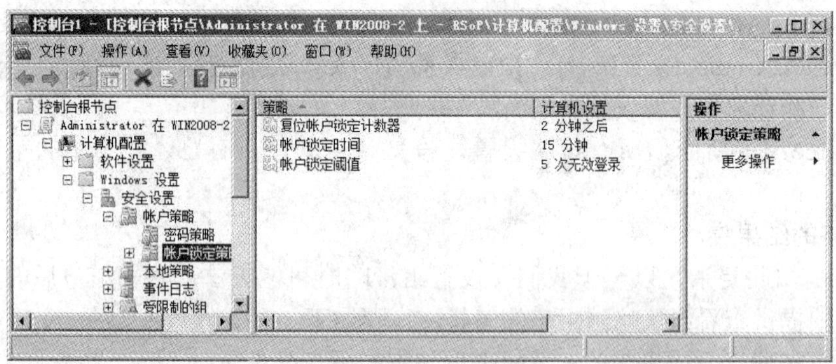

图 15-24 策略的结果集

【提示】在 Windows 2000/XP/2003/2008/Vista/7 中，均可以采用以上方法查看组策略结果集。

15.2.3 管理组策略

在 Active Directory 环境中，我们介绍过组策略的应用顺序是：本地策略、域策略、组织单元策略、子组织单元策略；在同一级的组织单元上也可以有多个组策略存在。我们可以管理这些组策略之间的关系。

1．改变组策略的排列顺序

仍然以前面创建的“行政部”组织单元为例，我们在该组织单元上再创建一个新的组策略，现在共有 2 个组策略，如图 15-25 所示。链接顺序小的组策略具有较高的优先级，也就是说链接顺序小的最后被处理，会替代链接顺序大的组策略。选中相应的策略，单击“▲”和“▼”可以改变这些组策略的排列顺序，从而改变组策略的优先级。

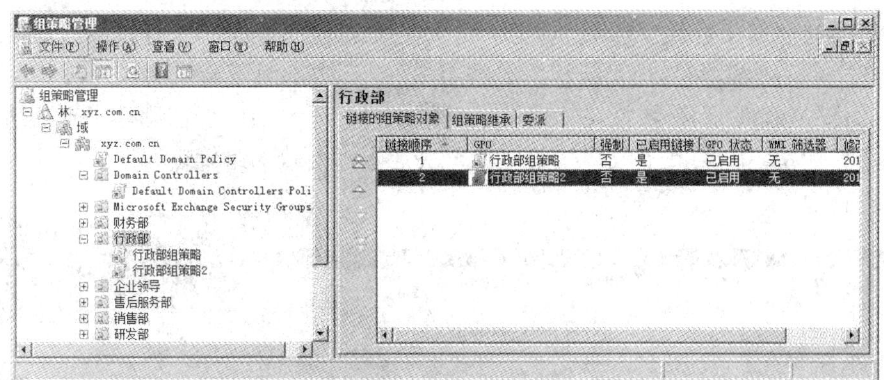

图 15-25　多个组策略

要删除组策略，在图 15-25 中，到“组策略管理”下找到相应的组策略，右击鼠标，选择“删除”菜单项即可。

2．改变策略的继承关系

默认时，组织单元会继承域上的组策略，子组织单元会继承父组织单元的组策略，然而我们可以改变这一行为。在图 15-26 所示窗口左边，右击“行政部”，选中“阻止继承”菜单项，则该组织单元就不会继承域上的组策略了，图 15-26 右边窗口看不到“Default Domain Policy”了。

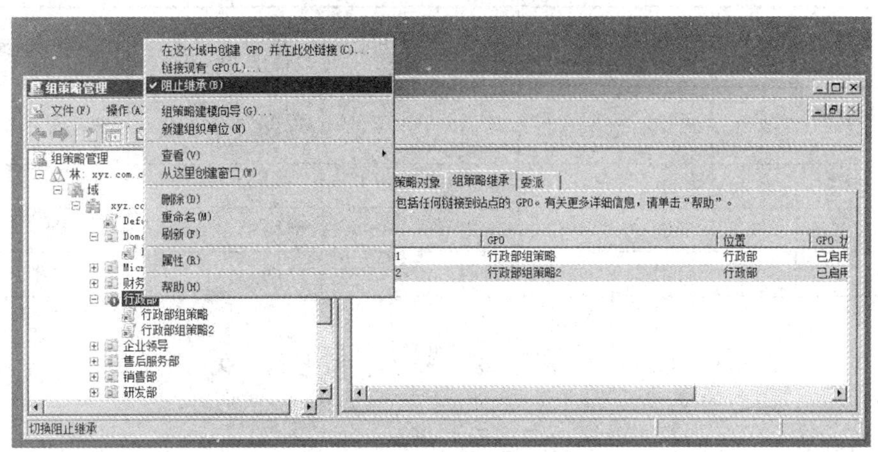

图 15-26　阻止组策略的继承

3．强制策略的继承关系

我们已经知道组织单元会继承域上的组策略，但是如果组织单元上也有组策略并且策略项的设置和域上的组策略的设置不同，则组织单元上的组策略会替代域上的组策略。甚至在组织单元上，还可以不继承域上的组策略。有时这样不见得合理，如果组织单元的管理员随便更改组织单元的组策略，域的管理员可能无法控制域中的策略了。Windows Server 2008 提供了另外一个选项，可以强制策略的继承。如图 15-27 所示，右击“Default Domain Policy”，选择“强制”菜单项，则组织单元上采取阻止措施也不能阻止该组策略被继承了。

确定组策略的最终应用结果比较复杂，我们再用一个实例来把以上介绍的内容做个说明。假设组策略定义了 IE 浏览器的菜单项，具体的策略项的设置和结果见表 15-1。由于在域中默认组策略有“禁止替代”选项，所以不论“行政部组策略”和“行政部组策略 2”如何设置，禁止“另存为”和禁止“新建”始终有效；“行政部组策略”的优先级比“行政部组策略 2”的优先级高，而在域默认策略中未对禁止“打开”菜单进行设置，所以结果由“行政部组策略”所决定；隐藏“收藏”菜单就只决定于“行政部组策略 2”了，因为其他策略对此没有进行设置。

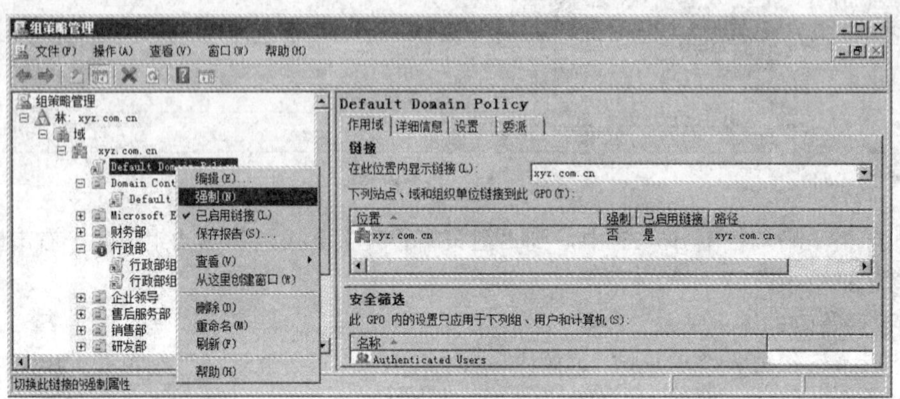

图 15-27　强制策略

表 15-1　组策略的设置举例

组策略名称	禁止替代	“文件”菜单：禁止“另存为”	“文件”菜单：禁止“新建”	“文件”菜单：禁止“打开”	隐藏“收藏”菜单
Default Domain Policy	√	启用	启用	未设置	未设置
行政部组策略 2	×	停用	未设置	启用	启用
行政部组策略	×	未设置	停用	停用	未设置
结果		启用	启用	停用	启用

15.3　使用组策略定制用户环境、安全设置

前面的章节中，我们介绍了如何创建新的组策略及如何管理它们，有了组策略很容易在企业中定制统一的用户环境和进行统一的安全设置。Windows 的组策略可以实现很多的功能，本章只能抛砖引玉地介绍几个功能。

15.3.1　设置 IE 浏览器的主页

我们希望企业的用户打开 IE 浏览器时，显示的是企业的办公主页 http://www.xyz.com.cn/oa。由于是针对全企业的用户，因此需要在域一级的组策略上来设置，域上已经有默认组策略“Default Domain Policy”，直接修改该策略即可。如图 15-28 所示，在“组策略管理编辑器”窗口中，依次展开“用户配置”→“策略”→“Windows 设置”→“Internet Explorer 维护”→“URL”选项。在右边窗格双击“重要 URL”选项，勾选“自定义主页 URL”，并输入主页，单击“确定”按钮即可。

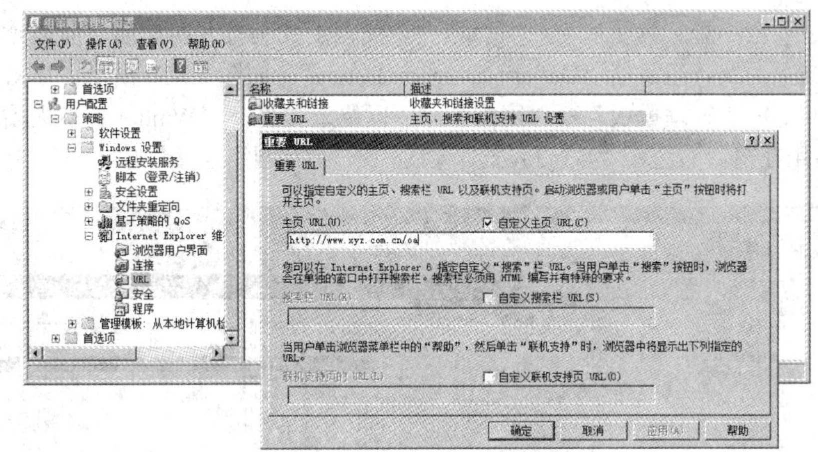

图 15-28　设置重要 URL

15.3.2　设置密码策略

密码是保护计算机安全的最基本、也是最有效的手段，因此要求企业所有用户强制遵守密码设置的原则。安装 Windows Server 2008 时，已经在“Default Domain Policy”设置了默认的密码策略，管理员可以平衡安全性和用户的使用习惯，对密码策略进行修改。编辑域上的默认组策略“Default Domain Policy”，如图 15-29 所示，依次展开“计算机配置”→“策略”→“Windows 设置”→“安全设置”→“账户策略”→“密码策略”，修改密码最小长度、最长使用期限等参数。

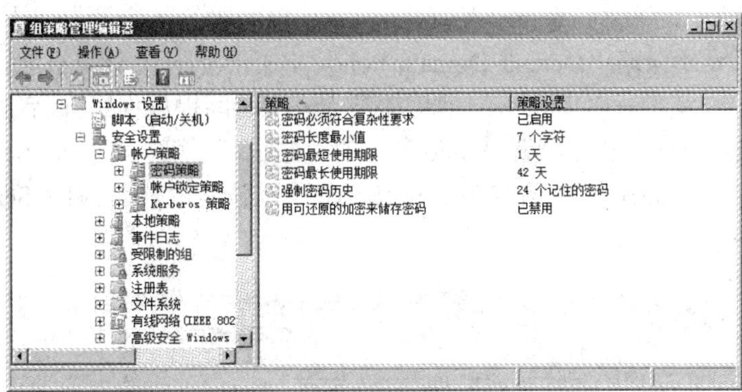

图 15-29　密码策略

15.3.3　账户锁定策略

在 15.2.2 节中已经介绍了账户锁定策略的设置，但是是在“行政部”组织单元的组策略上进行设置的。建议在全企业内实施账户的锁定策略，可以在域上的默认组策略“Default Domain Policy”上设置。

15.3.4　Windows 防火墙设置

Windows 防火墙是保护计算机免受网络攻击的重要手段，不少用户为了方便常常关闭它，从而导致安全隐患。为了安全，可以在全企业范围强制打开防火墙，但是允许用户设置例外。编辑域上的默认组策略“Default Domain Policy”，如图 15-30 所示，单击“计算机配置”→“策略”→“管理模板”→“网络”→“网络连接”→“Windows 防火墙”→“域配置文件”，启用在窗口右边的“Windows 防火墙 保护所有网络连接”项。

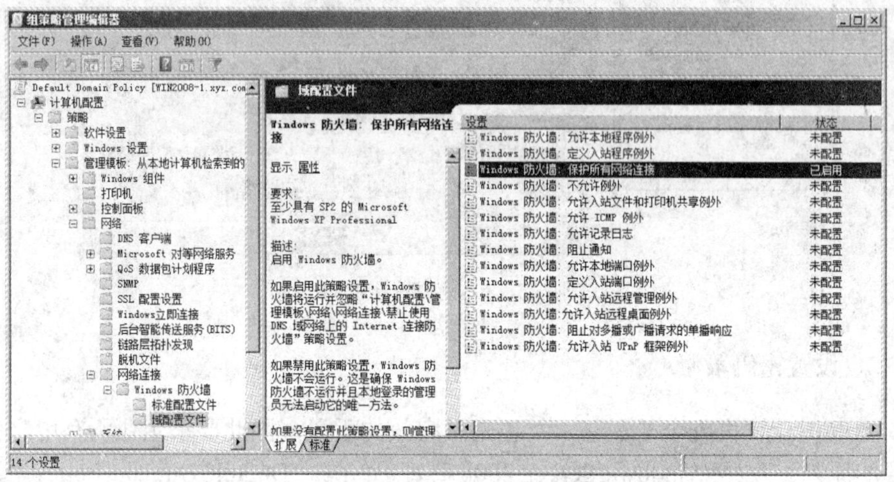

图 15-30 Windows 防火墙设置

15.3.5 时间提供程序

计算机时间的准确性是至关重要的，但很多用户会忽略这个小问题从而导致邮件、文件时间不准确。可以设置计算机和 Internet 上或者企业内的时间服务器定期进行同步，如图 15-31 所示。编辑域上的默认组策略“Default Domain Policy”，依次展开“计算机配置”→“策略”→“管理模板”→“系统”→“Windows 时间服务”→“时间提供程序”，启用窗口右边的“启用 Windows NTP 客户端”和“配置 Windows NTP 客户端”，可以在“NtpServer”文本框中输入时间服务器的名称。Internet 上有许多 NTP Server，默认是微软的 NTP Server，也可以在企业架设 NTP Server。

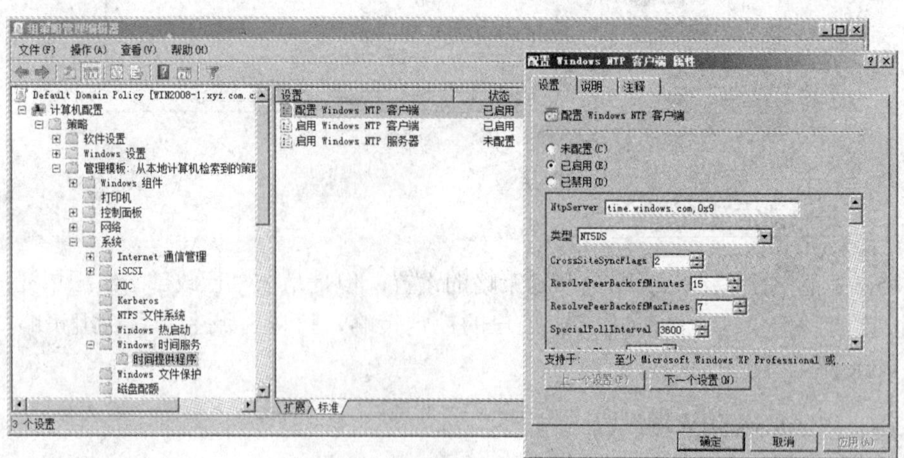

图 15-31 Windows 时间服务

15.3.6 禁止安装可移动设备

如果想防止员工使用可移动设备（例如 U 盘）拷贝数据或防止从 U 盘带入病毒，可以禁止安装移动设备。该策略不建议在域一级上实施，建议在部门组织单元的组策略上实施。如图 15-32 所示，依次展开“计算机配置”→“策略”→“管理模板”→“系统”→“设备安装”→“设备安装限制”，启用窗口右边“禁止安装可移动设备”项。可以使用类似方式，限制对 CD、DVD 的访问。

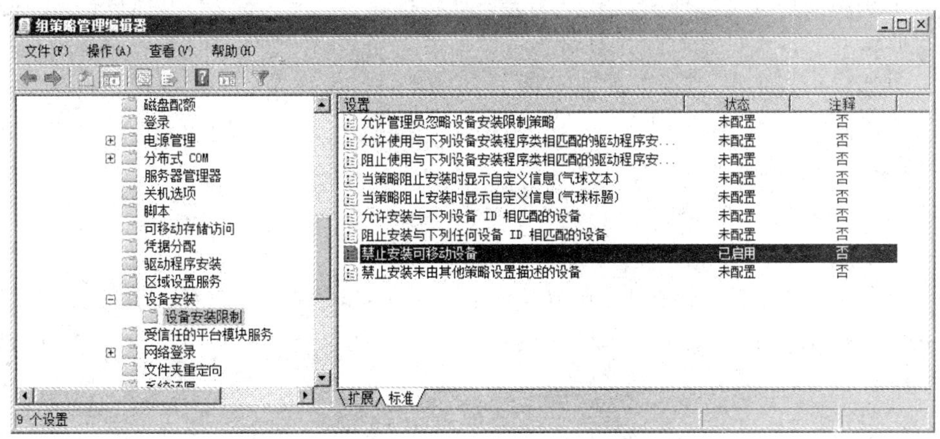

图 15-32　禁止安装可移动设备

15.4 使用组策略发布软件

在企业中统一安装、升级或者删除软件是管理员非常头痛的事情，有了域，使用组策略就可以较轻松地在企业统一部署和管理各种软件了。

15.4.1 软件部署简介

1. 将软件分配给用户

当将一个软件通过组策略分配给域内的用户后，则用户在域内的任何一台计算机登录时，这个软件都会被“通告”给该用户，但这个软件并没有真正地被安装，而只是安装了与这个软件有关的部分信息。只有在以下两种情况下，这个软件才会被自动安装：

- 开始运行此软件：例如用户登录后执行操作：单击“开始”→“所有程序”→该软件名称，或是双击桌面上的快捷方式后，就会自动安装此软件。
- 利用“文件启动”功能：例如假设这个被“通告”的程序为 Microsoft Excel，当用户登录后，他的计算机会自动将扩展名为.xls 的文件与 Microsoft Excel 关联在一起，此时用户只要双击扩展名为.xls 的文件，系统就会自动安装 Microsoft Excel。

2. 将软件分配给计算机

当将一个软件通过组策略分配给域内的计算机后，在这些计算机启动时，这个软件就会自动安装在这些计算机里，而且是安装到公用程序组内，也就是安装到 Documents and

Settings\All Users 文件夹内。任何用户登录后，都可以使用此软件。

3．将软件发布给用户

当将一个软件通过组策略发布给域内的用户后，该软件不会自动安装到用户的计算机内，用户需要通过以下两种方式来安装这个软件：

- 执行操作："开始"→"控制面板"→"添加或删除程序"→"添加程序"。
- 利用"文件启动"功能：举例说，假设这个被发布的软件为 Microsoft Excel，虽然在 Active Directory 内会自动将扩展名为.xls 的文件与 Microsoft Excel 关联在一起，可是用户登录时，他的计算机不会自动将扩展名为.xls 的文件与 Microsoft Excel 关联在一起，也就是对此计算机来说，扩展名为.xls 的文件是一个"未知文件"，不过只要用户双击扩展名为.xls 的文件，他的计算机就会通过 Active Directory 得知扩展名为.xls 的文件是与 Microsoft Excel 关联在一起，因此会自动安装 Microsoft Excel。

不能将软件发布给计算机。

4．自动修复软件

一个被发布或分配的软件，在安装完成后，如果此软件程序内有关键的文件损坏、遗失或被用户不小心删除，系统会自动探测到此不正常现象，并且会自动修复，重新安装此软件。

5．删除软件

一个被发布或分配的软件，在用户将其安装完成后，如果不想再让用户使用此软件，只要将该程序从组策略内发布或分配的软件清单删除，并设置下次用户登录或计算机启动时删除，系统会自动删除这个软件。

15.4.2 发布或分配软件

1．发布或分配软件前的准备工作

步骤 1：在服务器上创建共享文件夹把文件夹共享出来，确保组策略会影响到的各用户对目录至少具有读的权限。

步骤 2：在一客户端测试是否可以正常访问共享文件夹。

步骤 3：准备合适的被部署软件，把软件拷贝到共享文件夹下，可以根据需要建立子文件夹。组策略对被部署的软件有一定的要求，通常是 MSI 文件，如果是 EXE 文件，请按照后面小节介绍的方法打包。

【提示】MSI 文件是微软制定的安装文件的一种格式，功能强大，便于安装、升级和删除软件，强烈建议开发出的应用程序以 MSI 文件格式提交。然而遗憾的是许多程序是以 EXE 格式提供的，使得通过组策略部署软件的功能大打折扣。虽然可以把 EXE 文件转为 MSI 文件，但步骤繁琐，还经常导致部署软件失败。

2．发布或分配软件

下面以在"研发部"分配"ActiveSyn4.5.msi"软件为例说明软件部署的步骤，如下所示：

步骤 1：编辑"研发部"上的组策略，如图 15-33 所示，依次展开"用户配置"→"策略"→"软件设置"→"软件安装"，右击"软件安装"，选择"新建"→"数据包"菜单项。

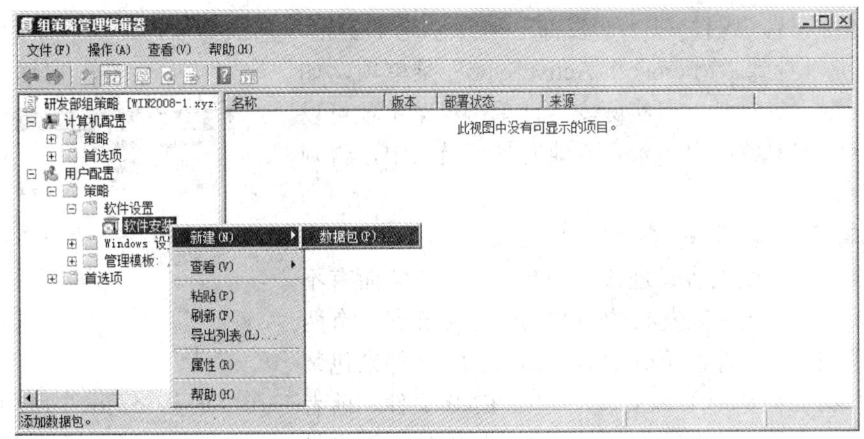

图 15-33 新建数据包

步骤 2：如图 15-34 所示，在窗口顶部文件路径中输入共享文件夹的名称，注意必须是网络路径。选择要部署的软件，单击“打开”按钮。

步骤 3：如图 15-35 所示，选择发布或者分配软件。这两种方法的区别已经在 15.4.1 节介绍了，单击“确定”按钮。

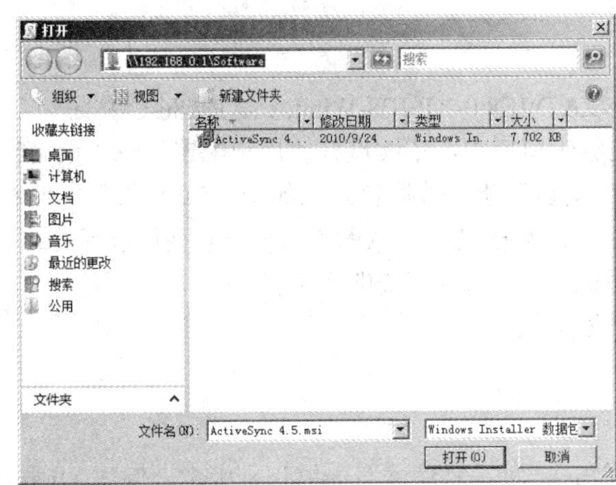

图 15-34 选择要部署的软件

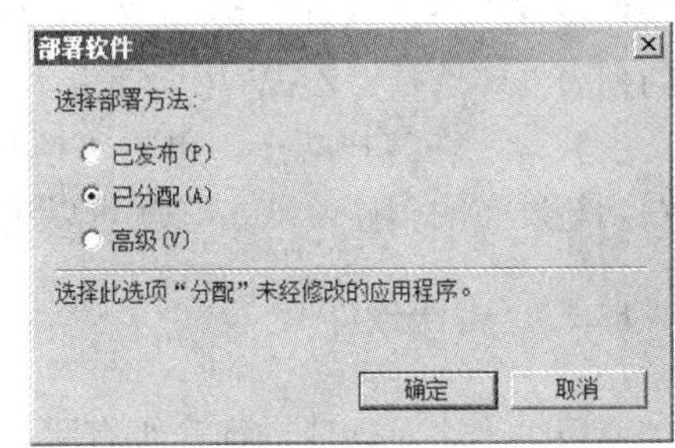

图 15-35 “部署软件”窗口

步骤 4：如图 15-36 所示是软件部署后的结果。

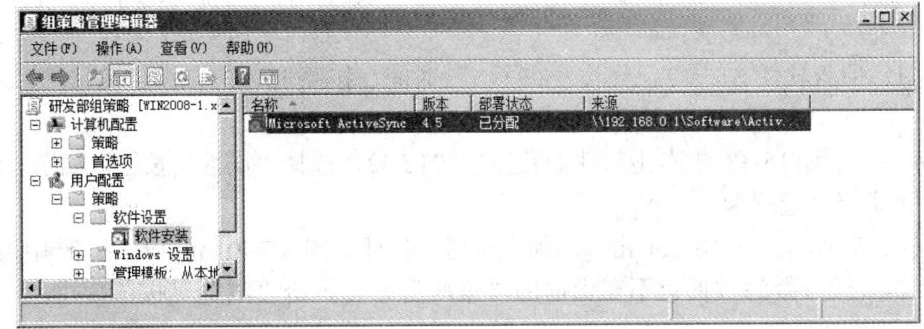

图 15-36 软件已分配

步骤 5：在客户端，以“研发部”组织单元下的用户登录到域，单击“开始”→“程序”，应该可以看到“Microsoft ActiveSync”菜单项，如图 15-37 所示。该软件并未实际安装，单击该菜单项可以开始安装。应该把域用户加入到本地的管理员组中，否则安装软件会失败。

图 15-37 客户端的菜单上增加了一个菜单项

3．部署 EXE 软件

使用组策略可以很容易地部署 MSI 文件，然而有不少程序是以 EXE 文件来发布的，并不能直接部署。有两种方法部署 EXE 文件，第一种是使用 ZAP 文件来包装 EXE 文件，第二种是使用 MSI 文件包装 EXE 文件。前者容易实现，但是只能发布软件，而不能分配软件，不提供升级软件功能。后者实现起来困难，需要使用第三方软件，例如：InstallShield、Advance Installer 把 EXE 文件打包为 MSI 文件。鉴于篇幅，本书只介绍第一种方式。以发布 IE 8.0 中文简体版为例，说明创建 ZAP 文件的步骤：

步骤 1：把被发布的文件“IE8-WindowsXP-x86-CHS.exe”拷贝到共享文件夹下。

步骤 2：在和 EXE 文件同一目录下，创建以“.ZAP”为后缀的文件，内容为：

```
[Application]
Friendlyname="TEST"
Setupcommand=\\192.168.0.1\SoftWare-R&D\IE8.0-XP\IE8-WindowsXP-x86-CHS.exe
```

步骤 3：发布 ZAP 文件。在组策略的编辑窗口中，依次展开“用户配置”→“策略”→“软件设置”→“软件安装”，右击“软件安装”新建数据包。在如图 15-34 所示窗口右下角的列表框中选择“ZAW 与早期版本应用程序数据包（*.ZAP）”，把 ZAP 文件进行发布。

步骤 4：在客户端上，单击“控制面板”→“添加或删除程序”→“添加新程序”，可以看到新发布的程序，双击它就可以进行安装了。

15.4.3 升级软件

使用组策略对软件进行升级有两种方法：一种是软件本身能够识别版本，例如 Microsoft Office 2007 能够检测计算机上安装的 Microsoft Office 2003，对于这种软件只需把新版的软件部署即可，用户在安装新版软件时就能升级旧版的软件；另一种是软件本身不能识别版本，我们可以通过组策略把旧版软件删除，再安装新版的软件。下面以 PT5.00 软件升级到 PT5.32 为例说明升级的步骤：

步骤 1：旧版软件 PT5.00 已经被发布了一段时间。按照 15.4.2 节的步骤，新建数据包把 PT5.32 进行发布，如图 15-38 所示。

步骤 2：在图 15-38 中右击新建的数据包 PT5.32，选择“属性”按钮，如图 15-39 所示，选择“升级”选项卡。

步骤 3：在图 15-39 中，单击“添加”按钮，打开如图 15-40 所示窗口，选中被升级的数据包。如果被升级的数据包不在当前的“策略”中，单击“浏览”按钮查找。一一单击“确定”按钮即可。

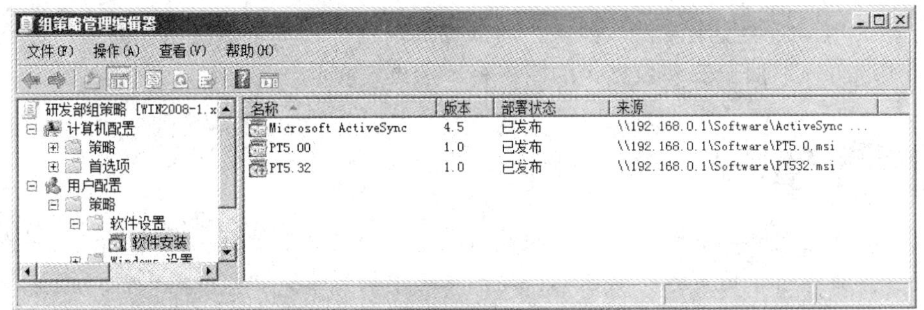

图 15-38　PT5.00 和 PT5.32 均已发布

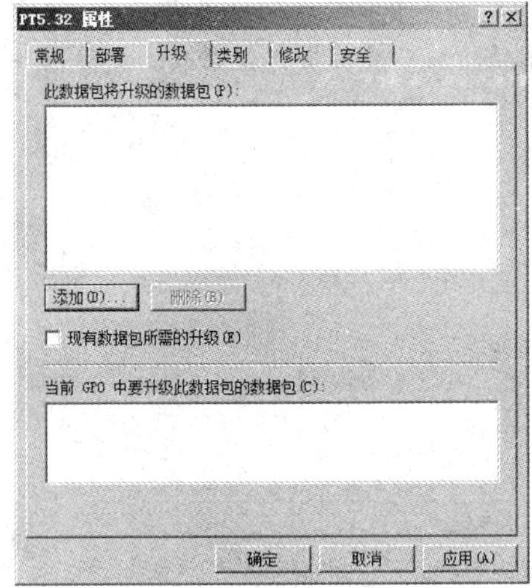

图 15-39　“升级”选项卡

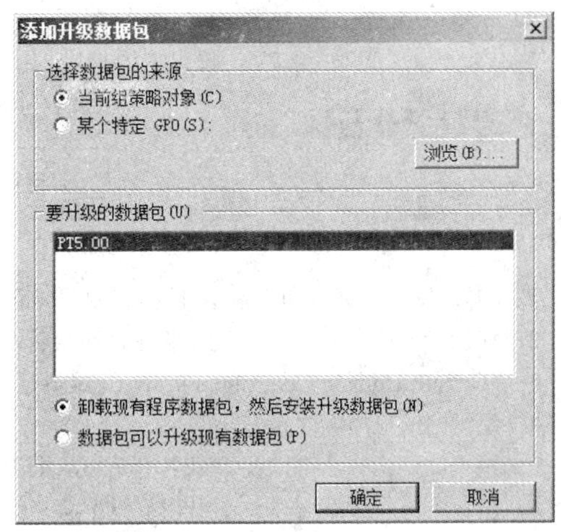

图 15-40　“添加升级数据包”窗口

步骤 4：在客户端上，安装 PT5.32 软件，则系统会先删除 PT5.00。

15.4.4　删除软件

可以通过组策略统一删除软件，步骤如下：

步骤 1：在图 15-38 中，右击要删除的数据包，选择“所有任务”→“删除”菜单项。打开“删除软件”窗口，如图 15-41 所示。

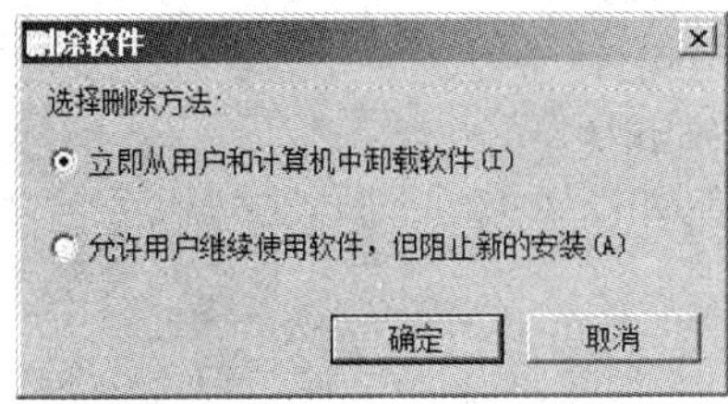

图 15-41　“删除软件”窗口

步骤 2：选择删除方法：

- 立即从用户和计算机中卸载软件：则用户重新登录或者计算机重启时，数据包将被删除。

- 允许用户继续使用软件，但阻止新的安装：则已经安装该数据包的用户可以继续使用软件，然而未安装数据包的用户将不能再安装此数据包。

本章介绍了组策略的概念和应用。组策略主要是为了保证计算机或用户有统一的安全设置或界面。组策略有本地策略、域策略、组织单元上的策略。掌握策略的应用顺序是至关重要的：本地策略→域策略→组织单元上的策略，组策略还会继承。然而这些应用顺序和继承是可以被改变的，我们可以阻止继承上一级的组策略，也可以禁止下一级的组策略替代上一级的策略。组策略编辑可以使用 mmc 进行。安全策略是组策略中的重要内容，安全策略主要包括：账户策略、本地策略、事件日志、受限制的组、系统服务、注册表、文件系统等。

一、理论习题

1．“本地安全策略”和“本地计算机策略”有什么关系？
2．默认时，域上链接有一个组策略对象，名为________。
3．“Default Domain Controllers Policy”组策略对象，链接到________。
4．组策略的应用顺序是怎样？
5．用________方法可以使得组织单元不从上级继承组策略。
6．用________方法可以防止组织单元不从上级继承组策略。
7．更新组策略的命令为________。
8．发布和分配软件有什么不同？
9．部署软件时，软件最好为________格式。
10．部署 EXE 软件，有什么方法？

二、上机练习项目

项目 1：在域环境中，创建组策略，使得企业全部用户：
（1）半年定期修改密码，密码不得少于 8 位，需满足复杂性要求。
（2）计算机空闲 5 分钟时，启用屏幕保护，需输入密码才能解除屏保。
（3）账户密码被暴力破解时，锁定 15 分钟。
（4）在桌面创建某一应用程序的快捷方式。
（5）强制把 Office 2003 升级为 Office 2007。
对于财务部的用户：
（1）不能使用移动设备。
（2）不能使用 DVD 刻盘。

第 16 章　防火墙

网络安全已经成为不可回避的一个问题。企业可以使用专用的硬件防火墙来保护网络，然而硬件防火墙只是在企业的网络和 Internet 上的一道屏障，无法防止服务器被内部用户攻击，或者一旦硬件防火墙被突破，服务器将直接暴露在黑客眼前。需要强调的是：网络安全不是一个孤立的问题，网络的安全性取决于网络中最薄弱的环节，只有技术上的安全措施是不够的，还需要安全策略。本书作为入门教材，将在本章介绍如何使用 Windows Server 2008 自带的防火墙实现基本的主机安全，主机的防火墙仅只是网络安全的措施之一，不是全部。

学习目标

1. 了解网络防火墙的基本概念
2. 使用 Windows 防火墙保证基本安全
3. 使用 Windows Server 2008 高级安全 Windows 防火墙进行细致的安全保护
4. 根据服务器提供的服务实例说明 Windows Server 2008 高级安全 Windows 防火墙配置

16.1　Windows 防火墙简介及基本配置

16.1.1　Windows 防火墙简介

1. 什么是防火墙

防火墙可以是软件，也可以是硬件，它能够检查来自 Internet 或网络的信息，然后根据防火墙设置阻止或允许这些信息通过计算机。防火墙有助于防止黑客或恶意软件（如蠕虫）通过网络或 Internet 访问计算机。防火墙还有助于阻止计算机向其他计算机发送恶意软件。设置防火墙的主要工作就是设置规则，阻止哪些信息或允许哪些信息。图 16-1 是防火墙的示意图。

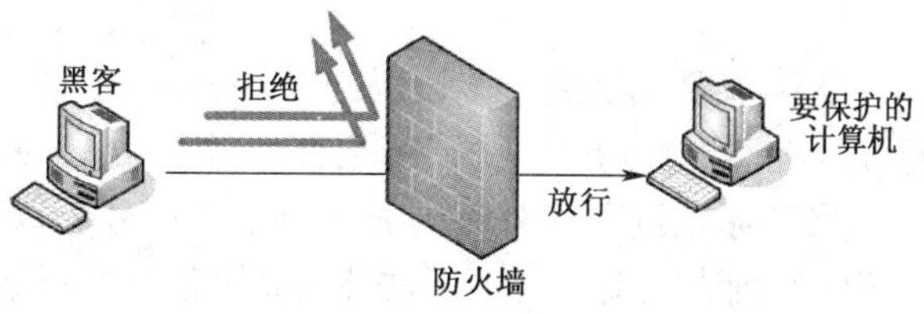

图 16-1　防火墙示意图

2. Windows 防火墙

Windows 防火墙是一个基于主机的准状态防火墙，防火墙安装在被保护的主机上。它用来保护 Windows Server 2008 单台服务器，而不是保护网络中其他的主机或者设备。状态防火墙和以往的包过滤防火墙有明显的区别，使用状态防火墙的一个典型特征是：被保护的计算机可以主动访问其他计算机，而如果没有例外，其他计算机无法访问被保护的计算机。

如图 16-2 上图所示，当被保护的计算机主动访问 Internet 上的服务器时，被保护的计算机发送请求包，防火墙将会记录访问所使用的连接状态。当 Internet 上的服务器进行响应时，防火墙会把相应包和状态进行匹配，如果匹配则放行信息。通常防火墙通过 TCP 或者 UDP 的源端口、目的端口等信息来记录状态。

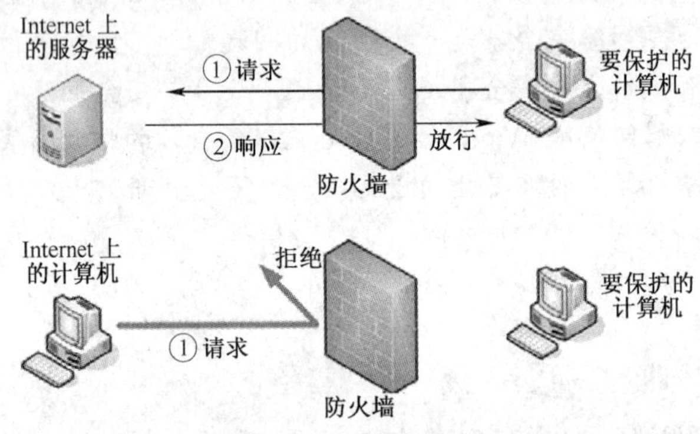

图 16-2 状态防火墙原理

如图 16-2 所示，当 Internet 上的计算机主动访问被保护的计算机时，如果没有事先允许，因为请求包无法和防火墙中的连接状态进行匹配，信息被拒绝。

可以用一个例子比喻：当小区的居民出小区时，小区的保安做了记录，将允许居民返回。而外来客，除了特别允许外，不能进入小区。

Windows 防火墙是准状态防火墙，并不是严格的状态防火墙。当计算机使用动态的连接时（FTP 就是这样的例子），它无法正常工作，如同小区的居民出了小区，并带了一个客人回来，小区保安还是不允许客人进入小区。

16.1.2 Windows 防火墙基本配置

右击桌面上的“网络”图标，选择“属性”菜单项，打开“网络与共享中心”窗口，单击左下角的“Windows 防火墙”链接，打开如图 16-3 所示的“Windows 防火墙”窗口。单击“更改设置”，可以对防火墙进行设置，如图 16-4 所示，这里的“Windows 防火墙”实际上是在下一小节要介绍的“Windows 高级安全防火墙”的一个简化版。

1. 常规设置

（1）启用（推荐）：默认情况下已选中该设置。当 Windows 防火墙处于打开状态时，大部分程序都被阻止通过防火墙进行通信。如果想要解除阻止 Internet 上的计算机访问本计算机上的某一程序，可以将其添加到“例外”列表（位于“例外”选项卡中）。例如，在将即时消息程序添加至“例外”列表之前，可能无法使用即时消息发送照片。

（2）阻止所有传入连接：就是是否允许例外。如果使用此设置，将会忽略“例外”列表中的程序，意味着不允许 Internet 上的计算机主动访问本计算机上的任何程序。

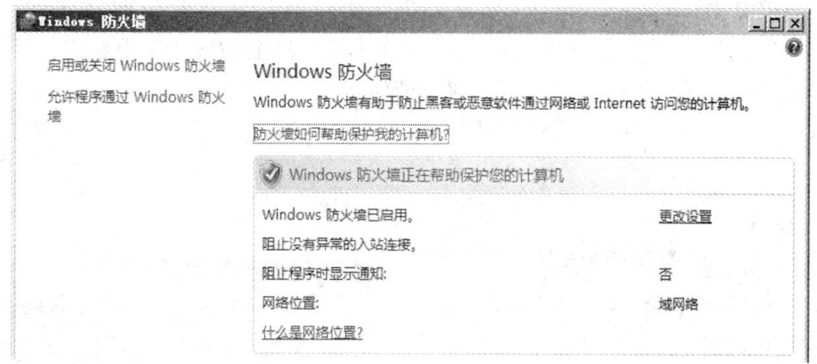

图 16-3　“Windows 防火墙”窗口

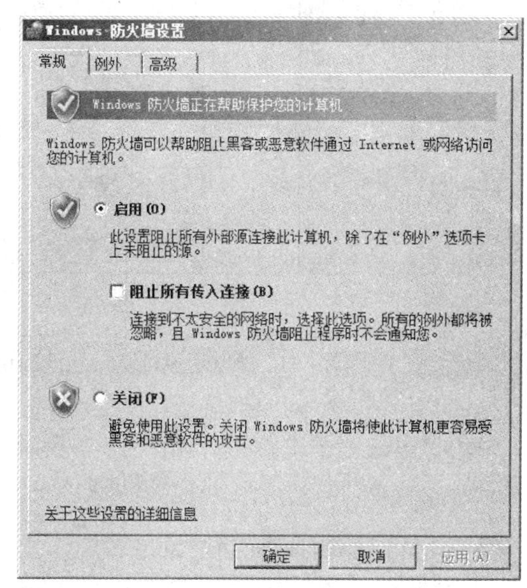

图 16-4　“Windows 防火墙设置”窗口

（3）关闭（不推荐）：避免使用此设置，除非计算机上运行了其他防火墙。关闭 Windows 防火墙可能会使计算机（以及网络，如果有）更容易受到黑客和恶意软件（如蠕虫）的侵害。

2. 例外设置

通常服务器是为其他计算机提供服务的，因此需要允许其他计算机主动访问服务器，这就需要设置例外。当我们在服务器上添加新的角色或者功能时，安装程序会自动在 Windows 防火墙添加例外以保证服务可以正常被访问。如图 16-5 所示，由于该服务器是域控制器、DNS 服务器、DHCP 服务器，系统已经自动添加了许多和这些服务有关的例外。这些例外实际上是预定义的一组规则，在下一小节中的 Windows 高级安全防火墙会详细介绍。

如果在服务器上安装非 Windows Server 2008 自带的服务，可以单击图 16-5 中的“添加程序”或者“添加端口”按钮来把该程序或者端口设置为例外，这样其他计算机可以访问该程序或者端口。

把程序添加为例外，则该程序所使用的全部端口将被开放，这种方式特别适用于程序使用动态连接的场合，例如 FTP。FTP 服务使用两个连接，一个是控制连接，一个是数据连接。如果开启了防火墙，而仅仅把控制连接的 21 端口设为例外，客户还是不能使用 FTP 服务。以下以添加 FTP 为例外说明添加程序的步骤：

步骤 1：单击图 16-5 中的“添加程序”按钮，打开如图 16-6 所示的“添加程序”窗口。

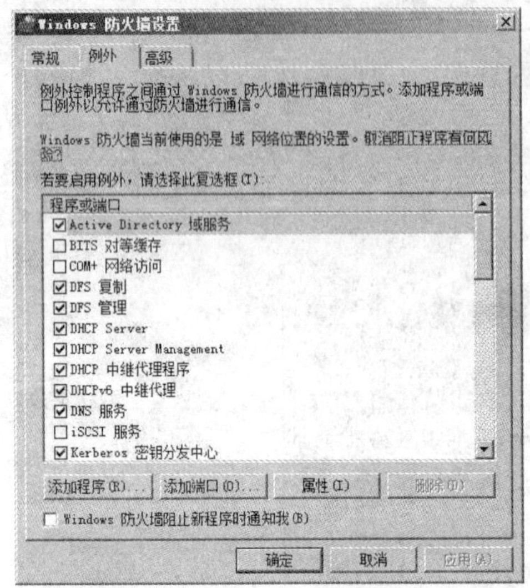

图 16-5 “例外”选项卡

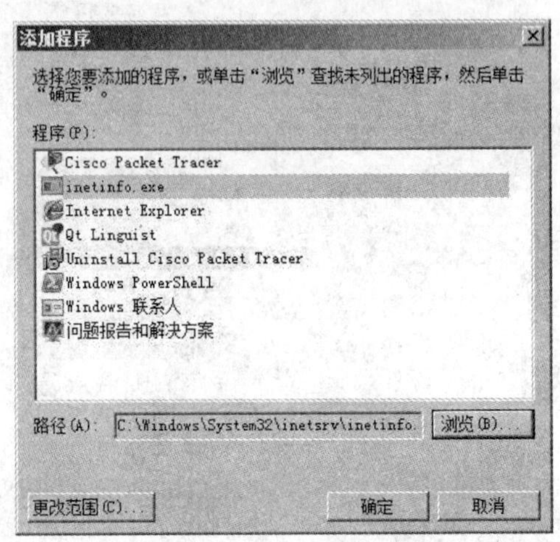

图 16-6 “添加程序”窗口

步骤 2：单击“浏览”按钮找到程序“C:\Windows\System32\inetsrv\inetinfo.exe”，该程序是 FTP 服务程序。

步骤 3：单击图 16-6 中的“更改范围”按钮，如图 16-7 所示，可以控制网络中哪些计算机可以使用该服务。

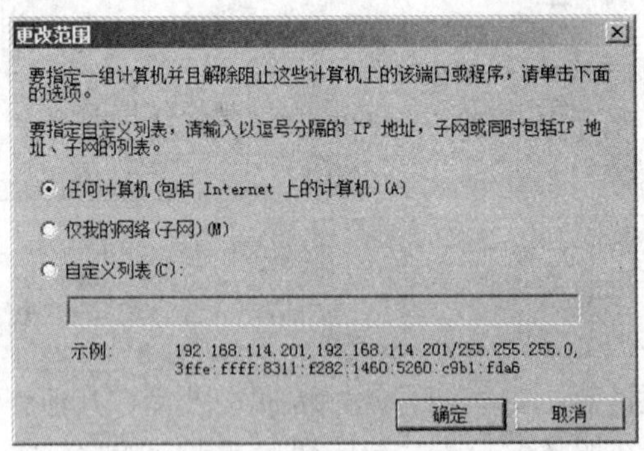

图 16-7 “更改范围”窗口

步骤 4：单击“确定”按钮回到如图 16-5 所示窗口，再单击“确定”按钮。

【提示】FTP 的工作模式分为主动模式和被动模式，不同模式下使用的数据连接的端口规律是不一样的，通常 FTP 服务器会根据客户端的需要同时支持这两种模式。为保证 FTP 服务可以被访问，把 FTP 服务程序设置为例外比把 FTP 的端口设置为例外要可行得多。

添加端口为例外的步骤如下：

步骤 1：单击图 16-5 中的“添加端口”按钮，打开如图 16-8 所示的“添加端口”窗口。

步骤 2：在图 16-8 中，输入服务所监听的协议和端口号、名称，单击“确定”按钮。请务必弄清楚服务所使用的协议和端口号，虽然这是一件不容易的事。

3．高级设置

如图 16-9 所示，可以设置防火墙在哪些网卡上使用，在“网络连接”栏中勾选网卡接口。如果在图 16-9 中，单击“还原为默认值”按钮，则会把 Windows 防火墙的设置复原，通常情况下，已经安装的角色或者功能还是可以被正常访问（即还在例外中），而从安装 Windows Server 2008 后再配置的其他防火墙配置将丢失。

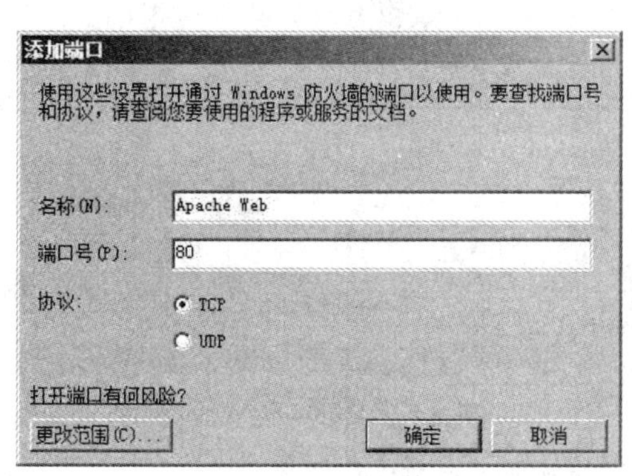

图 16-8　“添加端口”窗口

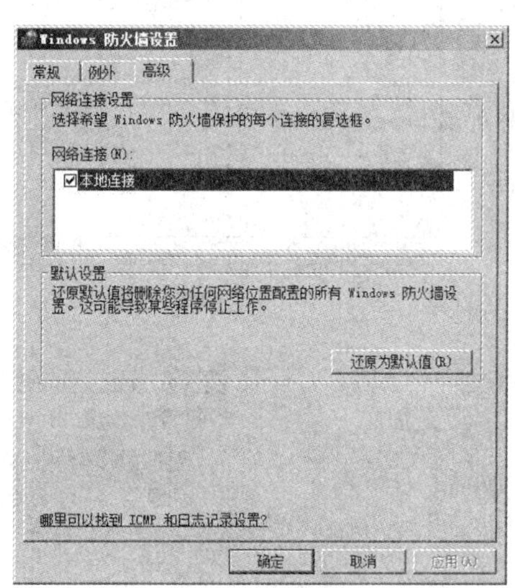

图 16-9　高级设置

16.2　高级安全 Windows 防火墙

顾名思义，高级安全 Windows 防火墙是 Windows 防火墙的更深入的配置。

16.2.1　高级安全 Windows 防火墙的使用

1．高级安全 Windows 防火墙

单击“开始”→“管理工具”→“高级安全 Windows 防火墙”，可以打开“高级安全 Windows 防火墙”窗口，如图 16-10 所示。在“概述”窗格中可以看到域配置文件、专用配置文件、公用配置文件均已经是活动的，并且全部配置文件都是阻止与规则不匹配的入站连接，而允许与规则不匹配的出站连接，也就是说：出去的信息是不限制的，而进来的信息是要限制的。

防火墙配置文件有域配置文件、专用配置文件、公用配置文件之分，当网卡的位置类型（在网络和共享中心进行设置）为域、专用、公用时，对应的配置文件就会生效。在图 16-10 中，右击左上角的“本地计算机上的高级安全 Windows 防火墙”，选择“属性”菜单项，打开如图 16-11 所示的窗口，可以查看和修改不同配置文件的状态，但建议不要修改。

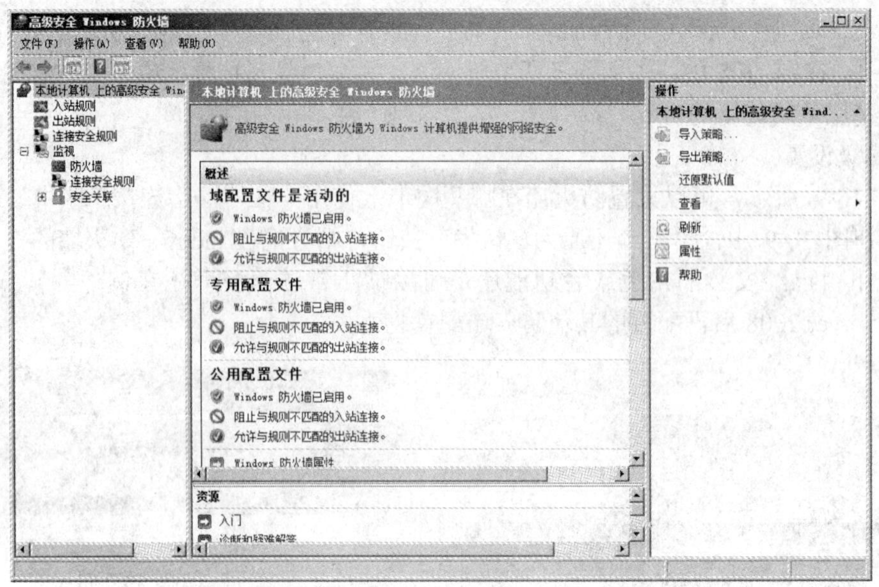

图 16-10 “高级安全 Windows 防火墙”

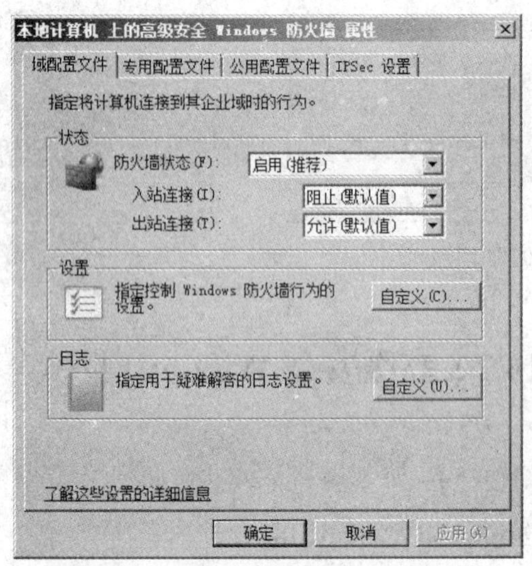

图 16-11 高级安全 Windows 防火墙属性

如图 16-10 左侧所示，防火墙有三类规则：

（1）入站规则：入站规则明确允许或者明确阻止与规则条件匹配的通信。例如，可以将规则配置为明确允许受 IPSec 保护的远程桌面通信通过防火墙，但阻止不受 IPSec 保护的远程桌面通信。首次安装 Windows 时，将阻止入站通信，若要允许通信，必须创建一个入站规则。在没有适用的入站规则的情况下，也可以对具有高级安全性的 Windows 防火墙所执行的操作（无论允许还是阻止连接）进行配置。

（2）出站规则：出站规则明确允许或者明确拒绝来自与规则条件匹配的计算机的通信。例如，可以将规则配置为明确阻止出站通信通过防火墙到达某一台计算机，但允许同样的通信到达其他计算机。默认情况下允许出站通信，因此必须创建出站规则来阻止通信。

（3）连接安全规则：限于篇幅，不把它列为本书的讨论之列。

2．添加入站规则

默认时，系统已经创建了许多预定义的规则，如图 16-12 所示，其中图标为绿色是已经启用了的规则。在 16.1.2 节中介绍的例外设置就是这里的一组规则，例如“DFS 管理”有 4 条规则，在图 16-5 中启用的“DFS 管理”就是启用了这 4 条规则。

图 16-12　预定义的入站规则及属性

双击规则，可以修改规则的属性（预定义规则的有些属性不能修改）。右击规则，可以启用、禁止、删除规则。

可以创建新的规则让用户的计算机可以访问该服务器上的程序，实际上 16.1.2 节中介绍的例外设置就是在这里添加新的入站规则。添加规则的步骤如下：

步骤 1：右击图 16-12 左上角的“入站规则”，选择“新规则”菜单项。

步骤 2：如图 16-13 所示，可以选择规则的类型，单击“下一步”按钮。

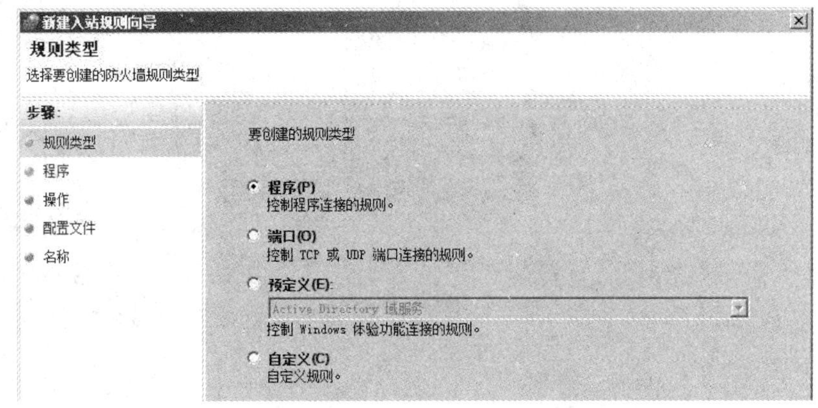

图 16-13　规则类型

- 程序：此类防火墙规则根据正在尝试连接的程序允许某个连接。这提供了简易配置来允许 Microsoft Outlook 或其他程序的连接。如果不能确定允许访问所需的端口，它也很有用。只需指定程序可执行（.exe）文件的路径即可。
- 端口：此类防火墙规则根据远程用户或计算机正在尝试连接的端口允许某个连接。需要指定协议（UDP 或 TCP）和本地端口。可以指定多个端口号。
- 预定义：此类防火墙规则，通过从列表中选择一个程序或服务允许某个连接。此列表中显示了在运行此版本 Windows 的计算机上可用的大多数已知服务和程序。
- 自定义：可以按需进行配置的防火墙规则，以根据未被其他类型的防火墙规则所包括的标准允许某个连接。

步骤 3：添加程序类型的规则。如图 16-13 所示，选择“程序”，单击“下一步”按钮。如图 16-14 所示，选定“程序”，单击“下一步”按钮。如图 16-15 所示，指定连接符合条件时要进行什么操作，各种操作的含义如图中的解析，单击“下一步”按钮。如图 16-16 所示，指定此规则应用在哪些配置文件中，单击“下一步”按钮。如图 16-17 所示，输入规则的描述，单击“完成”按钮，则新建的规则会被启用。

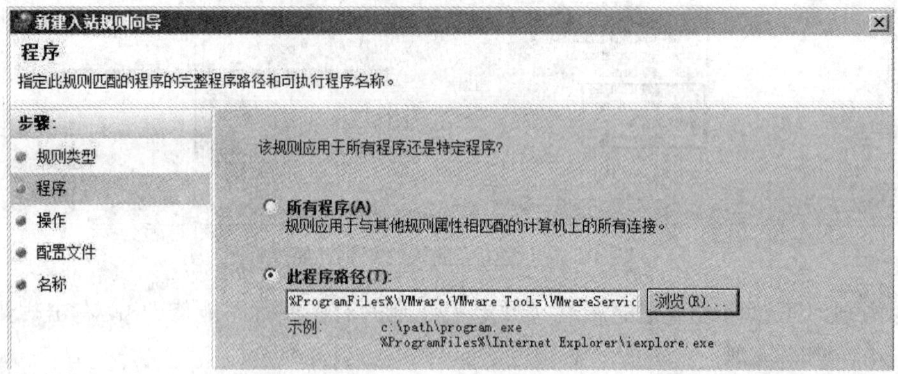

图 16-14　选择添加的程序

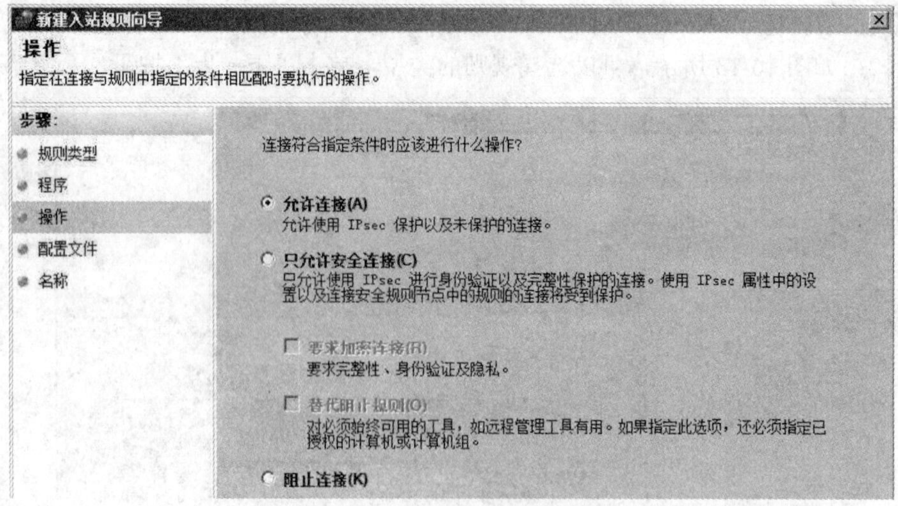

图 16-15　选择进行什么操作

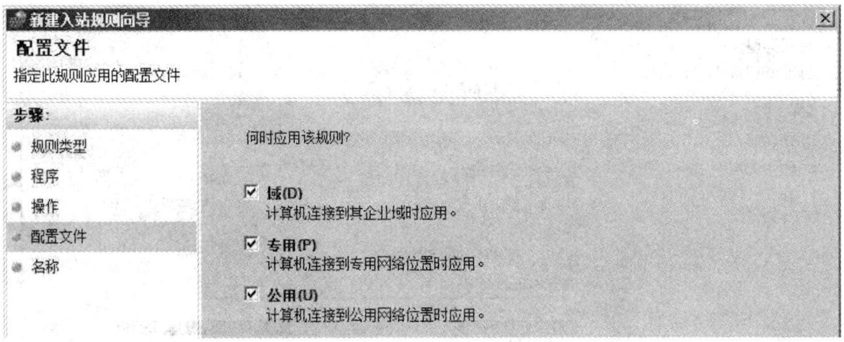

图 16-16　选择何时应用规则

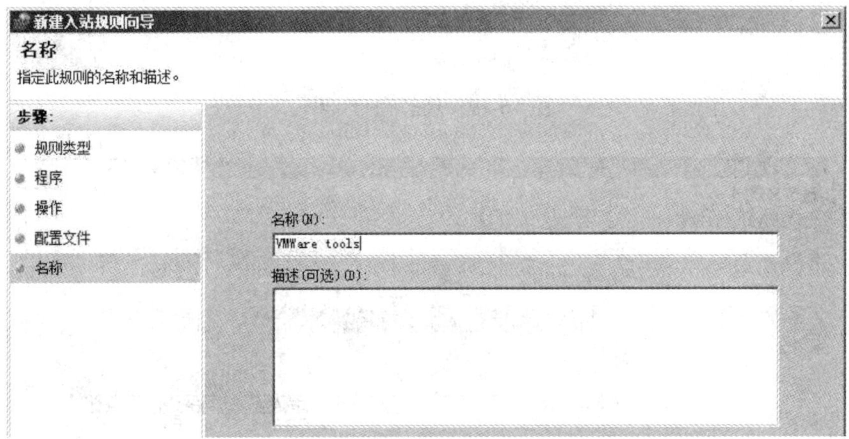

图 16-17　输入规则的名称和描述

步骤 4：添加端口类型的规则。在图 16-13 中选择“端口”，则如图 16-18 所示，选择协议并输入端口，单击“下一步”按钮。

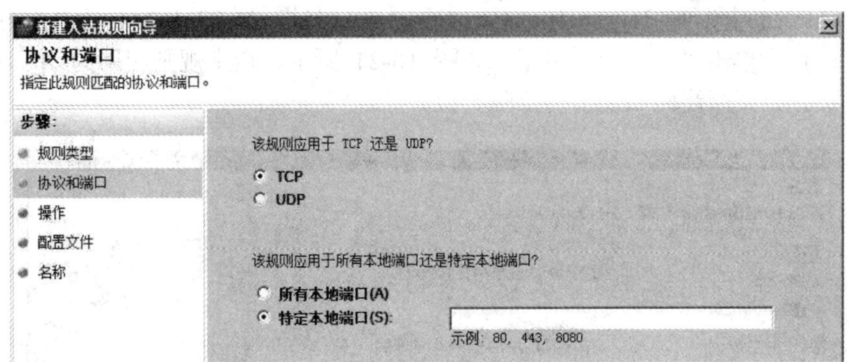

图 16-18　选择协议并输入端口

步骤 5：添加预定义类型的规则。在图 16-13 中选择“预定义”，则如图 16-19 所示，在下拉列表中选择预定义组，单击“下一步”按钮。如图 16-20 所示，选择选定的组中的预定义规则，单击“下一步”按钮。

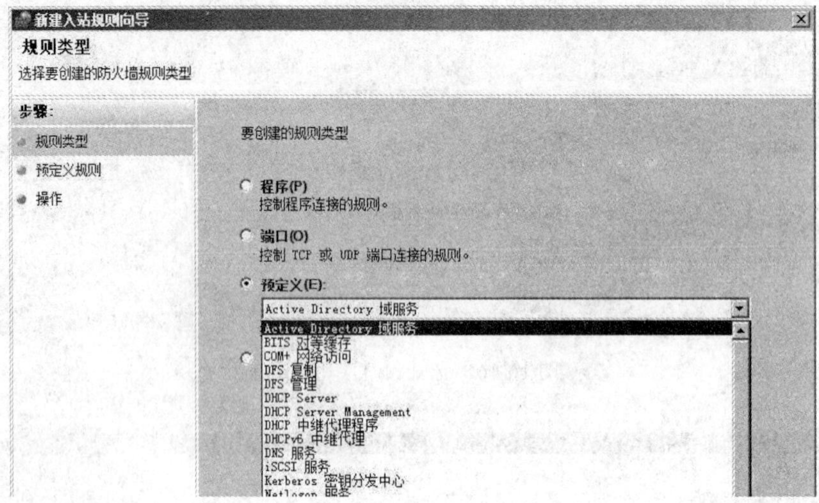

图 16-19　选择预定义组

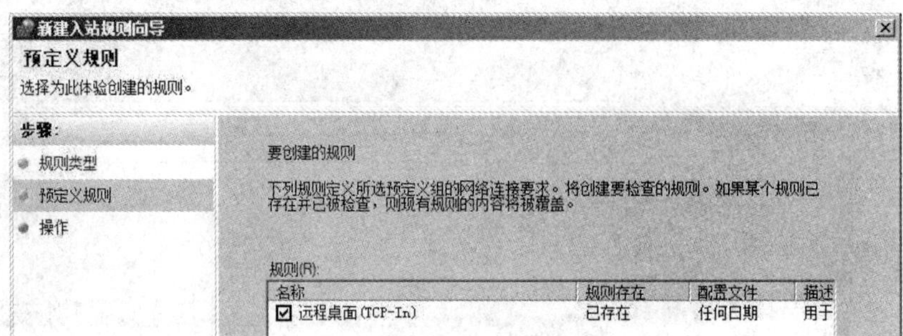

图 16-20　选择预定义规则

步骤 6：添加自定义类型的规则。在图 16-13 中选择“自定义”，则如图 16-21 所示，指定规则要应用的程序，单击“自定义”按钮。如图 16-22 所示，选择规则的应用方式。单击“确定”按钮，回到图 16-21，单击“下一步”按钮。如图 16-23 所示，选择和输入规则应用的协议和端口，单击“下一步”按钮。如图 16-24 所示，指定规则应用的 IP 地址，单击“下一步”按钮，其余步骤和之前的步骤类似。

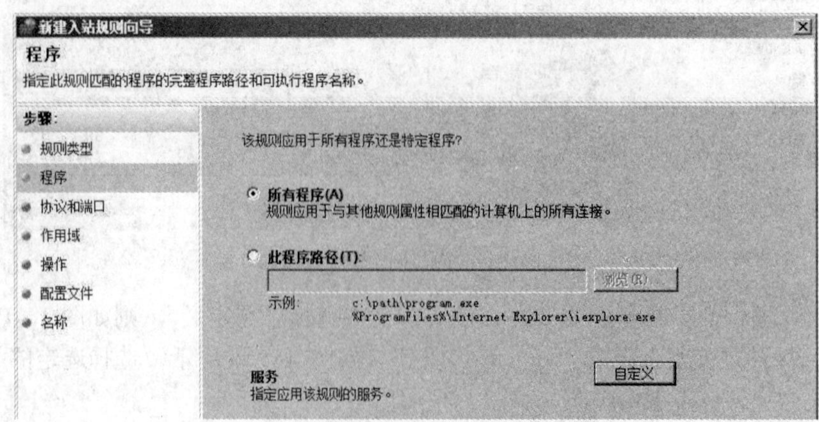

图 16-21　指定规则要应用的程序

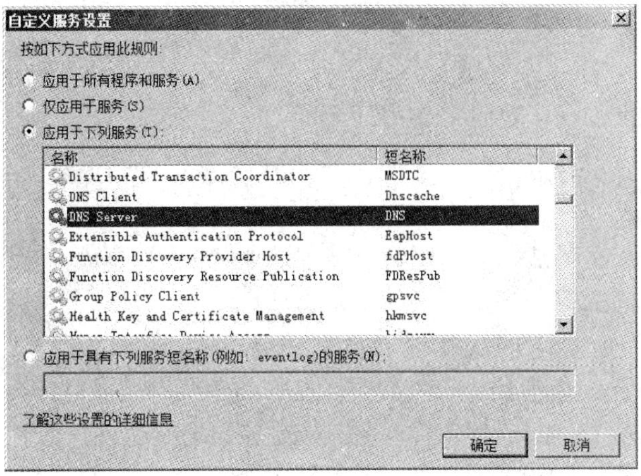

图 16-22 指定规则要应用的服务

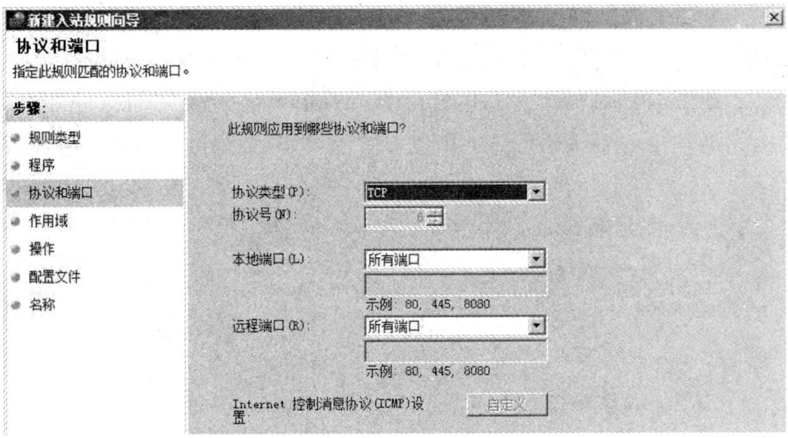

图 16-23 规则应用的协议和端口

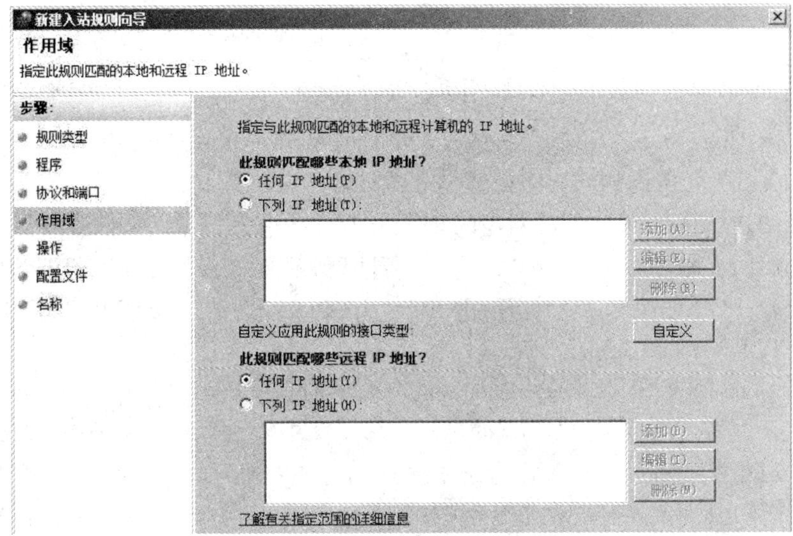

图 16-24 指定规则应用的 IP 地址

3．添加出站规则

创建出站规则和创建入站规则的步骤类似。不过由于默认时所有的连接都是可以出站的，因此出站规则通常的操作是阻止连接。

16.2.2 防火墙配置实例

防火墙的配置是一个挑战，要启用防火墙保障服务器的安全，同时要保证服务能被正常访问，需要在两者之间取得一个平衡。启用防火墙后，需要充分考虑服务器所承担的角色和功能，把角色和功能所对应的程序或者端口设置为例外，这是一件不容易的事，好在Windows Server 2008 已经考虑到这一点，通常在安装角色和功能时，会自动创建并启用相应的预定义规则组（见图 16-12）。作为管理员，还是应该清楚这些角色和功能是在使用 TCP、UDP 或者其他什么协议？端口号是什么？是运行哪个程序？

下面以第 1 章的图 1-1 中三台服务器为例，说明防火墙的实际应用。

1．WIN2008-1 服务器的防火墙配置

该服务器的角色有：域控制器、DNS 服务器、DHCP 服务器、WINS 服务器、发布软件的服务器，如图 16-25 所示。按图 16-26 配置 Windows 防火墙的例外即可。可以先恢复 Windows 防火墙为默认值，再对应图 16-26 配置例外，例外的配置步骤见 16.1.2 节。

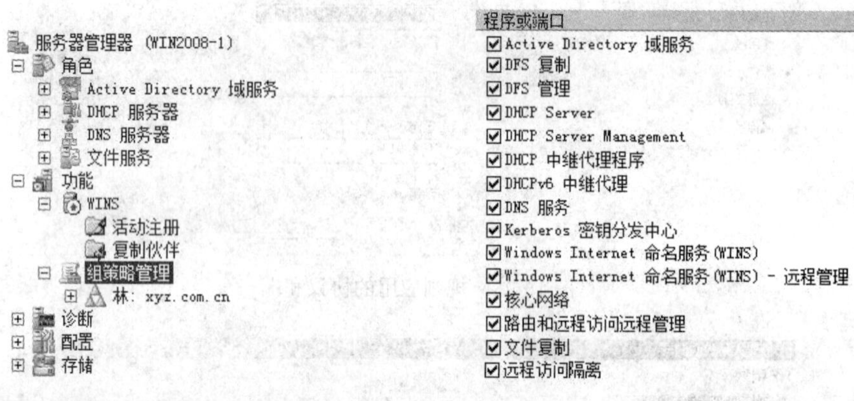

图 16-25 WIN2008-1 服务器的角色和功能　　图 16-26 WIN2008-1 防火墙配置中的例外

【说明】图 16-26 经过了剪接，去掉了没有选中的程序或端口。

2．WIN2008-2 服务器的防火墙配置

该服务器的角色有：Web 服务器、FTP 服务器、终端服务器、文件服务器，如图 16-27 所示。用户将访问该服务器上的 TCP 80 端口（HTTP）、TCP 443 端口（HTTPS）、TCP 20 和 21 端口（FTP）、TCP 110 和 995 端口（POP3）、TCP 25 端口（SMTP）、TCP 143 和 993 端口（IMAP）、TCP 3389 端口（远程桌面）。

【说明】图 16-28 经过了剪接，去掉了没有选中的程序或端口。

按图 16-28 配置 Windows 防火墙的例外即可。图中除方框外的例外是 Windows 系统默认已经添加并启用了的例外，如果没有选中，则把它选中即可。而方框内的例外是通过添加程序或者添加端口成为例外的，如下所示：

（1）FTP 服务：由于 FTP 使用 2 个连接，用于传数据的 TCP 连接端口号可能不固定，

因此无法通过端口号，但可以通过添加程序的方式把“C:\Windows\System32\inetsrv\inetinfo.exe”FTP 服务程序加为例外。

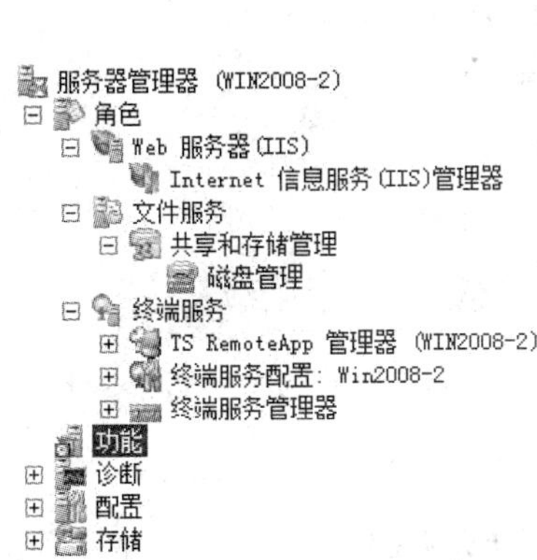

图 16-27　WIN2008-2 服务器的角色和功能

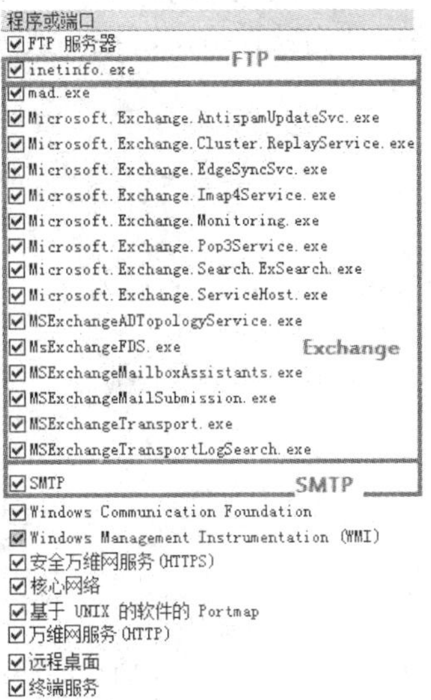

图 16-28　WIN2008-2 防火墙配置中的例外

（2）Exchange 服务：Exchange Server 2007 安装时，会安装很多服务，如图 16-29 所示，双击服务，可以看到该服务可执行文件的文件名，然后把该程序添加成为例外。一一把 Exchange Server 的各个服务添加成为例外，结果见图 16-28。

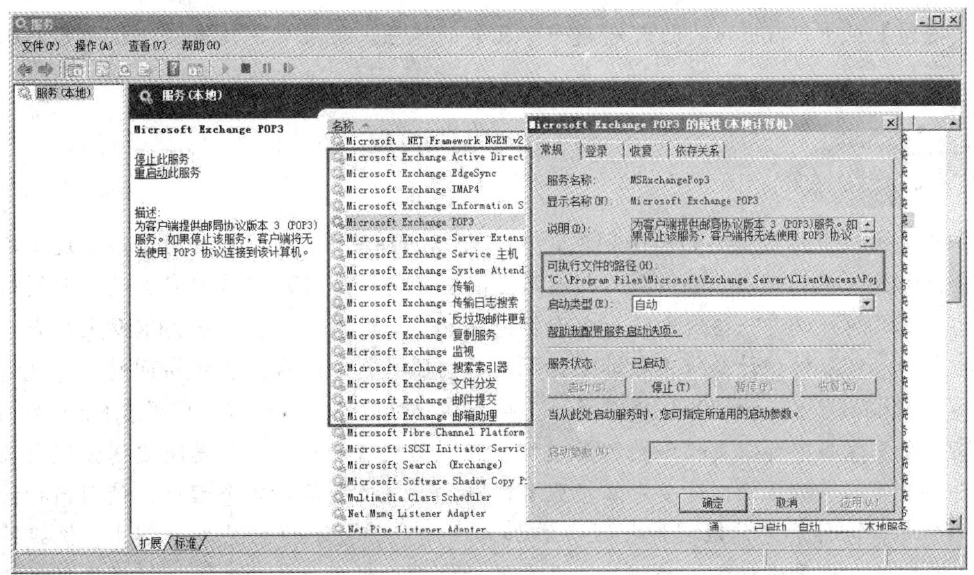

图 16-29　Exchange Server 使用的服务

（3）SMTP 服务：SMTP 服务器监听 TCP 的 25 端口，因此通过添加端口的方式该 25 端口添加为例外即可。

3. WIN2008-3 服务器的防火墙配置

该服务器的角色有：NAT 服务器、VPN 拨号服务器，如图 16-30 所示。防火墙对进出服务器的 NAT 流量不起作用，因此只需考虑放行 VPN 拨号服务的流量。可以先恢复 Windows 防火墙为默认值，再在高级安全防火墙中启用如图 16-31 所示的规则。

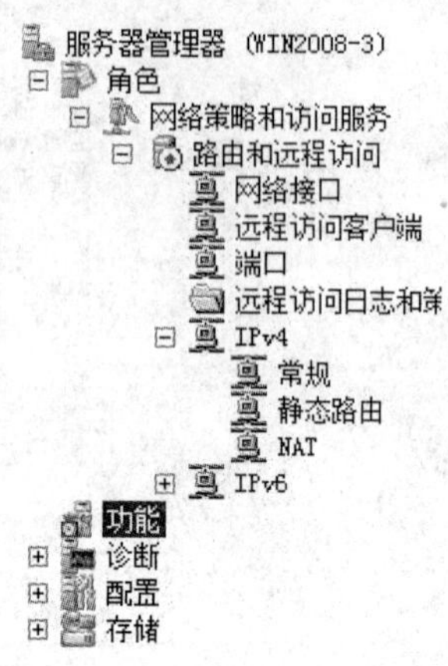

图 16-30 WIN2008-3 服务器的防火墙配置

路由和远程访问(GRE-In)	路由和远程访问	任何日期	是	允许
路由和远程访问(L2TP-In)	路由和远程访问	任何日期	是	允许
路由和远程访问(PPTP-In)	路由和远程访问	任何日期	是	允许
路由和远程访问远程管理(DCOM-In)	路由和远程访问远程管理	任何日期	是	允许
路由和远程访问远程管理(RPC-In)	路由和远程访问远程管理	任何日期	是	允许

图 16-31 WIN2008-3 防火墙配置中的例外角色和功能

【提示】配置 Windows 防火墙是一个反复的过程，配置后，请务必测试是否能够访问所需的服务。

安全是网络中非常重要的一个问题，本章介绍怎样使用 Windows 防火墙实现简单的主机安全，需要强调的是 Windows 防火墙只是安全的一个环节，还需要完整的安全策略。防火墙的基本思想是通过一些规则放行或者拒绝信息包。Windows Server 2008 防火墙是一个准状态防火墙，可以保护计算机不被非法访问。作为服务器，服务是要被访问的，这就需要添加例外。Windows Server 2008 提供了一个简化版 Windows 防火墙，以及高级版 Windows 防火墙，在高级版中可以更精细地配置规则。配置防火墙的最终目标是既要保证安全又要保证需要的服务能够被访问，这要求掌握服务的详细情况：是运行哪个程序、使用何种协议、监听哪个端口，然后才能准确地把服务添加为例外。防火墙的配置是一个具有挑战性的工作，它的难度在于要添加合适的例外。本章最后以三台服务器作为案例，说明了防火墙的实际使用方法。

习题十六

一、理论习题

1．简述状态防火墙的工作原理。

2．为什么需要在 Windows 防火墙中添加例外？

3．默认时 Windows 防火墙是________与规则匹配的入站连接，________与规则不匹配的出站连接。

4．Windows 防火墙配置文件有________、________和________三种。

二、上机练习项目

1．项目 1：在一台刚安装了 Windows Server 2008 的服务器上启用 Windows 防火墙，这时客户计算机无法 ping 通该服务器，配置防火墙使得：客户计算机能够 ping 通该服务器。

2．项目 2：在一台 Windows Server 2008 服务器上安装 Web、FTP 服务，设置 Windows 防火墙保证服务器安全，但不要影响客户访问网站和 FTP 服务器。

3．项目 3：在一台 Windows Server 2008 服务器上安装 DNS、DHCP、活动目录、共享文件夹，并把服务器升级为域控制器，设置 Windows 防火墙保证服务器安全，但不要影响客户登录到域、使用 DNS、使用 DHCP、使用共享文件夹。

参考文献

[1] 张恒杰，任晓鹏主编．Windows Server 2008 网络操作系统教程．北京：中国水利水电出版社，2010．

[2] 张凤生，宋西军等编著．Windows Server 2008 系统与资源管理．北京：清华大学出版社，2010．

[3] 方宏主编．Windows Server 2008 网络服务器配置与管理．北京：中国劳动社会保障出版社，2010．

[4] 宁蒙主编．Windows Server 2008 服务器配置实训教程．北京：机械工业出版社，2011．

[5] 王隆杰，梁广民，杨名川主编．Windows Server 网络管理实训教程．北京：清华大学出版社，2009．